"十四五"时期水利类专业重点建设教材

水利工程数值计算简明教程

主　编　魏博文
副主编　程颖新　洪安宇　袁冬阳

·北京·

内 容 提 要

本书为“十四五”时期水利类专业重点建设教材、南昌大学本科教材资助项目，是水利水电工程专业水工建筑物课程设计、毕业设计等课程的教学与指导用书。全书分为上、下两篇，共12章（含绪论），上篇（工程建设篇）：水库调洪演算及Excel公式编辑、堤坝渗流计算与稳定分析、明渠恒定均匀流水力计算、明渠水面线计算、闸孔过水能力与底流消能计算、基础沉降和挡土墙设计计算、综合算例；下篇（运维管控篇）：HEC-RAS在河道水力分析中的应用、MATLAB在混凝土坝安全监测中的应用、ANSYS在混凝土坝力学分析中的应用、水利工程数值模拟通用软件。

本书除作为水利水电工程专业本科生和研究生的教材外，还可作为其他相关专业师生的教学参考书和有关工程技术人员的参考用书。

图书在版编目（CIP）数据

水利工程数值计算简明教程 / 魏博文主编. -- 北京:
中国水利水电出版社, 2022.7
“十四五”时期水利类专业重点建设教材
ISBN 978-7-5226-0782-5

Ⅰ. ①水… Ⅱ. ①魏… Ⅲ. ①水利计算－高等学校－
教材 Ⅳ. ①TV214

中国版本图书馆CIP数据核字(2022)第108916号

书　　名	“十四五”时期水利类专业重点建设教材 **水利工程数值计算简明教程** SHUILI GONGCHENG SHUZHI JISUAN JIANMING JIAOCHENG
作　　者	主　编　魏博文 副主编　程颖新　洪安宇　袁冬阳
出版发行	中国水利水电出版社 （北京市海淀区玉渊潭南路1号D座　100038） 网址：www.waterpub.com.cn E-mail：sales@mwr.gov.cn 电话：（010）68545888（营销中心）
经　　售	北京科水图书销售有限公司 电话：（010）68545874、63202643 全国各地新华书店和相关出版物销售网点
排　　版	中国水利水电出版社微机排版中心
印　　刷	天津嘉恒印务有限公司
规　　格	184mm×260mm　16开本　19.5印张　475千字
版　　次	2022年7月第1版　2022年7月第1次印刷
印　　数	0001—2000册
定　　价	**58.00**元

前言

我国幅员辽阔，河流众多，流域面积在 1000km^2 以上的河流就有 1500 多条。全国多年平均流量达 27000 多亿 m^3，水能储藏量 6.95 亿 kW，截至 2020 年年底，我国水电装机约为 3.7 亿 kW；加之，国家双碳计划的推进，势必加速抽水蓄能电站的建设，我国后水电时代将提前而至。此外，目前我国拥有水库达 10 万座，尽半数以上皆处于高龄服役期。新时期面临水电建设规模逐年萎缩和病害水利工程抵御风险减弱的双重压力，国家从中央到地方越发重视水利工程全方位安全管理工作，从顶层设计到行业标准，直至水利工程类专业教育教学，无不透射出亟须打造一适应后水电工程时代的“工程建设—流域生态—高效运行—全生命周期安全管理”为一体的水利水电新工科培养模式。面向水利水电工程（以下简称“水工”）专业人才培养模式变革需求，亟须通过解构水工学科知识体系和重构其行为体系，以实现学习的主体能更容易接受的课程内容序化，不再片面强调建筑在静态学科体系之上的显性理论知识的复制与再现，而是着眼于蕴含在动态行动体系之中的隐性实践知识的生成与构建。基于上述水工专业教育教学思路与环境的调整，参考水工专业工程教育认证课程体系要求，结合多年来开设的水工专业课程、指导的毕业设计、承担的科研生产课题等情况，通过广泛调研、考察、研讨、回访座谈等交流形式，厘清培养方案中当前水利人才亟须而缺漏的知识体系后，提笔撰写专业相关课程大纲、教学内容、上机实践等，屡经教学实践修正后方汇撰此书。

本书共分为上下两篇，分别是工程建设篇、运维管控篇。工程建设篇主要依托理正岩土软件及自编辅助设计程序，主要围绕灌区水利枢纽工程设计为主线，通过“一个工程、两个层面、十个问题”的编写思路，开展水工设计与复核计算的基本原理及数值计算实践，其主要包括：水库调洪演算及 Excel 公式编辑，堤坝渗流计算与稳定分析，明渠水力计算，闸孔过水能力与底流消能计算、明渠水面线计算、基础沉降和挡土墙设计计算等实例分析内容。运维管控篇主要对拦河工程运行安全与健康监测、流域河流水动力模拟等方面开展了数值计算，其主要包括：HEC－RAS在河道水力分析中的应用、MATLAB在混凝土坝安全监测中的应用、ANSYS在混凝土坝力学分析中的应用等。工程建设篇是主要针对水工本科生专业课程综合训练而设置的，有利于学生能快速掌握水工设计的电算技术；运维管控篇涉及的数值分析软件有限，本着不为求全、力求抛砖引玉的想法，在学习过往相关软件培训教材和论著的基础上，汇编了这部分内容，其可作为本专业学有余地本科生和相关研究生学习水工数值分析的参考书目。

本书由南昌大学水利工程系部分教师集体编写，由魏博文进行整体结构设计、制定编写大纲并组织编写。第1章、第12章由魏博文执笔，第2章由程颖新执笔，第3章～第8章由魏博文、程颖新、洪安宇执笔，第9章～第11章由袁冬阳、魏博文执笔，全书由魏博文统稿。

本书编写过程中，得到河海大学、清华大学、南昌工程学院、扬州大学、北京理正软件设计研究院有限公司等单位的大力协助与支持，在此表示衷心感谢；还要感谢本书编写计划中给予指导和帮助的徐镇凯、顾冲时、黎良辉、李火坤、潘坚文、牛景太、徐波等教授。

此外，本书编写过程中，还参考了大量相关专业教学用书和资料，从中吸收了他们的编写经验，在此谨表谢意。

限于编者水平，书中难免有不妥之处，恳请同行专家、学者和读者批评指正。

编者

2022年1月

目录

运维管控篇

第1章 绪 论

1.1 计算机技术在水利工程中的应用与发展

人类社会技术变革历经石器时代、青铜器与铁器时代、工业与科技时代的漫长发展，尽管社会进步是通过新旧社会形态的更替实现的，但生产力发展水平是衡量社会进步的主要标准是毋庸置疑的；尤其是随着计算机科学技术的快速发展，人类社会取得了空前的发展进步，计算机技术是基础科学和技术应用相互发展下的产物。从 20 世纪中叶功能计算机的诞生，到个人 PC 机的出现及应用推广，计算机本身体积由大变小、由笨重变轻巧、其功能也越来越强大，同时计算机语言也其汇编语言朝着更易于推广应用角度发展完善；尤其是随着计算机技术和新的通信技术的结合，极大程度地促进了数据库发展和型程序的开发，从而形成了多方进行相互通信和资源共享的计算机网络架构，最终发展成为覆盖全球的计算机网络 Internet。现阶段，物联网、5G 技术的推广和数字终端的普及正朝着万物互联的方向迈进，这将使人类社会进入了一个崭新的、全球化的数字时代。计算机技术的发展为各行各业注入了新的动能而必将激发出新的潜力，这亦为水利工程这一古老学科焕发了青春活力，为破解复杂的水利难题提供了全新途径，使信息采集、预测预报、分析评估、辅助决策、行业监管更加“智慧化”；又譬如以往难以建造的高坝大库，现在西南深山险谷筑建水利工程并非难事，不得不说计算机数值技术的发展极大程度上助力了水利数字信息化技术的进步，目前我国水利工程建造技术已成为响彻海外的崭亮名片，三峡工程已被称为国之重器。

当今世界正经历百年未有之大变局，计算机技术进步驱动社会各行业协同发展对人们生活生产带来的影响是空前的。水利信息化在国家水电行业蓬勃发展背景下得到了有序推进，目前水能资源开发程度逼近高位，从原来的以工程建造为主，发展为工程建造与管控并重，这对计算机技术在水利工程领域的应用提出了新需求，从其广度和深度上主要表现在以下几个方面。①工程制图方面，图纸是工程师的语言，制图水平是彰显工程师设计能力的最直观表现，从工程地勘、测量、设计等各个环节都离不开工程制图。譬如，专业性很强的地质图件的绘制，是工程师们颇感头疼和很花时间的工作；现如今无人机航测、多波束水下测量、3S 技术、BIM 推广应用使得原本复杂的工程制图变得更加轻松、便捷。②数值计算方面，以往水利工程地质数值计算的难点在于地质分析和数学力学模型的概化和准确界定。结构数值分析方法（如有限元法、无网格法等）的发展，为这一类问题的揭示和解决提供了有效途径，尤其是国际有限元通用软件的推广，为水工结构优化设计和复杂地质问题正反分析搭建了科学应用平台。现如今结构力学各大门派之争尚未落定，结构及材料数值分析正向精细化方向发展，未来量子计算技术发展与推广也必将加速其技术革新进程。③大数据管理与分析方面，工程数据监控是今后水利工程管理部门的重要工作，随着一大批重要水利工程的信息化建设的完善，大量的工程数据库与管理平台已建成，特别是以Internet/Web技术为平台的应用，是资料信息共享的潮流，随着网络系统的建立，在网络上运行的通用和专用水利工程数据库将是发展趋势；同时对于平台大数据的处理和分析，尤其是水利工程枢纽群的监控将是今后职能部门工程管控的中心工作。④信息融合及互联方面，单一数据库已能较友好地实现对其数据的挖掘、训练、建模、分析和预警，随着云计算、物联网、大数据、人工智能等新技术发展，通过系统数据与外界信息的共享、集成与融合，将实时接收并合理利用外部有效信息对水利工程实施科学管控，如：利用天气预报未来雨情信息进行洪水风险预警、工程安全实时监控等；通过多数据平台实时贡献价值信息，对各自系统数据实施信息融合分析，进而反馈价值信息于公共数据平台，实现价值信息的深度融合和在线互联，以满足其局部和整体健康安全需要。总之，水利工程计算机应用具有广阔的发展前景，无论是工程制图、数值计算，还是数据库管理、信息互联，都大有用武之地。

就其计算机辅助数值分析而言，随着高性能计算机的发展，相继被应用于数字建模、算法、软件研制和计算模拟等现代科学研究和工程建造；现阶段计算机数值计算技术多是基于若干学科共性研发的，如有限元分析软件平台多适用于土木水利、机械、航空、材料等领域，目前专门针对水利工程行业研发的商业数值分析软件较为鲜见。为解决水利水电复杂工程问题需求，水利从业科研人员大多根据特定工作条件研发其数值计算程序，由于水利专业性应用软件的开发人员多来自不同单位技术人员，各自编程语言、研发思路与技术路线大相径庭，导致其软件的标准化与通用性程度不高。从水利水电行业管理与应用技术角度分析，计算机技术在水利工程中的应用现状主要存在两方面问题：一是技术内在本身不协调发展；二是技术外部规程未统一标准，二者混在一起问题与困难较为复杂。此外，科研机构与生产单位对技术本身的软硬件需求和发展的不平衡，科研机构的研发水平又难以满足生产单位的应用需求，单方面强调硬件的更新而忽略了软件研发的投入，加之软件自主研发能力的欠缺，从而其普及推广与发展提高难以兼顾；同时水利水电行业因管理部门不同，往往涉及水利、水电两个行业规范标准，进一步导致专业应用软件分散、标准化程度低，又缺少系统的专门工程应用教程，为水利从业人员掌握其实践技能增添了难度。

本书主要面向水利工程学科相关专业，在当前计算机辅助设计应用技术水平的基础上，结合新时期水利工程当下一段时期内的发展方向，从工程建设和运维管控两个关联层面，对水利工程建设中、建设后所涉及的几个常用计算机辅助设计软件进行通识性阐述；考虑到水利工程勘察设计、施工及运行管理的相关软件涉及种类繁多，国内外大小不同企业、设计单位所用软件也不尽相同，甚至部分单位有自己研发的有独自知识产权的应用软件。为此，本书从主要解决某一两类问题着手，从技术应用与实践方面，仅对理正岩土模块、HEC-RAS、MATLAB、ANSYS等软件进行工程应用解读，偏于读者能快速掌握其基本操作技能。

1.2 工程建设篇主要内容概况

水利水电工程建设大致可分为工程勘察、设计和施工等阶段，各阶段均无可避免地需借助电算技术辅以分析，熟练掌握水利工程计算机辅助设计与分析技术是其从业人员需具备的硬核技能。为此，工程建设篇立足“一个工程、两个层面、十个问题”的内容设计理念，通过某灌区水利枢纽工程设计为例，依托理正岩土软件及自编辅助设计程序，详细阐述水利工程设计与复核分析的计算机软件操作实践。

第 2 章主要讲述基于 Excel 的水库调洪演算与公式编辑。本章通过阐述水库调洪演算的基本原理，主要介绍了与调洪演算相关的 Excel 功能函数，并结合工程案例演示了基于 Excel 的水库调洪演算实施步骤，以期让读者进一步巩固水库调洪演算的基本概念，熟练掌握与应用水库调洪演算的 Excel 基本操作。

第 3 章主要讲述基于理正软件岩土模块的堤坝渗流和稳定分析。本章在简述土石坝渗流场计算基本原理与方法、土石坝稳定分析的常用方法的基础上，通过介绍理正岩土软件的基本功能，结合工程案例详细阐述了基于理正软件岩土模块的堤坝渗流场计算与抗滑稳定分析实现流程，以期读者能深化理解堤坝渗流与稳定分析原理，并能熟练应用理正软件岩土模块实现堤坝的渗流与稳定分析。

第 4 章主要讲述基于理正软件水力学模块的明渠恒定均匀流水力计算。本章通过归纳阐述水力学课程中明渠的类型与恒定均匀流的计算要点，结合工程实例重点阐述基于理正软件水力学模块的单式、复式断面明渠恒定均匀流水力计算的实现步骤，以期加深读者对明渠恒定均匀流的理解，并能熟练运用理正软件水力学模块进行渠道均匀流及非均匀流的水力要素的计算与复核。

第 5 章主要讲述基于理正软件水力学模块的明渠非均匀流水力计算。本章通过归纳总结明渠恒定非均匀流的基本概念与恒定非均匀渐变流的计算方法，结合工程实例重点阐述基于理正软件水力学模块的棱柱体、非棱柱体渠槽水面线的软件操作与基于 Excel 的河道水面线试算方法，以期促进读者进一步深化理解溢洪道泄槽水力学计算和河道水面线推求的基本原理与方法，掌握基于理正软件水力学模块的河道与溢洪道水面线推求的基本步骤。

第 6 章主要讲述基于理正软件水力学模块的闸孔过水能力与底流消能计算。本章通过讲述开敞式与胸墙式水闸过水能力计算原理，并在分析平底闸孔流与堰流判别标准及孔流计算条件的基础上，结合工程案例详细阐述基于理正软件水力学模块的挖深式、消力槛式、综合式底流消能和闸门控制效能计算方法，旨在加深读者对堰流、孔流及底流消能的计算基本原理理解的同时，掌握典型堰流、孔流及底流消能的水力电算方法。

第 7 章主要讲述基础沉降和挡土墙设计计算。本章通过复述地基分层总和法计算原理与贴坡式挡土墙布设的特点与计算方法，辅以涵闸基础的沉降分析计算案例详细介绍采用分层总和法开展基础的沉降分析计算方法，并基于理正软件挡土墙模块演示挡土墙稳定分析的实现流程，以期助力读者深化理解采用分层总和法进行涵闸基础的沉降分析的原理与计算方法，掌握挡土墙设计的基本原则及其稳定分析的电算技术。

第8章主要讲述上述章节的综合算例实践内容。本章通过一例较为完整的工程设计实例，由对其工程案例所涉计算内容、具体步骤及计算过程与分析的罗列，试图让读者掌握前述章节中软件所涉内容并能加以系统应用，理解各计算环节的相互关联，熟练运用相关软件独立完成类似工程设计中的计算工作。

1.3 运维管控篇主要内容概况

水利水电工程建成投产后，为保障工程的健康服役及其生态、经济和社会效益的长效发挥，需从单体工程的安全监控、梯级枢纽的安全调度、流域堤防的安全治理与洪水淹没风险馈控等层面系统开展工程运维管理工作。科学把控工程的服役健康态势并开展工程运维管控决策措施，是水利工程管理从业人员需为之长期攻关的科技工作。为此，运维管控篇基于水工建筑物、结构力学、理论力学、弹性力学、水工结构安全监控、水文学、水力学与遥感学等水利水电工程核心课程基础原理，依托 HEC - RAR、MATLAB、ANSYS 三个计算机软件平台，着重阐述中小型河道水力分析、混凝土坝数值仿真分析、混凝土坝安全监控模型构建等数值技术工程应用，书中仅就相关软件在水利工程中应用的基本操作进行了演示，若要深层次、系统的理解并熟练掌握软件的操作技巧，尚需读者翻阅相关软件的操作指南和书籍。以下为本书工程运维管控篇所涉主要内容。

第9章主要讲述 HEC - RAS 在中小型流域河道水力分析中的应用。本章通过介绍 HEC - RAS 软件的基本功能，重点阐述了基于 HEC - RAS 平台的河道水力计算模型搭建与水面线推求中恒定流分析的实现过程，以期让读者在理解河道水面线推求中水力学计算原理的基础上，能运用 HEC - RAS 软件开展河道水力计算工作。

第10章主要讲述 MATLAB 在混凝土坝安全监测资料分析中的应用。本章通过介绍 MATLAB 软件的基本功能，并基于混凝土坝变形监测统计模型构建基本原理，结合多元线性回归分析方法重点演示了基于 MATLAB 平台的运行期混凝土重力坝变形监控统计模型的建模流程，试图让读者熟练掌握混凝土坝变形监测资料处理与变形监控统计模型的建模过程。

第11章主要讲述 ANSYS 在混凝土坝力学分析中的应用。本章通过介绍有限元分析软件 ANSYS 的基本功能，着重演示了基于 ANSYS 平台的混凝土重力坝数值仿真模型的建模流程和坝体-坝基弹性、弹塑性应力、变形以及超载分析的实现步骤，给出了基于 APDL 参数化程序设计的拱坝力学分析实施过程，以期让读者基本掌握混凝土坝力学行为数值仿真分析的实施要领，了解复杂水工结构高级数值仿真分析技术的基本要点。

第12章主要介绍其他几种常见的水利工程计算软件。本章简要介绍了水利工程领域常用的 ABAQUS、COMSOL、MIKE FLOOD、BIM 等计算机仿真分析与辅助设计软件的基本功能及其特点等，对相关软件的基本操作未做详细介绍。本章仅为读者更全面地了解水利工程领域常用的软件提供一些参考，若有意深入学习与应用相关软件，尚需读者自行参考相应的操作指南与教程。

1.4　本书内容设置思路

本书所涉及内容对水利工程学科专业基础知识要求较高且涵盖面较广，需读者具有良好的水利水电工程专业基本功底。书中各章节知识点前后衔接紧密、相互支撑，同时为便于阅读，部分章节对所涉及课程的基本原理进行了复述。本书聚焦水利水电工程建设、运行管理与流域治理三大核心环节，分工程建设和运维管控两个篇落。工程建设篇主要围绕灌区水利枢纽工程设计为主线，对其水库调洪演算、堤坝渗流稳定、明渠水力学、基础沉降与边墙设计等问题开展了数值计算；运维管控篇主要对流域河流水动力模拟、拦河工程运行安全与健康监测等方面开展了数值计算。

本书以水利工程常见数值计算问题为导向，其主要内容涉及“水力学”“土力学”“水工建筑物”等专业课程系列知识的综合运用，系统地讲述了水利水电工程专业主要课程知识的串联及其计算机辅助设计与仿真分析的实现，给出了常见水工水力学、结构分析等数值计算的软件实现过程，比较分析了部分算例手算法与电算法的特点，对其主要涉及的专业知识原理仅给出了必要的归纳叙述，旨为读者能更好地掌握实例中主要数值计算理论，促进其对工程数值分析的理解。

工程建设篇

第2章
水库调洪演算及Excel公式编辑

2.1 水库的调洪任务与防洪标准

2.1.1 水库的调洪作用与任务

利用水库蓄洪或滞洪是防洪工程措施之一。通常，洪水波在河槽中经过一段距离时，由于槽蓄作用，洪水过程线会逐步变形。一般是随着洪水波沿河向下游推进，洪峰流量逐渐减小，而洪水历时逐渐加长。水库容积比一段河槽要大得多，对洪水的调蓄作用也比河槽要强得多。特别是当水库有泄洪闸门控制的情况，洪水过程线的变形更为显著。

当水库有下游防洪任务时，它的作用主要是削减下泄洪水流量，使其不超过下游河床的安全泄量。水库的任务主要是滞洪，见图2-1（a），即在一次洪峰到来时，将超过下游安全泄量的那部分洪水暂时拦蓄在水库中，待洪峰过去后，再将拦蓄的洪水下泄掉，腾出库容来迎接下一次洪水。若水库是防洪与兴利相结合的综合利用水库，则除了滞洪作用外，还起蓄洪作用，如图2-1（b）所示。比如，多年调节水库在一般年份或库水位较低时，常有可能将全年各次洪水都拦蓄起来供兴利部门使用；年调节水库在汛初水位低于防洪限制水位，以及在汛末低于正常蓄水位时，也常可以拦蓄一部分洪水在兴利库容内，以便枯水期供兴利部门使用。蓄洪既能削减下泄洪峰流量，又能减少下游洪量；滞洪则只能

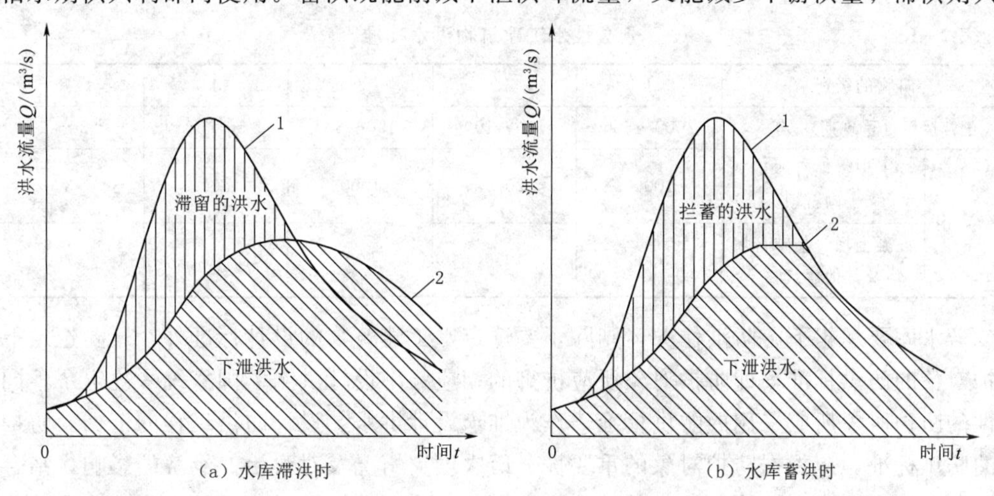

图2-1 水库滞洪、蓄洪时洪水过程线变形示例

1—入库洪水过程线；2—泄流过程线

削减下泄洪峰流量，基本上不减少下游洪量。

若水库不需承担下游防洪任务，则洪水期下泄流量可不受限制。但由于水库本身自然对洪水有调蓄作用，洪水流量过程经过水库时仍然要变形，客观上起着滞洪的作用。

洪水流量过程线经过水库时的具体变化情况，与水库的容积特性、泄洪建筑物的型式和尺寸以及水库运行方式等有关。在水库调蓄洪水的过程中，入库洪水、下泄洪水、拦蓄洪水的库容、水库水位的变化以及泄洪建筑物型式和尺寸等之间存在着密切的关系。

水库调洪演算的目的是在拟定泄洪建筑物型式尺寸和防洪限制水位（或其他的起调水位）的条件下，用给出的入库洪水过程、泄洪建筑物的泄洪能力曲线及库容曲线等基本资料，按规定的防洪调度规则，推求水库的泄流过程、水库水位变化过程及相应的最高调洪水位和最大下泄流量。

调洪演算是水库新建和除险加固设计中一项很重要的水利计算，最大下泄流量计算成果直接影响到所设计水库的溢洪道断面大小，其设计洪水位或校核洪水位计算成果是大坝坝顶高程计算和挡水建筑物稳定分析的重要依据。

2.1.2 防洪标准

在水库调洪过程中，入库洪水的大小不同，下泄洪水、拦蓄库容、水库水位变化等也将不同。通常，入库洪水的大小要根据防洪标准或水工建筑物的设计标准来选定。标准高，要求的防洪建筑物就要大，投资就要多，工程比较安全；反之，标准低，防洪建筑物的规模小，投资也少，但工程失败的危险性加大，甚至溃坝而加剧下游的洪水灾害。可见，标准问题是防洪计算首先要解决的问题。因此，在进行水库调洪计算时，必须先确定一个合理的防洪标准或水工建筑物的设计标准。

若水库不需承担下游防洪任务，则应按水工建筑物设计标准的规定，参考表 2-1 选定合适的设计洪水和校核洪水的标准（即洪水重现期），作为调洪计算的原始资料。

表 2-1　永久性水工建筑物洪水标准

建筑物的级别		1	2	3	4	5
正常运用（重现期）/年		2000～500	500～100	100～50	50～30	30～20
非常运用	土坝、堆石坝及干砌石坝	10000	2000	1000	500	300
	混凝土坝、浆砌石坝及其他建筑物	5000	1000	500	300	200

若水库要承担下游防洪任务，则除了要选定水工建筑物的设计标准外，还要选定下游防护对象的防洪标准，即防护对象所应抗御的相应频率设计洪水。国家统一规定了不同重要性的防护对象所应采用的防洪标准，作为推求设计洪水、设计防洪工程的依据。防护对象的防洪标准，应根据防护对象的重要性、历次洪灾情况及对政治、经济的影响，结合防护对象和防洪工程的具体条件，并征求有关方面的意见，参照表 2-2 选用。并注意以下几点。

（1）对洪水泛滥后可能造成特殊严重灾害的城市、工矿和重要粮棉基地，其防洪标准可适当提高。

(2) 防洪标准一时难以达到者，可采用分期提高的办法。

(3) 交通运输及其他部门的防洪标准，可参照有关部门的规定选用。

表 2-2　不同防洪保护对象的防洪标准

防护对象			防洪标准	
城镇	工矿区	农田面积/万亩	重现期/年	频率/%
特别重要城市	特别重要工矿区	≥500	≥100	<1
重要城市	重要工矿区	100~500	50~100	2~1
中等城市	中等工矿区	30~100	20~50	5~2
一般城市	一般工矿区	≤30	10~20	10~5

2.2 水库调洪演算的基本方法与步骤

2.2.1 基本方法

洪水在水库中行进时，水库的水位、流量、过水断面、流速等均随时间而变化，流态属于明渠非恒定流。根据水力学，明渠非恒定流的基本方程，即圣维南方程组：

连续性方程 $$\frac{\partial \omega}{\partial t}+\frac{\partial Q}{\partial s}=0$$

运动方程 $$-\frac{\partial Z}{\partial s}=\frac{1}{g}\frac{\partial v}{\partial t}+\frac{v}{g}\frac{\partial v}{\partial s}+\frac{Q^2}{K^2} \tag{2-1}$$

式中：ω 为过水断面面积；K 为流量模数；s 为沿水流方向的距离。

通常，上述偏微分方程组难以得出精确的数值解，而是采用简化的近似解法：瞬态法、差分法、特征线法等。长期以来，普遍采用的是瞬态法，即用有限差值来代替微分值，并加以简化，以近似地求解一系列瞬时流态。

瞬态法将式（2-1）进行简化，得到适用于水库调洪计算的实用公式：

$$\overline{Q}-\overline{q}=\frac{1}{2}(Q_1+Q_2)-\frac{1}{2}(q_1+q_2)=\frac{V_2-V_1}{\Delta t}=\frac{\Delta V}{\Delta t} \tag{2-2}$$

式中：Q_1、Q_2 为计算时段初、末的入库流量；q_1、q_2 为计算时段初、末的下泄流量；$\overline{Q}$、$\overline{q}$ 为计算时段中的入库流量、下泄流量均值；V_1、V_2 为计算时段初、末水库的蓄水量；Δt 为计算时段，一般取 1~6h，需化为秒数。

式（2-2）本质为一个水量平衡公式，表明在一个计算时段中，入库水量与下泄水量之差，即该时段水库蓄水量的变化。需要指出的是，式中并未考虑洪水入库处到泄洪建筑物之间的行进时间、沿程流速变化和动库容等的影响。

当已知水库入库洪水过程线时，Q_1、Q_2、$\overline{Q}$ 均已知，V_1、q_1 为计算时段 Δt 开始时的初始条件，式（2-2）中仅 V_2 和 q_2 未知。当前一个时段的 V_2、q_2 求出后，其值即成为后一时段的计算初始条件，使计算可逐时段地连续进行下去。

当然，一个方程无法求解 V_2、q_2 两个未知数，必需再有一个方程式 $q=f(V)$ 与式（2-2）联立，才能同时解出 V_2、q_2 的确定值。假定暂不计及自水库取水的兴利部门泄向下游的流量，则下泄流量 q 应是泄洪建筑物泄流水头 H 的函数，而当泄洪建筑物的型式、尺寸等已定时

$$q=f(H)=AH^B \tag{2-3}$$

式中：A 为系数，与建筑物型式和尺寸、闸孔开度以及淹没系数等有关（可查阅水力学书籍）；B 为指数，对于堰流，一般等于 3/2；对于闸孔出流，一般等于 1/2。

对于已知的泄洪建筑物来说，$B=1/2$ 或 3/2，视流态而变，而 A 也随有关的水力学参数而变。因此，式（2-3）常用泄流水头 H 与下泄流量 q 的关系曲线来表示。根据水力学公式，H 与 q 的关系曲线并不难求出。若是堰流，H 即为库水位 Z 与堰顶高程之差；若是闸孔出流，H 即为库水位 Z 与闸孔中心高程之差。因此，不难根据 H 与 q 的关系曲线求出 Z 与 q 的关系曲线 $q=f(Z)$。并且，由水库水位 Z，又可借助于水库容积特性 $V=f(Z)$，求出相应的水库蓄水容积（蓄存水量）V。于是，式（2-3）最终也可以用下泄流量 q 与库容 V 的关系曲线来代替，即

$$q=f(V) \tag{2-4}$$

式（2-2）与式（2-4）组成一个方程组，就可用来求解 V_2、q_2 这两个未知数，但式（2-4）是用关系曲线的形式来表示的。此外，当已知初始条件 V_1 时，也可利用式（2-4）来求出 q_1；或者相反地由 q_1 求 V_1。

不论水库是否承担下游防洪任务，也不论是否有闸门控制，调洪计算的基本公式都是上述式（2-2）和式（2-4）。

2.2.2 列表试算法

水库调洪演算的基本公式是水量平衡公式和泄流方程，由于泄流方程 $q=f(V)$ 不是显式，无法直接求解，所以往往采用列表试算法和半图解法等。其中，列表式算法较半图解法适用范围更广，以下为其具体试算过程。

（1）根据已知的水库水位容积关系曲线 $V=f(Z)$ 和泄洪建筑物方案，用水力学公式 $q=f(H)$ 求出下泄流量与库容的关系曲线 $q=f(V)$。

（2）选取合适的计算时段，以秒为计算单位。

（3）确定开始计算的时刻和该时刻的 V_1、q_1 值，然后列表计算，计算过程中，对每一计算时段的 V_2、q_2 值都要进行试算。

（4）将计算结果绘制成曲线供查阅。

在计算过程中，每一时段中的 Q_1、Q_2、q_1、V_1 均为已知。先假定一个 q_2 值，代入公式（2-2），求出 V_2 值。然后按此 V_2 值在曲线 $q=f(V)$ 查出 q_2 值，将其与假定的 q_2 值相比较。若两次的 q_2 值不相等，则要重新假定一个 q_2 值。重复上述试算过程，直至两者相等或相接近为止。多次演算求得的 q_2、V_2 值即为下一时段的 q_1、V_1 值，据此可进行下一时段的试算。逐时段依次试算的结果即为调洪演算的成果。

2.3 水库调洪演算的 Excel 功能函数

调洪演算若纯采用人工手算，烦琐且易出错，而借助 Excel 列表计算可有效提高精度和计算速率。下面就 Excel 调洪计算中常用函数，如 IF 函数、SUMIF 函数、SUMIFS 函数、VLOOKUP 函数、MATCH 函数等进行说明。

2.3.1 IF 函数

IF 函数是条件判断函数，根据判断结果返回对应的值。如果判断条件为 TRUE，则返回第一个参数；如果为 FALSE，则返回第二个参数。

以判断学生成绩所属等次为例，IF 函数的操作步骤为：①选定目标单元格；②在目标单元格中输入公式：＝IF（C3＞＝90，“优秀”，IF（C3＞＝80，“良好”，IF（C3＞＝60，“及格”，“不及格”））），如图 2－2 所示。

2.3.2 SUMIF、SUMIFS 函数

SUMIF 函数适用于单条件求和，即求和条件只能有一个，语法结构为：SUMIF（条件范围，条件，求和范围）。

以男生总成绩求和为例，SUMIF 函数的操作步骤为：①选定目标单元格；②在对应的目标单元格中输入公式：＝SUMIF（D3：D9，“男”，C3：C9），如图 2－3 所示。

SUMIFS 函数适用于多条件求和，即求和条件可以有多个，语法结构为：SUMIFS（求和范围，条件 1 范围，条件 1，条件 2 范围，条件 2，…，条件 N 范围，条件 N）。

以男生中分数大于等于 80 分的总成绩求和为例，SUMIFS 函数的操作步骤为：①选定目标单元格；②在对应的目标单元格中输入公式：＝SUMIFS(C3:C9,C3:C9,“＞＝80”,D3:D9,“男”)，如图 2－3 所示。

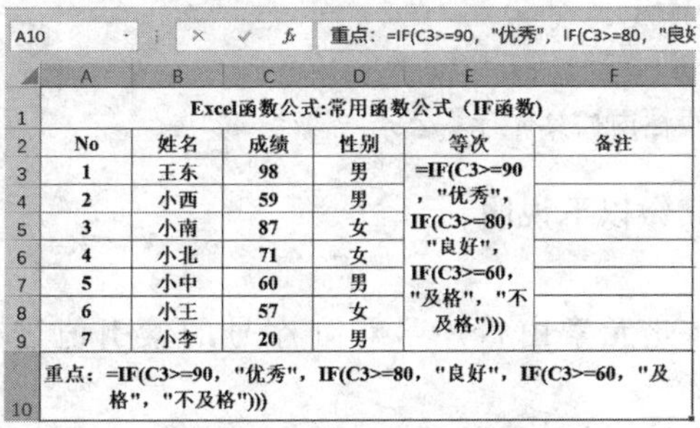

A10 重点：=IF(C3>=90，"优秀"，IF(C3>=80，"良好

Excel函数公式:常用函数公式（IF函数）

No	姓名	成绩	性别	等次	备注
1	王东	98	男	=IF(C3>=90，"优秀"，IF(C3>=80，"良好"，IF(C3>=60，"及格"，"不及格")))	
2	小西	59	男		
3	小南	87	女		
4	小北	71	女		
5	小中	60	男		
6	小王	57	女		
7	小李	20	男		

重点：=IF(C3>=90，"优秀"，IF(C3>=80，"良好"，IF(C3>=60，"及格"，"不及格")))

图 2－2 IF 函数计算范例

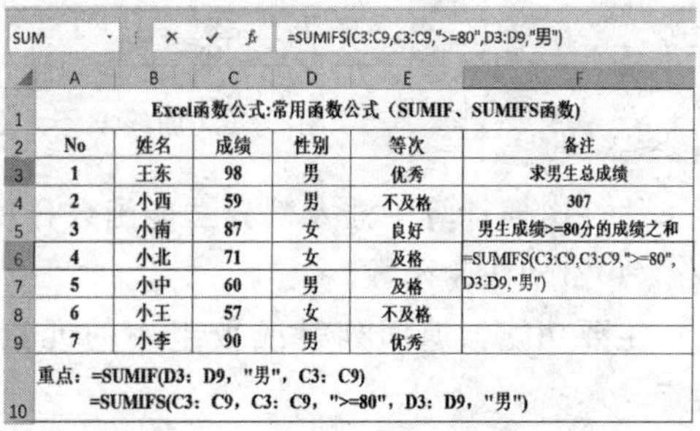

SUM =SUMIFS(C3:C9,C3:C9,">=80",D3:D9,"男")

Excel函数公式:常用函数公式（SUMIF、SUMIFS函数）

No	姓名	成绩	性别	等次	备注
1	王东	98	男	优秀	求男生总成绩
2	小西	59	男	不及格	307
3	小南	87	女	良好	男生成绩>=80分的成绩之和
4	小北	71	女	及格	=SUMIFS(C3:C9,C3:C9,">=80",D3:D9,"男")
5	小中	60	男	及格	
6	小王	57	女	不及格	
7	小李	90	男	优秀	

重点：=SUMIF(D3：D9，"男"，C3：C9)
=SUMIFS(C3：C9，C3：C9，">=80"，D3：D9，"男")

图 2－3 SUMIF、SUMIFS 函数计算范例

2.3.3 VLOOKUP 函数

VLOOKUP 函数的基本功能是数据查询，语法结构为：VLOOKUP（查找的值，查找范围，找查找范围中的第几列，精准匹配还是模糊匹配）。

以查询相关人员对应的成绩为例，VLOOKUP 函数的操作步骤为：①选定目标单元格；②在目标单元格中输入公式：=VLOOKUP(H3,B3:C9,2,0)，如图 2-4 所示。

2.3.4 利用 Excel 编辑直线内插公式

在运用 Excel 表格进行调洪演算时，常常会遇到线性插值问题，下面就水库容积特性曲线 $V=f(Z)$ 来说明如何利用 Excel 进行直线内插，如图 2-5 所示。

SUM =VLOOKUP(G3,B3:C9,2,0)

Excel函数公式:常用函数公式（VLOOKUP函数）

No	姓名	成绩	性别	等次	姓名	成绩
1	王东	98	男	优秀	王东	=VLOOKUP(G3,B3:C9,2,0)
2	小西	59	男	不及格		
3	小南	87	女	良好		
4	小北	71	女	及格		
5	小中	60	男	及格		
6	小王	57	女	不及格		
7	小李	90	男	优秀		

重点：=VLOOKUP(H3，B3：C9，2，0)

图 2-4 VLOOKUP 函数计算范例

F11

水位Z（m）	容积V（×10⁶m³）
22	1
24	10
26	50
28	100
30	160
32	200
34	260
36	350
38	400
40	600
42	900
44	1300
46	1900
48	2700
50	3800
52	5100

容积V（×10⁶m³）	1000
容积范围（下限 小）	900
容积范围（上限 大）	1300
容积下限对应的水位	42
容积上限对应的水位	44
水位Z	42.50

图 2-5 线性内插计算范例

其具体计算公式及相应说明，如图 2-6 所示。

H16

水位Z（m）	容积V（×10⁶m³）
22	1
24	10
26	50
28	100
30	160
32	200
34	260
36	350
38	400
40	600
42	900
44	1300
46	1900
48	2700
50	3800
52	5100

容积V（×10⁶m³）	输入值
容积范围（下限 小）	INDEX(B2:B17,MATCH(E7,B2:B17,1))
容积范围（上限 大）	INDEX(B2:B17,MATCH(E7,B2:B17,1)+1)
容积下限对应的水位	INDEX(A2:A17,MATCH(E7,B2:B17,1))
容积上限对应的水位	INDEX(A2:A17,MATCH(E7,B2:B17,1)+1)
水位Z	TREND(E10:E11,E8:E9,E7)

图 2-6 曲线 $V=f$（Z）线性内插具体计算公式

线性内插计算中涉及部分功能函数，现将其做以下说明。

(1) INDEX 函数。

主要功能：返回列表或数组中的元素值，此元素由行序号和列序号的索引值进行确定。

使用格式：INDEX（array，row_num，column_num）。

参数说明：

Array 代表单元格区域或数组常量；

Row_num 表示指定的行序号（如果省略 row_num，则须有 column_num）；

Column_num 表示指定的列序号（如果省略 column_num，则须有 row_num）。

需加以说明的是：此处的行序号参数（row_num）和列序号参数（column_num）

是相对于所引用的单元格区域而言的，不是 Excel 工作表中的行或列序号。

为便于理解该函数，现举例进一步说明，如图 2-7 所示，在 F8 单元格中输入公式：=INDEX(A1:D11,4,3),确认后则显示出 A1 至 D11 单元格区域中，第 4 行和第 3 列交叉处的单元格（即 C4）中的内容。

（2）MATCH 函数。

主要功能：返回在指定方式下与指定数值匹配的数组中元素的相应位置。

使用格式：MATCH（lookup _ value，lookup _ array，match _ type）。

参数说明：

Lookup _ value 代表需要在数据表中查找的数值；

Lookup _ array 表示所要查找的数值的所在行或列；

Match _ type 表示查找方式的值（-1、0 或 1），如果 match _ type 为-1，查找大于或等于 lookup _ value 的最小数值，Lookup _ array 必须按降序排列；如果 match _ type 为 1，查找小于或等于 lookup _ value 的最大数值，Lookup _ array 必须按升序排列；如果 match _ type 为 0，查找等于 lookup _ value 的第一个数值，Lookup _ array 可以按任何顺序排列；如果省略 match _ type，则默认为 1。

为便于理解该函数，现举例进一步说明，如图 2-8 所示，在 F2 单元格中输入公式：=MATCH（E2，B1：B11，0）确认后则返回查找的结果“9”。

F8　=INDEX(A1:D11,4,3)

	A	B	C	D	E	F	G
1	学号	姓名	性别	语文		语文	语文
2	10401	丁1	男	85.0		>=70	<80
3	10402	丁2	男	71.0			
4	10403	丁3	女	71.0			
5	10404	丁4	女	70.0			
6	10405	丁5	男	75.0			
7	10406	丁6	男	72.0			
8	10407	丁7	男	92.0		女	
9	10408	丁8	男	68.0			
10	10409	丁9	女	67.0			
11	10410	丁10	女	62.0			

图 2-7　INDEX 函数计算范例

F2　=MATCH(E2,B1:B11,0)

	A	B	C	D	E	F
1	学号	姓名	性别	语文		
2	10401	丁1	男	85.0	丁8	9
3	10402	丁2	男	71.0		
4	10403	丁3	女	71.0		
5	10404	丁4	女	70.0		
6	10405	丁5	男	75.0		
7	10406	丁6	男	72.0		
8	10407	丁7	男	92.0		
9	10408	丁8	男	68.0		
10	10409	丁9	女	67.0		
11	10410	丁10	女	62.0		

图 2-8　MATCH 函数计算范例

（3）TREND 函数。

主要功能：返回一条线性回归拟合线的值。即找到适合已知数组 known _ y's 和 known _ x's 的直线（用最小二乘法），并返回指定数组 new _ x's 在直线上对应的 y 值。

使用格式：TREND（known _ y's，[known _ x's]，[new _ x's]，[const]）。

参数说明：

Known _ y's 必需。关系表达式 $y=mx+b$ 中已知的 y 值集合。如果数组 known _ y's 在单独一列中，则 known _ x's 的每一列被视为一个独立的变量。如果数 known _ y's 在单独一行中，则 known _ x's 的每一行被视为一个独立的变量。

Known _ x's 必需。关系表达式 $y=mx+b$ 中已知的可选 x 值集合。数组 known _ x's 可以包含一组或多组变量。如果仅使用一个变量，那么只要 known _ x's 和 known _ y's

具有相同的维数，则它们可以是任何形状的区域。如果用到多个变量，则 known _ y′s 必须为向量（即必须为一行或一列）。如果省略 known _ x′s，则假设该数组为 {1,2,3,…}，其大小与 known _ y′s 相同。

New _ x′s 必需。需要函数 TREND 返回对应 y 值的新 x 值。New _ x′s 与 known _ x′s 一样，对每个自变量必须包括单独的一列（或一行）。因此，如果 known _ y′s 是单列的，known _ x′s 和 new _ x′s 应该有同样的列数。如果 known _ y′s 是单行的，known _ x′s 和 new _ x′s 应该有同样的行数。如果省略 new _ x′s，将假设它和 known _ x′s 一样。如果 known _ x′s 和 new _ x′s 都省略，将假设它们为数组 {1,2,3,…}，大小与 known _ y′s 相同。

Const 可选。一个逻辑值，用于指定是否将常量 b 强制设为 0。如果 const 为 TRUE 或省略，b 将按正常计算。如果 const 为 FALSE，b 将被设为 0（零），m 将被调整以使 $y=mx$。

2.4 工程案例

某水库的泄洪建筑物型式和尺寸已定，设有闸门。水库的运行方式为：在洪水来临时，先用闸门控制 q 使等于 Q，水库保持汛期防洪限制水位（38m）不变；当 Q 继续加大，使闸门达到全开，以后就不用闸门控制，q 随 Z 的升高而加大，流态为自由泄流，q_{max} 也不限制，情况与无闸门控制一样，即为堰流，公式为：$q=f(Z^{1.5})$，见相关水工设计规范。

已知库容特性 $V=f(Z)$ 并根据泄洪建筑物型式和尺寸，算出坝前设计水位和下泄流量关系曲线表 $q=f(Z)$，见表 2-3，并绘制出相应的图形，如图 2-9 所示，堰顶高程 36m。部分已知入库洪水过程线已列入表 2-4 中，选取计算时段 $\Delta t=3$h。

表 2-3　水库 Z-V、Z-q 关系表（闸门全开）

水位 Z/m	36	36.5	37	37.5	38	38.5	39	39.5	40	40.5	41
库容 V/万 m^3	4330	4800	5310	5860	6450	7080	7760	8540	9420	10250	11200
下泄流量 q/(m^3/s)	0	22.5	55.0	105.0	173.9	267.2	378.3	501.9	638.9	786.1	946.0

依据上述工程水文等资料，利用 Excel 表编辑的列表试算法计算过程如下：

（1）将已知入库洪水流量过程线列入表 2-4 中第（1）栏和第（2）栏，并绘于图 2-10 中（曲线 1）；选取计算时段 $\Delta t=3h=10800$s；起始库水位为 $Z_{限}=38.0$m，可由图 2-9 查得闸门全开时对应的下泄流量 $q=173.9m^3/s$。

（2）在第 18 小时以前，$q=Q$，且均小于 $173.9m^3/s$，水库不蓄水，无需进行调洪计算。从第 18 小时起，Q 超过 $173.9m^3/s$，库水位开始逐渐抬升，故以第 18 小时为调洪计算的初始时刻，此时对应的 q_1 与 V_1 分别为 $173.9m^3/s$、6450 万 m^3；然后，由式（2-2）开始计算，计算过程列入表 2-4。

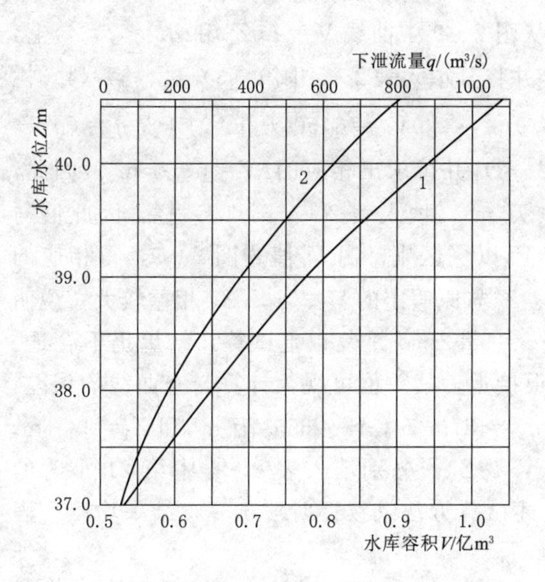

图 2-9 某水库 $V=f(Z)$ 和 $q=f(Z)$ 曲线图

1—$V=f(Z)$；2—$q=f(Z)$

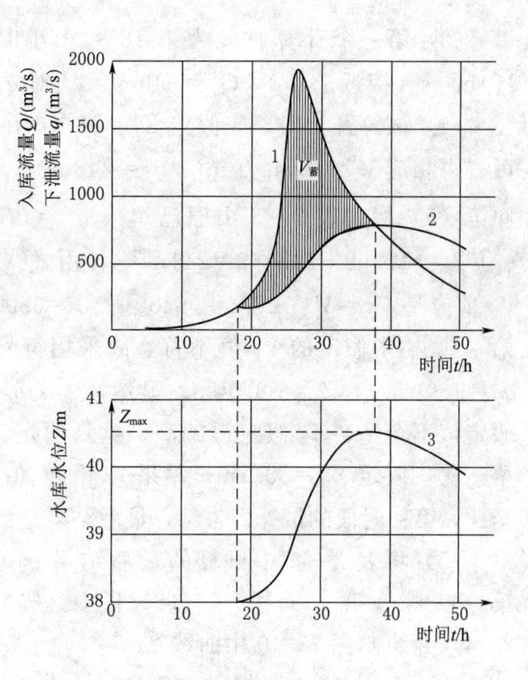

图 2-10 某水库调洪演算来水、泄水与库水位过程线

1—入库洪水过程线；2—下泄洪水过程线；3—水库水位过程线

表 2-4 列表试算法调洪演算结果

时间 /h	入库洪水流量 /(m³/s)	时段平均入库流量 /(m³/s)	下泄流量 /(m³/s)	时段平均下泄流量 /(m³/s)	时段水库水量变化 /万 m³	水库存水量 /万 m³	水库水位 /m
(1)	(2)	(3)	(4)	(5)	(6)	(7)	(8)
18	174	257	173.9	180.5	83	6450	38
21	340	595	187	224.5	400	6533	38.1
24	850	1385	262	343.5	1125	6933	38.4
27	1920	1685	425	522.5	1256	8058	39.2
30	1450	1280	620	677.0	651	9313	39.9
33	1110	1005	734	757.5	267	9964	40.3
36	900	830	781	785.5	48	10232	40.5
39	760	685	790	781.0	−104	10280	40.51
42	610	535	772	751.5	−234	10176	40.4
45	460	410	731	702.5	−316	9942	40.3
48	360	325	674	645.5	−346	9626	40.1
51	290		617			9280	39.9

（3）第一个计算时段为第18～21小时，$q_1=173.9\mathrm{m}^3/\mathrm{s}$，$V_1=6450$万$\mathrm{m}^3$，$Q_1=174\mathrm{m}^3/\mathrm{s}$（接近于$q_1$），$Q_2=340\mathrm{m}^3/\mathrm{s}$。对$q_2$、$V_2$要试算，试算过程见表2-5。

（4）试算开始时，先假定$Z_2=38.4\mathrm{m}$，从图2-9中曲线$V=f(Z)$和$q=f(Z)$上，可查得相应$V_2=6950$万m^3、$q_2=248\mathrm{m}^3/\mathrm{s}$，并将其填入表2-5中第（3）栏、第（4）栏和第（5）栏。表2-5中原已填入$q_1=173.9\mathrm{m}^3/\mathrm{s}$和$V_1=6450$万$\mathrm{m}^3$，于是$\overline{q}=(q_1+q_2)/2=(173.9+248)/2=211\mathrm{m}^3/\mathrm{s}$，由式（2-2）并可求出相应的$\Delta V=50$万$\mathrm{m}^3$。因此，$V_2$值应是$V_2=V_1+\Delta V=6450+50=6500$万$\mathrm{m}^3$，填入表2-5第（9）栏，因此值与第（4）栏中假定的V_2值不符，故采用符号V_2'以资区别。由V_2'值查图2-9，得相应的$q_2'=180\mathrm{m}^3/\mathrm{s}$，$Z_2'=38.04\mathrm{m}$。显然，$V_2'$、$q_2'$、$Z_2'$与原假定的$V_2$、$q_2$、$Z_2$相差较大，说明假定值不合适，$Z_2$假定得偏高。重新假定$Z_2=38.2\mathrm{m}$，重复以上试算，结果仍不合适。第三次，假定$Z_2=38.1\mathrm{m}$，结果$V_2$和$V_2'$值很接近，其差值可视为计算与查曲线的误差。至此，第一时段的试算即告结，最后结果是：$q_2=187\mathrm{m}^3/\mathrm{s}$，$V_2=6553$万$\mathrm{m}^3$和$Z_2=38.1\mathrm{m}$。

（5）将表2-5中试算的最后结果q_2、V_2、Z_2，分别填入表2-4中第21小时的第（4）栏、第（7）栏、第（8）栏中。按上述试算方法继续逐时段试算，结果均填入表2-4，并绘制图2-10中曲线2。

（6）由表2-4可知，在第36小时，水库水位$Z=40.5\mathrm{m}$、$V=10232$万m^3、$Q=900\mathrm{m}^3/\mathrm{s}$、$q=781\mathrm{m}^3/\mathrm{s}$；而在第39小时，水库水位$Z=40.51\mathrm{m}$、$V=10280$万$\mathrm{m}^3$、$Q=760\mathrm{m}^3/\mathrm{s}$、$q=790\mathrm{m}^3/\mathrm{s}$。按水库调洪的原理，当$q_{max}$出现时，一定是$q=Q$，此时$Z$、$V$均达最大值。显然，$q_{max}$出现在第36小时与第39小时之间，在表2-4中并未算出。通过进一步试算，在第38小时16分钟处，可得出$q_{max}=Q=795\mathrm{m}^3/\mathrm{s}$，$Z_{max}=40.52\mathrm{m}$，$V_{max}=10290$万$\mathrm{m}^3$。

表2-5　第一时段（第18～21小时）的试算过程

t/h	Q /(m^3/s)	Z /m	V /万m^3	q /(m^3/s)	$\overline{Q}$ /(m^3/s)	$\overline{q}$ /(m^3/s)	ΔV /万m^3	V_2' /万m^3	q_2' /(m^3/s)	Z_2' /m
(1)	(2)	(3)	(4)	(5)	(6)	(7)	(8)	(9)	(10)	(11)
18	174	38	6450	173.9	257	(211)	(50)			
21	340	(38.4)	(6950)	(248)				(6500)	(180)	(38.04)
						(192.6)	(70)			
		(38.2)	(6690)	(211)				(6520)	(182)	(38.06)
		38.1	6530	187		180.5	83	6533	187	38.10

了解上述列表试算法计算过程后，合理地利用前面介绍的几个Excel函数，制作相应的Excel表格，可有效地提高其试算效率，然其计算过程中仍需逐时段多数据反复调试。若要实现列表试算法的自动计算，可采用Excel中VBA语言编写宏命令，进行嵌入式程序分析，能进一步提升试算效率。

第3章 堤坝渗流计算与稳定分析

3.1 堤坝渗流计算

3.1.1 渗流计算基本原理

对渗流进行计算是为了确定合理的坝体结构尺寸以及适宜的渗控措施。地下水渗流对水工建筑物的破坏过程不易从表面察觉，在发现问题后的补救措施实施困难。因此必须控制通过坝身和地基的渗流，以防止土体因受渗流作用发生危险的冲蚀、滑坡等破坏，以及因渗漏损失过大而使工程效益降低。渗流计算的任务是确定坝身浸润线的位置，确定坝体和坝基各个部位的渗透比降，确定通过坝体、坝基的渗流量和绕坝渗流量，为选择合理的渗控设计方案或加固治理方案提供依据。

1. 计算工况

渗流计算应考虑水库运行过程中出现的不利条件，包括以下水位组合情况：

(1) 上游正常蓄水位与下游相应的最低水位。

(2) 上游设计洪水位与下游相应的水位。

(3) 上游校核洪水位与下游相应的水位。

(4) 库水位降落时对上游坝坡最不利的情况。

各种土的渗透系数 k 值可参考表 3-1。

表 3-1　　各种土的渗透系数　　单位：cm/s

土的类别	k	土的类别	k
粗砾	$10^{0}\sim5\times10^{-1}$	黄土（砂质）	$10^{-3}\sim10^{-4}$
砂质砾	$10^{-1}\sim10^{-2}$	黄土（泥质）	$10^{-5}\sim10^{-6}$
粗砂	$5\times10^{-2}\sim10^{-2}$	黏壤土	$10^{-4}\sim10^{-6}$
细砂	$5\times10^{-3}\sim10^{-3}$	淤泥土	$10^{-6}\sim10^{-7}$
粉质砂	$2\times10^{-3}\sim10^{-4}$	黏土	$10^{-6}\sim10^{-8}$
砂壤土	$10^{-3}\sim10^{-4}$		

2. 渗流计算的边界条件

第一类边界条件为边界上给定位势函数或水头分布，或称水头边界条件，为最常见的情况。考虑到与时间 t 有关系的非稳定渗流边界，需要在整个过程中标明边界条件的变化情况，此已知边界条件可写为

$$h|r_1=f_1(x,y,z,t) \tag{3-1}$$

第二类边界条件为在边界上给出位势函数或水头的法向导数，或称流量边界条件。考虑到与时间 t 有关的边界时，此已知边界条件可写为

$$\left.\frac{\partial h}{\partial n}\right| r_2 = -v_n/k = f_2(x,y,z,t) \tag{3-2}$$

考虑到各向异性时，还可写为

$$k_x \frac{\partial h}{\partial x} l_x + k_y \frac{\partial h}{\partial x} l_y + k_z \frac{\partial h}{\partial z} l_z + q = 0 \tag{3-3}$$

式中：q 为单位面积上穿过的流量，相当于 v_n；l_x、l_y、l_z 为法外线 n 与坐标间的方向余弦。

在稳定渗流时，这些流量补给或出流边界上的流量常数 $q=$常数，或相应$\frac{\partial h}{\partial n}=$常数。不透水层面和对称流面以及稳定渗流的自由面，均属此类边界条件，即$\frac{\partial h}{\partial n}=0$。非稳定渗流过程中，变动的自由面边界除应符合第一类边界 $h^*=Z$ 外，还应满足第二类边界条件的流量补给关系。

第三类边界条件为混合边界条件，是指含水层边界的内外水头差和交换的流量之间保持一定的线性关系，即

$$h + \alpha \frac{\partial h}{\partial n} = \beta \tag{3-4}$$

式中：α 为正常数，它和 β 都是此类边界各点的已知数。

在解题时需要迭代法去满足水头 h 和$\frac{\partial h}{\partial n}$之间的已知关系。

3.1.2 渗流计算方法

土石坝渗流计算可分为流体力学解法和水力学解法两类，但广义的概念还包括图解法、数值解法以及各种试验的方法等。水力学解法是一种近似计算的方法。一般仅能得到渗流截面上平均的渗流要素，但因具有计算简便以及较能适应各种复杂边界条件的优点，而在实际工程中被广泛采用。从精度而言，水力学解法也能满足工程的需要。此外，采用模型试验与数值模拟计算分析相互验证法也是一种比较常见的方法。本节所叙述的土坝渗流计算的方法，主要是公式法和数值解法。

1. 公式法

公式法一般只能得到渗流断面上的平均渗流要素，但计算简便，实际工程中广泛采用，积累了丰富的经验。公式法仅适用于边界条件不太复杂和级别低的坝。

2. 数值解法

随着电子计算机和计算技术的发展，各种数值计算方法，如有限差分法、有限单元法、边界元法及其他算法在渗流计算中得到越来越广泛的应用。有限差分法使用比较早，在工程中应用广泛，计算机在工程中普遍应用以后，这种算法取得很大进展。我国早在20 世纪 70 年代采用有限元技术对黄河小浪底水库斜心墙坝的稳定渗流问题进行了研究，计算结果表明与电阻网模拟试验结果比较一致。之后结合多个水库工程进行了非稳定渗流

计算，并与电模拟试验进行对比分析，认识到有限单元法的很多优点，比如单元可任意大小、计算精度高、对边界适应性好以及能把计算方法编织成统一的标准化程序等。目前对各种类型的二维、三维稳定渗流和非稳定渗流、饱和与非饱和渗流、非达西流以及各向异性岩体裂隙渗流等都能够采用有限单元法计算程序进行分析。

3.1.3 关于浸润线的确定

采用有限元法、边界元法及离散元法等数值计算方法求解无压渗流时，最困难的问题之一便是浸润线（渗流自由面）的确定。由于浸润线的位置事先是未知的，必须迭代求解。浸润线属于混合边界问题，必须同时满足水头边界（第一类边界条件）和流量边界条件（第二类边界条件）。较为准确地确定浸润线，对于正确计算渗流场、分析边坡稳定和渗透稳定等问题，具有十分重要的意义。

浸润线的求解方法主要分为水力学法、流网法、试验法和有限单元法。下面简单介绍一下目前常用的水力学法和有限单元法。

（1）水力学法。对一些边界条件比较简单，渗流场为均质的情况下，可以使用水力学法。水力学法主要是对上游和下游坝段及流线作一些假定，将复杂的渗流域简化。一般对上游三角形坝段有平均流线法和矩形替代法，对下游三角形坝段有垂直等势线法、圆弧形等势线法、折线法、等势线法和替代法等。

（2）有限单元法。有限单元法是将实际的渗流场离散为有限个节点相互联系的单元体。首先求得单元体节点处的水头，同时假定在每个单元体内的渗透水头呈线性变化，进而求得渗流场中任一点处的水头和其他渗流要素。因此，采用有限元法确定土石坝坝体浸润线，不受边坡几何形状的不规则和材料的不均匀性限制，成果可靠性较高。

有限单元法的首要条件是将计算域离散，但对于有自由面的无压渗流，由于边界是未知的，计算域也未知。因此，计算结果的可靠性取决于能否正确地确定自由面。有自由面的渗流计算主要采用变动网格法和固定网格法。

3.2 堤坝稳定分析

3.2.1 稳定分析基本条件

1. 计算断面选取

对某一坝段尽量选最危险断面作为典型断面。通常计算断面按以下原则选取：选取坝的最大断面；当坝基存在控制坝破稳定的不利结构面、软弱夹层或覆盖层时，应当选取对应部位的断面；若坝基地层或筑坝土石料沿坝轴线方向不相同时，应分坝段进行稳定计算，确定相应的坝坡；当各坝段采用不同坡度的断面时，每一坝段的坝坡应根据该坝段中最大断面确定。

2. 计算工况

控制抗滑稳定的有施工期（包括竣工时）、稳定渗流期、水库水位降落期和正常运用遇地震等不同条件，一般按下列 3 种运用条件计算。

(1) 正常运用条件（持久状况）：正常运用条件下稳定渗流期的上、下游坝坡；正常运用条件下水库水位降落期的上游坝坡。

(2) 非常运用条件Ⅰ（短暂状况）：非常运用条件下施工期的上、下游坝坡；非常运用条件下水库水位降落期的上游坝坡。

(3) 非常运用条件Ⅱ（偶然状况）：正常运用条件下遇地震的上、下游坝坡。

3.2.2 计算方法及其适用条件

1. 计算方法

坝坡的抗滑稳定计算方法，当前主要分为刚体极限平衡法和基于有限元的强度折减法两大类。基于有限元的强度折减法因所需参数多、临界状态的判别没有统一的标准、判别准则难以定量等缺点，尚未得到广泛应用。

刚体极限平衡法依据计算滑面的形状可分为圆弧滑动计算方法（简称为圆弧法）和非圆弧滑动计算方法（简称为非圆弧法）两大类。常用圆弧法有瑞典圆弧法、简化毕肖普法等；常用的非圆弧法有摩根斯顿-普赖斯法和滑楔法等。本节仅对圆弧滑动计算方法进行介绍，其计算简图如图3-1所示。

圆弧滑动的抗滑稳定安全系数 K，可采用瑞典圆弧法和简化毕肖普法进行计算。

(1) 瑞典圆弧法。

$$K=\frac{\sum\{[(W\pm V)\cos\alpha-ub\sec\alpha-Q\sin\alpha]\tan\varphi'+c'b\sec\alpha\}}{\sum[(W\pm V)\sin\alpha+M_c/R]} \tag{3-5}$$

(2) 简化毕肖普法。

$$K=\frac{\sum\{[(W\pm V)\sec\alpha-ub\sec\alpha]\tan\varphi'+c'b\sec\alpha\}[1/(1+\tan\alpha\tan\varphi'/K)]}{\sum[(W\pm V)\sin\alpha+M_c/R]} \tag{3-6}$$

式中：W 为土条重力，kN；Q、V 为地震水平、垂直惯性力（正方向如图3-1所示），kN；u 为作用于土条底面的空隙压力 kN；α 为条块重力线与通过此条块底面中点的半径之间的夹角，(°)；b 为土条宽度，m；c'为土条底面的有效应力抗剪强度指标中的黏聚力，kPa；φ'为土条底面的有效应力抗剪强度指标中的摩擦角，(°)；M_c 为地震水平惯性力对圆心的力矩，kN·m；R 为圆弧半径，m。

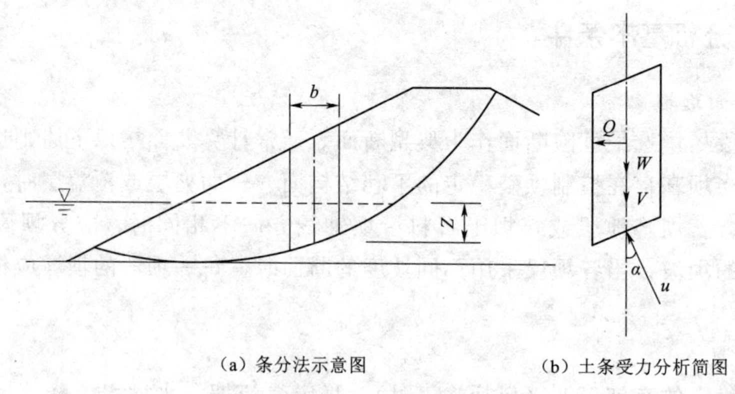

(a) 条分法示意图　　(b) 土条受力分析简图

图3-1　圆弧滑动条分法示意图

2. 适用条件

(1) 瑞典圆弧法。适用于圆弧滑裂面，一般用于计算没有软弱土层或结构面的均质坝、厚斜墙坝和厚心墙坝，计算中不考虑条块间作用力，且数值分析不存在问题；计算出的安全系数在"$\varphi=0$"的分析中是完全精确的；对于圆弧滑裂面的总应力法，可得到基本正确的结果；当圆弧夹角和孔隙水压力均较大时，与毕肖普法的计算结果相差较大；在平缓边坡和高孔隙水压力情况下，有效应力法的计算结果偏小；此方法应用的时间长，积累了丰富的工程经验。一般得到的安全系数偏低，即偏于安全方面，故目前仍然是工程上常用的方法。

(2) 简化毕肖普法。适用于圆弧滑裂面，一般用于计算没有软弱土层或结构面的均质坝、厚斜墙坝和厚心墙坝，条块间侧向作用力为水平向，满足力矩平衡和竖向力的平衡，不满足水平向力的平衡，有时会遇到数值分析问题；得到的安全系数较瑞典法略高一些。如果使用简化毕肖普法计算出的安全系数反而比瑞典圆弧法小，那么可以认为简化毕肖普法的计算中出现了数值分析问题，这种情况下，瑞典圆弧法的计算结果好于简化毕肖普法；在圆弧滑裂面中，如果没有出现数值分析问题，在所有条件下的计算结果都是比较精确的；计算精度较高，是目前工程中很常用的一种方法。

3.2.3 稳定安全系数标准

土石坝稳定安全系数的选取标准与计算中所选用的方法有关。

(1) 采用计及条块间作用力的计算方法时，坝坡抗滑稳定的安全系数应小于表 3-2 中规定的数值。

(2) 采用不计条块间作用力的瑞典圆弧法计算坝坡抗滑稳定安全系数时，对 1 级坝正常运用条件最小安全系数应不小于 1.30，其他情况应比表 3-2 规定的数值减小 8%。

(3) 对于狭窄河谷中的高土石坝，抗滑稳定计算还可计及三向效应，求取最小安全系数；对于特别高的坝或特别重要的工程，最小安全系数的容许值可作专门研究确定。

表 3-2　　坝坡抗滑稳定最小安全系数

运用条件	工程等级			
	1	2	3	4.5
正常运用条件	1.50	1.35	1.30	1.25
非正常运用条件Ⅰ	1.30	1.25	1.20	1.15
非正常运用条件Ⅱ	1.20	1.15	1.15	1.10

3.3 理正岩土软件的基本功能及计算步骤

理正岩土模块可进行挡土墙设计、抗滑桩设计、软土路堤及堤坝、岩质边坡分析、边坡滑坍治理、渗流分析计算、边坡稳定分析、降水沉降分析、超级土钉设计、地基处理计算（各个处理方法）、弹性地基梁、重力坝设计、水力学计算、隧道衬砌设计、建坡挡土墙等，如图 3-2 所示。

图3-2 理正岩土软件基本功能模块

其具体计算步骤如下：

(1) 打开理正软件相应模块。

(2) 选择计算内容。

(3) 输入数据。

(4) 点击计算。

(5) 输出结果。

(6) 计算完成。

3.4 理正岩土软件中的渗流与稳定计算

3.4.1 理正岩土模块中的渗流与稳定计算步骤

1. 渗流分析计算

理正岩土模块中堤坝渗流场的计算过程可分为：

(1) 用AutoCAD建立模型并保存为.dxf文件。

(2) 打开理正软件渗流计算模块，输入数据。

(3) 点击计算，输出结果。

(4) 得出渗流计算结果。

2. 边坡稳定分析

理正岩土模块中堤坝稳定分析的计算过程可分为：

(1) 进入理正软件稳定模块，读入渗流计算时创建的.lzsl文件。

(2) 输入相应数据。

(3) 先计算上游稳定，再镜像原始数据成.WD3文件，以便计算下游稳定。

(4) 读入文件，点击计算。

(5) 得出稳定计算结果。

3.4.2 工程案例

【例 3-1】 某一黏土斜墙加固土石坝如图 3-3 所示，其各节点的坐标数据见表 3-3，大坝物理参数见表 3-4，计算其加固后大坝在坝前水深（10.33m）时其渗流场情况，给出其等势线与流线分布图，并采用瑞典圆弧法计算其上、下游坡抗滑稳定系数。（注：在计算过程中，水下内摩擦角和水下黏聚力均不进行折减。）

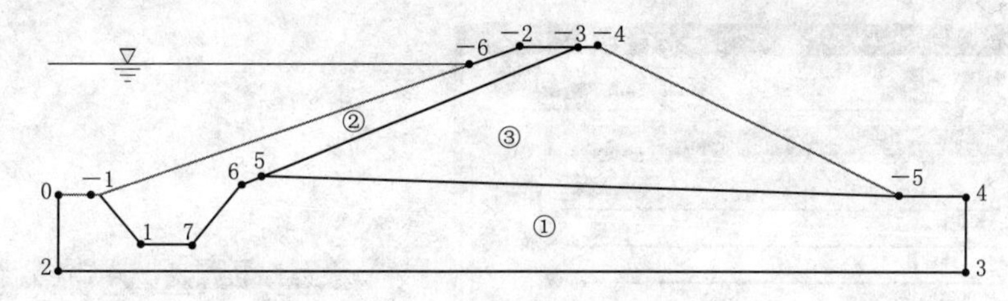

图 3-3 黏土斜墙土石坝

表 3-3 各节点的坐标数据表

节点编号	0	-1	-2	-3	-4	-5	-6	-7
坐标 X/m	0.000	4.000	45.052	50.847	52.847	82.109	25.000	79.608
坐标 Y/m	0.000	0.000	11.729	11.729	11.729	0.000	6.000	1.000
节点编号	0	1	2	3	4	5	6	7
坐标 X/m	0.000	8.106	0.000	88.675	88.675	19.966	17.791	13.106
坐标 Y/m	0.000	-3.891	-6.000	-6.000	0.000	1.514	0.794	-3.891

表 3-4 大坝物理参数表

部位	岩土类别	分区	湿密度 /(g/cm^3)	饱和密度 /(g/cm^3)	黏聚力 /kPa	内摩擦角 /(°)	渗透系数 /(cm/s)
坝体填土	含砾低液限黏土	①	1.87	2.00	24	16	5.5×10^{-4}
黏土斜墙	低液限黏土	②	1.40	1.67	20	19	1×10^{-5}
坝基土	强风化泥质粉砂岩	③	2.00	2.18	45	30	1.5×10^{-5}

解： 以下运用理正岩土软件分别对【例 3-1】开展渗流计算和稳定分析。

1. 渗流分析

根据算例中已知条件，以下为运用“理正岩土计算软件”中“渗流分析计算”模块的计算步骤。

(1) 用 AutoCAD 软件建立模型，须使用 Line 线命令画图并精准定位，如图 3-4 所示；运行 DXFOUT 命令或使用另存为将文件保存为 .dxf 格式文件（工作目录下），注意导入时图形单位是 m。

(2) 进入理正岩土软件主界面，点击左上角工作目录可修改工作路径，见图 3-5。

此时，指定的工作路径是软件包含的所有模块的工作路径，进入某一计算模块后，还可以通过“选工程”按钮重新指定此模块的工作路径，如图 3-6 所示。

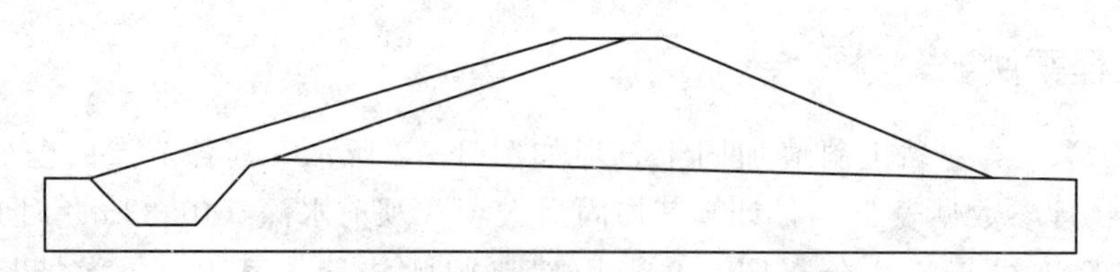

图 3-4　大坝典型横断面 CAD 模型图

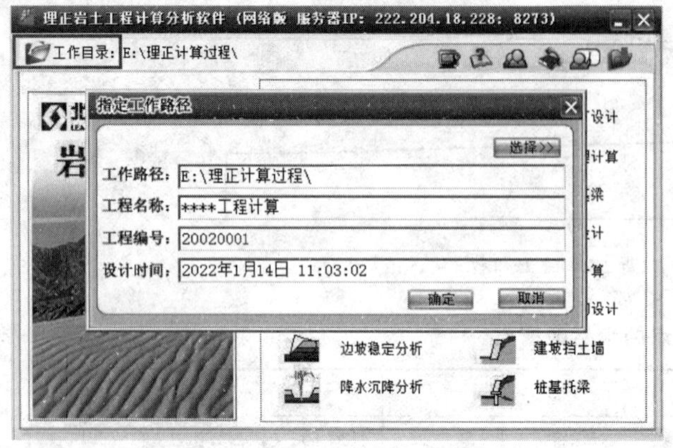

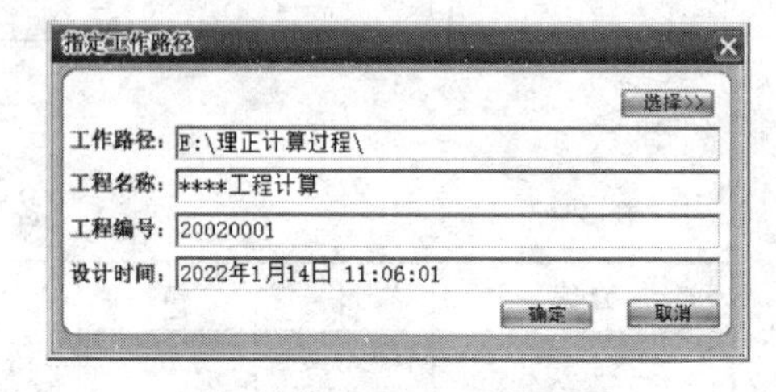

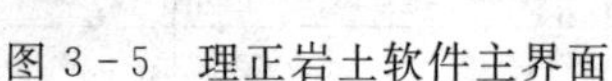

图 3-5　理正岩土软件主界面

图 3-6　选择工作路径

（3）计算模块和计算项目的选择。

1）计算模块的选择，如图 3-7 所示。

2）计算项目的选择。

在此，针对本项目渗流分析问题选取软件中有限元分析法，如图 3-8 所示。

图 3-7　选择计算模块

图 3-8　选择渗流分析计算方法

（4）新增计算项目。

点击“工程操作”中的“增加项目”或“增”按钮来新增计算项目，就会出现新增项目选用模板选项卡，选择相应的项目，点击确认，见图 3-9。

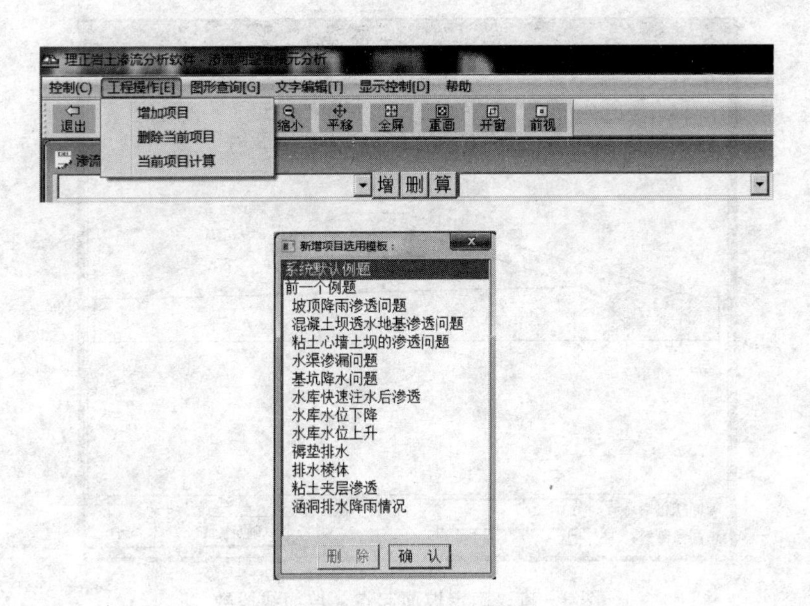

图 3-9 新增计算项目

(5) 读入先前由 CAD 创建的 DXF 模型文件。

点击“辅助功能”，选择“读入 DXF 文件自动形成坡面、节点、土层数据”，选择刚才生成的 DXF 文件，如图 3-10 所示。

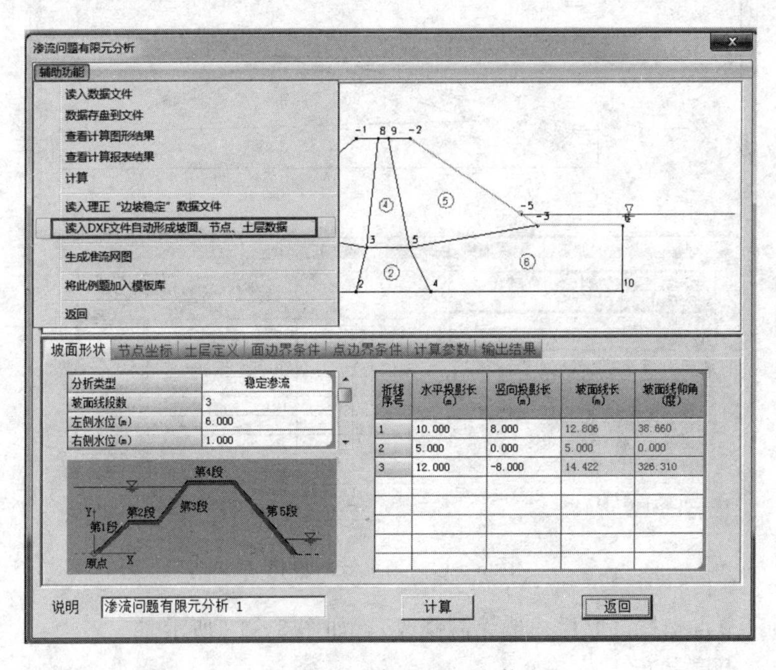

图 3-10 读入 DXF 文件

坡面线起始点号、坡面线段数的确认，可参考图 3-11 左下角。

(6) 原始数据编辑。

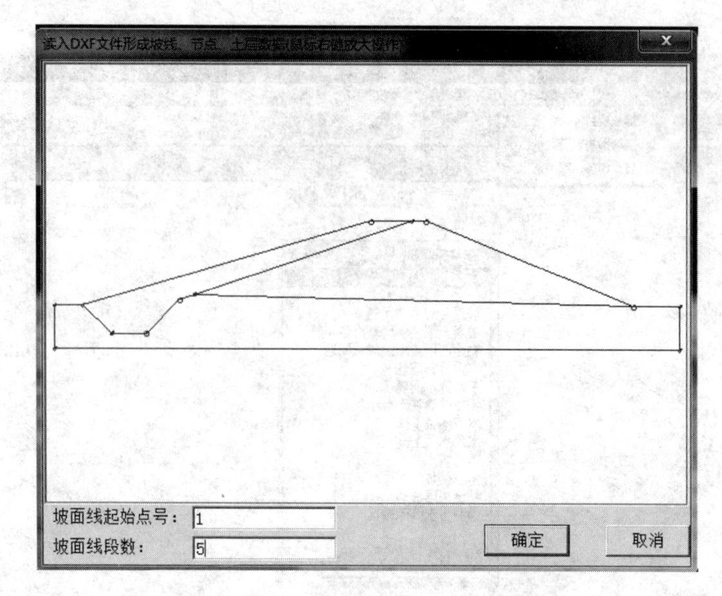

图3-11 确定坡面起点、坡面线段数

1）选项：坡面形状（可对上、下游水位进行修改），如图3-12所示。

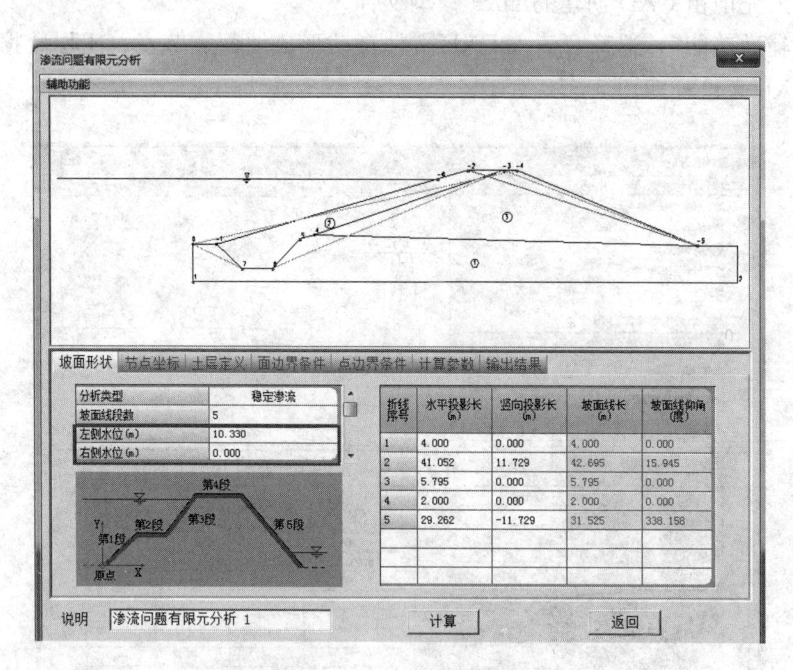

图3-12 确定坡面形状

2）选项：节点坐标（此栏一般无需修改），如图3-13所示。

3）选项：土层定义。

K_x、K_y 为土层的 x、y 向的渗透系数，同一土层两数相等且等于土层渗透系数，对应区号输入渗透系数值和 α 值（若无资料则 α 值都为0）计算即可，如图3-14所示，注意需将单位转化为m/d。

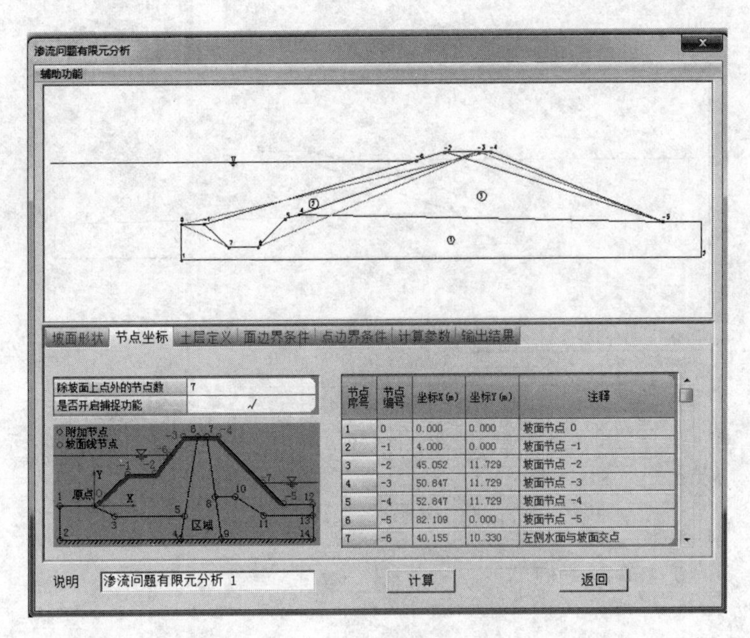

图 3-13　确定节点坐标

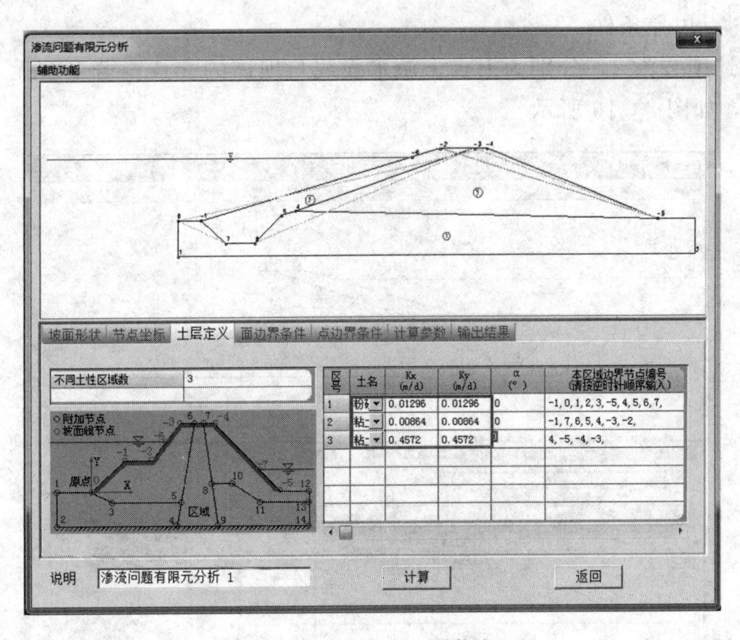

图 3-14　输入土层信息

4）选项：面边界条件。

面边界条件中，顺时针输入计算所需要的坡面信息（即始末节点编号）。面边界个数为已知水头的坡面及浸润线可能经过的面的个数的和，即上游所有水面线以下的坡面加上坝基上表面，下游所有坡面。如图 3-15 所示，通常操作本软件时，蓝色为已知水头的坡面，红色为可能的浸出面（下游坡面既是可能的浸出面，又是已知水头的坡面）。

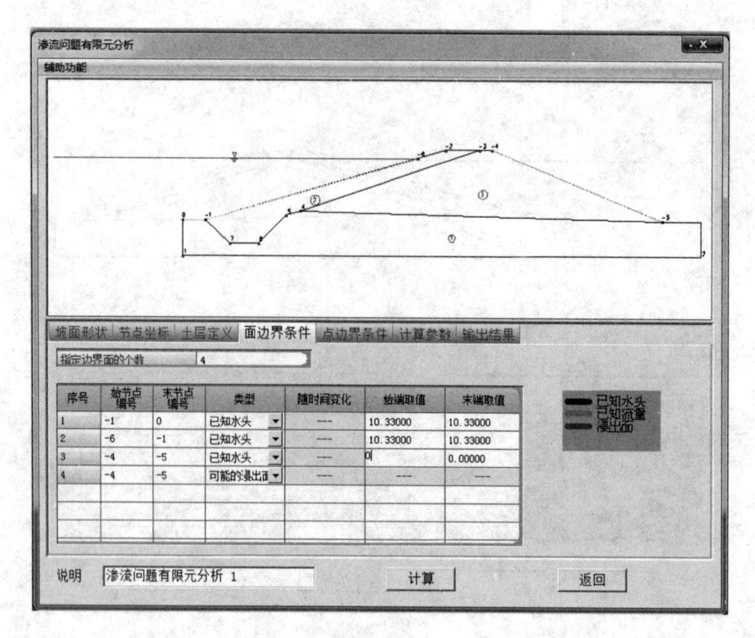

图 3-15　输入面边界条件

5）选项：点边界条件。

边界点描述项数为2，分别为上、下游水面线与坝体的交点，若下游无水则为下游坝脚，取值为0，如图3-16所示。

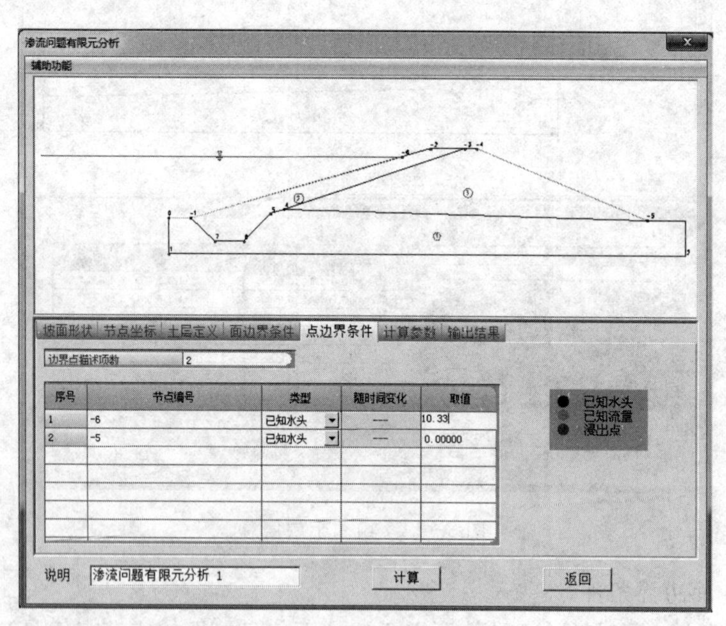

图 3-16　输入点边界条件

6）选项：计算参数（此栏一般无需修改），如图3-17所示。

7）选项：输出结果。

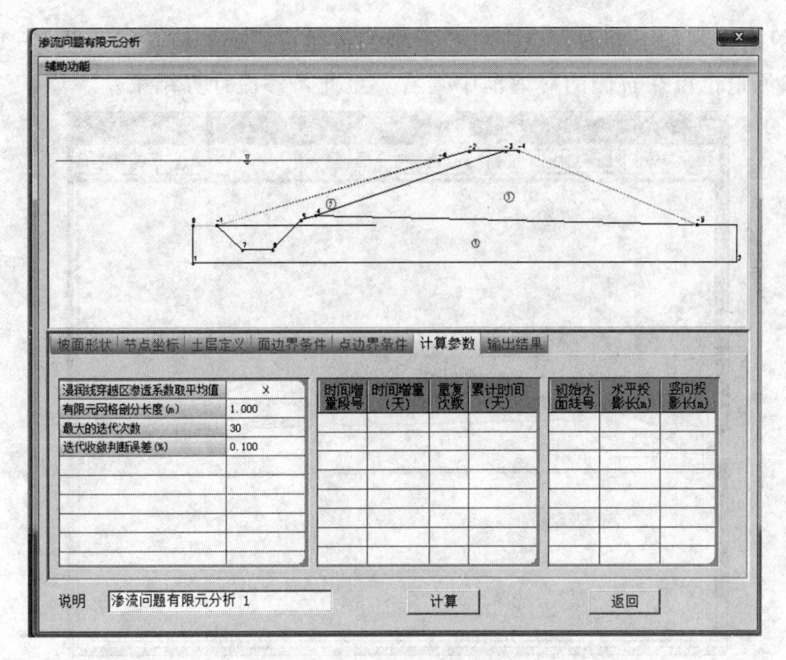

图 3-17　确定计算参数

在 X 坐标、Y 坐标输入栏里输入数值使图中圈中的黄色线条趋于图中部，上下接近上下底但是不超出，在“‘理正边坡稳定’接口文件”一栏输入一个文件名，以便在选定的工作路径中生成一个 .lzsl 文件用来计算稳定。点击计算即可输出结果，见图 3-18。

（7）计算结果的查看。

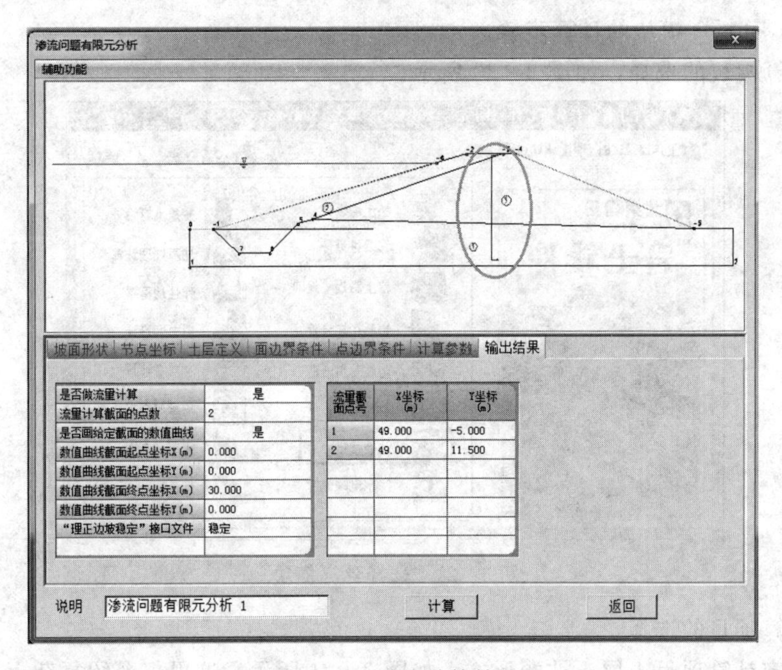

图 3-18　输出计算结果

点击计算后出现如下界面，点击红色圈中的按钮可完成相应功能（图 3-19 为加等势线结果），渗流量也可在右侧的对话框中查看。至此，渗流计算结束。

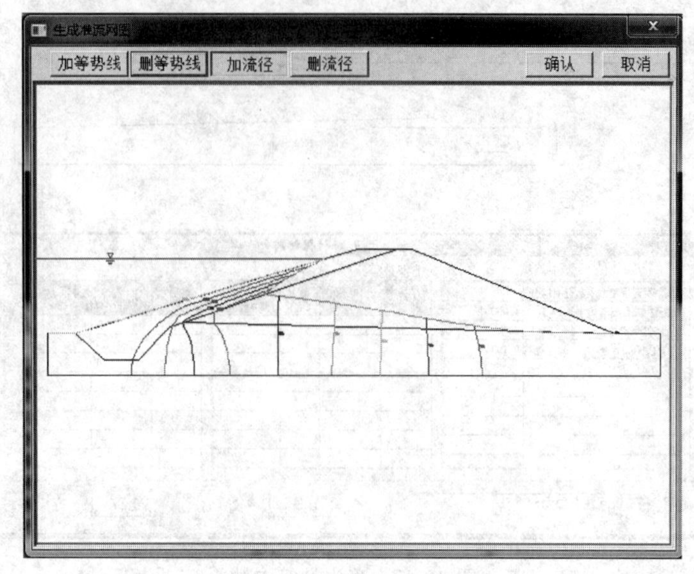

图 3-19　查看计算结果

素材 1

上述步骤可通过观看【例 3-1】渗流分析演示视频（可扫描其二维码获取）辅助学习。

2. 稳定分析

根据算例中已知条件，以下为运用“理正岩土计算软件”中“边坡稳定分析”模块的计算步骤。

（1）计算模块的选择，如图 3-20 所示。

图 3-20　选择计算模块

（2）计算项目的选择。

选择稳定计算项目土层土坡的形式，如图 3-21 所示，这里仅介绍复杂土层土坡的稳定计算。

(3) 工作路径的选择。

通过“选工程”按钮指定此模块的工作路径，如图 3-22 所示。

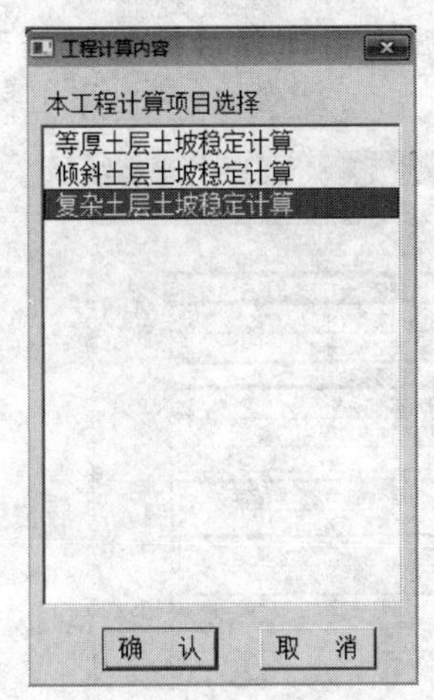

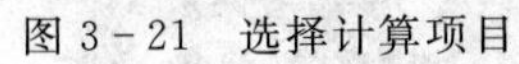
图 3-21 选择计算项目

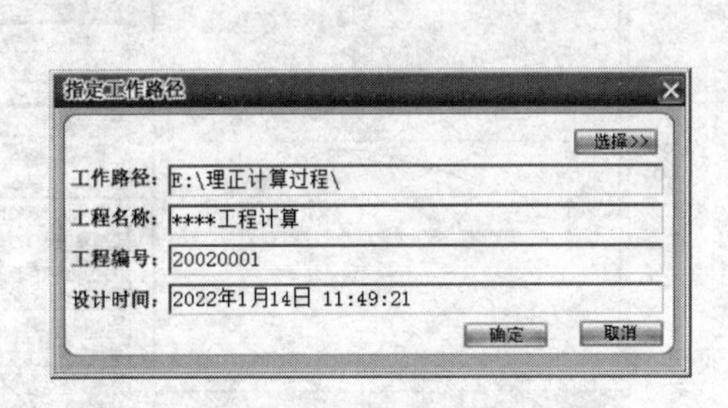

图 3-22 选择工作路径

(4) 新增计算项目。

点击“工程操作”中的“增加项目”或“增”按钮来新增计算项目，就会出现新增项目选用模板选项卡，选择相应的项目，点击确认，见图 3-23。

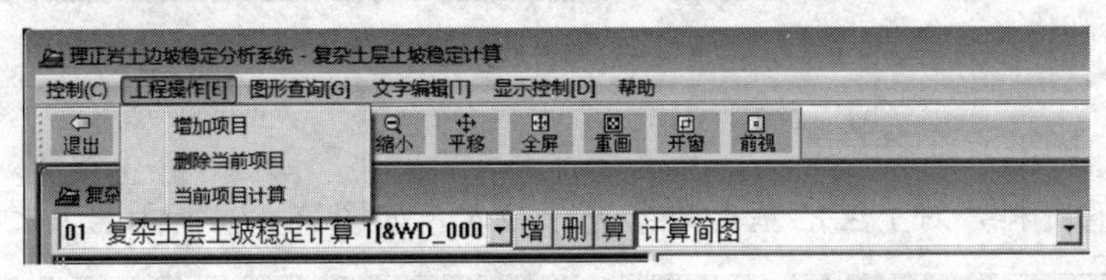

图 3-23 新增计算项目

(5) 读入先前做渗流计算时创建的 .lzsl 文件，如图 3-24 所示。

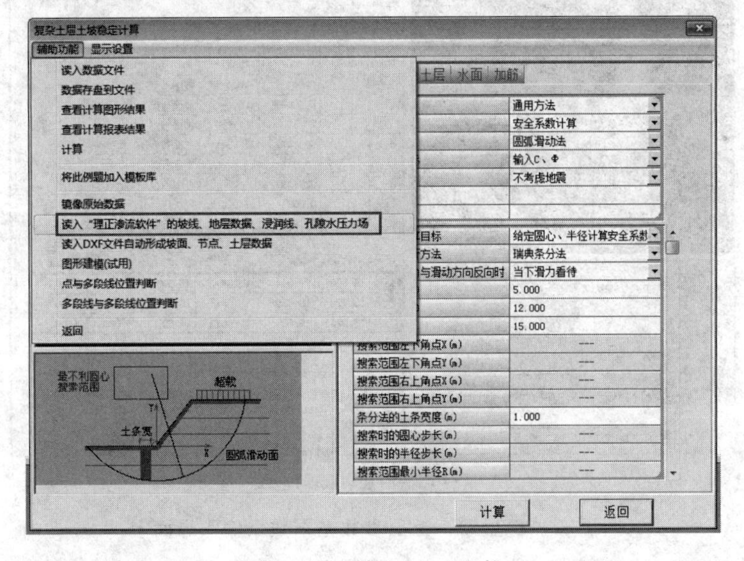

图 3-24 读入 .lzsl 文件

（6）原始数据编辑。

1）选项：基本。

在基本选项卡中，可对本次设计采用的规范和圆弧稳定计算目标进行修改，如图 3-25 所示。

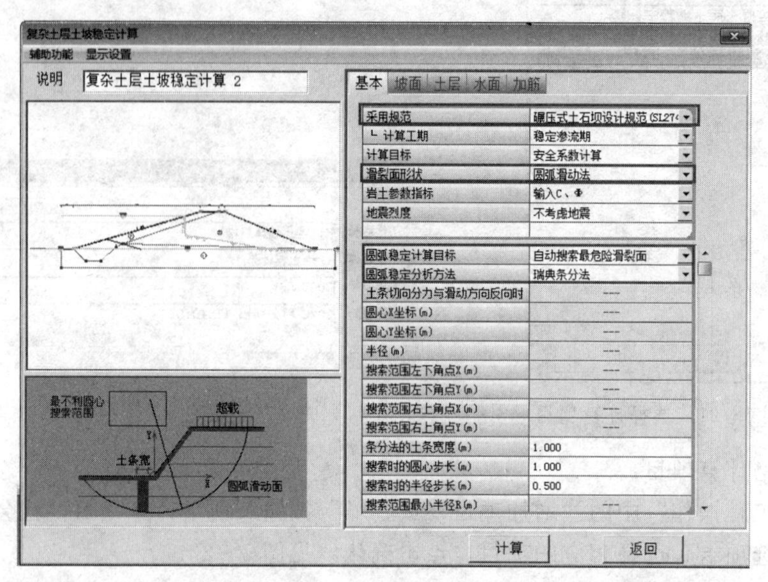

图 3-25 编辑基本信息

2）选项：土层。

按照给定的资料，对土层的基本数据进行输入，如图 3-26 所示。

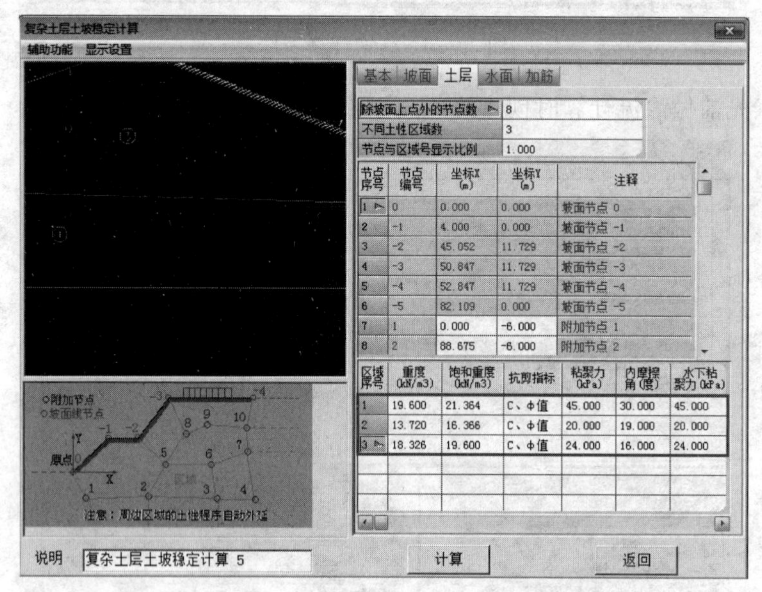

（a）土层的基本数据1输入

图 3-26（一） 土层参数基本数据输入界面

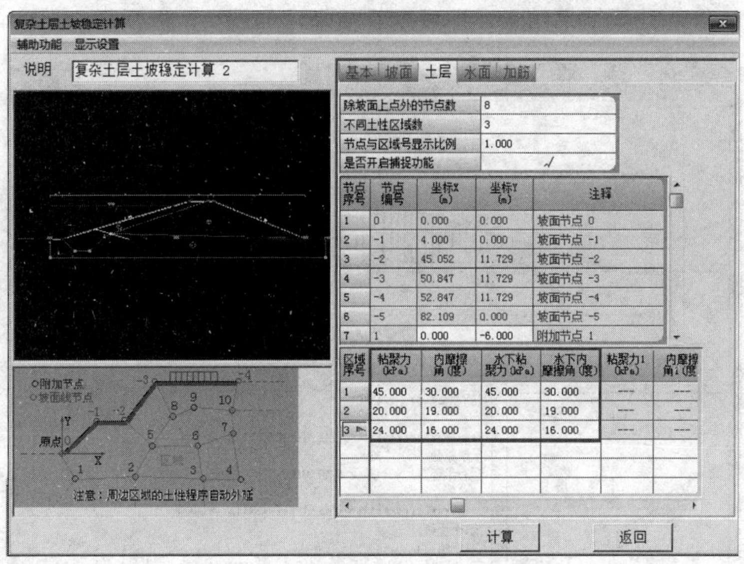

(b) 土层的基本数据2输入

图 3-26（二）　土层参数基本数据输入界面

注：土的黏结强度用于设置筋带的时候分析使用，是土体和材料之间的作用力。如果不设置筋带不用考虑黏结强度，其取值对计算结果无影响。

3）选项：水面。

按照设计要求，可对是否考虑水的作用、水作用考虑方法、是否考虑渗透压力和坡面外静水压力是否考虑进行修改，如图 3-27 所示。

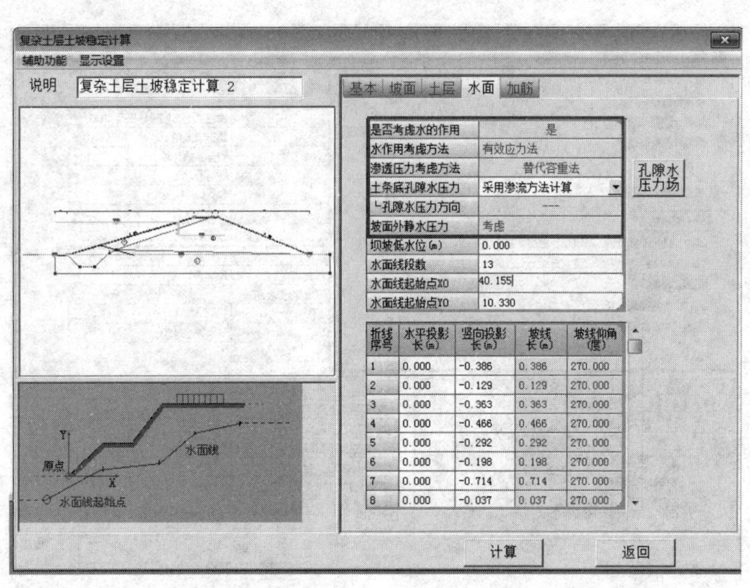

图 3-27　确定水面信息

注：坡面及加筋选项卡一般无需修改。

（7）上游坝坡稳定计算结果的查看。

点击计算，等待计算结果结束，即可查看结果，如图 3－28 所示。

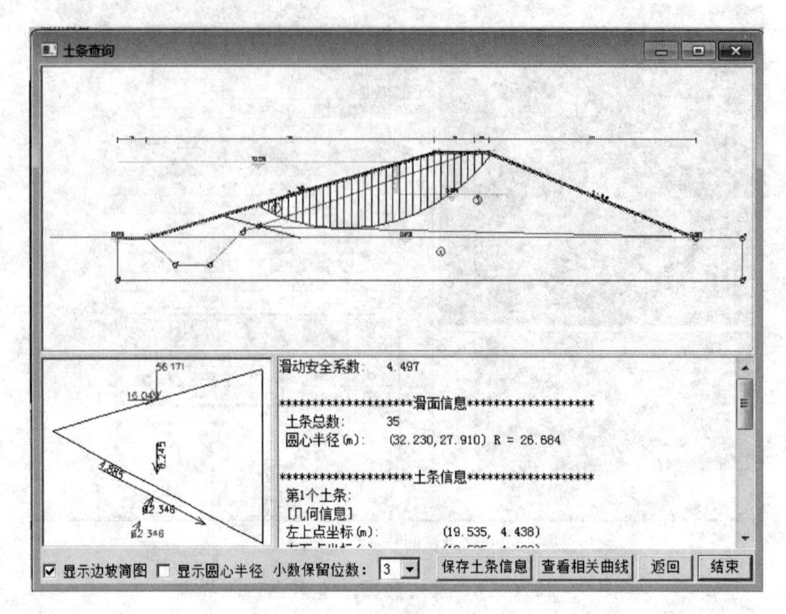

图 3－28　上游坝坡计算结果

(8) 镜像原始数据。

为完成下游坝坡稳定计算，点击“算”按钮，继续计算，点击辅助功能中的“镜像原始数据”，生成 . WD3 文件，如图 3－29 所示。

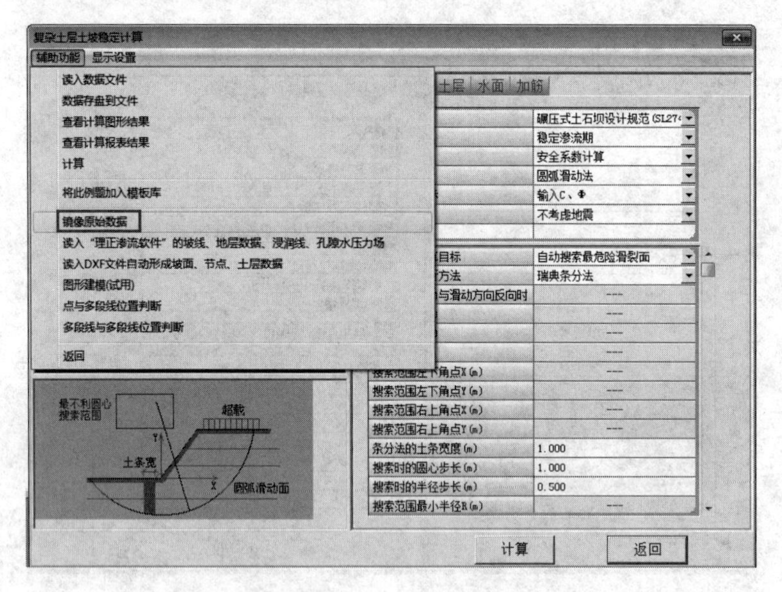

图 3－29　镜像原始数据

(9) 点击辅助功能中的“读入数据文件”，选择镜像生成的 . WD3 文件，点击计算，如图 3－30 所示。

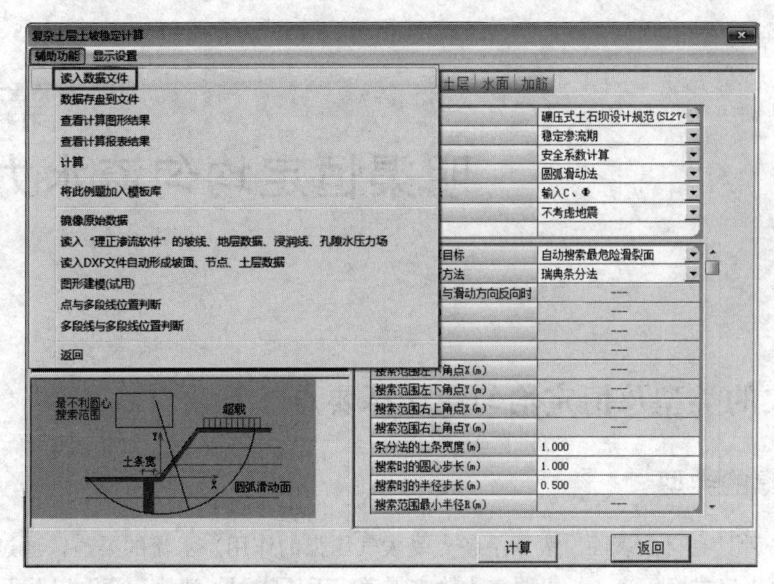

图 3-30 计算下游坝坡稳定

(10) 下游坝坡稳定计算结果的查看，见图 3-31，稳定分析计算完成。

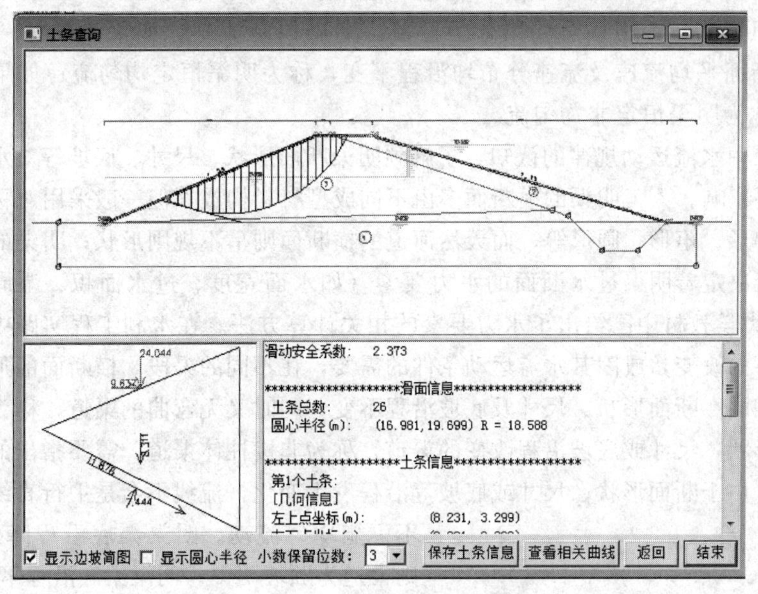

图 3-31 下游坝坡稳定计算结果

上述步骤可通过观看【例 3-1】稳定分析演示视频（可扫描其二维码获得）辅助学习。

素材 2

通过上述渗流计算与稳定分析，由其结果可知：其堤坝渗流场的分布情况、浸润线、孔隙水压力、上下游坝坡稳定系数等，比对土石坝抗滑稳定指标，该堤坝抗滑稳定满足工程设计标准，同时其计算结果可为其工程加固设计提供依据。

第4章 明渠恒定均匀流水力计算

4.1 明渠的类型及恒定均匀流计算要点

4.1.1 明渠的类型

明渠是一种具有自由表面（表面上各点受大气压强的作用）水流的渠道，通过其渠槽的水流被称为明渠水流或无压流。常见明渠为输水渠道、无压隧洞、渡槽、涵洞以及天然河道等。

层流和紊流，这两种液体运动的基本形态已由雷诺试验揭晓，对于明渠中水流按运动要素沿时间变化情况可为恒定流和非恒定流，通常明渠中水流的运动要素不随时间而变时，称为明渠恒定流，否则称为明渠非恒定流。明渠恒定流中，如果流线是一簇平行直线，则水深、断面平均流速及流速分布均沿程不变，称为明渠恒定均匀流；如果流线不是平行直线，则称为明渠恒定非均匀流。

通过对明渠中水流运动规律的认知，了解到明渠断面形状、尺寸、底坡等对水流的流动状态存在着重要影响。人工明渠的横断面多由不同成型材料构成，但一般采用对称的几何形状，如常见的梯形、矩形、圆形等，而天然河道的横断面则呈不规则形状；明渠的横断面形状、尺寸，直接决定着明渠过水断面的水力要素（如水面宽度、过水面积、湿周、水力半径），大部分水力学教材中已给出了水力要素的相关计算方法。在水利工程实践中，因场地地形、地质条件的改变，或因其水流运动条件的需要，在不同的渠段，横断面的形状、尺寸或底坡不完全相同。断面形状、尺寸及底坡沿程不变，同时又无弯曲的渠道，称为棱柱体渠道；而横断面形状、尺寸或底坡沿程改变的渠道，称为非棱柱体渠道。需要指出的是，在非棱柱体渠道中，由于断面形状、尺寸或底坡等沿程发生变化，流线不会是平行直线，故水流不可能均匀流动。明渠渠底沿程降低即下坡，则渠道为顺坡明渠；明渠渠底沿程不变即平底，则渠道为水平明渠；明渠渠底沿程升高即上坡，则渠道为逆坡明渠。考虑到明渠中重力与沿程摩阻力影响，在水平和逆坡渠段中，不可能发生均匀流动，只有在顺坡渠道才可能产生均匀流。从水力学相关教材可得知，只有顺坡渠道才可能产生均匀流。其原因可归纳为水流所受重力在其流动方向的分力与水流在流动方向上受到的顺坡摩阻力形成了平衡，如图4-1所示。

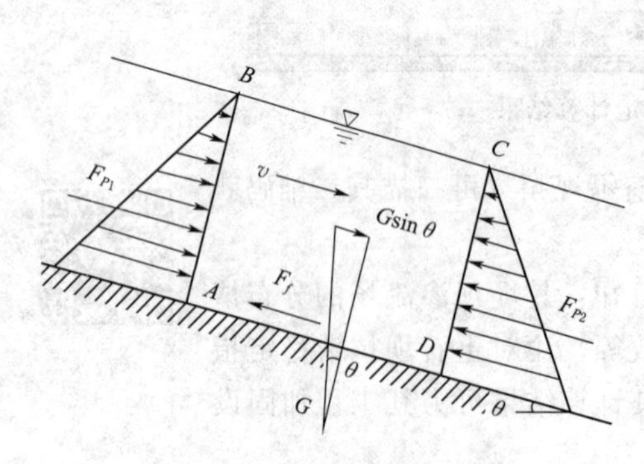

图4-1　明渠重力流计算简图

4.1.2　恒定均匀流的计算要点

通过对明渠均匀流的理论分析可知，其流线为一簇与底坡线相互平行的直线，同时具有过水断面的尺寸、水深、流速分布、平均流速沿程不变等特性。需要指出的是，过水断面在理论上应为与流线正交的平面，所以应该在垂直于底坡线方向取水深值，但在实际工程中，对于底坡较缓的明渠，常用铅垂方向的水深来代替真实水深。而形成明渠均匀流，除水流为恒定流、流量和顺坡粗糙度沿程不变外，渠道应无闸坝或跌水建筑物的局部干扰。显然实际工程中的渠道难以同时满足这些边界条件，对于顺直棱柱体渠道中的恒定流，当流量沿程不变时，只要渠道有足够长度，在离开渠道进口、出口或建筑物一定距离的渠段，多按均匀流处理，如图 4-2 所示。

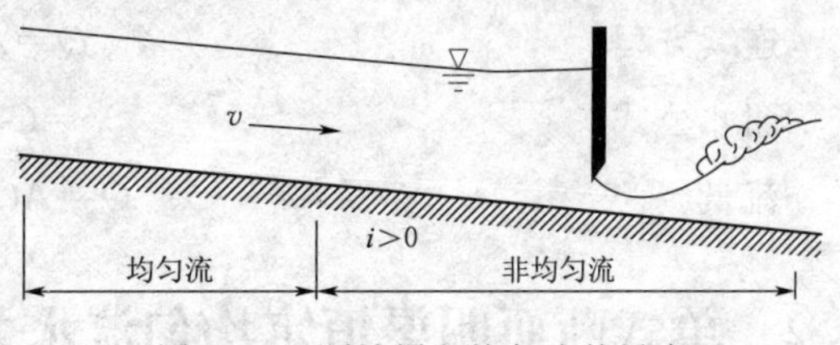

图 4-2　顺坡渠段均匀流的界定

明渠均匀流水力计算的基本公式包括恒定流的连续方程（横断面积与流速的乘积 $A_1V_1=A_2V_2$）、动力方程式（即谢才公式，$V=C\sqrt{Ri}$，其中，R 为水力半径；C 为谢才系数，可由曼宁公式或巴甫洛夫公式求得）。据此，明渠均匀流的流量计算公式可表示为

$$Q=AC\sqrt{Ri} \tag{4-1}$$

由式（4-1）可知，明渠的输水能力（流量）取决于过水断面的形状、尺寸、底坡和糙率的大小。设计渠道时，底坡坡度一般视地形条件或其他技术上的要求而定；糙率则主要取决于渠槽选用的建筑材料。在底坡坡度与糙率已定的前提下，渠道的过水能力取决于渠道的横断面形状及尺寸。从经济角度而言，在通过已知的设计流量时面积最小，或过水断面一定时通过的流量最大的断面称为水力最优断面。从几何学分析可知，面积一定时圆形断面的湿周最小，水力半径最大，因为半圆形的过水断面与圆形断面的水力半径相同，所以明渠的水力最优断面为半圆形断面。但半圆形断面不易施工，对于无衬护的土渠，两侧边坡往往达不到稳定要求，为此，半圆形断面难以普遍采用，只有在钢筋混凝土或钢丝网水泥渡槽等建筑物中才采用类似半圆形的断面。

此外，明渠设计中还有一个重要指标，即渠道断面尺寸。在过水流量一定的情况下，若断面尺寸过大，则其流速过小，会导致水流中挟带的泥沙淤积，降低渠道的过水能力；反之，其流速过大，则可能冲刷甚至破坏渠槽。

工程实践中所涉及的明渠均匀流的水力计算问题，主要有下列几种类型：

（1）已知渠道的断面尺寸（底宽 b、边坡系数 m）、底坡坡度 i、糙率 n，求通过的流量 Q 或流速 V。这大多属于对已建渠道的水力计算校核。

（2）已知渠道的设计流量 Q、底坡坡度 i、底宽 b、边坡系数 m 和糙率，求水深 h。

（3）已知渠道的设计流量 Q、底坡坡度 i、水深 h、边坡系数 m 及糙率 n，求渠道底宽 b。

（4）已知渠道的设计流量 Q、水深 h、底宽 b、糙率 n 及边坡系数 m，求底坡坡度 i。

（5）已知设计流量 Q、流速 V、底坡坡度 i、糙率 n 和边坡系数 m，要求设计渠道断面尺寸。

根据渠道的横断面形状、尺寸，就可以计算渠道过水断面的水力要素。水利工程中应用最广的梯形渠道，其过水断面的各水力要素关系以及计算公式如下：

水面宽度 $$B=b+2mh \tag{4-2}$$

过水断面面积 $$A=(b+mh)h \tag{4-3}$$

湿周 $$\chi=b+2h(1+m^2)^{1/2} \tag{4-4}$$

水力半径 $$R=A/\chi \tag{4-5}$$

连续方程 $$Q=AV \tag{4-6}$$

谢才公式 $$V=C\sqrt{Ri} \tag{4-7}$$

流量 $$Q=AC\sqrt{Ri} \tag{4-8}$$

4.2 单式断面明渠恒定均匀流水力计算

4.2.1 流量计算公式

根据连续方程和谢才公式，可得到计算明渠均匀流的流量计算公式为

$$Q=AC\sqrt{Ri} \tag{4-9}$$

或

$$Q=K\sqrt{i} \tag{4-10}$$

式中：K 为流量模数，$K=AC\sqrt{R}$ m^3/s，它综合反映明渠断面形状、尺寸和粗糙程度对过水能力的影响；谢才系数 C 与断面形状、尺寸及边壁粗糙程度有关；A 为断面面积，m^2；i 为明渠渠底纵向倾斜的程度，即为底坡坡度。

4.2.2 计算类型

根据设计条件及要求，单式断面明渠均匀流一般可分为以下4种计算情况：

（1）已知设计流量、渠底比降及渠底宽，计算水深。

（2）已知设计流量、渠底比降及水深，计算渠底宽。

（3）已知设计流量及过水断面面积、计算渠底比降。

（4）已知过水断面面积及渠底比降，计算过水流量。

上述第（3）、第（4）两种情况可由式（4-9）或式（4-10）直接求解。第（1）、第（2）两种情况是设计中常见的情况，但由于上述流量计算公式中 R、C 等值均包含有渠底宽及水深两个未知数，故无法直接求解，而需要经过反复试算才能得到计算结果。过去多是借助有关计算图表辅助计算，为减少计算工作量，现在则可采用电算。

4.2.3 计算案例

【例4-1】 已知某梯形断面渠道的渠底宽为 $b=1.5$m，水深为 $h=3.2$m，边坡系数为 $m=2.5$，渠底比降为 $i=1/7000$，糙率为 $n=0.025$。试计算过水流量。

解： 为佐证计算结果的有效性，下面采用手算法和电算法分别进行求解。

1. 手算法

根据算例中已知条件，以下为手算法的具体计算过程。

过水断面

$$A=(b+mh)h=(1.5+2.5\times3.2)\times3.2=30.4(\mathrm{m}^2)$$

湿周

$$\chi=b+2h\sqrt{1+m^2}=1.5+2\times3.2\times\sqrt{1+2.5^2}=18.73(\mathrm{m})$$

水力半径

$$R=\frac{A}{\chi}=\frac{30.4}{18.73}=1.623(\mathrm{m})$$

谢才系数

$$C=\frac{1}{n}R^{1/6}=\frac{1}{0.025}\times1.623^{1/6}=43.36(\mathrm{m}^{0.5}/\mathrm{s})$$

过水流量

$$Q=AC\sqrt{Ri}=30.4\times43.36\times\sqrt{1.623\times\frac{1}{7000}}=20.071(\mathrm{m}^3/\mathrm{s})$$

2. 电算法

根据算例中已知条件，为与手算法进行相互校验，以下为运用理正岩土计算软件进行电算的具体步骤。

(1) 打开理正岩土计算软件，进入“水力学计算”模块，见图4-3。

(2) 在弹出的窗口中选择“渠道水力学计算”，见图4-4。

图4-3 选择计算模块

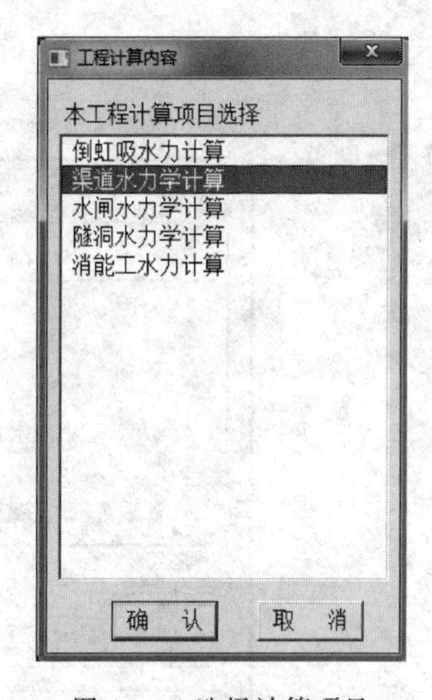

图4-4 选择计算项目

(3) 点击“增”来新建工程项目，见图4-5。

(4) 在弹出的窗口内选择“系统默认命题”，见图4-6。

(5) 输入“控制参数”。

输入参数的界面在上一步完成后会自动跳出，见图4-7，若发现参数错输或漏输，可通过点击步骤（3）中“增”右侧的“算”按钮，重新打开此界面，进行参数修改。

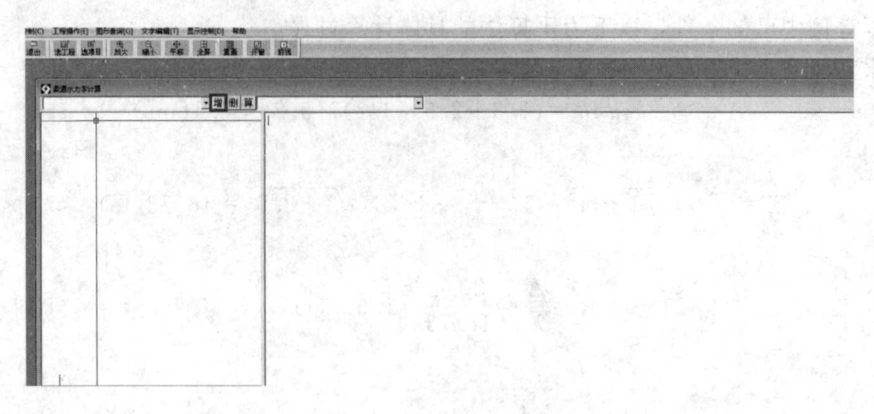

图 4－5　新建工程项目

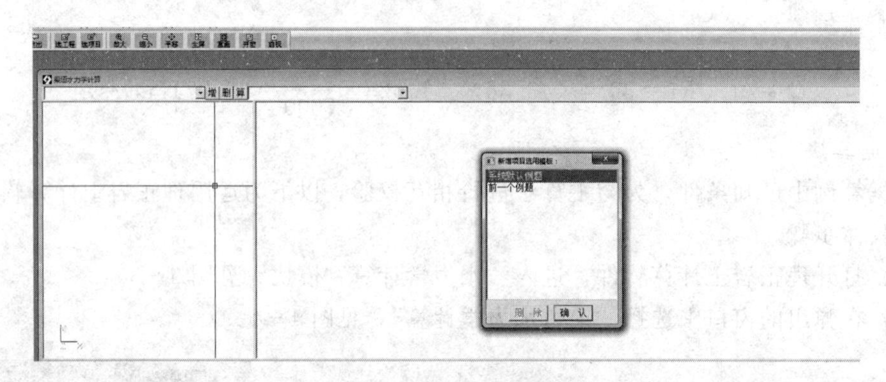

图 4－6　选用新增项目

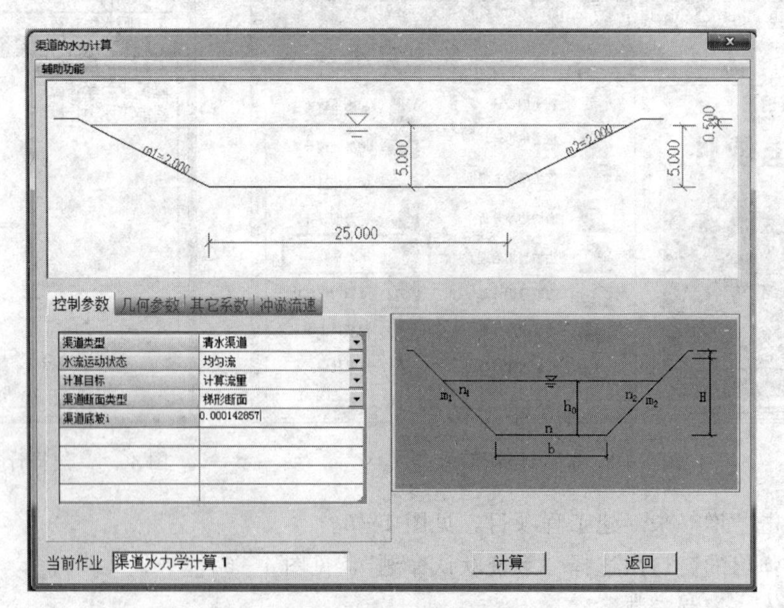

图 4－7　输入控制参数

（6）输入“几何参数”。

渠道深度 H 对流量计算结果无影响，但需高于下一行的渠底水深 h_0，见图 4-8。其他参数采用默认值。

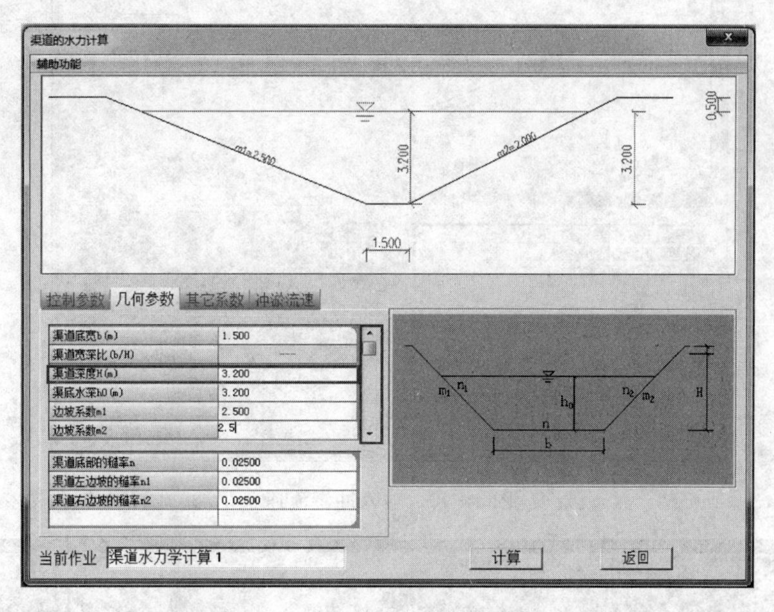

图 4-8　输入几何参数

（7）“其它系数”与“冲淤流速”，本例题中使用默认值，如图 4-9 和图 4-10 所示。

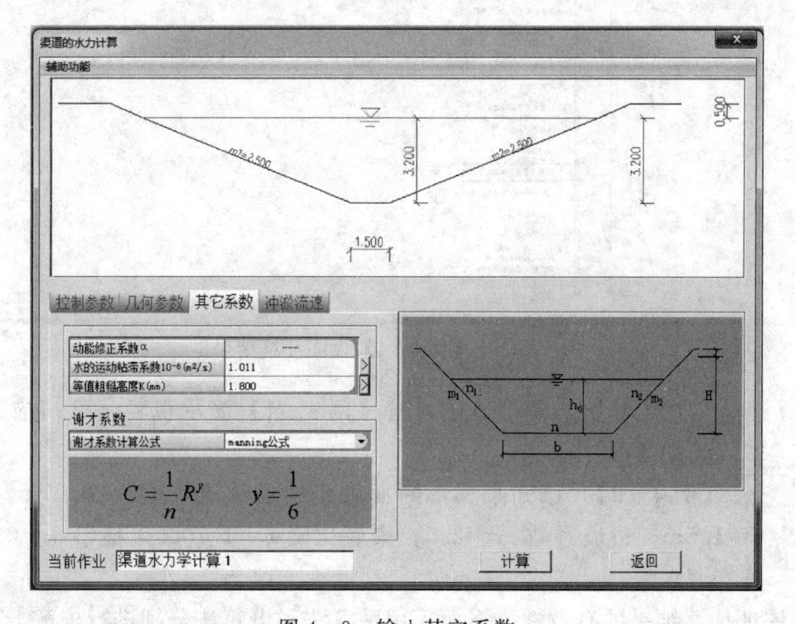

图 4-9　输入其它系数

（8）计算结果。

设置好所有参数后，单击“计算”，即可得到所有计算结果，如图 4-11 所示，使用滚动条可查看结果。本算例使用电算所得结果与手算所得结果一致，均为 $20.071\text{m}^3/\text{s}$。

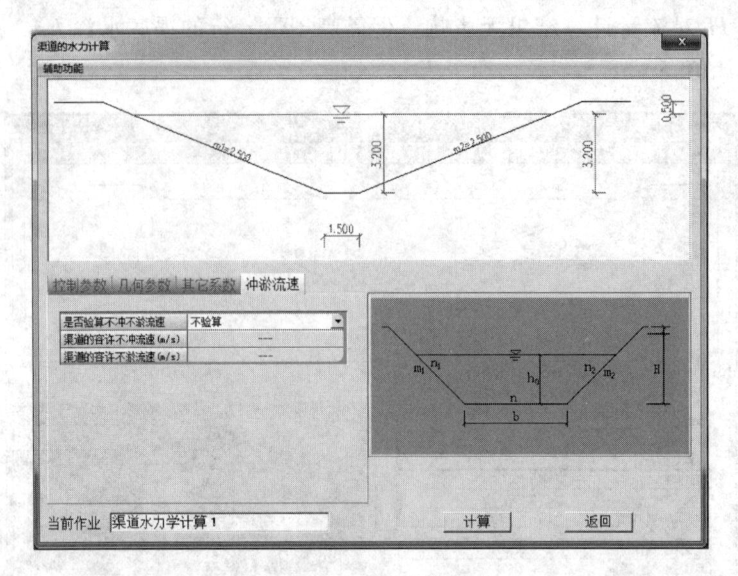

图 4-10　输入冲淤流速

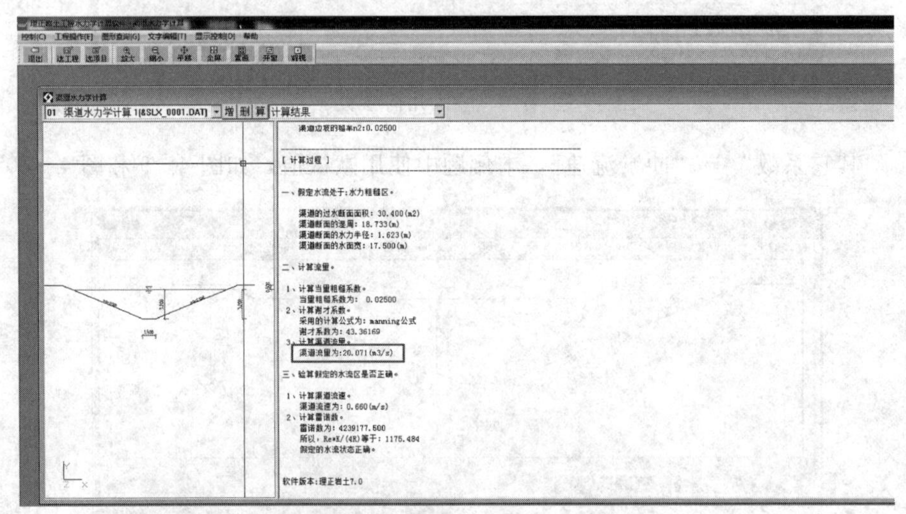

图 4-11　【例 4-1】最终计算结果

素材 3

上述电算法步骤可通过观看【例 4-1】演示视频（可扫描其二维码获取）辅助学习。

【例 4-2】 已知某梯形断面渠道的设计流量 $Q=20.07\text{m}^3/\text{s}$，渠底宽 $b=1.5\text{m}$，边坡系数 $m=2.5$，渠底比降 $i=1/7000$，糙率 $n=0.025$。试计算渠道水深。

解： 为佐证计算结果的有效性，下面采用手算法和电算法分别进行求解。

1. 手算法

本例无法由 $Q=AC\sqrt{Ri}$ 直接计算出水深，需通过假定不同的水深反复试算才能求得所需值。计算步骤：首先假定一个水深值，计算出相应的 A、R、C 等值，然后计算过水流量，如流量计算值小于设计流量，表明假定的水深偏小，再加大水深值重新计算；反之，则表明假定的水深偏大，再减小水深值重新计算，如此反复多次，直至假定的水深计算的过水流量等于或接近设计流量时，该水深即为所求水深。

现假设水深为 $h=3.2\text{m}$，按【例 4-1】手算法步骤算得

$$A=30.4(\text{m}^2);R=1.623(\text{m});C=43.36(\text{m}^{0.5}/\text{s})$$

进而求得过水流量为

$$Q=20.07(\text{m}^3/\text{s})$$

因上述流量计算值等于设计流量，表明假定的水深 3.2m 即为所求水深。

需要说明的是，本例省略了试算过程，实际上需试算多次，建议使用 Excel 表来编辑公式进行计算，以提高试算效率。

2. 电算法

根据算例中已知条件，为与手算法进行相互校验，以下为运用理正岩土计算软件中“水力学计算”模块进行电算的具体步骤。

(1) 前四步流程。

本例题电算流程与【例 4-1】电算流程步骤 (1) ～步骤 (4) 相同，不再赘述。

(2) 输入“控制参数”，如图 4-12 所示。

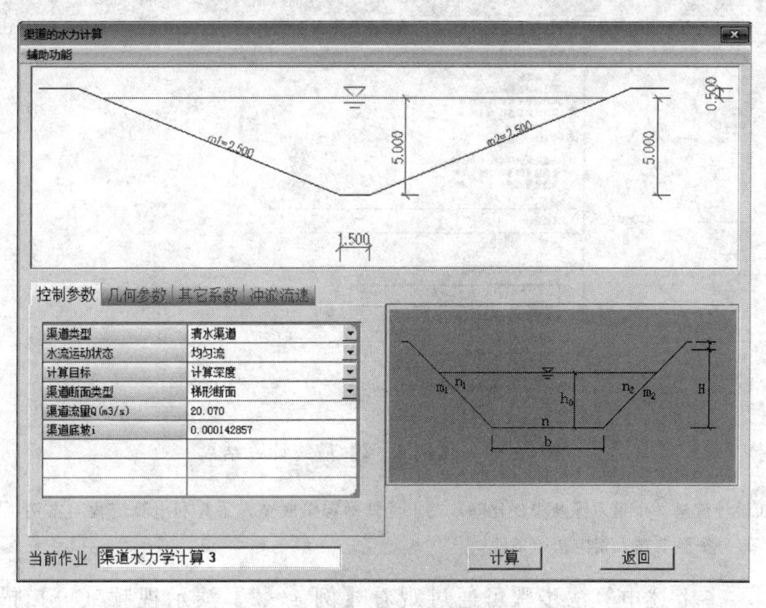

图 4-12　输入控制参数

(3) 输入“几何参数”，如图 4-13 所示。

(4)“其它系数”与“冲淤流速”，本例题中使用默认值。

(5) 计算结果。

设置好所有参数后，单击“计算”，即可得到所有计算结果，如图 4-14 所示。电算所得结果水深 $h=3.2\text{m}$，与手算结果一致。

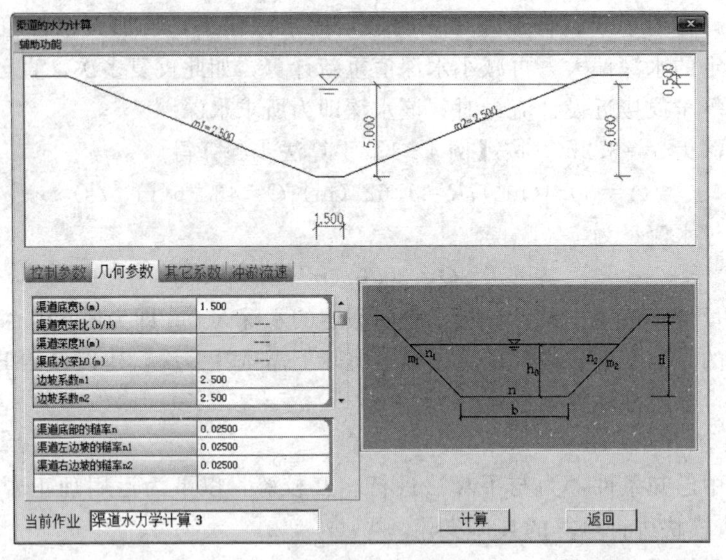

图 4 - 13 输入几何参数

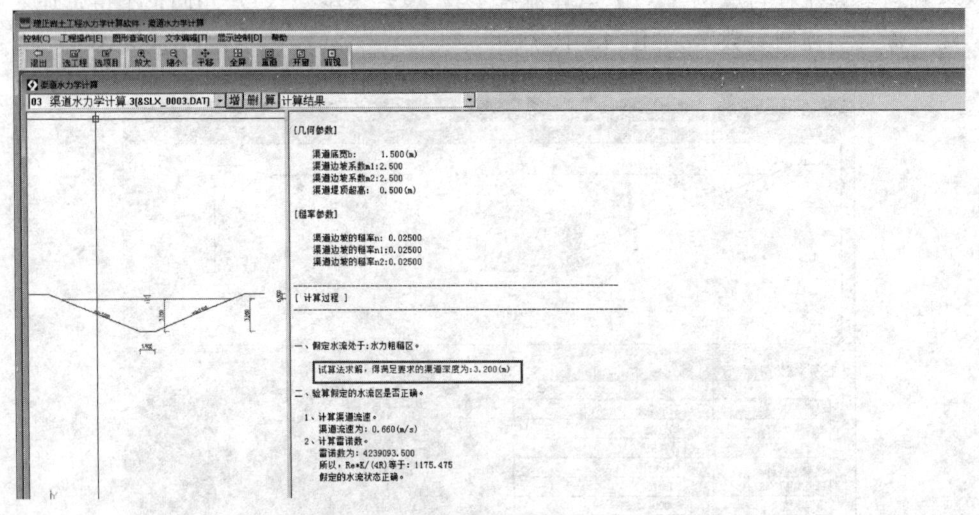

图 4 - 14 【例 4 - 2】最终计算结果

注：若已知设计流量、渠道水深及渠底比降，要求计算确定渠底宽，手算和电算流程与本例类似，但电算中需修改“计算目标”，并按要求输入相应初始条件。

上述电算法步骤可通过观看【例 4 - 2】演示视频（可扫描其二维码获取）辅助学习。

素材 4

4.3 复式断面明渠恒定均匀流水力计算

4.3.1 计算方法

计算分为按整体式过水断面计算与按深槽及滩槽分区式过水断面计算两种方法，两种方法的计算结果有一定出入。一般采用整体式过水断面的计算结果或两种方法计算结果的平均值，但当滩面过水较浅（$h-h_1<0.5$m）时，按整体式过水断面计算的渠槽输水能力偏小（甚至小于水深 $h=h_1$ 时的输水能力），此时，应按分区式过水断面计算，复式断面明渠恒定均匀流如图 4-15 所示。

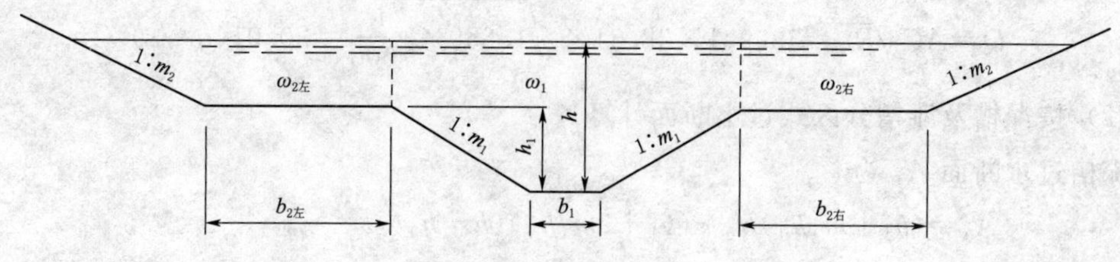

图 4-15　复式断面明渠恒定均匀流计算简图

4.3.2　计算案例

【例 4-3】 已知某复式断面渠槽的深槽底宽 $b_1=1.5$m，深度 $h_1=1.5$m，边坡系数 $m_1=1.5$，糙率 $n_1=0.025$；左滩面宽 $b_{2左}=2.5$m，右滩面宽 $b_{2右}=2.5$m，滩槽边坡系数 $m_2=2.0$，糙率 $n_2=0.030$；渠水深 $h=3.41$m，渠底降比 $i=1/7000$。试计算过水流量。

解： 为佐证计算结果的有效性，下面采用手算法和电算法分别进行求解。

1. 手算法

根据算例中已知条件，以下为手算法的具体计算过程。

（1）按整体式过水断面计算

过水断面 A 为

$$\begin{aligned}A&=(b_1+m_1h_1)h_1+[b_{2左}+b_{2右}+b_1+2m_1h_1+(h-h_1)m_2]\times(h-h_1)\\&=(1.5+1.5\times1.5)\times1.5+[2.5+2.5+1.5+2\times1.5\times1.5+(3.41-1.5)\\&\quad\times2]\times(3.41-1.5)\\&=33.931(\text{m}^2)\end{aligned}$$

湿周 χ_1 为

$$\begin{aligned}\chi_1&=b_1+2\times h_1\sqrt{1+m_1^2}\\&=1.5+2\times1.5\times\sqrt{1+1.5^2}\\&=6.908(\text{m})\end{aligned}$$

湿周 χ_2 为

$$\begin{aligned}\chi_2&=b_{2左}+b_{2右}+2(h-h_1)\sqrt{1+m_2^2}\\&=2.5+2.5+2\times1.91\times\sqrt{1+4}\\&=13.542(\text{m})\end{aligned}$$

综合糙率 n_c 为

$$n_c=\sqrt{\frac{\chi_1n_1^2+\chi_2n_2^2}{\chi_1+\chi_2}}=\sqrt{\frac{6.908\times0.025^2+13.542\times0.03^2}{6.908+13.542}}=0.0284$$

谢才系数 C 为

$$C=\frac{1}{n}R^{1/6}=\frac{1}{0.0284}\times 1.659^{1/6}=38.31(m^{0.5}/s)$$

过水流量 Q 为

$$Q=AC\sqrt{Ri}=33.931\times 38.31\times\sqrt{1.659\times\frac{1}{7000}}=20.01(m^3/s)$$

(2) 按深槽及滩槽分区式过水断面计算。

深槽过水断面 A_1 为

$$\begin{aligned}A_1&=(b_1+m_1h_1)h_1+(b_1+2m_1h_1)(h-h_1)\\&=(1.5+1.5\times 1.5)\times 1.5+(1.5+2\times 1.5\times 1.5)\times(3.41-1.5)\\&=17.085(m^2)\end{aligned}$$

滩槽过水断面 A_2 为

$$\begin{aligned}A_2&=(h-h_1)\times[b_{2左}+b_{2右}+(h-h_1)m_2]\\&=(3.41-1.5)\times[2.5+2.5+(3.41-1.5)\times 2]\\&=16.846(m^2)\end{aligned}$$

深槽湿周 χ_1 为

$$\chi_1=b_1+2h_1\sqrt{1+m_1^2}=1.5+2\times 1.5\times\sqrt{1+1.5^2}=6.908(m)$$

滩槽湿周 χ_2 为

$$\begin{aligned}\chi_2&=b_{2左}+b_{2右}+2(h-h_1)\sqrt{1+m_2^2}\\&=2.5+2.5+2\times(3.41-1.5)\times\sqrt{1+2^2}\\&=13.542(m)\end{aligned}$$

深槽水力半径 R_1 为

$$R_1=\frac{A_1}{\chi_1}=\frac{17.085}{6.908}=2.473(m)$$

谢才系数 C_1 为

$$C_1=\frac{1}{n_1}R_1^{1/6}=\frac{1}{0.025}\times 2.473^{1/6}=46.515(m^{0.5}/s)$$

滩槽水力半径 R_2 为

$$R_2=\frac{A_2}{\chi_2}=\frac{16.846}{13.542}=1.244(m)$$

谢才系数 C_2 为

$$C_2=\frac{1}{n_2}R_2^{1/6}=\frac{1}{0.030}\times 1.244^{1/6}=34.569(m^{0.5}/s)$$

深槽区流量 Q_1 为

$$Q_1=A_1C_1\sqrt{R_1i}=17.085\times 46.515\times\sqrt{2.473\times\frac{1}{7000}}=14.937(m^3/s)$$

滩槽区流量 Q_2 为

$$Q_2=A_2C_2\sqrt{R_2 i}=16.846\times34.569\times\sqrt{1.244\times\frac{1}{7000}}=7.763(\mathrm{m^3/s})$$

全断面流量 Q 为

$$Q=Q_1+Q_2=14.937+7.763=22.70(\mathrm{m^3/s})$$

(3) 计算结果比较。

按整体式过水断面和分区式过水断面计算的过水流量分别为 20.01$\mathrm{m^3/s}$ 和 22.7$\mathrm{m^3/s}$，前者较后者小约 11.85%，设计中可采用 20.01$\mathrm{m^3/s}$ 或两种方法计算结果的平均值 21.36$\mathrm{m^3/s}$。

2. 电算法

根据算例中已知条件，为与手算法进行相互校验，以下为运用理正岩土计算软件中“水力学计算”模块进行电算的具体步骤。

(1) 新建工程项目。

打开理正软件>选择“水力学计算”模块>选择“渠道的水力计算”>单击“增”来新建项目>选择“系统默认例题”。

(2) 输入“控制参数”，如图 4-16 所示。

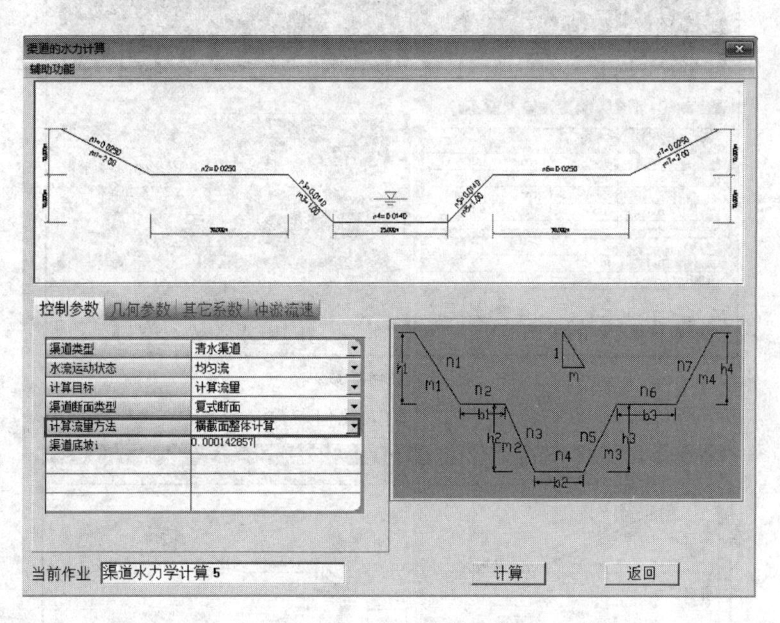

图 4-16 输入控制参数

“控制参数”面板中“计算流量方法”栏共三个选项，其中，“横截面整体计算”对应整体式过水断面计算，分区式过水断面计算包括“横截面分区计算”和“横截面按糙率分区计算”两种模式。

(3) 输入“几何参数”，如图 4-17 所示。

(4)“其它系数”与“冲淤流速”，本例中采用默认值，如图 4-18 和图 4-19 所示。

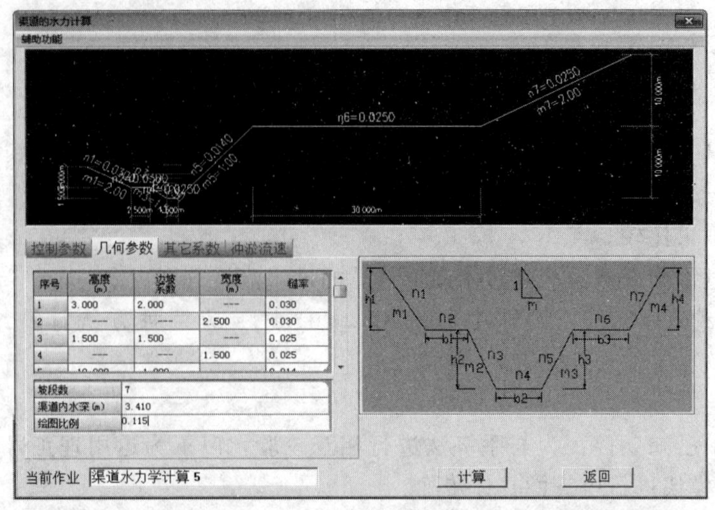

（a）几何参数1

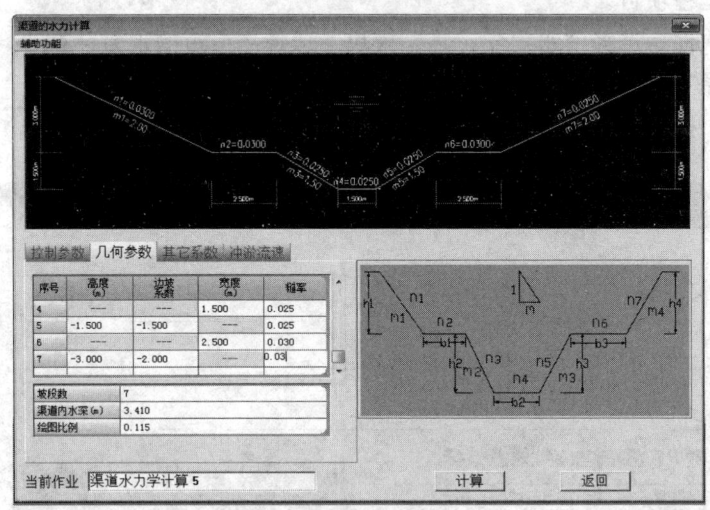

（b）几何参数2

图 4－17　输入几何参数

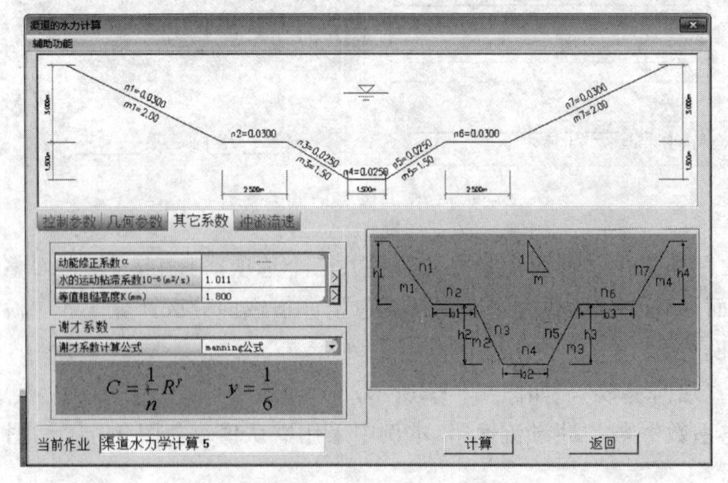

图 4－18　输入其它系数

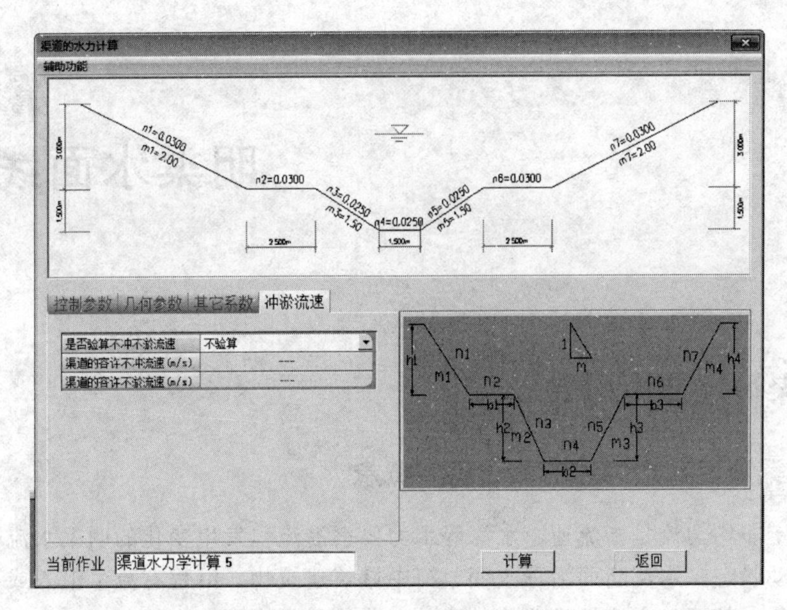

图 4－19　输入冲淤流速

（5）计算结果。

设置好所有参数后，单击“计算”，即可得到所有计算结果，如图 4－20 所示。

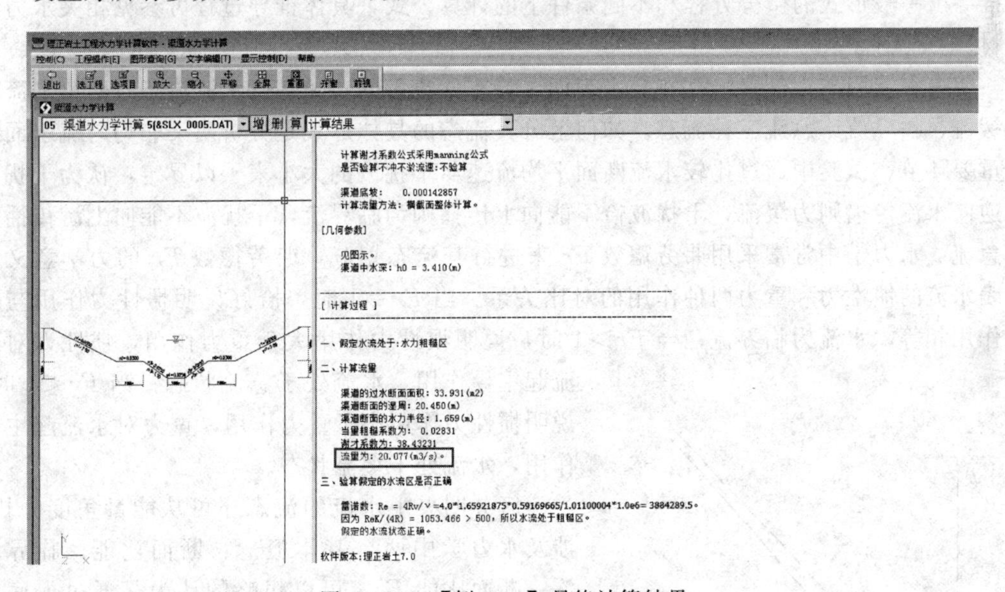

图 4－20　【例 4－3】最终计算结果

注：此处所用方法为“横截面整体计算”，电算结果与第一种方法的手算结果一致，若要改成第二种方法，在第二步中修改“计算流量方法”即可，其余照流程依次输入所需数据即可。

上述电算法步骤可通过观看【例 4－3】演示视频（可扫描其二维码获取）辅助学习。

素材 5

第 5 章 明渠水面线计算

5.1 明渠恒定非均匀流

5.1.1 明渠恒定非均匀流的几个基本概念

明渠恒定非均匀流是指流速、水深等水力要素沿流程发生变化的明渠水流，是明渠中最常见的流动状态。水流断面沿程改变、河中修筑建筑物、沿程有流量汇入或支出、沿程底坡发生变化，都可使水流发生非均匀流动。非均匀流问题在实际运用上很重要，要求解的问题较多。通常将明渠恒定非均匀流中流线接近平行且夹角较小、曲率半径较大的水流，归为明渠非均匀渐变流，反之归为明渠非均匀急变流。对非均匀渐变流，可由能量方程推导出一般形式的微分方程和不同条件下的计算公式，具体推导过程可参见相关水力学教材。

明渠水流因与大气接触存在自由表面，与有压流不同，尤其是水流流态，明渠水流存在缓流、临界流、急流三种流态。如何区分其流态的具体形式是分析明渠非均匀流水面线的重要环节，试验中通过比较水流断面平均流速与干扰波的大小来予以界定，认为干扰波能逆向水流传播则为缓流，干扰波恰不能向上传播则为临界流，干扰波不能向上游传播则为急流。水力学中常常采用弗劳德数 Fr 来进行其流态划分，弗劳德数 Fr 的力学意义是代表水流的惯性力和重力两种作用的对比关系。当 $Fr=1$ 时，恰好说明惯性力作用与重力作用相等，水流为临界流；当 $Fr>1$ 时，说明惯性力作用大于重力作用，惯性力对水流起主导作用，水流处于急流状态；当 $Fr<1$ 时，说明惯性力作用小于重力作用，重力对水流起主导作用，水流处于缓流状态。

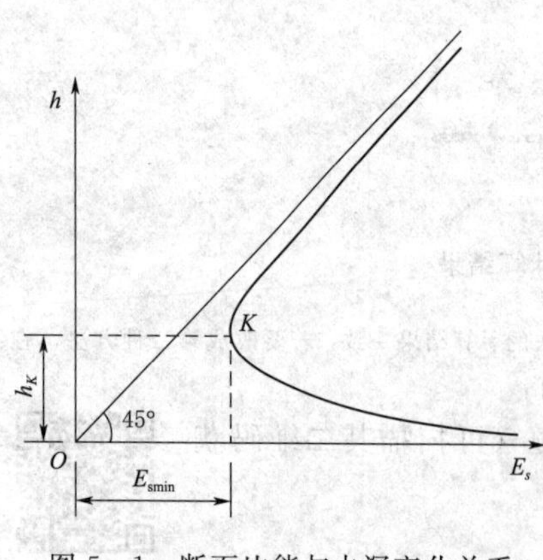

图 5-1　断面比能与水深变化关系

区分明渠中水流的流态还可从能量角度分析，涉及水力学中两个基本概念：断面比能、临界水深。断面比能 E_s，可以粗略的认为是通过渠底水流的单位动能与势能之和；而相对于断面比能最小值的水深称之为临界水深。假定已知某一流量和过水断面的形状及尺寸，其断面比能与水深、过水断面的关系可定性描述为如图 5-1 所示；由其可知，该曲线在 K 点断面比能有最小值 E_{smin}，K 点把曲线分为上下两支，上支断面比能随水深的增加而增大，下支断面比能则随水深的增加而减小。

当然，明渠水流的断面比能随水深的变化规律则取决于断面上的弗劳德数 Fr。对于缓流，Fr 小于 1，则相对于比能曲线的上支，与水深呈正比关系；对于急流，Fr 大于 1，则相对于比能曲线的下支，与水深呈反比关系；对于临界流，Fr 等于 1，则相对于比能曲线上下支的分界点，断面比能为最小值。

对于不同的明渠底坡、断面形状、流量以及在明渠中的水工建筑物，都可能使水流在明渠中有各种流态组合。当明渠中的水流由急流过渡到缓流时，会产生一种水面突然跃起，在水面上形成一个剧烈旋滚运动的局部水力现象，将这种在较短渠段内水深从小于临界水深急剧地跃升到大于临界水深的局部水力现象称为水跃。水跃的产生条件是水流由急流向缓流过渡，它常发生于闸门、溢流堰、陡槽等泄水建筑物的下游。处于缓流状态的明渠水流，因渠底突然变为陡坡或下游渠道断面形状突然扩大，引起水面降落。水流以临界流动状态通过这个突变的断面，转变为急流。这种从缓流向急流过渡的局部水力现象称为“水跌”。

5.1.2 明渠恒定非均匀渐变流计算方法

在对棱柱体明渠恒定非均匀渐变流水面曲线线型做了定性分析之后，应对基本微分方程积分以定量计算水面曲线。但是实践证明，将基本微分方程进行积分较为困难，常常需要引进一些近似的假定。然而逐段试算法不受明渠形式的限制，对棱柱体和非棱柱体明渠均可适用。

逐段试算法是计算水面线的基本方法，其先将明渠划分为若干流段，然后由每个流段的已知断面，逐段推求未知断面。根据实际情况，常有两种计算类型：

(1) 已知流段两端的水深，求流段两端的距离Δs。

(2) 已知流段一端的水深和流段距离Δs，求另一端断面水深。

推求步骤：

(1) 定性分析水面走向。

(2) 根据不同情况，采取上述两种计算方法之一来计算各个流段截面的相关水力要素。

(3) 根据上述方法逐段计算。

对于底坡不大的棱柱形明渠，以壅水曲线为例，如图 5-2 所示，取一段长为 Δs 的流段，断面 1—1 至断面 2—2 的能量方程为

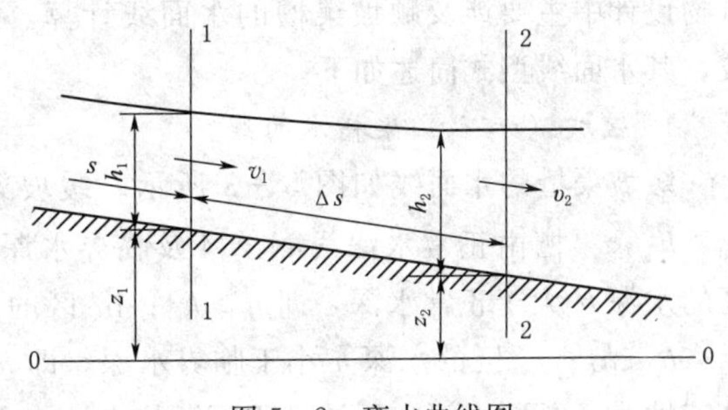

图 5-2 壅水曲线图

$$z_1+h_1+\frac{p_1}{\rho g}+\frac{\alpha v_1^2}{2g}=z_2+h_2+\frac{p_2}{\rho g}+\frac{\alpha v_2^2}{2g}+\Delta h_f \tag{5-1}$$

式中：z_1、z_2 为断面 1—1 和断面 2—2 的渠底至基准面的高度；h_1、h_2 为断面 1—1 和断面 2—2 的水深；$p_1=p_2=0$（相对压强）；v_1、v_2 为断面 1—1 和断面 2—2 的水流流速；α 为动能修正系数；Δh_f 为沿程水头损失，本式中不考虑局部水头损失。

因该明渠流是渐变流，故将 Δh_f 按均匀流近似处理

$$\frac{\Delta h_f}{\Delta s}=\overline{J}=\frac{Q^2}{K^2}=\frac{Q^2}{A^2C^2R}=\frac{\overline{v}^2}{\overline{C}^2\overline{R}} \tag{5-2}$$

其中：$\overline{v}=(v_1+v_2)/2$；$\overline{C}=(C_1+C_2)/2$；$\overline{R}=(R_1+R_2)/2$

$$z_1-z_2=i\Delta s \tag{5-3}$$

将式（5-3）、式（5-2）代入式（5-1）得：

$$\left(h_2+\frac{\alpha v_2^2}{2g}\right)-\left(h_1+\frac{\alpha v_1^2}{2g}\right)=(i-\overline{J})\Delta s \tag{5-4}$$

$$\left(h_2+\frac{\alpha_2 v_2^2}{2g}\right)-\left(h_1+\frac{\alpha_1 v_1^2}{2g}\right)=E_{s2}-E_{s1}=\Delta E_s=(i-\overline{J})\Delta s \tag{5-5}$$

$$\Delta s=\frac{\Delta E_s}{i-\overline{J}} \tag{5-6}$$

式中：Δs 为所取流段长度，即两过水断面的间距；ΔE_s 为所取流段两端断面上断面比能的差值；i 为渠道的底坡；$\overline{J}$ 为所取流段两断面间的平均水力坡度。

上述公式为分段求和法的计算公式，由水深已知的断面为第一计算流段起始断面，通过上式计算出该流段末端断面（即第二计算流段起始断面）水深，以此类推，逐段计算，分段越小，精度越高。此方法手算烦琐复杂，借助计算机软件辅助运算可极大提升计算效率。

5.2 棱柱体非均匀渐变流水面线计算

5.2.1 棱柱体渠槽水面线

明渠非均匀流水力计算的主要目的是通过推算水面线确定渠槽各断面的水深，水工建筑物设计中主要涉及顺坡渠槽的水面线计算。根据渠底坡度，顺坡渠槽可分为缓坡和陡坡，其水面线型式简述如下。

1. 缓坡（$i<i_k$）渠槽水面线

缓坡渠槽的水面线如图5-3所示。缓坡渠槽的正常水深 h_0 大于临界水深 h_k，即 $h_0>h_k$，渠槽由正常水深线N—N及临界水深线K—K划分为 a_1、b_1、c_1 共3个区。a_1 区的水深 h 大于正常水深，即 $h>h_0$；b_1 区的水深 h 小于正常水深而大于临界水深，即 $h_k<h<h_0$；c_1 区的水深 h 小于临界水深，即 $h<h_k$。a_1 区的水面线称为 a_1 型壅水曲线，其特性为各断面水深向下游沿程逐渐加大，水面线上游端渐近于正常水深线N—N，下游端渐近于水平线。b_1 区的水面线称为 b_1 型降水曲线，其特性为各断面水深向下游沿程逐渐减小，水面线上游端渐近于正常水深线N—N，下游端终止于跌水处，近似等于临界水深。c_1 区的水面线称为 c_1 型壅水曲线，其特性为各断面水深向下游沿程逐渐加大，水面线上游端与上段水面线末端相接，下游端终止于水跃。

2. 陡坡（$i>i_k$）渠槽水面线

陡坡渠槽的水面线如图5-4所示。陡坡渠槽的正常水深 h_0 小于临界水深 h_k，即

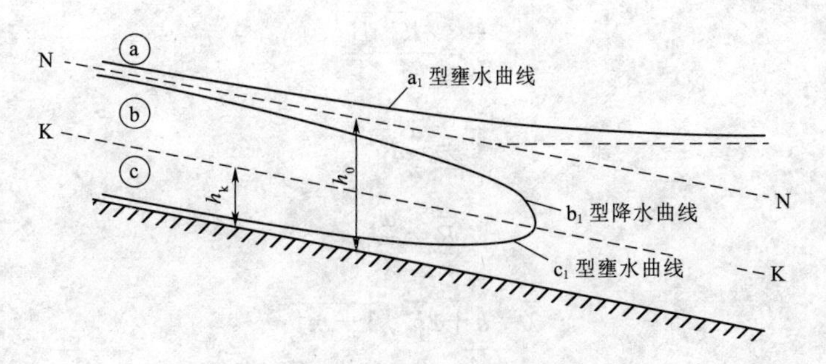

图 5-3 缓坡渠槽水面线示意图

$h_0<h_k$，渠槽由正常水深线 N—N 及临界水深线 K—K 划分为 a_2、b_2、c_2 共 3 个区。a_2 区的水深 h 大于临界水深，即 $h>h_k$；b_2 区的水深 h 小于临界水深而大于正常水深，即 $h_0<h<h_k$；c_2 区的水深 h 小于正常水深，即 $h<h_0$。a_2 区的水面线称为 a_2 型壅水曲线，其特性为各断面水深向下游沿程逐渐加大，当水面线上游端渐近于临界水深时可发生水跃，下游端渐近于水平线。b_2 区的水面线称为 b_2 型降水曲线，其特性为各断面水深向下游沿程逐渐减小，水面线上游端与跌水相接，近似等于临界水深，下游端渐近于正常水深线 N—N。c_2 区的水面线称为 c_2 型壅水曲线，其特性为各断面水深向下游沿程逐渐加大，水面线上游端与上段水面线末端相接，下游端渐近于正常水深线 N—N。

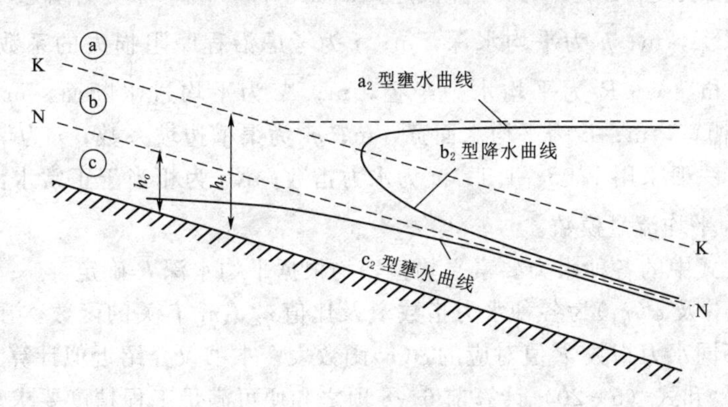

图 5-4 陡坡渠槽水面线示意图

5.2.2 棱柱体渠槽水面线计算方法及公式

棱柱体渠槽水面线一般通过水力指数法查表计算，各种水力学教材及有关计算手册均附有水力指数法计算水面线的函数表。在此主要介绍《水力学专门教程》（M. л. 切尔陀乌索夫著，沈青濂译，高等教育出版社，1958）的计算方法及公式。

顺坡棱柱体渠槽非均匀流水面线的基本方程式如下

$$\frac{i}{h_0}l=\eta_2-\eta_1-(1-\overline{j})[\varphi(\eta_2)-\varphi(\eta_1)] \tag{5-7}$$

$$\eta_1=\frac{h_1}{h_e} \tag{5-8}$$

$$\overline{j}=\frac{\alpha i\overline{C}^2}{g}\frac{\overline{B}}{\overline{x}} \tag{5-9}$$

$$\overline{C}=\frac{1}{n}\overline{R}^{1/6} \tag{5-10}$$

$$\overline{R}=\frac{\overline{\omega}}{\overline{\chi}} \tag{5-11}$$

$$\overline{\chi}=b+2\overline{h}\sqrt{1+m^2} \tag{5-12}$$

$$\overline{A}=b+m\overline{h} \tag{5-13}$$

$$\overline{B}=b+2m\overline{h} \tag{5-14}$$

$$\overline{h}=\frac{h_0+h_2}{2} \tag{5-15}$$

$$x=2\frac{\lg\overline{K}-\lg K_0}{\lg\overline{h}-\lg h_0} \tag{5-16}$$

$$K_0=\frac{Q}{\sqrt{i}} \tag{5-17}$$

$$\overline{K}=\overline{A}\,\overline{C}\sqrt{R} \tag{5-18}$$

式中：l 为水面线长度，m；h_2 为计算段起始断面水深，m；h_1 为计算段末端断面水深，m；h_0 为正常水深，m；$\overline{h}$ 为平均水深，m；$\overline{j}$ 为考虑沿程摩阻损失的系数平均值；$\overline{C}$ 为平均谢才系数，$m^{0.5}/s$；$\overline{R}$ 为平均水力半径，m；$\overline{A}$ 为平均过水断面，m^2；$\overline{\chi}$ 为平均湿周，m；b 为渠槽宽，m；$\overline{B}$ 为平均水面宽，m；m 为渠槽边坡系数；i 为渠槽纵坡；α 为动能修正系数，一般采用1.05～1.1；x 为水力指数；K_0 为相当于正常水深 h_0 的流量模数，m^3/s；$\overline{K}$ 为平均流量模数。

上述有关公式中的各种水力要素平均值，均根据平均水深 $\overline{h}$ 确定。

式中的 $\varphi(\eta_2)$ 及 $\varphi(\eta_1)$ 为各种水力指数 x 及比值 η_2、η_1 有关的函数，在《水力学专门教程》中附有不同水力指数 x 值对应的 $\varphi(\eta)$ 函数表。本书仅介绍近似计算 $\varphi(\eta)$ 函数的方法，式（5－19）和式（5－20）计算前6～8项之和便可满足工程精度要求。

当 $\eta\leqslant 1$ 时：

$$\varphi(\eta)=\eta+\frac{\eta^{x+1}}{x+1}+\frac{\eta^{2x+1}}{2x+1}+\frac{\eta^{3x+1}}{3x+1}+\frac{\eta^{4x+1}}{4x+1}+\frac{\eta^{5x+1}}{5x+1}+\cdots \tag{5-19}$$

当 $\eta>1$ 时：

$$\varphi(\eta)=\frac{\eta^{1-x}}{x-1}+\frac{\eta^{1-2x}}{2x-1}+\frac{\eta^{1-3x}}{3x-1}+\frac{\eta^{1-4x}}{4x-1}+\frac{\eta^{1-5x}}{5x-1}+\frac{\eta^{1-6x}}{6x-1}+\cdots \tag{5-20}$$

5.2.3 棱柱体渠槽水面线计算类型

棱柱体渠槽水面线计算主要有以下3种情况：

（1）已知设计流量 Q 及两断面的水深 h_1 及 h_2，计算两断面间的水面线长度 l。该情况可利用上述公式直接求得。

（2）已知设计流量 Q 及一个断面的水深 h_1 和两断面间的距离 l，计算第二个断面的水深。该情况不能利用公式直接求解，需经过试算才能求得。

(3) 已知设计流量 Q 及起始断面的水深 h_1，求作全段水面线，即由起始断面水深影响的水面线长度。该情况不能利用公式直接求解，需经过分段求和法逐段试算才能求得。

5.2.4 计算案例

现借助算例来介绍棱柱体渠槽水面线计算的方法和步骤。

【例 5-1】 已知某梯形断面棱柱体渠槽的设计流量为 $Q=20\text{m}^3/\text{s}$，渠底宽为 $b=1.5\text{m}$，边坡系数为 $m=2.5$，渠底比降 $i=1/7000$，糙率为 $n=0.025$。渠道末端为一节制闸，根据需要，闸前节制壅高水深（即渠道末端水深）为 $h_2=3.7\text{m}$，试计算上游距渠道末端 6000m 处的水深并作该渠段的水面线。

1. 手算法

根据算例中已知条件，以下为手算法的具体计算过程。

(1) 正常水深计算及水面线型式判别。

本例的渠槽为 $i<i_k$ 的缓坡渠槽（判别渠槽是缓坡还是陡坡，首先还应计算临界水深 h_k，然后根据正常水深与临界水深的关系进行判别，$h_0>h_k$ 为缓坡渠槽，$h_0<h_k$ 时为陡坡渠槽，本例渠槽的渠底比降很缓，根据经验即可判定为缓坡渠槽，因此不需再计算临界水深），已知渠末断面的水深为 $h_2=3.7\text{m}$，大于正常水深 3.195m（由试算法求得，可参考【例 4-2】），因此水面线的型式应为 a_1 型壅水曲线，从渠末起始断面开始，水深向上游沿程逐渐减小，并渐近于正常水深。水面线计算的主要过程是从渠末起始断面开始，向上游各计算断面依次给以逐渐减小的不同水深 h_1 值，分别计算各断面与渠末起始断面的距离，各断面水深的连线即为所求水面线。最后，通过试算确定水面线上游端（距渠道末端断面 6000m 处）的水深。

(2) 各水力要素平均值计算。

1) 按式 (5-15) 计算平均水深为

$$\overline{h}=\frac{h_0+h_2}{2}=\frac{3.195+3.7}{2}=3.448(\text{m})$$

2) 按式 (5-13) 计算平均过水断面为

$$\overline{A}=(b+m\overline{h})\overline{h}=(1.5+2.5\times3.448)\times3.448=34.894(\text{m}^2)$$

3) 按式 (5-12) 计算平均湿周为

$$\overline{\chi}=b+2\overline{h}\sqrt{1+m^2}=1.5+2\times3.448\times\sqrt{1+2.5^2}=20.068(\text{m})$$

4) 按式 (5-11) 计算平均水力半径为

$$\overline{R}=\frac{\overline{A}}{\overline{\chi}}=\frac{34.894}{20.068}=1.739(\text{m})$$

5) 按式 (5-10) 计算平均谢才系数为

$$\overline{C}=\frac{1}{n}\overline{R}^{1/6}=\frac{1}{0.025}\times1.739^{1/6}=43.86(\text{m}^{0.5}/\text{s})$$

6) 按式 (5-14) 计算平均水面宽为

$$\overline{B}=b+2m\overline{h}=1.5+2\times2.5\times3.448=18.74(\text{m})$$

采用动能修正系数为 $\alpha=1.1$，按式（5-9）计算 $\overline{j}$ 值为

$$\overline{j}=\frac{\alpha i\overline{C}^2\overline{B}}{g\overline{\chi}}=\frac{1.1\times43.86^2\times18.74}{9.81\times20.068\times7000}=0.02878$$

（3）水力指数 x 计算。

1）按式（5-17）计算相当于正常水深 h_0 的流量模数为

$$K_0=\frac{Q}{\sqrt{i}}=\frac{20}{\sqrt{\frac{1}{7000}}}=1673.32(\mathrm{m^3/s})$$

2）按式（5-18）计算平均流量模数为

$$\overline{K}=\overline{A}\,\overline{C}\sqrt{\overline{R}}=34.894\times43.86\times\sqrt{1.739}=2018.22(\mathrm{m^3/s})$$

3）按式（5-16）计算水力指数 x 为

$$x=2\frac{\lg\overline{K}-\lg K_0}{\lg\overline{h}-\lg h_0}=2\times\frac{\lg2018.22-\lg1673.22}{\lg3.448-\lg3.195}=4.920$$

（4）函数 $\varphi(\eta_2)$ 计算。

按式（5-8）计算比值 η_2 为

$$\eta_2=\frac{h_2}{h_0}=\frac{3.7}{3.195}=1.158$$

因 $\eta_2>1$，按式（5-20）计算函数 $\varphi(\eta_2)$ 为

$$\begin{aligned}\varphi(\eta_2)&=\frac{\eta^{1-x}}{x-1}+\frac{\eta^{1-2x}}{2x-1}+\frac{\eta^{1-3x}}{3x-1}+\frac{\eta^{1-4x}}{4x-1}+\frac{\eta^{1-5x}}{5x-1}+\frac{\eta^{1-6x}}{6x-1}+\cdots\\&=\frac{1.158^{1-4.92}}{4.92-1}+\frac{1.158^{1-2\times4.92}}{2\times4.92-1}+\frac{1.158^{1-3\times4.92}}{3\times4.92-1}+\frac{1.158^{1-4\times4.92}}{4\times4.92-1}\\&\quad+\frac{1.158^{1-5\times4.92}}{5\times4.92-1}+\frac{1.158^{1-6\times4.92}}{6\times4.92-1}\\&=0.1895\end{aligned}$$

（5）水面线分段长度及距渠道末端6000m处的水深计算。

1）从渠末起始断面开始，假定上游断面水深为 $h_1=3.65\mathrm{m}$。

①按式（5-8）计算比值 η_1 为

$$\eta_1=\frac{h_1}{h_0}=\frac{3.65}{3.195}=1.1424$$

②按式（5-20）计算函数 $\varphi(\eta_1)$ 为

$$\begin{aligned}\varphi(\eta_1)&=\frac{\eta^{1-x}}{x-1}+\frac{\eta^{1-2x}}{2x-1}+\frac{\eta^{1-3x}}{3x-1}+\frac{\eta^{1-4x}}{4x-1}+\frac{\eta^{1-5x}}{5x-1}+\frac{\eta^{1-6x}}{6x-1}+\cdots\\&=\frac{1.1424^{1-4.92}}{4.92-1}+\frac{1.1424^{1-2\times4.92}}{2\times4.92-1}+\frac{1.1424^{1-3\times4.92}}{3\times4.92-1}+\frac{1.1424^{1-4\times4.92}}{4\times4.92-1}\\&\quad+\frac{1.1424^{1-5\times4.92}}{5\times4.92-1}+\frac{1.1424^{1-6\times4.92}}{6\times4.92-1}\\&=0.2055\end{aligned}$$

③根据式（5-7）计算水深为3.65m的断面距渠末断面的距离 l 为

$$l=\{\eta_2-\eta_1-(1-\overline{j})[\varphi(\eta_2)-\varphi(\eta_1)]\}\frac{h_0}{i}$$

$$=[1.158-1.1424-(1-0.02878)\times(0.1895-0.2055)]\times\frac{3.195}{\frac{1}{7000}}$$

$$=696.43(\text{m})$$

2）分别假定 h_1 为 3.60m、3.55m、3.50m、3.45m、3.40m 及 3.371m，每一水深均按上述步骤①～③计算该水深断面与渠末起始断面的距离。计算结果列于表 5-1，水面线如图 5-5 所示。水深 3.371m 为距渠末 6000m（水面线上游端）断面的水深，其值由多个不同水深假定值试算确定。

表 5-1　　　　水面线计算表

渠末断面水深 h_2/m	h_1/m	η_2	η_1	$\varphi(\eta_2)$	$\varphi(\eta_1)$	$\overline{j}$	计算断面距渠末断面距离 l/m
3.7	3.65	1.158	1.1424	0.1895	0.2055	0.02878	696.20
3.7	3.6	1.158	1.1268	0.1895	0.2235	0.02878	1437.20
3.7	3.55	1.158	1.1111	0.1895	0.2445	0.02878	2243.30
3.7	3.5	1.158	1.0955	0.1895	0.2691	0.02878	3127.63
3.7	3.45	1.158	1.0798	0.1895	0.2987	0.02878	4120.56
3.7	3.4	1.158	1.0642	0.1895	0.3346	0.02878	5250.33
3.7	3.371	1.158	1.055086	0.1895	0.3594	0.02878	5992.00

注　表中 $\varphi(\eta_2)$ 值用 Excel 表计算采用式（5-20）的前 8 项之和。

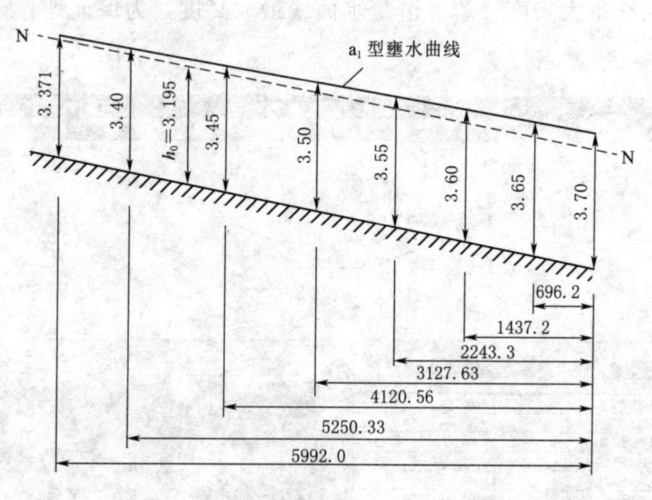

图 5-5　水面线示意图（单位：m）

2. 电算法

根据算例中已知条件，为与手算法进行相互校验，以下为“理正岩土计算软件”中“水力学计算”模块的具体步骤。

（1）新建计算项目。

通过点击“水力学计算＞渠道水力学计算＞增”可得到新建的渠道水力学计算项目，单击“算”进入数据编辑界面。

（2）编辑控制参数，如图5-6所示。

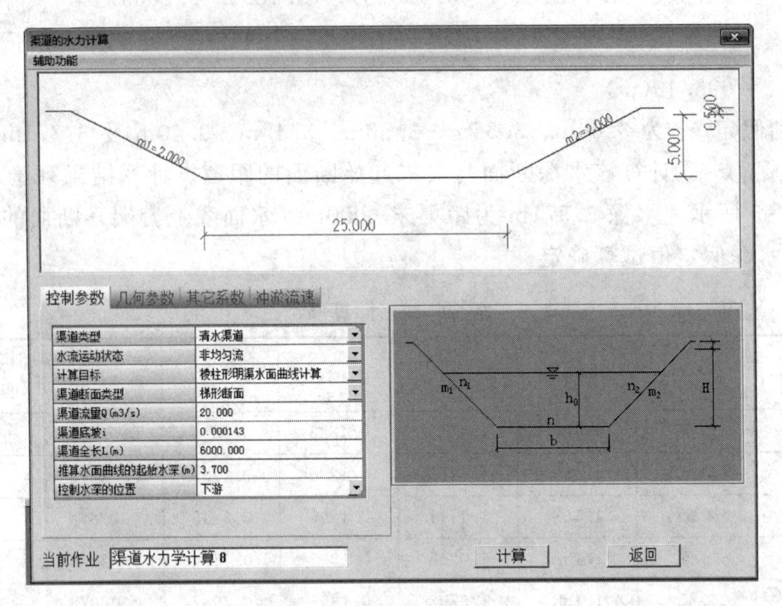

图5-6　编辑控制参数

（3）编辑几何参数，如图5-7所示。

按照已知条件输入数据，要求“渠道深度”与“渠顶超高（默认值为0.5）”这两项参数之和大于水面线最大高度。若不清楚水面线最大高度，为保证计算顺利进行，应选择一个较大数值。

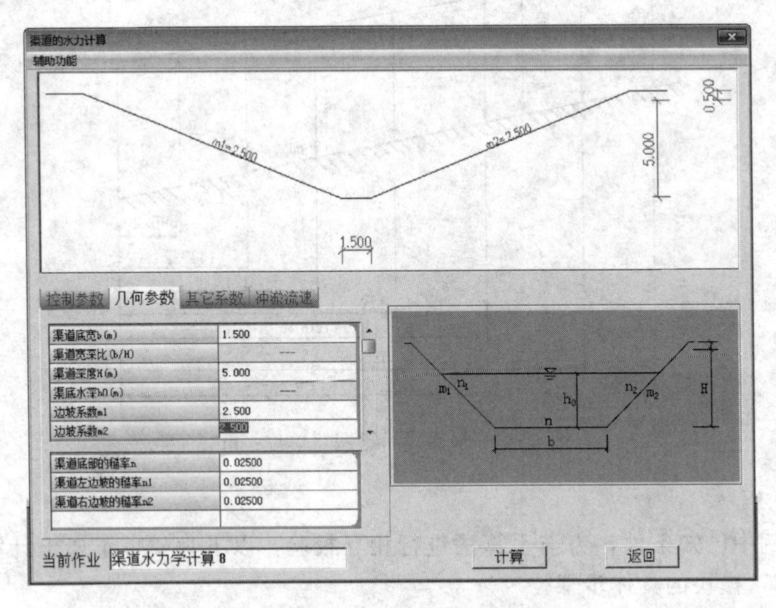

图5-7　编辑几何参数

（4）编辑其它系数和冲淤流速。

手算法过程中动能修正系数为1.1，此处应保持一致，如图5-8所示；“等值粗糙高度”参数题中并未给出，参照经验值表选取1.8mm。本例题不涉及冲淤问题，故冲淤流速参数采用默认值，如图5-9所示。设置完成后单击“计算”。

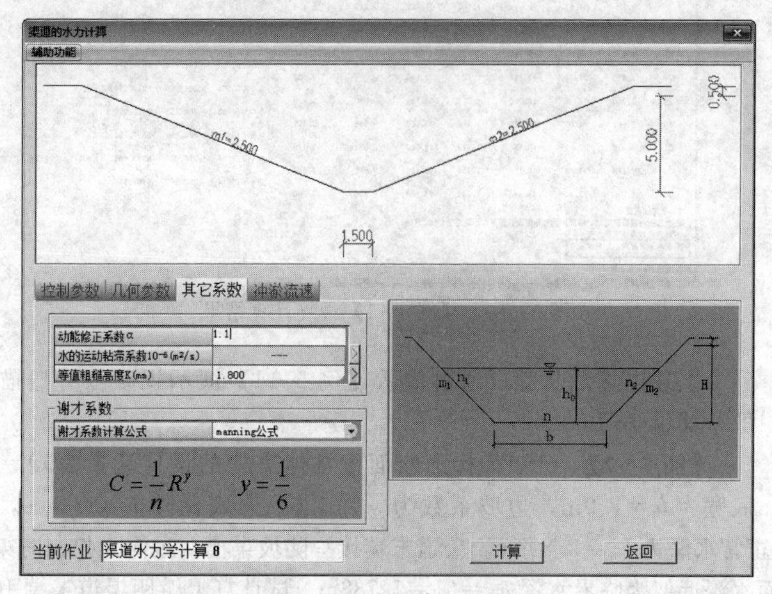

图5-8　编辑其它系数

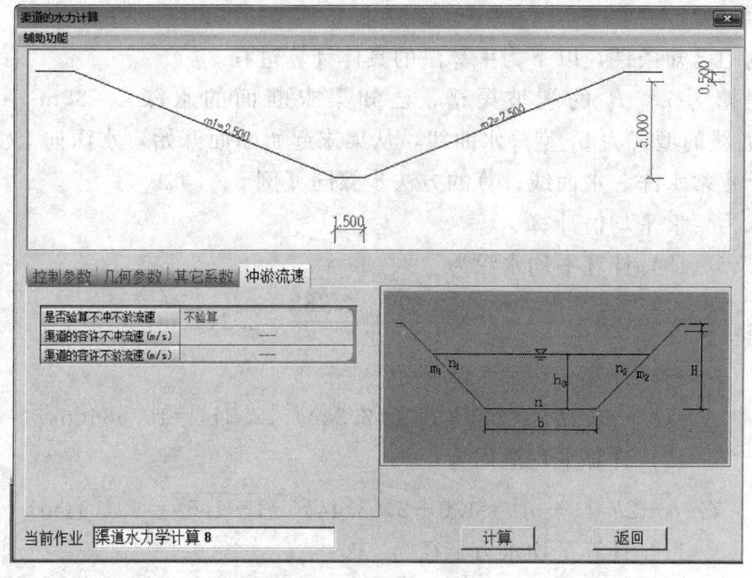

图5-9　编辑冲淤流速

（5）结果显示。

电算法推求的水面线成果如图5-10所示，与手算法得到的水面线相比较，其计算结果仅相差0.005m。

计算结果

20	3.500	35.875	20.348	1.763	43.965	0.557	3.517			
								0.00009185	191.862	3328.094
21	3.490	35.685	20.294	1.758	43.945	0.560	3.508			
								0.00009316	196.857	3524.951
22	3.480	35.496	20.240	1.754	43.926	0.563	3.498			
								0.00009449	202.205	3727.156
23	3.470	35.307	20.187	1.749	43.906	0.566	3.488			
								0.00009585	207.966	3935.122
24	3.460	35.119	20.133	1.744	43.887	0.569	3.478			
								0.00009722	214.175	4149.297
25	3.450	34.931	20.079	1.740	43.867	0.573	3.468			
								0.00009863	220.877	4370.175
26	3.440	34.744	20.025	1.735	43.847	0.576	3.459			
								0.00010005	228.144	4598.319
27	3.430	34.557	19.971	1.730	43.828	0.579	3.449			
								0.00010150	236.057	4834.376
28	3.420	34.371	19.917	1.726	43.808	0.582	3.439			
								0.00010298	244.695	5079.071
29	3.410	34.185	19.863	1.721	43.788	0.585	3.429			
								0.00010448	254.157	5333.228
30	3.400	34.000	19.810	1.716	43.768	0.588	3.419			
								0.00010601	264.566	5597.794
31	3.390	33.815	19.756	1.712	43.749	0.591	3.410			
								0.00010756	276.087	5873.881
32	3.380	33.631	19.702	1.707	43.729	0.595	3.400			
								0.00010914	288.895	6162.776
33	3.370	33.447	19.648	1.702	43.709	0.598	3.390			

2、求末端水深。
由上面的计算结果可知：断面33到起始断面的距离大于渠道全长162.776m。
试算法推算渠道末端水深。
渠道末端水深为：3.376(m)

软件版本：理正岩土7.0

图5-10 【例5-1】最终计算结果

素材6

上述电算法步骤可通过观看【例5-1】演示视频（可扫描其二维码获取）辅助学习。

【例5-2】 已知某梯形断面棱柱体渠槽的设计流量为 $Q=20\text{m}^3/\text{s}$，渠底宽为 $b=1.0\text{m}$，边坡系数为 $m=1.5$，渠底比降 $i=1/4600$，糙率为 $n=0.014$，相应正常水深为 $h_0=2.899\text{m}$。渠道末端接一陡坡渠槽，过流无控制时渠末（陡坡渠槽首端）断面水深近似为临界水深 $h_2=h_k=1.788\text{m}$。试计算上游距渠道末端1000m处的水深并作该渠段的水面线。

1. 手算法

依据算例中已知条件，以下为手算法的具体计算过程。

本例的渠槽为 $i<i_k$ 的缓坡渠槽，已知渠末断面的水深1.788m小于正常水深2.899m，水面线的型式为 b_1 型降水曲线，从渠末起始断面开始，水深向上游沿程逐渐加大，并渐近于正常水深。水面线计算的方法步骤同【例5-1】。

(1) 各水力要素平均值计算。

1) 按式(5-15)计算平均水深为

$$\overline{h}=\frac{h_0+h_2}{2}=\frac{2.899+1.788}{2}=2.344(\text{m})$$

2) 按式(5-13)计算平均过水断面为

$$\overline{A}=(b+m\overline{h})\overline{h}=(1.0+1.5\times2.344)\times2.344=10.586(\text{m}^2)$$

3) 按式(5-12)计算平均湿周为

$$\overline{\chi}=b+2\overline{h}\sqrt{1+m^2}=1.0+2\times3.44\times\sqrt{1+1.5^2}=9.451(\text{m})$$

4) 按式(5-11)计算平均水力半径为

$$\overline{R}=\frac{\overline{A}}{\chi}=\frac{10.586}{9.451}=1.12(\text{m})$$

5) 按式(5-10)计算平均谢才系数为

$$\overline{C}=\frac{1}{n}\overline{R}^{1/6}=\frac{1}{0.014}\times1.12^{1/6}=72.79(\text{m}^{0.5}/\text{s})$$

6）按式（5-14）计算平均水面宽为

$$\overline{B}=b+2m\overline{h}=1.0+2\times1.5\times2.344=8.032(\mathrm{m})$$

采用动能修正系数为 $\alpha=1.1$，按式（5-9）计算 $\overline{j}$ 值为

$$\overline{j}=\frac{\alpha i\overline{C}^2\overline{B}}{g\overline{\chi}}=\frac{1.1\times72.79^2\times8.032}{9.81\times9.451\times4600}=0.1098$$

（2）水力指数 x 计算。

1）按式（5-17）计算相当于正常水深 h_0 的流量系数为

$$k_0=\frac{Q}{\sqrt{i}}=\frac{20}{\sqrt{\frac{1}{4600}}}=1356.47(\mathrm{m^3/s})$$

2）按式（5-18）计算平均流量模数为

$$\overline{K}=\overline{A}\,\overline{C}\sqrt{\overline{R}}=10.586\times72.79\times\sqrt{1.12}=815.48(\mathrm{m^3/s})$$

3）按式（5-16）计算水力指数 x 为

$$x=2\,\frac{\lg\overline{K}-\lg K_0}{\lg\overline{h}-\lg h_0}=2\times\frac{\lg815.48-\lg1356.47}{\lg2.344-\lg2.899}=4.789$$

（3）函数 φ（η_2）计算。

按式（5-8）计算比值 η_2 为

$$\eta_2=\frac{h_2}{h_0}=\frac{1.788}{2.899}=0.6168$$

因 $\eta_2<1$，按式（5-20）计算函数 φ（η_2）为

$$\begin{aligned}\varphi(\eta_2)&=\eta+\frac{\eta^{x+1}}{x+1}+\frac{\eta^{2x+1}}{2x+1}+\frac{\eta^{3x+1}}{3x+1}+\frac{\eta^{4x+1}}{4x+1}+\frac{\eta^{5x+1}}{5x+1}+\cdots\\&=0.6168+\frac{0.6168^{4.789+1}}{4.789+1}+\frac{0.6168^{2\times4.789+1}}{2\times4.789+1}+\frac{0.6168^{3\times4.789+1}}{3\times4.789+1}\\&\quad+\frac{0.6168^{4\times4.789+1}}{4\times4.789+1}+\frac{0.6168^{5\times4.789+1}}{5\times4.789+1}+\cdots\\&=0.6279\end{aligned}$$

（4）水面线分段长度计算。

1）从渠末起始断面开始，假定上游断面水深为 $h_1=2.0\mathrm{m}$。

①按式（5-8）计算比值 η_1 为

$$\eta_1=\frac{h_1}{h_0}=\frac{2.0}{2.899}=0.6899$$

②按式（5-20）计算函数 φ（η_1）为

$$\begin{aligned}\varphi(\eta_1)&=\eta+\frac{\eta^{x+1}}{x+1}+\frac{\eta^{2x+1}}{2x+1}+\frac{\eta^{3x+1}}{3x+1}+\frac{\eta^{4x+1}}{4x+1}+\frac{\eta^{5x+1}}{5x+1}+\cdots\\&=0.6899+\frac{0.6899^{4.789+1}}{4.789+1}+\frac{0.6899^{2\times4.789+1}}{2\times4.789+1}+\frac{0.6899^{3\times4.789+1}}{3\times4.789+1}\\&\quad+\frac{0.6899^{4\times4.789+1}}{4\times4.789+1}+\frac{0.6899^{5\times4.789+1}}{5\times4.789+1}+\cdots\\&=0.7122\end{aligned}$$

③根据式（5-7）计算水深2.0m的断面距渠末断面的距离 l 为

$$l=\{\eta_2-\eta_1-(1-\overline{j})[\varphi(\eta_2)-\varphi(\eta_1)]\}\frac{h_0}{i}$$

$$=[0.6188-0.6899-(1-0.1098)\times(0.6279-0.7122)]\times\frac{2.899}{\frac{1}{4600}}$$

$$=25.92(\text{m})$$

2）分别假定 h_1 为2.1m、2.2m、2.3m、2.4m、2.5m及2.565m，每一水深均按上述①～③步骤计算该水深断面与渠末起始断面的距离。计算结果列于表5-2，水面线如图5-11所示。水深2.565m为距渠末1000m（水面线上游端）断面的水深，其值由多个不同水深假定值试算确定。

表5-2　　　　水面线计算表

渠末断面水深 h_2/m	h_1/m	η_2	η_1	$\varphi(\eta_2)$	$\varphi(\eta_1)$	$\overline{j}$	计算断面距渠末断面距离 l/m
1.788	2	0.6168	0.6899	0.6279	0.7122	0.1098	26.01
1.788	2.1	0.6168	0.7244	0.6279	0.7548	0.1098	71.73
1.788	2.2	0.6168	0.7589	0.6279	0.8002	0.1098	150.68
1.788	2.3	0.6168	0.7934	0.6279	0.8493	0.1098	273.55
1.788	2.4	0.6168	0.8279	0.6279	0.9038	0.1098	460.53
1.788	2.5	0.6168	0.8624	0.6279	0.9663	0.1098	742.48
1.788	2.565	0.6168	0.8848	0.6279	1.0133	0.1098	1001.43

注　表中 $\varphi(\eta_2)$ 值用Excel表计算采用式（5-20）的前8项之和。

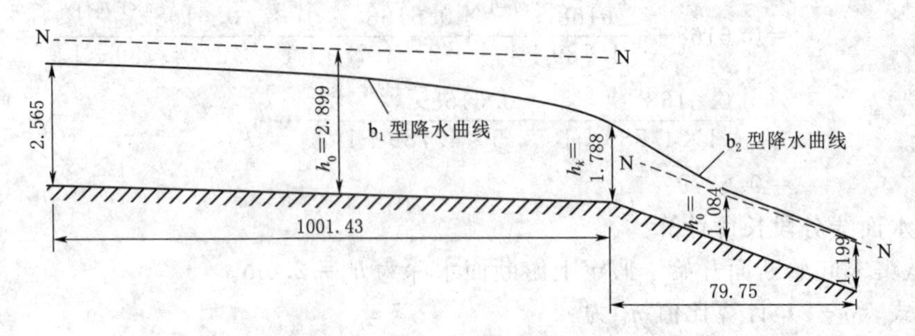

图5-11　水面线示意图（单位：m）

2. 电算法

本算例利用理正岩土软件电算的流程与【例5-1】类似，不再赘述，只需将输入的各个数据更改为本题数据即可，但必须注意的是，在输入控制参数时应当将“推算水面曲线的起始水深”一栏设置为比原题所给的1.788m略大的数值。因为理正岩土软件根据初始边界条件得到的临界水深比原题中给的1.788m临界水深大，如果输入1.788m，则软件会将水面线自动判定为 c_1 型，计算结果必然错误。故建议输入一个略大的数值，只要满足“推算水面曲线的起始水深”大于临界水深即可，电算法推求的水面线成果如图5-12所示。

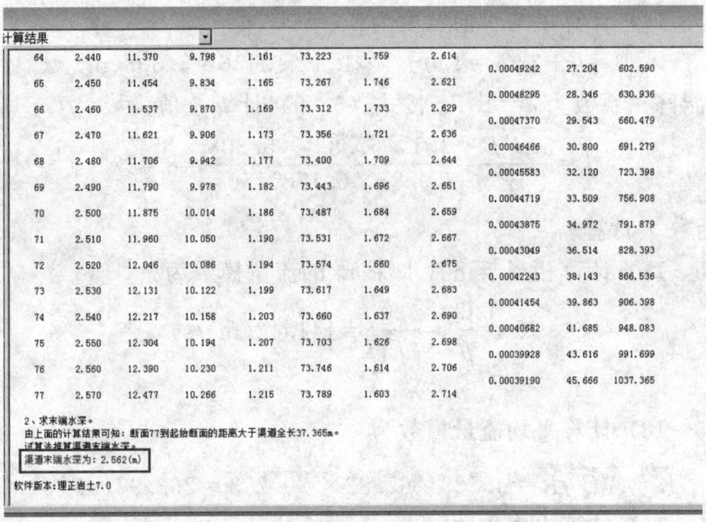

计算结果

64	2.440	11.370	9.798	1.161	73.223	1.759	2.614			
								0.00049242	27.204	602.590
65	2.450	11.454	9.834	1.165	73.267	1.746	2.621			
								0.00048295	28.346	630.936
66	2.460	11.537	9.870	1.169	73.312	1.733	2.629			
								0.00047370	29.543	660.479
67	2.470	11.621	9.906	1.173	73.356	1.721	2.636			
								0.00046466	30.800	691.279
68	2.480	11.706	9.942	1.177	73.400	1.709	2.644			
								0.00045583	32.120	723.398
69	2.490	11.790	9.978	1.182	73.443	1.696	2.651			
								0.00044719	33.509	756.908
70	2.500	11.875	10.014	1.186	73.487	1.684	2.659			
								0.00043875	34.972	791.879
71	2.510	11.960	10.050	1.190	73.531	1.672	2.667			
								0.00043049	36.514	828.393
72	2.520	12.046	10.086	1.194	73.574	1.660	2.675			
								0.00042243	38.143	866.536
73	2.530	12.131	10.122	1.199	73.617	1.649	2.683			
								0.00041454	39.863	906.398
74	2.540	12.217	10.158	1.203	73.660	1.637	2.690			
								0.00040682	41.685	948.083
75	2.550	12.304	10.194	1.207	73.703	1.626	2.698			
								0.00039928	43.616	991.699
76	2.560	12.390	10.230	1.211	73.746	1.614	2.706			
								0.00039190	45.666	1037.365
77	2.570	12.477	10.266	1.215	73.789	1.603	2.714			

2、求末端水深。

由上面的计算结果可知：断面77到起始断面的距离大于渠道全长37.365m。

试算法推算渠道末端水深。

渠道末端水深为：2.562(m)

软件版本:理正岩土7.0

图 5-12 【例 5-2】最终计算结果

【例 5-3】 已知某梯形断面棱柱体渠槽的设计流量为 $Q=20\text{m}^3/\text{s}$，渠底宽为 $b=1.0\text{m}$，边坡系数为 $m=1.5$，渠底比降 $i=1/50$，糙率为 $n=0.014$，相应正常水深为 $h_0=1.084\text{m}$。渠槽长 $l=80\text{m}$，首端接上游缓坡渠槽（如【例 5-2】所描述的情况），过流时渠槽首端断面水深近似为临界水深 $h_1=h_k=1.788\text{m}$。试计算渠槽末端的水深并作该渠段的水面线。

1. 手算法

依据算例中已知条件，以下为手算法的具体计算过程。

本例的渠槽为 $i>i_k$ 的陡坡渠槽，已知渠槽首端断面的水深等于临界水深 1.788m，大于正常水深 1.084m，水面线的型式为 b_2 型降水曲线，从渠首起始断面开始，水深向下游沿程逐渐减小，并渐近于正常水深。

(1) 各水力要素平均值计算。

1) 按式（5-15）计算平均水深为

$$\bar{h}=\frac{h_0+h_1}{2}=\frac{1.084+1.788}{2}=1.436(\text{m})$$

2) 按式（5-13）计算平均过水断面为

$$\bar{A}=(b+m\bar{h})\bar{h}=(1.0+1.5\times1.436)\times1.436=4.529(\text{m}^2)$$

3) 按式（5-12）计算平均湿周为

$$\bar{\chi}=b+2\bar{h}\sqrt{1+m^2}=1.0+2\times1.436\times\sqrt{1+1.5^2}=6.178(\text{m})$$

4) 按式（5-11）计算平均水力半径为

$$\bar{R}=\frac{\bar{A}}{\bar{\chi}}=\frac{4.529}{6.178}=0.733(\text{m})$$

5) 按式（5-10）计算平均谢才系数为

$$\bar{C}=\frac{1}{n}\bar{R}^{1/6}=\frac{1}{0.014}\times0.733^{1/6}=67.82(\text{m}^{0.5}/\text{s})$$

6）按式（5-14）计算平均水面宽度为

$$\overline{B}=b+2m\overline{h}=1.0+2\times1.5\times1.436=5.308(\text{m})$$

7）采用动能修正系数为 $\alpha=1.1$，按式（5-9）计算 $\overline{j}$ 值为

$$\overline{j}=\frac{\alpha i\overline{C}^2\overline{B}}{g\overline{\chi}}=\frac{1.1\times67.82^2\times5.308}{9.81\times6.178\times50}=8.862$$

（2）水力指数 x 计算。

1）按式（5-17）计算相当于正常水深 h_0 的流量模数为

$$K_0=\frac{Q}{\sqrt{i}}=\frac{20}{\sqrt{\frac{1}{50}}}=141.42(\text{m}^3/\text{s})$$

2）按式（5-18）计算平均流量模数为

$$\overline{K}=\overline{A}\,\overline{C}\sqrt{\overline{R}}=4.529\times67.82\times\sqrt{0.733}=262.97(\text{m}^3/\text{s})$$

3）按式（5-16）计算水力指数 x 为

$$x=2\,\frac{\lg\overline{K}-\lg K_0}{\lg\overline{h}-\lg h_0}=2\times\frac{\lg262.97-\lg141.42}{\lg1.436-\lg1.084}=4.412$$

（3）函数 $\varphi(\eta_1)$ 计算。

按式（5-8）计算比值 η_1 为

$$\eta_1=\frac{h_1}{h_0}=\frac{1.788}{1.084}=1.649$$

因 $\eta_1>1$，按式（5-20）计算函数 $\varphi(\eta_1)$ 为

$$\begin{aligned}\varphi(\eta_1)&=\frac{\eta^{1-x}}{x-1}+\frac{\eta^{1-2x}}{2x-1}+\frac{\eta^{1-3x}}{3x-1}+\frac{\eta^{1-4x}}{4x-1}+\frac{\eta^{1-5x}}{5x-1}+\frac{\eta^{1-6x}}{6x-1}+\cdots\\&=\frac{1.476^{1-4.412}}{4.412-1}+\frac{1.476^{1-2\times4.412}}{2\times4.412-1}+\frac{1.476^{1-3\times4.412}}{3\times4.412-1}+\frac{1.476^{1-4\times4.412}}{4\times4.412-1}\\&\quad+\frac{1.476^{1-5\times4.412}}{5\times4.412-1}+\frac{1.476^{1-6\times4.412}}{6\times4.412-1}=0.0845\end{aligned}$$

（4）水面线分段长度计算。

1）从渠首起始断面开始，假定下游断面水深为 $h_2=1.6\text{m}$。

①按式（5-8）计算比值 η_2 为

$$\eta_2=\frac{h_2}{h_0}=\frac{1.6}{1.084}=1.476$$

②按式（5-20）计算函数 $\varphi(\eta_2)$ 为

$$\begin{aligned}\varphi(\eta_2)&=\frac{\eta^{1-x}}{x-1}+\frac{\eta^{1-2x}}{2x-1}+\frac{\eta^{1-3x}}{3x-1}+\frac{\eta^{1-4x}}{4x-1}+\frac{\eta^{1-5x}}{5x-1}+\frac{\eta^{1-6x}}{6x-1}+\cdots\\&=\frac{1.476^{1-4.412}}{4.412-1}+\frac{1.476^{1-2\times4.412}}{2\times4.412-1}+\frac{1.476^{1-3\times4.412}}{3\times4.412-1}+\frac{1.476^{1-4\times4.412}}{4\times4.412-1}\\&\quad+\frac{1.476^{1-5\times4.412}}{5\times4.412-1}+\frac{1.476^{1-6\times4.412}}{6\times4.412-1}=0.0845\end{aligned}$$

③根据式（5-7）计算水深为1.6m的断面距陡槽首端的距离 l 为

$$l=\{\eta_2-\eta_1-(1-\overline{j})[\varphi(\eta_2)-\varphi(\eta_1)]\}\frac{h_0}{i}$$

$$=[1.476-1.649-(1-8.862)\times(0.0845-0.0559)]\times\frac{1.084}{\frac{1}{50}}=2.81(\text{m})$$

2）分别假定 h_1 为 1.5m、1.4m、1.3m、1.25m 及 1.199m，每一水深均按上述步骤①～③计算该水深断面与陡槽首端的距离。计算结果列于表 5-3。水深 1.199m 为距陡槽首端 80m（水面线下游端）断面的水深，其值由多个不同水深假定值试算确定。需要指出的是，在工程实践中，往往根据工程设计需要，事先拟定多个计算断面，逐段试算推求相应断面水深。

表 5-3　　陡槽水面线计算表

首端断面水深 h_1/m	h_2/m	η_1	η_2	$\varphi(\eta_1)$	$\varphi(\eta_2)$	$\overline{j}$	计算断面距首端断面距离 l/m
1.788	1.6	1.649	1.476	0.0559	0.0845	8.862	2.81
1.788	1.5	1.649	1.3838	0.0559	0.1087	8.862	8.12
1.788	1.4	1.649	1.2915	0.0559	0.1444	8.862	18.34
1.788	1.3	1.649	1.1993	0.0559	0.2019	8.862	37.84
1.788	1.25	1.649	1.1531	0.0559	0.2462	8.862	54.22
1.788	1.199	1.649	1.1061	0.0559	0.3121	8.862	79.75

注　表中 $\varphi(\eta_2)$ 值用 Excel 表计算采用式（5-20）的前 8 项之和。

2. 电算法

本算例用理正岩土软件计算过程同【例 5-1】，但面临着与【例 5-2】类似的问题，即理正岩土软件根据边界条件得到的临界水深，与原题所给值有偏差。若直接输入原题所给值，会干扰水面曲线类型的判断从而导致计算出错。因此，本例若运用软件正确计算需在输入控制参数时，将“推算水面曲线的起始水深”一栏设置为比原题所给的 1.788m 略小的数值，直到软件能够判断水面曲线为 b_2 类型为止，电算法推求的水面线成果如图 5-13 所示。

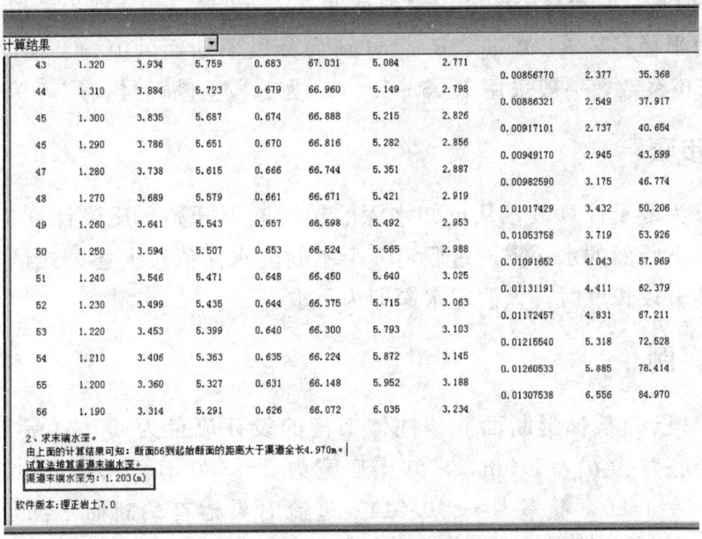

计算结果

43	1.320	3.934	5.759	0.683	67.031	5.084	2.771	0.00856770	2.377	35.368
44	1.310	3.884	5.723	0.679	66.960	5.149	2.798	0.00886321	2.549	37.917
45	1.300	3.835	5.687	0.674	66.888	5.215	2.826	0.00917101	2.737	40.654
46	1.290	3.786	5.651	0.670	66.816	5.282	2.856	0.00949170	2.945	43.599
47	1.280	3.738	5.615	0.666	66.744	5.351	2.887	0.00982590	3.175	46.774
48	1.270	3.689	5.579	0.661	66.671	5.421	2.919	0.01017429	3.432	50.206
49	1.260	3.641	5.543	0.657	66.598	5.492	2.953	0.01053758	3.719	53.926
50	1.250	3.594	5.507	0.653	66.524	5.565	2.988	0.01091652	4.043	57.969
51	1.240	3.546	5.471	0.648	66.450	5.640	3.025	0.01131191	4.411	62.379
52	1.230	3.499	5.435	0.644	66.375	5.715	3.063	0.01172457	4.831	67.211
53	1.220	3.453	5.399	0.640	66.300	5.793	3.103	0.01215540	5.318	72.528
54	1.210	3.406	5.363	0.635	66.224	5.872	3.145	0.01260533	5.885	78.414
55	1.200	3.360	5.327	0.631	66.148	5.952	3.188	0.01307538	6.556	84.970
56	1.190	3.314	5.291	0.626	66.072	6.035	3.234			

2、求末端水深。
由上面的计算结果可知：断面56到起始断面的距离大于渠道全长4.970m。
试算法推算渠道末端水深。
渠道末端水深为：1.203(m)

软件版本：理正岩土7.0

图 5-13　【例 5-3】最终计算结果

5.3 非棱柱体非均匀渐变流水面线计算

5.3.1 计算公式

水面曲线计算的主要内容是确定任意两断面的水深及其距离，然后进行水面曲线绘制。在进行计算之前，先要对水面曲线进行定性分析，判别水面曲线的类型，然后从控制断面（已知水深）开始计算。对水面曲线进行定量计算方法由数值积分法、分段求和法、水利指数法等。本节介绍工程实践中常用的分段求和法。这种计算方法简单实用，且对棱柱体明渠和非棱柱体明渠均适用。所不同的是由于非棱柱体渠道的断面形状及尺寸是沿程变化的，断面上各水力要素均为水深 h 和断面位置 s 的函数，棱柱体渠道水面线计算方法无法用来推求非棱柱体渠道的水面曲线，应要用以下公式进行试算求解。

$$\Delta L=\frac{E_{i+1}-E_i}{i-\overline{J}}=\frac{\left(h_{i+1}+\frac{\alpha V_{i+1}^2}{2g}\right)-\left(h_i+\frac{\alpha V_i^2}{2g}\right)}{i-\overline{J}} \tag{5-21}$$

$$\overline{J}=\frac{\overline{V}^2}{\overline{C}^2\overline{R}} \tag{5-22}$$

$$\overline{V}=\frac{V_i+V_{i+1}}{2} \tag{5-23}$$

$$\overline{C}=\frac{C_i+C_{i+1}}{2} \tag{5-24}$$

$$\overline{R}=\frac{R_i+R_{i+1}}{2} \tag{5-25}$$

式中：ΔL 为分段长；$\overline{J}$ 为分段的平均水力坡度；V_i、C_i、R_i 分别为分段上断面的流速、谢才系数、水力半径；V_{i+1}、C_{i+1}、R_{i+1} 分别为分段下断面的流速、谢才系数、水力半径；α 为动能修正系数，一般采用1.05～1.1；i 为分段上断面号；$i+1$ 为分段下断面号。

5.3.2 计算步骤

将全段划分为若干计算段，从已知水深的控制断面开始，逐段计算确定各断面的水深。推求计算段下断面的水深需通过假定多个不同的水深值按上述公式试算，当ΔL 的计算值等于已知的分段长度时，该假定水深即为所求。

5.3.3 工程案例

【例5-4】 已知某梯形断面非棱柱体渠槽的设计流量为 $Q=20\text{m}^3/\text{s}$，渠槽长 $l=80\text{m}$，其首端渠底宽为 $b_1=1.0\text{m}$，末端渠底宽为 $b=3.0\text{m}$，全渠段边坡系数均为 $m=1.5$，渠底比降 $i=1/50$，糙率为 $n=0.014$。过流时渠槽首端断面水深近似为临界水深 $h_1=h_k=1.788\text{m}$。试计算渠槽末端的水深并作该渠段的水面线。

1. 手算法

根据算例中已知条件，以下为手算法的具体计算过程。

(1) 分段划分。

将全渠段划分为等长的 8 个分段，9 个计算断面，首端断面为 1 号断面，末端断面为 9 号断面。第一分段的上断面为 1 号断面，其下断面为 2 号断面；第二分段的上断面为 2 号断面，其下断面为 3 号断面；其余以此类推。每一分段长 ΔL 为

$$\Delta L=\frac{L}{8}=\frac{80}{8}=10(\mathrm{m})$$

(2) 第 1 分段计算。

1) 断面 1 水力要素计算。

过水断面 A_1 为

$$A_1=(b_1+mh_1)h_1=(1.0+1.5\times1.788)\times1.788=6.583(\mathrm{m}^2)$$

湿周 χ_1 为

$$\chi_1=b_1+2h_1\sqrt{1+m^2}=1.0+2\times1.788\times\sqrt{1+1.5^2}=7.447(\mathrm{m})$$

水力半径 R_1 为

$$R_1=\frac{A_1}{\chi_1}=\frac{6.583}{7.447}=0.884(\mathrm{m})$$

流速 V_1 为

$$V_1=\frac{Q}{A_1}=\frac{20}{6.583}=3.038(\mathrm{m/s})$$

谢才系数 C_1 为

$$C_1=\frac{1}{n}R_1^{1/6}=\frac{1}{0.014}\times0.884^{1/6}=69.98(\mathrm{m}^{0.5}/\mathrm{s})$$

2) 断面 2 水力要素。

假定断面 2 水深为

$$h_2=1.366(\mathrm{m})$$

渠底宽 b_2 为

$$b_2=b_1+\frac{b-b_1}{8}=1+\frac{3.0-1.0}{8}=1.25(\mathrm{m})$$

过水断面 A_2 为

$$A_2=(b_2+mh_2)h_2=(1.25+1.5\times1.366)\times1.366=4.506(\mathrm{m}^2)$$

湿周 χ_2 为

$$\chi_2=b_2+2h_2\sqrt{1+m^2}=1.25+2\times1.366\times\sqrt{1+1.5^2}=6.175(\mathrm{m})$$

水力半径 R_2 为

$$R_2=\frac{A_2}{\chi_2}=\frac{4.506}{6.175}=0.730(\text{m})$$

流速 V_2 为

$$V_2=\frac{Q}{A_2}=\frac{20}{4.506}=4.438(\text{m/s})$$

谢才系数 C_2 为

$$C_2=\frac{1}{n}R_2^{1/6}=\frac{1}{0.014}\times 0.730^{1/6}=67.78(\text{m}^{0.5}/\text{s})$$

3）第1分段水力要素平均值

平均流速

$$\overline{V}=\frac{V_1+V_2}{2}=\frac{3.038+4.438}{2}=3.738(\text{m/s})$$

平均水力半径

$$\overline{R}=\frac{R_1+R_2}{2}=\frac{0.884+0.730}{2}=0.807(\text{m})$$

平均谢才系数

$$\overline{C}=\frac{C_1+C_2}{2}=\frac{69.98+67.78}{2}=68.88(\text{m}^{0.5}/\text{s})$$

平均水力坡度

$$\overline{J}=\frac{\overline{V}^2}{\overline{C}^2\overline{R}}=\frac{3.738^2}{68.88^2\times 0.807}=0.00365$$

4）第1分段长度 ΔL 计算

采用动能修正系数为 $\alpha=1.1$，按式（5-21）计算第1分段长度 ΔL 为

$$\Delta L=\frac{E_2-E_1}{i-\overline{J}}=\frac{\left(h_2+\dfrac{\alpha V_2^2}{2g}\right)-\left(h_1+\dfrac{\alpha V_1^2}{2g}\right)}{i-\overline{J}}$$

$$=\frac{\left(1.366+\dfrac{1.1\times 4.438^2}{2\times 9.81}\right)-\left(1.788+\dfrac{1.1\times 3.038^2}{2\times 9.81}\right)}{0.02-0.00365}$$

$$=\frac{2.4702-2.3055}{0.02-0.00365}=10.07(\text{m})$$

第1分段长度 ΔL 的计算值10.07m与实际分段长度10.0m基本相等，说明假定的水深1.366m即为断面2的所求水深。上述计算省略了试算过程，计算中如分段长度的计算值不等于实际分段长度，则需再假定水深，重复上述计算步骤。

（3）其余各分段计算。

按相同方法依次计算确定其余各分段的下断面水深值，计算结果列于表 5-4。

表 5-4　　水面线计算表

断面	渠底宽 b/m	分段长 ΔL /m	水深 h /m	断面 ω /m^2	湿周 χ /m	水力半径 R /m	谢才系数 C/(m$^{0.5}$/s)	流速 V /(m/s)	$\alpha V_2/(2g)$ /m	$\overline{V}$ /(m/s)	$\overline{R}$ /m	$\overline{C}$ /(m$^{0.5}$/s)	$\overline{J}$	计算段长 ΔL /m
1	1		1.788	6.583	7.447	0.884	69.98	3.038	0.517					
2	1.25	10	1.366	4.506	6.175	0.730	67.78	4.438	1.104	3.738	0.807	68.88	0.00365	10.07
3	1.5	10	1.211	4.016	5.866	0.685	67.06	4.980	1.390	4.709	0.707	67.42	0.00690	9.998
4	1.75	10	1.098	3.727	5.707	0.653	66.53	5.366	1.614	5.173	0.669	66.8	0.00897	10.002
5	2	10	1.007	3.533	5.629	0.628	66.09	5.662	1.797	5.514	0.640	66.31	0.01080	9.991
6	2.25	10	0.931	3.393	5.605	0.605	65.7	5.895	1.948	5.778	0.616	65.89	0.01247	9.982
7	2.5	10	0.866	3.290	5.622	0.585	65.33	6.079	2.073	5.987	0.595	65.51	0.01403	9.922
8	2.75	10	0.81	3.213	5.671	0.567	64.97	6.225	2.173	6.153	0.576	65.15	0.01549	9.979
9	3	10	0.762	3.155	5.746	0.549	64.64	6.339	2.253	6.283	0.558	64.8	0.01685	10.09

2. *电算法*

根据算例中已知条件，为与手算法进行相互校验，以下为理正岩土计算软件中“水力学计算”模块的具体步骤。

(1) 新建计算项目。

通过点击“水力学计算>渠道水力学计算>增”可得到新建的渠道水力学计算项目，单击“算”进入数据编辑界面。

(2) 编辑控制参数，如图 5-14 所示。

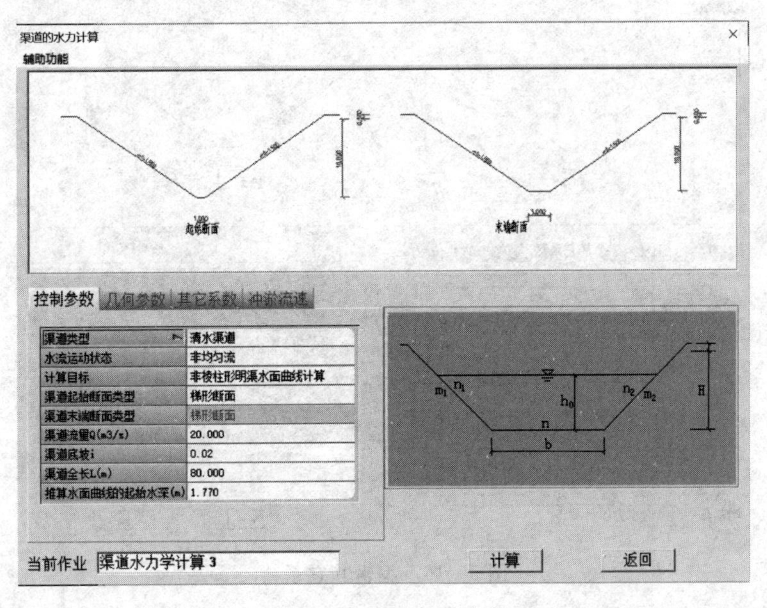

图 5-14　编辑控制参数

（3）编辑几何参数，如图 5－15 所示。

（4）编辑其它系数和冲淤流速，如图 5－16 和图 5－17 所示。

（5）计算结果显示。

设置完成后单击“计算”。电算法推求的水面线成果如图 5－18 所示，与手算法得到的水面线相比较，两者结果基本一致（正负误差在 0.01m 以内）。

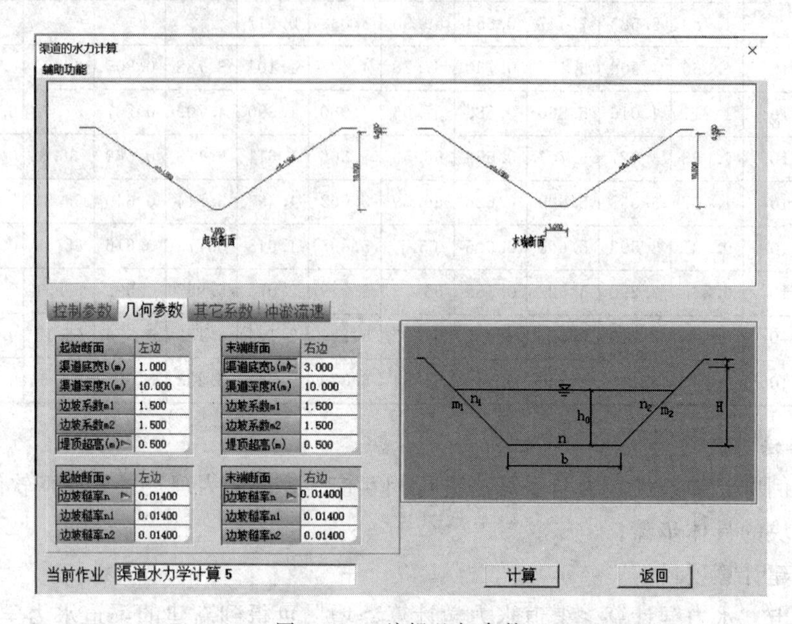

图 5－15　编辑几何参数

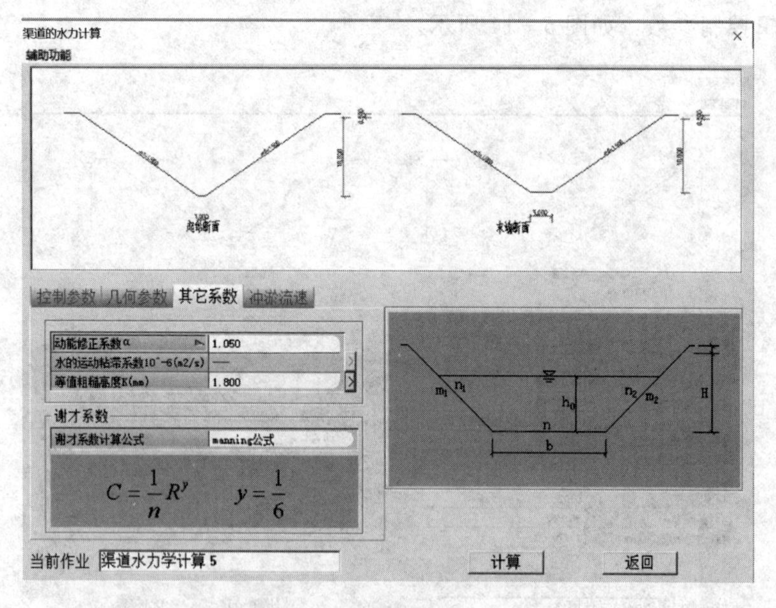

图 5－16　编辑其它系数

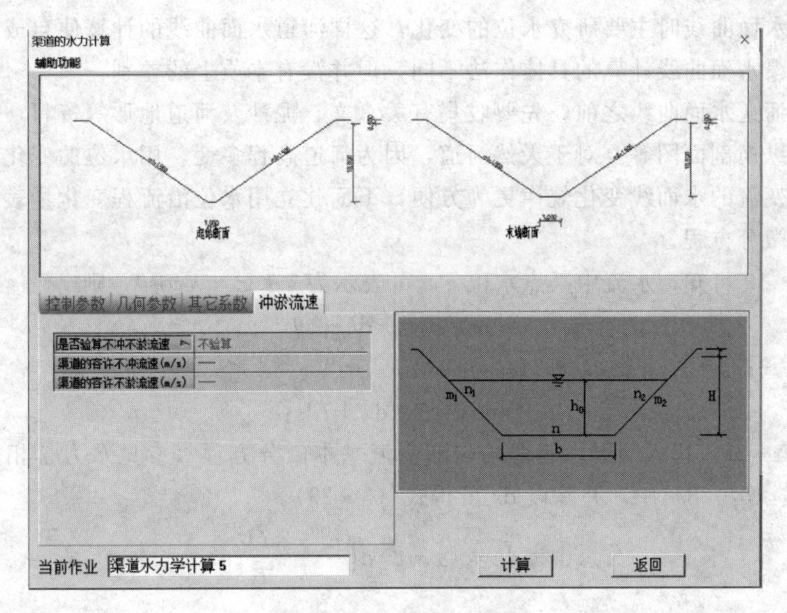

图 5-17 编辑冲淤流速

二、计算水面曲线。

断面	临界水深 (m)	过水断面面积 (m2)	湿周 (m)	水力半径 (m)	谢才系数	断面平均流速 (m/s)	断面单位能量 (m)	平均水力坡度	间距 (m)	实际水深 (m)
0	1.773	6.469	7.382	0.876	69.875	3.092	2.282			1.770
								0.00381941	10.000	
1	1.703	4.432	6.125	0.724	67.680	4.512	2.443			1.352
								0.00720340	10.000	
2	1.633	3.954	5.822	0.679	66.967	5.058	2.570			1.199
								0.00933452	10.000	
3	1.580	3.675	5.669	0.648	66.449	5.442	2.674			1.087
								0.01120441	10.000	
4	1.527	3.487	5.596	0.623	66.013	5.736	2.760			0.997
								0.01290994	10.000	
5	1.475	3.353	5.576	0.601	65.621	5.966	2.829			0.923
								0.01448667	10.000	
6	1.422	3.254	5.597	0.581	65.255	6.147	2.883			0.859
								0.01592506	10.000	
7	1.387	3.184	5.651	0.563	64.915	6.281	2.918			0.805
								0.01724963	10.000	
8	1.334	3.130	5.729	0.546	64.584	6.389	2.944			0.757

1.000 [2.656, 0.442, 0.000]

图 5-18 【例 5-4】最终计算结果

上述电算法步骤可通过观看【例 5-4】演示视频（可扫描其二维码获取）辅助学习。

素材 7

5.4 河道水面线的推求

5.4.1 基本原理

河道的过水断面一般极不规则，粗糙系数及底坡沿流程都有变化，可视作非棱柱体明渠。若采用非棱柱体明渠的计算方法来计算河道水面曲线，由于河道断面形状极不规则，有时河床还不断发生冲淤变化，人们对河道水情变化的观测，首先观测到的是水位的变化，因此研究河道水面曲线时主要研究水位的变化，这样河道水面曲线的计算便自成系统。虽然它与人工明渠水面曲线计算的具体作法不同，但并没有本质上的差别。

在计算河道水面曲线之前，先要收集有关水文、泥沙及河道地形等资料，如河道粗糙系数、河道纵横剖面图等。对于天然河道，因为河道高程多变，用水位的变化反映明渠恒定非均匀渐变流的水面线变化规律更为方便，下面建立用水位沿流程变化量表示的非均匀渐变流基本微分方程。

由图5-19可知，水流中某点水位 z，可表示为 $z=z_0+h\cos\theta$，则

$$dz=dz_0+dh\cos\theta \tag{5-26}$$

并由 $z_0-i\,ds=z_0+dz_0$，即 $dz_0=-i\,ds$，所以

$$dh\cos\theta=dz+i\,ds \tag{5-27}$$

将式（5-27）代入明渠恒定非均匀渐变流基本微分方程（参见水力学相关教材，取 $\cos\theta=1$）式（5-28）中，并除以 ds 可得式（5-29）

$$i\,ds=dh+(\alpha+\zeta)\,d\left(\frac{v^2}{2g}\right)+\frac{Q^2}{K^2}ds \tag{5-28}$$

$$\frac{dz}{ds}+(\alpha+\zeta)\frac{d}{ds}\left(\frac{v^2}{2g}\right)+\frac{Q^2}{K^2}=0 \tag{5-29}$$

目前对非均匀流的沿程水头损失尚无精确的计算方法，而近似采用均匀流计算，即 $dh_f=\frac{Q^2}{K^2}ds$，dh_f 表示微分流段内沿程水头损失。

天然河道水面曲线的水力计算，首先把河道划分为若干计算流段，用水位变化来代替水深变化进行计算，如图5-20所示。

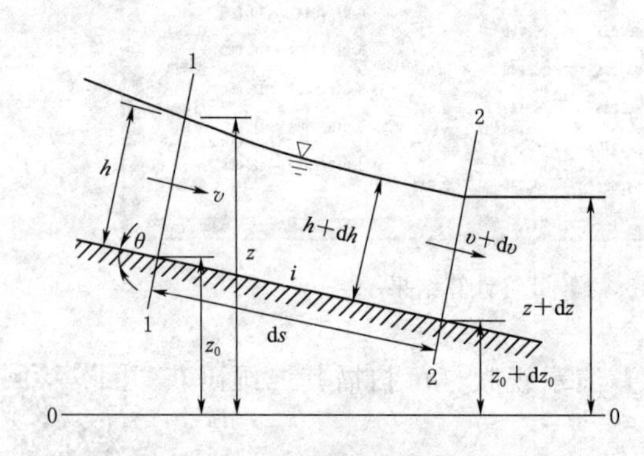

图5-19 明渠恒定非均匀渐变流

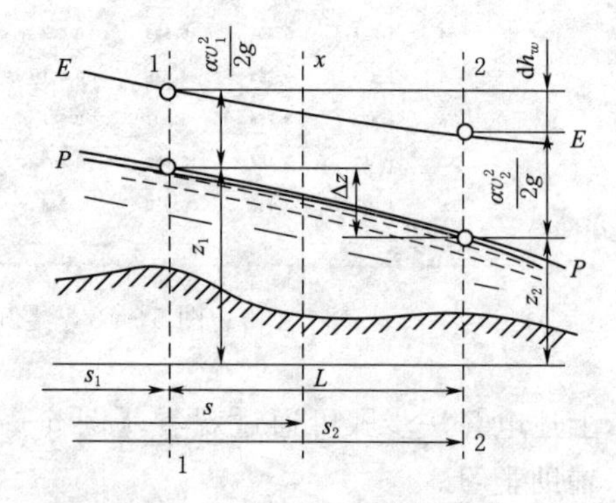

图5-20 天然河道渐变流

将计算流段局部水头损失系数 ξ 用其平均值 $\bar{\xi}$ 表示，可改写为

$$-\frac{dz}{ds}=(\alpha+\bar{\zeta})\frac{d}{ds}\left(\frac{v^2}{2g}\right)+\frac{dh_f}{ds} \tag{5-30}$$

式（5-30）为天然河道恒定非均匀渐变流的微分方程，其有限差分式可改写为

$$-\frac{\Delta z}{\Delta s}=(\alpha+\bar{\zeta})\frac{\Delta\left(\frac{v^2}{2g}\right)}{\Delta s}+\frac{\Delta h_f}{\Delta s} \tag{5-31}$$

或

$$-\Delta z=(\alpha+\bar{\zeta})\Delta\left(\frac{v^2}{2g}\right)+\Delta h_f \tag{5-32}$$

式中：$-\Delta z=z_u-z_d$；z_u 为上游断面水位；z_d 为下游断面水位。

式（5-32）可进一步改写为

$$z_u-z_d=(\alpha+\bar{\zeta})(\frac{v_d^2-v_u^2}{2g})+\bar{J}\Delta s \tag{5-33}$$

将式（5-33）进一步整理可得

$$z_u+(\alpha+\bar{\zeta})\frac{v_u^2}{2g}=z_d+(\alpha+\bar{\zeta})\frac{v_d^2}{2g}+\frac{Q^2}{K^2}\Delta s \tag{5-34}$$

或

$$z_u+(\alpha+\bar{\zeta})\frac{Q^2}{2gA_u^2}-\frac{\Delta s}{2}\frac{Q^2}{\overline{K^2}}=z_d+(\alpha+\bar{\zeta})\frac{Q^2}{2gA_d^2}+\frac{\Delta s}{2}\frac{Q^2}{\overline{K^2}} \tag{5-35}$$

将式（5-35）写成上、下游两个断面的函数式，得

$$f(z_u)=\phi(z_d) \tag{5-36}$$

式中：$\bar{J}$ 为计算流段内平均水力坡度，$\bar{J}=\frac{Q^2}{\overline{K^2}}$；$\bar{K}$ 为计算流段内平均流量模数，$\bar{K}=\overline{AC}\sqrt{R}$；$\bar{\zeta}$ 为计算流段内局部水头损失系数的平均值，加脚注 u、d 表示流段上、下游断面水力要素。

上述计算方程式，为天然河道水面曲线分段计算的基本公式。

5.4.2 计算方法与步骤

河道水面线推求一般包括两种情况：一是已知下游某个断面水位 z_d，推求上游河段水位 z_u；二是已知上游某个断面水位 z_u，推求下游河段水位 z_d。两种情况计算方法类似，现以第一种情况为例阐述河道水面线推求的基本步骤。

（1）划分流段，按上述计算原理确定函数 $\phi(z_d)$的值。

（2）假定上游断面的若干水位值，同理计算出一系列 $f(z_u)$函数值，并绘出 $z_u\sim f(z_u)$关系曲线，如图 5-21 所示，在图中的横坐标上找出点 $f(z_u)=\phi(z_d)$，向上作垂线交曲线于 A 点，A 点的纵坐标值即所求的上游断面水位。

（3）该流段的上游断面水位即下一流段的下游断面水位，重复步骤（2），依次类推计算上游断面水位，即可求得河道的水面曲线。

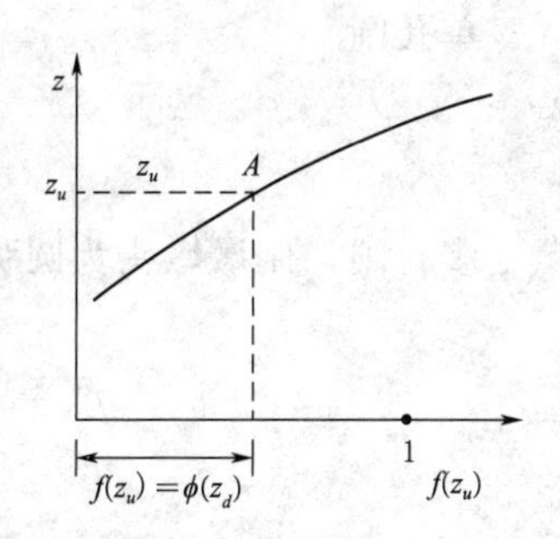

图 5-21 天然河道水力计算图

此外，还需补充说明以下两点：

（1）河道水面曲线的推求除上述介绍的试算法外还有图解法，具体内容读者可参考水力学教材中河道水面曲线计算的相关章节。

（2）在实际操作中，河道水面曲线的推求可借助计算机软件完成，如本书第 9 章所介绍的 HEC-RAS 软件，具体操作教程详见第 9 章。

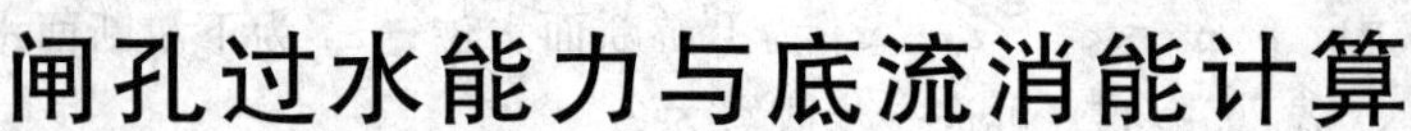

第6章 闸孔过水能力与底流消能计算

6.1 闸孔过水能力计算

在水利工程中，为了泄水或引水，常修建水闸或溢流坝等建筑物，以控制河流或渠道的水位及流量。当这类建筑物顶部闸门部分开启，水流受闸门控制而从建筑物顶部与闸门下缘间的孔口出流时，这种水流状态叫做闸孔出流。当顶部闸门完全开启，闸门下缘脱离水面，闸门对水流不起控制作用时，水流从建筑物顶部自由下泄，这种水流状态称为堰流。堰流由于闸门对水流不起控制作用，水面线为一条光滑的降落曲线；闸孔出流由于受到闸门的控制，闸孔上、下游的水面是不连续的。也正是由于堰流及闸孔出流这种边界条件的差异，它们的水流特征及过水能力也不相同。

6.1.1 开敞式水闸过水能力计算

6.1.1.1 原理及公式

平底开敞式水闸过闸水流的流态为宽顶堰流，根据 SL 265—2016《水闸设计规范》，闸孔总净宽 B_0 按式（6-1）～式（6-7）计算

$$B_0=\frac{Q}{\sigma\varepsilon m\sqrt{2g}H_0^{3/2}} \tag{6-1}$$

单孔闸

$$\varepsilon=1-0.171\times\left(1-\frac{b_0}{b_s}\right)\sqrt[4]{\frac{b_0}{b_s}} \tag{6-2}$$

多孔闸，闸墩墩头为圆弧形时

$$\varepsilon=\frac{\varepsilon_z(N-1)+\varepsilon_b}{N} \tag{6-3}$$

$$\varepsilon_z=1-0.171\times\left(1-\frac{b_0}{b_0+d_z}\right)\sqrt[4]{\frac{b_0}{b_0+d_z}} \tag{6-4}$$

$$\varepsilon_b=1-0.171\times\left(1-\frac{b_0}{b_0+\frac{d_z}{2}+b_b}\right)\sqrt[4]{\frac{b_0}{b_0+\frac{d_z}{2}+b_b}} \tag{6-5}$$

$$\sigma=2.31\frac{h_s}{H_0}\left(1-\frac{h_s}{H_0}\right)^{0.4} \tag{6-6}$$

$$b_b=m_1H+\frac{b}{2}-\frac{Nb_0+(N-1)d_z}{2} \tag{6-7}$$

式中：B_0 为闸孔总净宽，m；Q 为过闸流量，m^3/s；H_0 为计入行进流速水头的闸上游水深（从闸底板顶面算起），m；g 为重力加速度，$g=9.81m/s^2$；m 为流量系数，闸底板与上游渠底相平时可采用 0.385；ε 为侧收缩系数；b_0 为闸孔净宽，m；b_s 为上游河（渠）道一半水深处的宽度，m；N 为闸孔数；ε_z 为中闸孔侧收缩系数；ε_b 为边闸孔侧收缩系数；d_z 为中闸墩厚度，m；b_b 为边闸墩顺水流向边缘线至上游河（渠）道水边线之间的距离，m；σ 为宽顶堰流淹没系数；h_s 为从闸底板顶面算起的下游水深，m。

开敞式水闸的过水能力计算一般有 3 种计算情况：

(1) 已知设计流量，计算确定闸孔净宽及孔数。

(2) 已知闸孔净宽及孔数，计算确定过水流量。

(3) 已知设计流量及孔径，计算确定闸上游水深。

第 (1) 种是设计中常见的计算情况，因侧收缩系数与闸孔净宽、孔数、闸墩厚度等值有关，在孔径及孔数等值未确定前，侧收缩系数未知，因此需试算；

第 (2) 种属闸孔过水能力复核情况，可利用上列公式直接算得过闸流量；

第 (3) 种计算情况因淹没系数与闸上游水深有关，在闸上游水深未求出前，淹没系数未知，因此这种情况也需试算。

6.1.1.2 计算案例

现借助算例来介绍各种情况平底开敞式水闸水力计算的方法和步骤。

【例 6-1】 已知某平底开敞式节制闸的设计流量 $Q=86m^3/s$，从闸底板顶面算起的闸上游水深 $H=3.3m$，从闸底板顶面算起的闸下游水深 $h_s=2.8m$，闸上游渠道底宽 $b=12m$，上游渠道边坡系数 $m_1=2.0$，上游渠道水深同闸上游水深 H，闸前行进流速 $V=1.42m/s$，采用流量系数 $m=0.385$。试计算确定闸孔总净宽 B_0、每孔净宽 b_0 及闸孔数 N。

解： 为佐证计算结果的有效性，下面采用手算法和电算法分别进行求解。

1. 手算法

根据算例中已知条件，以下为手算法的具体计算过程。

(1) 计入行进流速水头的闸上游水深 H_0 计算。

$$H_0=3.3+\frac{V^2}{2g}=3.3+\frac{1.42^2}{19.62}=3.3+0.103=3.403(m)$$

(2) 淹没系数 σ 计算。

按式 (6-6) 计算淹没系数 σ 值为

$$\sigma=2.31\frac{h_s}{H_0}\left(1-\frac{h_s}{H_0}\right)^{0.4}=2.31\times\frac{2.8}{3.403}\times\left(1-\frac{2.8}{3.403}\right)^{0.4}=0.951$$

(3) 计算闸孔总净宽 B_0 的近似值。

侧收缩系数值的范围一般为 0.9～1.0，可先采用 $\varepsilon=0.95$，按式 (6-1) 计算闸孔净宽 B_0 的近似值为

$$B_0=\frac{Q}{\sigma\varepsilon m\sqrt{2g}H_0^{3/2}}=\frac{86}{0.951\times0.95\times0.385\times\sqrt{19.62}\times3.403^{3/2}}=8.89(m)$$

(4) 计算侧收缩系数。

根据闸孔总净宽近似值8.89m，拟定闸孔数为3孔，每孔净宽$b_0=3.0$m；采用中闸墩厚度$d_z=0.8$m。

1) 按式(6-4)计算中闸孔侧收缩系数为

$$\varepsilon_z=1-0.171\left(1-\frac{b_0}{b_0+d_z}\right)\sqrt[4]{\frac{b_0}{b_0+d_z}}$$

$$=1-0.171\left(1-\frac{3.0}{3.0+0.8}\right)\sqrt[4]{\frac{3.0}{3.0+0.8}}=0.966$$

2) 按式(6-7)计算边闸墩顺水流向边缘线至上游渠道水边线之间的距离b_b为

$$b_b=m_1H+\frac{b}{2}-\frac{Nb_0+(N-1)d_z}{2}$$

$$=2\times3.3+\frac{12}{2}-\frac{3\times3+(3-1)\times0.8}{2}=7.3(\text{m})$$

3) 按式(6-5)计算边闸孔侧收缩系数为

$$\varepsilon_b=1-0.171\left(1-\frac{b_0}{b_0+\frac{d_z}{2}+b_b}\right)\sqrt[4]{\frac{b_0}{b_0+\frac{d_z}{2}+b_b}}$$

$$=1-0.171\left(1-\frac{3.0}{3.0+\frac{0.8}{2}+7.3}\right)\sqrt[4]{\frac{3.0}{3.0+\frac{0.8}{2}+7.3}}=0.91$$

4) 按式(6-3)计算综合侧收缩系数为

$$\varepsilon=\frac{\varepsilon_z(N-1)+\varepsilon_b}{N}=\frac{0.966\times(3-1)+0.91}{3}=0.947$$

(5) 确定闸孔总净宽B_0。

因侧收缩系数ε的计算值0.947与计算闸孔总净宽近似值时所采用的0.95基本相同，故闸孔总净宽B_0为8.89m。根据水闸闸孔尺寸布设基本原则，每孔净宽3.0m，采用3孔，确定总净宽9.0m。

按式(6-1)计算其实际过水流量为

$$Q=\sigma\varepsilon mB_0\sqrt{2g}H_0^{3/2}$$

$$=0.951\times0.947\times0.385\times9\times\sqrt{19.62}\times3.403^{3/2}=86.77(\text{m}^3/\text{s})$$

计算的实际过水流量略大于设计流量，满足过水能力要求。

2. 电算法

根据算例中已知条件，为与手算法进行相互校验，以下为"理正岩土计算软件"中"水力学计算"模块的具体步骤。

(1) 新建计算项目。

通过点击"水力学计算>水闸水力学计算>增"可得到新建的水闸水力学计算项目，单击"算"进入数据编辑界面。

（2）编辑控制参数，如图 6－1 所示。

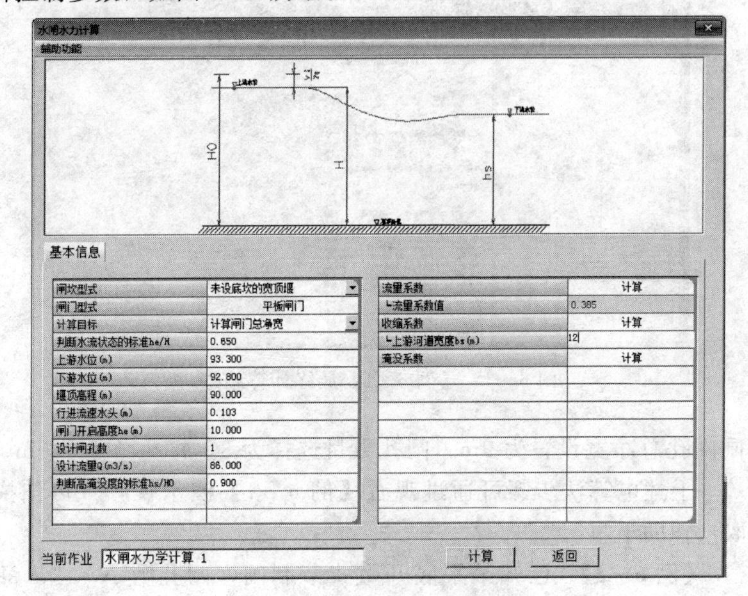

图 6－1　编辑控制参数

需要加以说明的有：

1）闸门类型：本例未提到闸门类型，因为本例所计算的是堰流，即不受闸门控制的水流，闸门形式对于本例计算没有影响。

2）计算目标：本例设置为“计算闸门总净宽”。

3）判断水流状态的标准 he/H：本例采用默认值 0.65，此参数用于区分堰流和闸孔出流，当计算曲线型实用堰时需改成 0.75。

4）堰顶高程：此处采用假想高程坐标系，堰顶高程设为 90m。

5）行进流速水头：根据本例所给闸前行进流速 V，计算$\frac{v^2}{2g}$值得到。

6）闸门开启高度：亦称闸孔开度，本例为堰流，闸门开启高度大于 0.65 倍的上游水深，即可满足计算要求。

7）设计闸孔数：宜选择为 1，否则计算右侧的收缩系数需输入边墩厚度和中墩厚度。

8）判断高淹没度的标准：取默认值即可。

9）流量系数：点击切换为“交互”模式，输入题目所给的值。

10）收缩系数（侧收缩系数）：切换为“计算”模式，直接输入上游河道宽度软件就会自动计算出来。

11）淹没系数：切换为“计算”模式，软件会根据已输入的条件自动计算。

（3）计算结果，如图 6－2 所示。

计算得到闸孔总净宽后，根据《水闸设计规范》和 SL 74—2019《水利水电工程钢闸门设计规范》建议即可初步拟定闸孔数目以及适合实际的设计闸孔总净宽。相关规范指出，当闸孔孔数少于 8 孔时，宜采用单数孔；闸门孔口尺寸推荐采取整数值或者是整数值＋0.5（单位：m）。

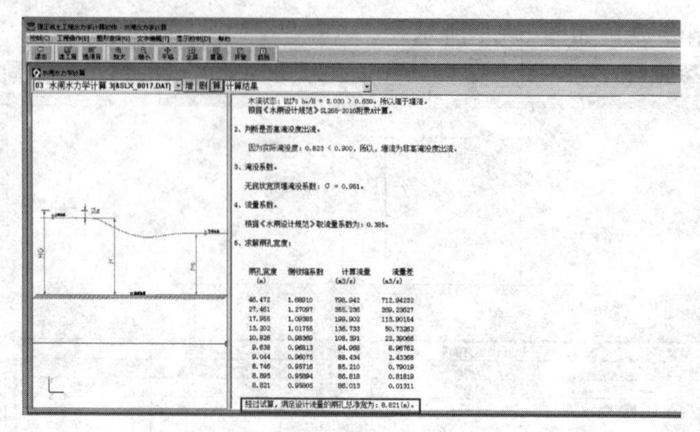

图 6-2　【例 6-1】最终计算结果

综上，本闸闸孔总净宽设置为 9m，闸孔数目选择为 3，每孔净宽 3.0m。

素材 8

上述电算法步骤可通过观看【例 6-1】演示视频（可扫描其二维码获取）辅助学习。

【例 6-2】 已知某平底开敞式节制闸，闸孔数 $N=3$，每孔净宽 $b_0=3.0\text{m}$，闸孔总净宽 $B_0=9\text{m}$；中闸墩厚度 $d_z=0.8\text{m}$，从闸底板顶面算起的闸上游水深 $H=3.3\text{m}$，从闸底板顶面算起的闸下游水深 $h_s=2.8\text{m}$，闸上游渠道底宽 $b=12\text{m}$，上游渠道边坡系数 $m_1=2.0$，上游渠道水深同上游水深 H，闸前行进流速 $V=1.42\text{m/s}$，采用流量系数 $m=0.385$，试计算过闸流量。

解： 为佐证计算结果的有效性，下面采用手算法和电算法分别进行求解。

1. 手算法

根据算例中已知条件，以下为手算法的具体计算过程。

（1）计入行进流速水头的闸上游水深 H_0 计算。

$$H_0=3.3+\frac{V^2}{2g}=3.3+\frac{1.42^2}{19.62}=3.3+0.103=3.403(\text{m})$$

（2）淹没系数 σ 计算。

按式（6-6）计算淹没系数 σ 值为

$$\sigma=2.31\frac{h_s}{H_0}\left(1-\frac{h_s}{H_0}\right)^{0.4}=2.31\times\frac{2.8}{3.403}\times\left(1-\frac{2.8}{3.403}\right)^{0.4}=0.951$$

（3）计算侧收缩系数 ε。

1）按式（6-4）计算中闸孔侧收缩系数为

$$\begin{aligned}\varepsilon_z&=1-0.171\left(1-\frac{b_0}{b_0+d_z}\right)\sqrt[4]{\frac{b_0}{b_0+d_z}}\\&=1-0.171\times\left(1-\frac{3.0}{3.0+0.8}\right)\times\sqrt[4]{\frac{3.0}{3.0+0.8}}=0.966\end{aligned}$$

2）按式（6-7）计算边闸墩顺水流向边缘线至上游渠道水边线之间的距离 b_b 为

$$\begin{aligned}b_b&=m_1H+\frac{b}{2}-\frac{Nb_0+(N-1)d_z}{2}\\&=2\times3.3+\frac{12}{2}-\frac{3\times3+(3-1)\times0.8}{2}=7.3(\text{m})\end{aligned}$$

3）按式（6-5）计算边闸孔侧收缩系数为

$$\varepsilon_b = 1 - 0.171\left(1 - \frac{b_0}{b_0 + \frac{d_z}{2} + b_b}\right)\sqrt[4]{\frac{b_0}{b_0 + \frac{d_z}{2} + b_b}}$$

$$= 1 - 0.171 \times \left(1 - \frac{3.0}{3.0 + \frac{0.8}{2} + 7.3}\right) \times \sqrt[4]{\frac{3.0}{3.0 + \frac{0.8}{2} + 7.3}} = 0.91$$

4）按式（6-3）计算综合侧收缩系数为

$$\varepsilon = \frac{\varepsilon_z(N-1) + \varepsilon_b}{N} = \frac{0.966 \times (3-1) + 0.91}{3} = 0.947$$

（4）过闸流量计算。

按式（6-1）计算过水能力为

$$Q = \sigma \varepsilon m B_0 \sqrt{2g} H_0^{3/2}$$

$$= 0.951 \times 0.947 \times 0.385 \times 9 \times \sqrt{19.62} \times 3.403^{3/2} = 86.77(\mathrm{m^3/s})$$

2. 电算法

根据算例中已知条件，为与手算法进行相互校验，以下为“理正岩土计算软件”中“水力学计算”模块的具体步骤。

（1）新建计算项目。

通过点击“水力学计算>水闸水力学计算>增”可得到新建的水闸水力学计算项目，单击“算”进入数据编辑界面。

（2）编辑基本信息，如图6-3所示。

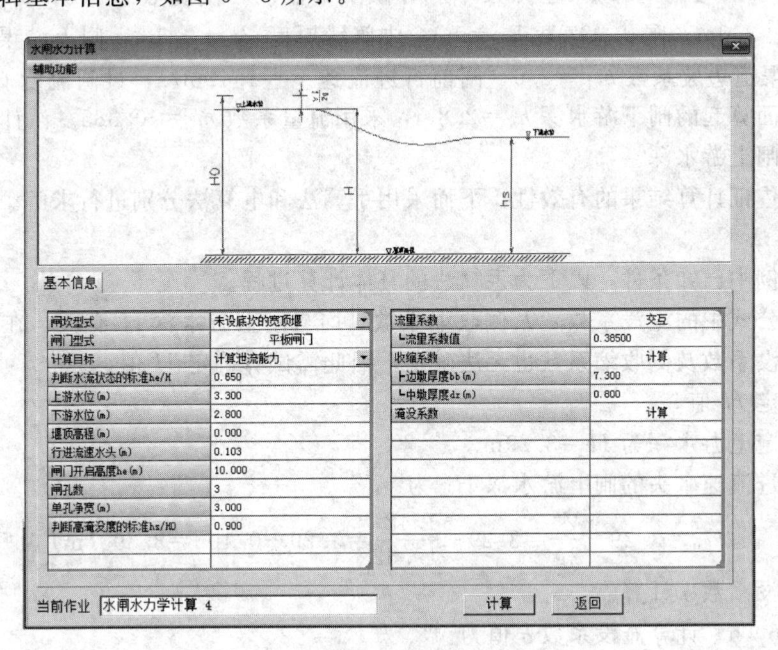

图6-3 编辑基本信息

以上基本信息中，“行进流速水头”与“边墩厚度”需读者自行计算后输入。输入完后，单击“计算”。

（3）结果输出。

输出结果如图6-4所示，电算结果为86.797m^3/s，与手算结果相近。

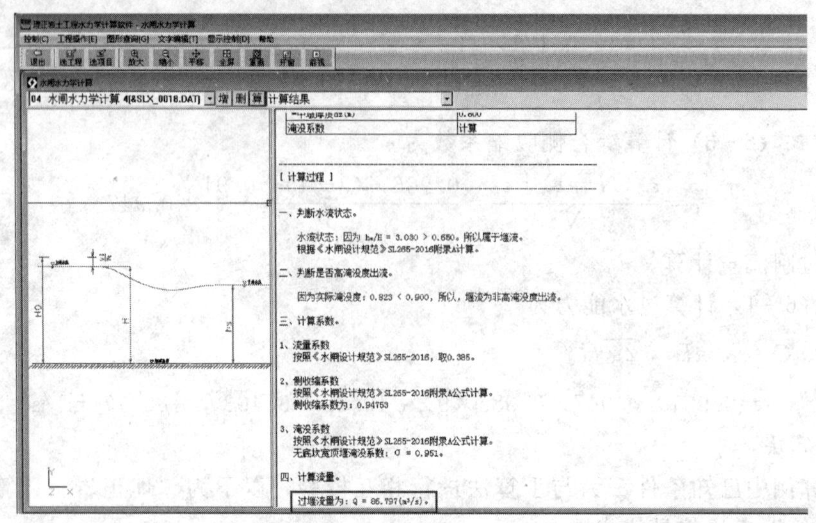

图6-4　【例6-2】最终计算结果

素材9

上述电算法步骤可通过观看【例6-2】演示视频（可扫描其二维码获取）辅助学习。

【例6-3】 已知某平底开敞式节制闸，闸孔数$N=3$，每孔净宽$b_0=3.0m$，闸孔总净宽$B_0=9m$；中闸墩厚度$d_z=0.8m$，闸上游渠道底宽$b=12m$，上游渠道边坡系数$m_1=2.0$，闸前行进流速$V=1.42m/s$，过闸流量$Q=86m^3/s$，从闸底板顶面算起的闸下游水深$h_s=2.8m$，采用流量系数$m=0.385$。试计算从闸底板顶面算起的闸上游水深。

解： 为佐证计算结果的有效性，下面采用手算法和电算法分别进行求解。

1. 手算法

根据算例中已知条件，以下为手算法的具体计算过程。

因计算公式中的淹没系数σ及侧收缩系数ε均与闸上游水深H有关，在闸上游水深未知时，淹没系数及侧收缩系数也无法确定，因此需试算确定H值。

（1）假定H值。

首先假定上游水深为$H=3.29m$。

计入行进流速水头的闸上游水深H_0为

$$H_0=3.29+\frac{V^2}{2g}=3.29+\frac{1.42^2}{19.62}=3.29+0.103=3.393(m)$$

（2）淹没系数σ计算。

按式（6-6）计算淹没系数σ值为

$$\sigma=2.31\frac{h_s}{H_0}\left(1-\frac{h_s}{H_0}\right)^{0.4}=2.31\times\frac{2.8}{3.393}\times\left(1-\frac{2.8}{3.393}\right)^{0.4}=0.949$$

(3) 计算侧收缩系数 ε。

1) 按式 (6-4) 计算中闸孔侧收缩系数为

$$\varepsilon_z=1-0.171\left(1-\frac{b_0}{b_0+d_z}\right)\sqrt[4]{\frac{b_0}{b_0+d_z}}$$

$$=1-0.171\times\left(1-\frac{3.0}{3.0+0.8}\right)\times\sqrt[4]{\frac{3.0}{3.0+0.8}}=0.966$$

2) 按式 (6-7) 计算边闸墩顺水流向边缘线至上游渠道水边线之间的距离 b_b 为

$$b_b=m_1H+\frac{b}{2}-\frac{Nb_0+(N-1)d_z}{2}$$

$$=2\times3.29+\frac{12}{2}-\frac{3\times3+(3-1)\times0.8}{2}=7.28(\mathrm{m})$$

3) 按式 (6-5) 计算边闸孔侧收缩系数为

$$\varepsilon_b=1-0.171\left(1-\frac{b_0}{b_0+\frac{d_z}{2}+b_b}\right)\sqrt[4]{\frac{b_0}{b_0+\frac{d_z}{2}+b_b}}$$

$$=1-0.171\times\left(1-\frac{3.0}{3.0+\frac{0.8}{2}+7.3}\right)\times\sqrt[4]{\frac{3.0}{3.0+\frac{0.8}{2}+7.3}}=0.91$$

4) 按式 (6-3) 计算综合侧收缩系数为

$$\varepsilon=\frac{\varepsilon_z(N-1)+\varepsilon_b}{N}=\frac{0.966\times(3-1)+0.91}{3}=0.947$$

(4) 闸上游水深检验。

按式 (6-1) 计算过闸流量为

$$Q=\sigma\varepsilon mB_0\sqrt{2g}H_0^{3/2}$$

$$=0.949\times0.947\times0.385\times9\times\sqrt{19.62}\times3.393^{3/2}=86.2(\mathrm{m^3/s})$$

过闸流量计算值与设计流量基本相同，表明假定的闸上游水深 3.29m 即为所求值。如过闸流量计算值与设计流量不相等，则需另假定闸上游水深重新计算。

2. 电算法

根据算例中已知条件，为与手算法进行相互校验，以下为理正岩土计算软件中“水力学计算”模块的具体步骤。(注：理正软件内并无直接试算闸上游水深的程序，只能间接试算。)

(1) 新建计算项目。

通过点击“水力学计算＞水闸水力学计算＞增”可得到新建的水闸水力学计算项目，单击“算”进入数据编辑界面。

(2) 编辑基本信息。

根据算例信息计算出“行进流速水头”，再假定一个闸上游水深输入，并计算出“边墩厚度”输入到软件中，点击计算，若软件得出的过堰流量与算例中所给不同，则重新假定一个闸上游水深输入，直至软件计算结果等于或接近算例所给过堰流量。

参数输入与结果显示界面分别如图6-5和图6-6所示。

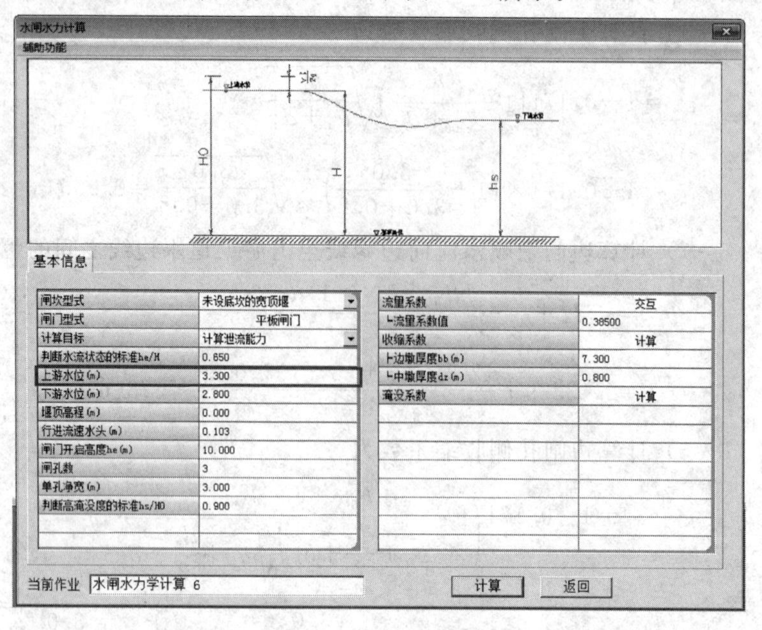

图6-5　编辑基本信息

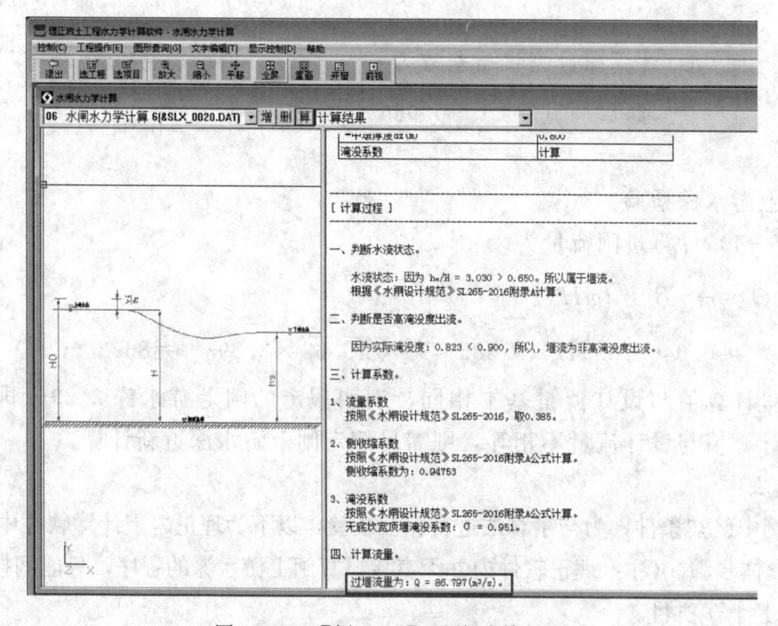

图6-6　【例6-3】最终计算结果

6.1.2　胸墙式水闸过水能力计算

6.1.2.1　原理及公式

1.《水闸设计规范》公式

据《水闸设计规范》所述，当平底闸下泄水流为孔流时，其闸孔总净宽 B_0 按式（6-

8）～式（6-11）计算

$$B_0=\frac{Q}{\sigma'\mu h_e\sqrt{2gH_0}} \tag{6-8}$$

$$\mu=\varphi\varepsilon'\sqrt{1-\frac{\varepsilon' h_e}{H}} \tag{6-9}$$

$$\varepsilon'=\frac{1}{1+\sqrt{\lambda\left[1-\left(\frac{h_e}{H}\right)^2\right]}} \tag{6-10}$$

$$\lambda=\frac{0.4}{2.718^{16\frac{r}{h_e}}} \tag{6-11}$$

式中：B_0 为闸孔总净宽，m；Q 为过闸流量，m^3/s；H_0 为计入行进流速水头的闸上游水深（从闸底板顶面算起），m；g 为重力加速度，$9.81m/s^2$；h_e 为孔口高度，m；μ 为孔流流量系数；φ 为流速系数，可采用 0.95～1.0；ε'为孔流垂直收缩系数；λ 为计算系数；r 为胸墙底圆弧半径，m；σ'为孔流淹没系数，可由表 6-1 查取，表中 h_s 和 h_c''分别为从闸底板顶面算起的下游水深和跃后水深，m。

表 6-1　孔流淹没系数 σ' 值表

$\frac{h_s-h_c''}{H-h_c''}$	≤0	0.1	0.2	0.3	0.4	0.5	0.6	0.7	0.8	0.9	0.92	0.94	0.96	0.98	0.99	0.995
σ'	1	0.86	0.78	0.71	0.66	0.59	0.52	0.45	0.36	0.23	0.19	0.16	0.12	0.07	0.04	0.02

表 6-1 中的跃后水深 h_c''值按式（6-12）计算

$$h_c''=\frac{h_c}{2}\left(\sqrt{1+\frac{8\times V_c^2}{gh_c}}-1\right) \tag{6-12}$$

$$h_c=\varepsilon' h_e \tag{6-13}$$

其中

$$V_c=\varphi\sqrt{2g(H_0-h_c)} \tag{6-14}$$

2. 阿格罗斯金流量公式

当 $h_s\leqslant h_c''$时，为非淹没孔流，平底闸非淹没孔流的流量 Q 按式（6-15）计算

$$Q=\varphi\varepsilon' h_e B_0\sqrt{2g(H_0-\varepsilon' h_e)} \tag{6-15}$$

当 $h_s>h_c''$时，为淹没式孔流，平底闸淹没式孔流的流量 Q 按式（6-16）计算

$$Q=\mu h_e B_0\sqrt{2g(H_0-h_z)} \tag{6-16}$$

其中

$$h_z=\sqrt{h_s^2-M\left(H_0-\frac{M}{4}\right)}+\frac{M}{2} \tag{6-17}$$

$$M=4\mu^2 h_e^2\frac{h_s-h_c}{h_s h_c} \tag{6-18}$$

$$\mu=\varepsilon'\varphi \tag{6-19}$$

式中：h_z 为闸后收缩水深断面（图 6-7 中断面 1—1）处的闸后淹没水深；

其余符号意义同前。

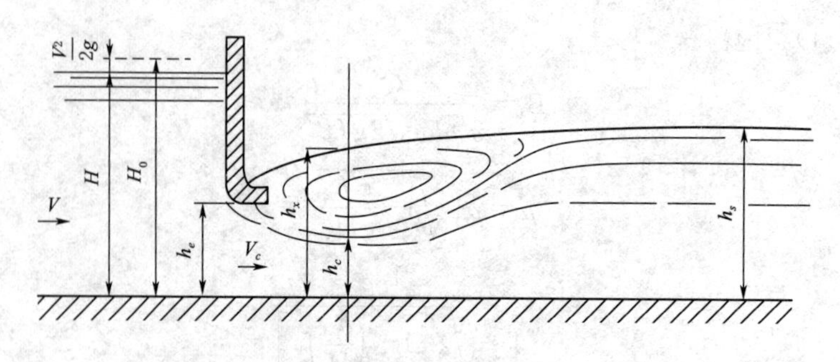

图6-7 淹没式孔流闸孔后水深示意图

胸墙式水闸的过水能力计算一般有4种计算情况：

（1）已知上下游水深及闸孔尺寸，计算过闸流量。

（2）已知流量、上下游水深及闸孔宽度，计算闸孔高度。

（3）已知流量、上下游水深及闸孔高度，计算闸孔宽度。

（4）已知流量、下游水深及闸孔尺寸，计算闸上游水深。

第（1）种属闸孔过水能力复核情况，可利用上列公式一次算得过闸流量。

第（2）种是设计中常见的计算情况，因μ、ε'、λ等值均取决于孔口高度，在孔口高度未知时，应试算μ、ε'、λ等值。

第（3）种情况可利用上列公式直接计算闸孔总净宽B_0，然后再确定孔数及每孔净宽。

第（4）种计算情况因σ'、μ、ε'等值与闸上游水深有关，在闸上游水深未求知时，应试算σ'、μ、ε'等值。

6.1.2.2 计算案例

现借助算例介绍平底胸墙式水闸孔口高度计算的方法和步骤。

【例6-4】 已知某平底胸墙式闸的设计流量44.2m^3/s，从闸底板顶面算起的闸上游水深$H=6.0$m，从闸底板顶面算起的闸下游水深$h_s=5.0$m，胸墙底圆弧半径$r=0.5$m，闸前行进流速$V=0.7$m/s，闸孔宽$B_0=3.0$m。试计算确定孔口高度。

解：

根据算例中已知条件，以下为手算法的具体计算过程。

（1）按《水闸设计规范》公式计算

1）计算计入行进流速水头的闸上游水深H_0为

$$H_0=H+\frac{V^2}{2g}=6+\frac{0.7^2}{19.62}=6.025(\text{m})$$

2）假定孔口高度$h_e=3.4$m。

3）按式（6-11）计算系数λ为

$$\lambda=\frac{0.4}{2.718^{16\frac{r}{h_e}}}=\frac{0.4}{2.718^{16\frac{0.5}{3.4}}}=0.038$$

4）按式（6-10）计算垂直收缩系数ε'为

$$\varepsilon'=\frac{1}{1+\sqrt{\lambda\left[1-\left(\frac{h_e}{H}\right)^2\right]}}=\frac{1}{1+\sqrt{0.038\left[1-\left(\frac{3.4}{6}\right)^2\right]}}=0.862$$

5）按式（6-9）计算流量系数 μ 为

$$\mu=\varphi\varepsilon'\sqrt{1-\frac{\varepsilon' h_e}{H}}=0.95\times0.862\times\sqrt{1-\frac{0.862\times3.4}{6}}=0.586$$

6）按式（6-13）计算收缩水深 h_c 为

$$h_c=\varepsilon' h_e=0.862\times3.4=2.93(\text{m})$$

7）按式（6-14）计算收缩断面流速 V_c 为

$$V_c=\phi\sqrt{2g(H_0-h_c)}=0.95\times\sqrt{19.62\times(6.025-2.93)}=7.403(\text{m/s})$$

8）按式（6-12）计算跃后水深 h_c'' 为

$$h_c''=\frac{h_c}{2}\left(\sqrt{1+\frac{8\times V_c^2}{gh_c}}-1\right)=\frac{2.93}{2}\times\left(\sqrt{1+\frac{8\times7.403^2}{9.81\times2.93}}-1\right)=4.44(\text{m})$$

9）确定淹没系数 σ' 值。

根据比值 $\frac{h_s-h_c''}{H-h_c''}=\frac{5-4.44}{6-4.44}=0.359$，由表 6-1 查取淹没系数为 $\sigma'=0.681$

10）根据式（6-8）计算过闸流量 Q 为

$$Q=\sigma'\mu h_0 B_0\sqrt{2gH_0}$$

$$=0.681\times0.586\times3.4\times3\times\sqrt{19.62\times6.025}=44.26(\text{m}^3/\text{s})$$

过闸流量计算值 44.26m^3/s 与设计流量 44.2m^3/s 基本相同，表明假定高度 3.4m 即为所求的孔口高度值。在实际设计中，需通过假定不同的孔口高度值，经过多次试算，才能确定孔口高度。

（2）按阿格罗斯金公式计算。

1）假定孔口高度为 $h_e=2.8\text{m}$。

2）按式（6-11）计算系数 λ 为

$$\lambda=\frac{0.4}{2.718^{16\frac{r}{h_e}}}=\frac{0.4}{2.718^{16\frac{0.5}{2.8}}}=0.023$$

3）按式（6-10）计算垂直收缩系数 ε' 为

$$\varepsilon'=\frac{1}{1+\sqrt{\lambda\left[1-\left(\frac{h_e}{H}\right)^2\right]}}=\frac{1}{1+\sqrt{0.023\times\left[1-\left(\frac{3.4}{6}\right)^2\right]}}=0.889$$

4）按式（6-19）计算流量系数 μ 为

$$\mu=\varepsilon'\varphi=0.889\times0.95=0.84$$

5）按式（6-13）计算收缩水深 h_c 为

$$h_c=\varepsilon' h_e=0.889\times2.8=2.49(\text{m})$$

6）按式（6-14）计算收缩断面流速 V_c 为

$$V_c=\phi\sqrt{2g(H_0-h_c)}=0.95\times\sqrt{19.62\times(6.025-2.49)}=7.91(\text{m/s})$$

7）按式（6-12）计算跃后水深 h_c'' 为

$$h_c''=\frac{h_c}{2}\left(\sqrt{1+\frac{8\times V_c^2}{gh_c}}-1\right)=\frac{2.49}{2}\times\left(\sqrt{1+\frac{8\times 7.91^2}{9.81+2.49}}-1\right)=4.53(\text{m})$$

8）判别过闸流态。

由于 $h_c''<h_s$，过闸水流的流态为淹没式孔流。

9）按式（6-18）计算 M 为

$$M=4\mu^2h_e^2\frac{h_s-h_c}{h_sh_c}=4\times 0.84^2\times 2.8^2\times\frac{5-2.49}{5\times 2.49}=4.46$$

10）按式（6-17）计算闸后淹没水深 h_z 为

$$h_z=\sqrt{h_s^2-M\left(H_0-\frac{M}{4}\right)}+\frac{M}{2}$$

11）按式（6-16）计算过闸流量为

$$Q=\mu h_eB_0\sqrt{2g(H_0-h_z)}=44.58(\text{m}^3/\text{s})$$

过闸流量计算值 $44.58\text{m}^3/\text{s}$ 与设计流量 $44.2\text{m}^3/\text{s}$ 基本接近，表明假定的孔口高度 2.8m 即为所求的孔口高度值。在实际设计中，需通过假定不同的孔口高度值，经过多次试算，才能确定孔口高度。

（3）计算结果对比。

在闸孔尺寸相同的情况下，对于淹没的平底闸孔流，按阿格罗斯金公式计算的孔流过水能力比按《水闸设计规范》中公式计算的孔流过水能力大。例如，当闸孔宽度为 3.0m、高度为 3.4m 时，按《水闸设计规范》中公式计算的过闸流量为 $44.26\text{m}^3/\text{s}$，按阿格罗斯金公式计算的过闸流量为 $52.08\text{m}^3/\text{s}$。设计中一般按《水闸设计规范》中公式计算，但对于 $h_e/H\geqslant 0.65$ 的孔流，则宜采用阿格罗斯金公式计算。

6.2 平底闸孔流与堰流判别标准及孔流计算公式讨论

6.2.1 现有判别标准及其缺陷

胸墙式水闸及闸门下出流的过闸水流有孔流和堰流两种流态。对于平底闸（宽顶堰式）的孔流与堰流界限，水力学教程与计算手册中多采用下列判别标准：

$$h_e/H\geqslant 0.65 \text{ 堰流}$$

$$h_e/H<0.65 \text{ 孔流} \tag{6-20}$$

式中：H 为闸上游水深；h_e 为胸墙底孔口高度（或闸门开度）。

在 SD 133—84《水闸设计规范》和 SL 265—2016《水闸设计规范》中均未明确说明孔流与堰流计算的判别条件，但闸孔总净宽计算公式的孔流流量系数“μ 值”表中，仅列出了 $h_e/H\leqslant 0.65$ 的 μ 值，说明 $h_e/H=0.65$ 为堰流和孔流的判别标准。

上述判别孔流与堰流的标准是不完善的，因为 h_e/H 只反映了过闸流态与孔口高度及闸上游水深的关系，而忽略了闸下游水深对过闸流态的影响。判别平底胸墙式水闸及闸门下出流是孔流还是堰流，主要取决于胸墙底或门底是否高于闸室（堰顶）水面，若高于闸室水面，则为堰流；反之，则为孔流。

非淹没宽顶堰的堰顶水深近似等于临界水深，对于矩形过水断面，临界水深 h_k 按式（6-21）计算

$$h_k=\sqrt[3]{\frac{\alpha q^2}{g}} \tag{6-21}$$

非淹没宽顶堰的单宽流量 q 按式（6-22）计算

$$q=m\sqrt{2g}H_0^{3/2} \tag{6-22}$$

将式（6-22）代入式（6-21），并采用流量系数 $m=0.37$，流速不均匀系数 $\alpha=1.0$，行进流速 $V=0\text{m/s}$，可得非淹没宽顶堰的堰顶水深，即临界水深为

$$h_k=\sqrt[3]{\frac{\alpha q^2}{g}}=\sqrt[3]{\frac{(0.37\times\sqrt{2g}H^{3/2})^2}{g}}\approx 0.65H \tag{6-23}$$

式（6-23）中临界水深计算值应是上述平底（宽顶堰式）闸孔流与堰流判别标准的依据。也就是说，当胸墙底或门底高于闸底板顶面 $0.65H$ 时，即其高出闸室（堰顶）水面，过闸流态为堰流；胸墙底或门底高于闸底板顶面不足 $0.65H$ 时，过闸流态为孔流。

必须指出，上述关系不容忽视“非淹没”的前提条件。当下游水深超过某一界限产生淹没影响时，堰顶水深将大于 $0.65H$。显然，对于淹没式宽顶堰，堰顶水深必大于 $0.65H$。也就是说，闸室水深及过闸流态不仅取决于闸上游水深，而且与闸下游水深有关。在下游水深形成淹没影响的情况下，即使 $h_e/H\geqslant 0.65$，但胸墙底或门底仍在闸室水面以下，过闸流态并非堰流而实为孔流。因此，不能仅以孔口高度与闸上游水深的关系来判别过闸流态，还应同时考虑孔口高度与闸下游水深的关系，以及闸上、下游水深的关系。否则，可能将孔流流态误判为堰流计算，导致流量及孔径计算错误。

现以平底闸闸门下出流为例，探讨闸下游水深对流态的影响与式（6-20）的合理性。

计算采用 8 组不同的闸上、下游水深组合。闸上游水深固定为 $H=6.0\text{m}$，闸下游水深 h_s 分别为 3.5m、4.0m、4.49m、4.5m、4.6m、5.0m、5.5m、5.8m。每组水深均有 h_e 值为 3.6m、3.7m、3.8m、3.899m、3.9m 的 5 个闸门开度。

按式（6-20）的判别标准，当闸上游水深 $H=6\text{m}$ 时，由孔流转变为堰流的临界孔口高度均为 $h_e=0.65H=0.65\times 6=3.9\text{m}$，故当 h_e 值为 3.6m、3.7m、3.8m、3.899m 时为孔流，按式（6-8）计算流量；当 h_e 值为 3.9m 时为堰流，按式（6-1）计算流量。

计算中，闸孔宽度 $B_0=1.0\text{m}$，即计算流量相当于单宽流量；不计行进流速，即 $H_0=H=6.0\text{m}$；孔流流量系数 μ 按式（6-9）～式（6-11）计算，并采用孔流流速系数 $\varphi=0.95$，门底圆弧半径 $r=0\text{m}$；堰流流量系数 $m=0.36$（与孔流流速系数 $\varphi=0.95$ 相应）；堰流侧收缩系数按闸上游渠槽底宽 1.0m 及边坡为 1∶1 的边界条件计算。流量计算结果列于表 6-2。

由表 6-2 流量计算结果可知：在闸下游水深一定时，h_e 值每增加 0.1m，按孔流公式计算的流量增大率均为 2%左右；当 h_e 值由 3.899m 增为 3.9m（相当于 $0.65H$）时，按堰流公式计算的流量增大率出现两种情况：

第一种情况：下游水深 h_s 小于等于4.5m时，流量增大率约为5%。

第二种情况：下游水深 h_s 大于4.5m时，流量增大率为15%～121%，其值随下游水深的增大而大幅度增加。

表6-2　按式（6-20）判别标准的流量计算值表

计算流态	孔高 h_e/m	闸下游水深 h_1/m							
		3.5	4.0	4.49	4.5	4.6	5.0	5.5	5.8
		计算值/(m^3/s)							
孔流	3.6	19.10	19.10	19.10	19.10	17.54	13.30	9.07	5.25
	3.7	19.51	19.51	19.51	19.51	17.87	13.58	9.27	5.37
	3.8	19.96	19.96	19.96	19.96	18.16	13.85	9.46	5.47
	3.899	20.30	20.30	20.30	20.18	18.32	14.09	9.61	5.54
堰流	3.9	21.32	21.32	21.32	21.22	21.10	20.05	16.71	12.22

第一种情况符合流态转变规律，当过闸水流由孔流转变为堰流，由于无闸门约束作用产生的垂直收缩影响，因此流量增大率略有加大。

第二种情况计算流量的增大率显著偏大，且闸下游水深越大（即闸上、下游水位差越小），流量增大率越大。具体而言，当闸下游水深为5.8m时，在闸门开度由3.899m仅增加0.001m的瞬间，按堰流公式计算的流量比按孔流公式计算的流量突增121%，这种过闸流量值的突变显然是不合理的。由此可知，虽然 h_e 值不小于 $0.65H$，但由于下游水深较大，使胸墙底或门底仍在闸室水面以下，过闸流态实际上仍为孔流，不能按堰流公式计算。

综上，在采用 $h_e/H=0.65$ 判别过闸水流流态时，需综合考虑闸下游水深的影响。

6.2.2 对现有判别标准的修正

一般情况下，胸墙式水闸上、下游水位差较大，且闸下游水深相对较小，闸孔高度多大于或略小于下游水深，因此按式（6-20）来判别孔流或堰流一般不会出现流态的误判。不过在水深较大而闸上、下游水位差较小的情况下，为减小闸门高度而设有胸墙时，则可能出现 $h_e/H>0.65$ 状态下的孔流。此外，在闸上、下游水位差较小的情况下，闸门开度不同时，同样可能出现 $h_e/H\geqslant 0.65$ 的孔流。因此，需进一步完善平底闸孔流与堰流的判别标准。

由表6-2计算数据可知，当闸上游水深 H 为6.0m时，影响过闸流态的闸下游水深界限为4.5m，其值相当于 $0.75H$，即当 $h_e/H\geqslant 0.65$ 且闸下游水深 $h_s\leqslant 0.75H$ 时，判别式（6-20）是正确的；而当 $h_s>0.75H$ 且 $h_e/H\geqslant 0.65$ 时，需考虑闸下游水深与孔口高度的关系，下游水深 h_s 小于孔口高度 h_e 时为堰流，反之则为孔流，如图6-8所示。因此，可确定如式（6-24）及表6-3所示的孔流与堰流判别标准。

$$\begin{aligned}&h_e/H\geqslant 0.65\text{ 及 }h_s\leqslant 0.75H\text{ 时，为堰流}\\&h_e/H\geqslant 0.65\text{ 及 }h_s>0.75H\text{ 及 }h_s>h_e\text{ 时，为孔流}\\&h_e/H<0.65\text{ 时，为孔流}\end{aligned}\tag{6-24}$$

表 6-3 平底闸孔流与堰流修正判别标准

孔口高度与上游水深的关系	下游水深与上游水深及孔口高度的关系		
	$h_s \leqslant 0.75H$	$h_s > 0.75H$	
		$h_s \leqslant h_e$	$h_s > h_e$
$h_e/H \geqslant 0.65$	堰流	堰流	孔流
$h_e/H < 0.65$	孔流	孔流	孔流

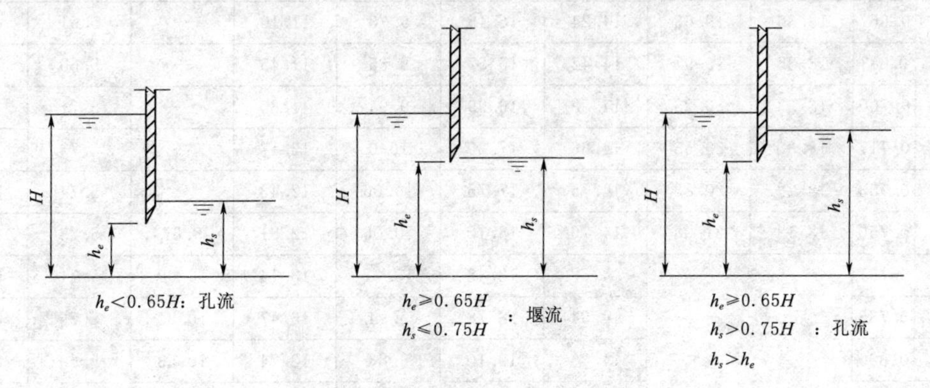

图 6-8 孔流与堰流判别标准示意图

6.2.3 孔流流量公式的比较选用

1.《水闸设计规范》中的孔流公式适用性

采用与前述基本相同的闸上、下游水深组合，即闸上游水深固定为 $H=6$m，闸下游水深 h_s 分别为 4.6m、5.0m、5.5m、5.8m，孔口高度 h_e 见表 6-4。在孔流过水流量计算中，μ 值均按式（6-9）～式（6-11）计算。计算采用孔流流速系数 $\varphi=0.95$，门底圆弧半径 $r=0$m；堰流流量系数 $m=0.36$（与孔流流速系数 $\varphi=0.95$ 相应）；闸孔宽度 $B_0=1.0$m，即计算流量相当于单宽流量；不计行进流速，即 $H_0=H=6.0$m；堰流侧收缩系数按闸上游渠槽底宽 1.0m 及边坡为 1∶1 的边界条件计算。按式（6-8）计算的各流量值列于表 6-4 中的 Q_1 流量栏。

表 6-4 不同计算公式按修正判别标准的流量计算值

孔口高度 h_e/m	h_e/H	下游水深 h_s/m								
		4.6		5.0		5.5			5.8	
		流量/(m³/s)								
		Q_1	Q_2	Q_1	Q_2	Q_1	Q_2	Q_3	Q_1	Q_2
3.4	0.567	16.67	16.76	12.69	13.25	8.66	8.98	—	5.00	5.57
3.5	0.583	17.13	17.36	13.01	13.74	8.88	9.34	—	5.14	5.84
3.6	0.600	17.54	17.89	13.30	14.23	9.07	9.70	—	5.25	6.04
3.7	0.617	17.87	18.39	13.58	14.73	9.27	10.02	—	5.37	6.24
3.8	0.633	18.16	18.65	13.85	15.23	9.46	10.41	—	5.47	6.44

续表

孔口高度 h_e/m	h_e/H	下游水深 h_s/m								
		4.6		5.0		5.5			5.8	
		流量/(m^3/s)								
		Q_1	Q_2	Q_1	Q_2	Q_1	Q_2	Q_3	Q_1	Q_2
3.9	0.65	18.32	19.28	14.09	15.69	9.61	10.75	—	5.54	6.75
4.0	0.667	18.36	19.63	14.24	16.15	9.73	11.10	—	5.61	6.96
4.1	0.683	18.35	19.97	14.42	16.57	9.85	11.45	—	5.65	7.18
4.2	0.700	18.33	20.25	14.58	16.99	9.94	11.80	—	5.71	7.40
4.3	0.717	18.30	20.55	14.66	17.39	10.0	12.17	—	5.73	7.64
4.4	0.733	18.28	20.83	14.75	17.75	10.06	12.48	—	5.74	7.87
4.5	0.750	18.13	21.08	14.76	18.12	10.06	12.81	9.87	5.73	8.12
4.6	0.767			14.68	18.48	10.02	13.14	10.09	5.71	8.27
4.7	0.783			14.54	18.78	9.94	13.47	10.31	5.66	8.52
4.8	0.800			14.36	19.10	9.83	13.74	10.53	5.60	8.79
4.9	0.817			14.16	19.35	9.71	14.09	10.74	5.51	8.94
5.0	0.833					9.53	14.38	10.96	5.40	9.23
5.1	0.850					9.33	14.59	11.18	5.22	9.39
5.2	0.867	21.10				9.12	14.88	11.40	5.00	9.55
5.3	0.883					8.83	15.10	11.62	4.76	9.74
5.4	0.900			20.05		8.50	15.33	11.84	4.50	9.92
5.5	0.917								4.27	10.12
5.6	0.933						16.71		3.98	10.34
5.7	0.950								3.66	10.40
5.8	0.967								12.22	

由表 6-4 中流量 Q_1 计算数据可看出，在上、下游水深组合相同的情况下，孔口高度 h_e 为 3.9～4.5m（相应 $h_e/H=0.65\sim0.75$）时，孔口高度 h_e 值增大时流量增加很小；而当孔口高度 h_e 值大于 4.5m（相应 $h_e/H>0.75$）时，h_e 值增大，流量反而减小（见表中阴影部分数据），这显然是不合理的，表明式（6-8）不适用于 $h_e/H\geqslant0.65$ 的孔流计算。

综上，对于 $h_e/H<0.65$ 的孔流，按式（6-8）计算过水流量是合理的，但该公式不适用于 $h_e/H\geqslant0.65$ 的孔流过水流量计算。

2. 阿格罗斯金公式适用性

对于 $h_e/H\geqslant0.65$ 的孔流，均属于淹没孔流，可按阿格罗斯金公式计算，即式（6-16）～式（6-19），按此计算的各流量值列于表 6-4 中的 Q_2 流量栏。

由表 6-4 中 Q_2 流量计算数据可看出，在上、下游水深组合相同的情况下，流量始终随孔口高度 h_e 的增大而增加，且 h_e 每增大 0.1m，流量增大率约为 1.2%～4.8%，其增幅与按式（6-7）计算的 $h_e/H<0.65$ 的孔流流量增大率基本相同。表中凡在粗线下仅列

出一个流量值者为按堰流式（6-1）计算的流量，与其相对应的 h_e 值为孔流与堰流的界限（$h_s>h_e$）。闸下游水深不同时，由孔流状态过渡为堰流状态时的流量增大率约为 0～17.5%，其符合流态转变规律。

综上，对于 $h_e/H\geqslant0.65$ 的孔流，不论下游淹没程度如何，均可按阿格罗斯金的淹没孔流公式计算，其计算结果是比较合理的。

6.2.4 结论及算例

1. 现有平底闸孔流与堰流的判别标准，由于没有考虑闸下游水深的影响，可能导致过闸流态判别失误，将实际上的孔流误按堰流计算，导致流量及孔径计算错误，使胸墙式水闸的闸孔计算值偏小或过水能力计算值偏大。

2. 为了使孔流与堰流的判别标准具有普遍适用性，应考虑闸下游水深的影响，增加闸下游水深因素后的修正判别标准可避免流态判别的失误，修正判别标准如式（6-24）及表 6-3 所示。

3. 对于 $h_e/H<0.65$ 的孔流，可按式（6-8）（《水闸设计规范》公式）或式（6-16）（阿格罗斯金公式）计算，两者计算结果较为接近；对于 $h_e/H\geqslant0.65$ 的孔流，建议采用式（6-16）计算。

现借助算例说明不同判别标准及不同公式的计算结果差别。

【例 6-5】 已知某平底胸墙式闸的闸孔宽 $B_0=3.0\text{m}$，孔口高度 4.5m，从闸底板顶面算起的闸上游水深 $H=6.0\text{m}$，从闸底板顶面算起的闸下游水深 $h_s=5.5\text{m}$，胸墙底圆弧半径 $r=0.5\text{m}$，闸前行进流速 $V=0.7\text{m/s}$。试根据不同的判别标准及不同的计算公式计算确定过水流量。

解：

（1）按式（6-24）及表 6-3 判别标准时的流量计算。

因 $\dfrac{h_e}{H}=\dfrac{4.5}{6}=0.75>0.65$ 且 $\dfrac{h_s}{H}=\dfrac{5.5}{6}=0.917>0.75$，按式（6-24）及表 6-3 判别该水流流态为孔流。

1）按式（6-8）（《水闸设计规范》公式）计算的过水流量 $Q_1=28.18\text{m}^3/\text{s}$。

2）按式（6-16）（阿格罗斯金公式）计算的过水流量为 $Q_2=45.11\text{m}^3/\text{s}$。

（2）按式（6-20）判别标准时的流量计算。

因 $\dfrac{h_e}{H}=\dfrac{4.5}{6}=0.75>0.65$，按式（6-20）判别该水流流态为堰流。

按堰流公式（6-1）计算的过水流量为 $54.62\text{m}^3/\text{s}$。

不同判别标准及不同公式的计算流量的比较列于表 6-5。

表 6-5　不同判别标准及不同公式的计算流量比较表

计算流态	计算公式	计算流量 $Q/(\text{m}^3/\text{s})$	各计算流量与按式（6-16）计算的流量之比值
孔流	式（6-8）	28.18	0.625
	式（6-16）	45.11	1
堰流	式（6-1）	54.62	1.21

以上计算表明，本例根据上、下游水深及孔口高度之间的关系，水流流态应为孔流，且按式（6-16）计算的过水流量为45.11m^3/s，而按式（6-8）计算的过水流量明显偏小；如仅根据孔口高度与上游水深的关系，则按式（6-20）将其误判为堰流，且按堰流公式（6-1）计算的堰流过水流量为54.62m^3/s，明显偏大。

6.3 底流消能计算

由于在河道上修建水工建筑物，使其上游水位抬高，水流具有较大的势能。当水流通过泄水建筑物宣泄到下游时，所具有的势能的大部分必将转化为动能，因而在泄水建筑物下游的水流必然流速较高，故必须采取消能防冲措施，使得高速集中下泄水流与天然水流相互衔接起来。

常用的消能方式有底流消能、挑流消能和面流消能三大类。其基本措施都是加剧水流内部质点之间、水质点与空气或固壁之间的摩擦和碰撞，但各种消能方式在消能措施上各有侧重。本节仅以水闸工程底流消能为例，对其下挖式、突槛式和综合式三种消力池进行计算原理阐述。

6.3.1 下挖式消力池计算

6.3.1.1 计算公式

根据《水闸规范》，下挖式消力池如图6-9所示，按式（6-25）～式（6-31）计算

$$d=\sigma_0 h_c''-h_s'-\Delta Z \tag{6-25}$$

$$h_c''=\frac{h_c}{2}\left(\sqrt{1+\frac{8\alpha q^2}{gh_c^3}}-1\right)\left(\frac{b_1}{b_2}\right)^{0.25} \tag{6-26}$$

$$h_c^3-T_0 h_c^2+\frac{\alpha q^2}{2g\varphi^2}=0 \tag{6-27}$$

$$\Delta Z=\frac{\alpha q^2}{2g\varphi^2 h_s'^2}-\frac{\alpha q^2}{2gh_c''^2} \tag{6-28}$$

$$L_{sj}=L_s+\beta L_j \tag{6-29}$$

$$L_j=6.9(h_c''-h_c) \tag{6-30}$$

$$T_0=H+\frac{\alpha V^2}{2g}+P \tag{6-31}$$

式中：d为消力池深度，m；σ_0为水跃淹没系数，可采用1.05～1.10；h_c''为跃后水深，m；h_c为收缩水深，m；h_s'为下游河（渠）床水深，m；α为水流动能校正系数，可采用1.0～1.05；q为单宽流量，式（6-26）与式（6-27）中按消力池进口宽计算，式（6-28）中按消力池出口宽计算，$m^3/(m\cdot s)$；b_1为消力池首端宽度，m；b_2为消力池末端宽度，m；T_0为由消力池底板顶面算起（若判别是否需要消能设施时，由下游渠底算起）的上游总势能，m；V为上游行进流速，m/s；φ为流速系数，一般采用为0.95；ΔZ为出池水位落差，m；L_{sj}为消力池长度，m；L_s为消力池斜坡段水平投影长，m；β为水跃长度校正系数，可采用0.7～0.8；L_j为水跃长度，m。

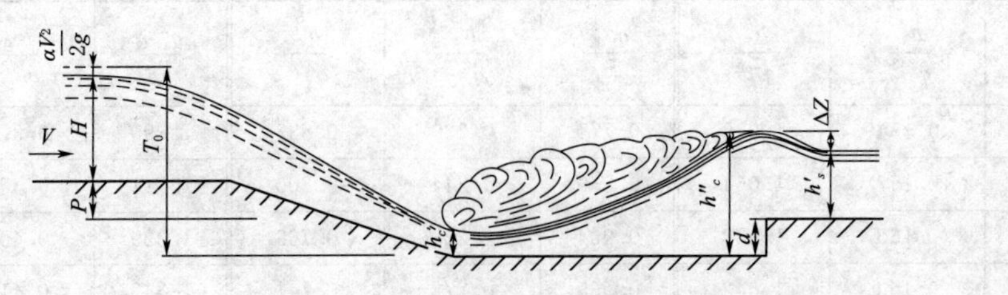

图 6-9 下挖式消力池示意图

当闸下游接陡坡渠道，渠道水深 h'_s 小于临界水深 h_k，或泄水闸后无明显的排水沟道，消力池出口后水流呈无约束的漫流状，下游尾水深 h'_s 也可能小于临界水深 h_k。在这种情况下，应注意正确采用消力池的下游控制水位。消力池出口的流态相当于宽顶堰，消力池深度计算的边界条件即按宽顶堰考虑，当下游尾水深 h'_s 大于临界水深时，相当于淹没式宽顶堰，消力池出口后（堰顶）的控制水深即为下游尾水深 h'_s；如果下游尾水深 h'_s 小于临界水深，则消力池出口的流态相当于非淹没宽顶堰，消力池出口后（堰顶）的控制水深不再是下游尾水深 h'_s，而应为临界水深 h_k，如果仍以下游尾水深 h'_s 作为消力池出口后的控制水深，消力池深度的计算值将偏大。

矩形断面临界水深 h_k 由式（6-32）计算

$$h_k=\sqrt[3]{\frac{a(Q/b_2)^2}{g}} \tag{6-32}$$

式（6-27）为三次方程，收缩水深 h_c 可利用 Excel 试算求解。收缩水深 h_c 及跃后水深 h''_c 也可根据比值 $\frac{q^{2/3}}{T_0}$，由表 6-6 查比值 $\frac{h_c}{q^{2/3}}$ 及 $\frac{h''_c}{q^{2/3}}$ 计算。

表 6-6 **$\frac{q^{2/3}}{T_0}$ 与 $\frac{h_c}{q^{2/3}}$、$\frac{h''_c}{q^{2/3}}$ 关系表**

$\frac{q^{2/3}}{T_0}$	$\frac{h_c}{q^{2/3}}$	$\frac{h''_c}{q^{2/3}}$	$\frac{q^{2/3}}{T_0}$	$\frac{h_c}{q^{2/3}}$	$\frac{h''_c}{q^{2/3}}$	$\frac{q^{2/3}}{T_0}$	$\frac{h_c}{q^{2/3}}$	$\frac{h''}{q^{2/3}}$
0.046	0.051	2.000	0.161	0.096	1.408	0.264	0.124	1.220
0.053	0.055	1.923	0.169	0.099	1.389	0.275	0.127	1.205
0.060	0.059	1.852	0.178	0.101	1.370	0.286	0.130	1.190
0.068	0.063	1.786	0.187	0.104	1.351	0.297	0.132	1.176
0.077	0.067	1.724	0.196	0.106	1.333	0.309	0.135	1.165
0.087	0.071	1.657	0.205	0.109	1.316	0.321	0.138	1.149
0.099	0.075	1.613	0.214	0.111	1.299	0.333	0.141	1.136
0.111	0.079	1.563	0.224	0.114	1.282	0.345	0.143	1.124
0.124	0.084	1.515	0.234	0.116	1.266	0.357	0.146	1.111
0.138	0.089	1.471	0.244	0.119	1.250	0.369	0.149	1.099
0.153	0.094	1.429	0.254	0.122	1.235	0.381	0.151	1.087

续表

$\frac{q^{2/3}}{T_0}$	$\frac{h_c}{q^{2/3}}$	$\frac{h''_c}{q^{2/3}}$	$\frac{q^{2/3}}{T_0}$	$\frac{h_c}{q^{2/3}}$	$\frac{h''_c}{q^{2/3}}$	$\frac{q^{2/3}}{T_0}$	$\frac{h_c}{q^{2/3}}$	$\frac{h''}{q^{2/3}}$
0.394	0.154	1.075	0.771	0.230	0.833	1.290	0.377	0.571
0.408	0.157	1.064	0.839	0.244	0.800	1.311	0.389	0.556
0.422	0.160	1.053	0.904	0.258	0.769	1.329	0.401	0.541
0.436	0.163	1.042	0.965	0.272	0.741	1.343	0.413	0.526
0.449	0.165	1.031	1.022	0.285	0.714	1.355	0.424	0.513
0.462	0.168	1.020	1.074	0.298	0.689	1.364	0.436	0.500
0.475	0.171	1.010	1.122	0.312	0.665	1.370	0.447	0.488
0.489	0.174	1.000	1.165	0.326	0.645	1.375	0.458	0.476
0.560	0.188	0.952	1.203	0.339	0.625	1.377	0.467	0.467
0.631	0.202	0.909	1.236	0.351	0.606			
0.701	0.216	0.970	1.265	0.364	0.588			

6.3.1.2 计算案例

现借助算例介绍下挖式消力池深度及长度计算的方法和步骤。

【例6-6】 已知某单孔水闸的设计流量 $Q=28m^3/s$，闸孔宽度 $B=3.0m$，闸上游水深 $H=3.3m$，上游行进流速 $V=0.67m/s$，闸上游渠底与下游渠底高差 $P=4.0m$，下游渠道水深 $h'_s=2.9m$，闸后采用1∶4的陡坡与下游渠道相接。试进行下挖式消力池计算，消力池采用等宽3.0m。

解： 为佐证计算结果的有效性，下面采用手算法和电算法分别进行求解。

1. 手算法

根据算例中已知条件，以下为手算法的具体计算过程。

(1) 判别下游水流的衔接型式，确定是否需要设消力池。

1) 上游总势能 T_0 计算。

按式（6-31）计算上游总势能为

$$T_0=H+\frac{\alpha V^2}{2g}+P=3.3+\frac{1.05\times0.67^2}{2\times9.81}+4.0=7.324(m)$$

2) 收缩水深 h_c 计算。

收缩水深按式（6-27）计算，其中，水流动能校正系数采用 $\alpha=1.05$，流速系数采用 $\varphi=0.95$，利用Excel试算得收缩水深 $h_c=0.896m$。

3) 跃后水深 h''_c 计算。

按式（6-26）计算跃后水深为

$$h''_c=\frac{h_c}{2}\left(\sqrt{1+\frac{8\alpha q^2}{gh_c^3}}-1\right)\left(\frac{b_1}{b_2}\right)^{0.25}$$

$$=\frac{0.896}{2}\times\left(\sqrt{1+\frac{8\times1.05\times(28/3.0)^2}{9.81\times0.896^3}}-1\right)=4.136(m)$$

4）判别是否需要设消力池。

因 $h_c''=4.136>h_s'=2.9\text{m}$，故需设消力池。

(2) 消力池深度计算。

1）第一次池深计算。

按式（6-28）计算出池水位落差 ΔZ 为

$$\Delta Z=\frac{\alpha q^2}{2g\varphi^2 h_s'^2}-\frac{\alpha q^2}{2gh_c''^2}$$
$$=\frac{1.05\times(28/3)^2}{2\times9.81\times0.95^2\times2.9^2}-\frac{1.05\times(28/3)^2}{2\times9.81\times4.136^2}=0.342(\text{m})$$

按式（6-25）计算消力池深，第一次池深计算时式中水跃淹没系数采用 $\sigma_0=1.05$，得

$$d=\sigma_0 h_c''-h_s-\Delta Z=1.05\times4.136-2.9-0.342=1.101(\text{m})$$

2）第二次池深计算。

设消力池后，上游总势能相应加大，按池深 1.101m 重新计算由消力池底板顶面算起的上游总势能 T_0 为

$$T_0=7.324+1.101=8.425(\text{m})$$

按式（6-27）计算收缩水深，其中，水流动能校正系数采用 $\alpha=1.05$，流速系数采用 $\varphi=0.95$，利用 Excel 试算得收缩水深 $h_c=0.824\text{m}$。

按式（6-26）计算跃后水深为

$$h_c''=\frac{h_c}{2}\left(\sqrt{1+\frac{8\alpha q^2}{gh_c^3}}-1\right)\left(\frac{b_1}{b_2}\right)^{0.25}$$
$$=\frac{0.824}{2}\times\left(\sqrt{1+\frac{8\times1.05\times(28/3.0)^2}{9.81\times0.824^3}}-1\right)=4.363(\text{m})$$

按式（6-28）计算出池水位落差 ΔZ 为

$$\Delta Z=\frac{\alpha q^2}{2g\varphi^2 h_s'^2}-\frac{\alpha q^2}{2gh_c''^2}$$
$$=\frac{1.05\times(28/3)^2}{2\times9.81\times0.95^2\times2.9^2}-\frac{1.05\times(28/3)^2}{2\times9.81\times4.363^2}=0.369(\text{m})$$

按式（6-25）计算消力池深，第二次池深计算时式中水跃淹没系数采用 $\sigma_0=1.05$，得

$$d=\sigma_0 h_c''-h_s-\Delta Z=1.05\times4.363-2.9-0.369=1.312(\text{m})$$

3）第三次池深计算。

按池深 $d=1.312\text{m}$ 重新计算由消力池底板顶面算起的上游总势能 T_0 为

$$T_0=7.324+1.312=8.636(\text{m})$$

按式（6-27）计算收缩水深，其中，水流动能校正系数采用 $\alpha=1.05$，流速系数采用 $\varphi=0.95$，利用 Excel 试算得收缩水深 $h_c=0.812\text{m}$。

按式（6-26）计算跃后水深为

$$h''_c=\frac{h_c}{2}\left(\sqrt{1+\frac{8\alpha q^2}{gh_c^3}}-1\right)\left(\frac{b_1}{b_2}\right)^{0.25}$$

$$=\frac{0.812}{2}\times\left(\sqrt{1+\frac{8\times1.05\times(28/3.0)^2}{9.81\times0.812^3}}-1\right)=4.403(\mathrm{m})$$

按式（6-28）计算出池水位落差 ΔZ 为

$$\Delta Z=\frac{\alpha q^2}{2g\varphi^2 h_s'^2}-\frac{\alpha q^2}{2gh_c''^2}$$

$$=\frac{1.05\times(28/3)^2}{2\times9.81\times0.95^2\times2.9^2}-\frac{1.05\times(28/3)^2}{2\times9.81\times4.403^2}=0.374(\mathrm{m})$$

按式（6-25）计算消力池深，其中，水跃淹没系数采用 $\sigma_0=1.05$，得

$$d=\sigma_0 h''_c-h_s-\Delta Z=1.05\times4.403-2.9-0.374=1.35(\mathrm{m})$$

第三次计算的消力池深度与第二次的计算深度已接近，一般计算2～3次即可满足精度要求。根据上述计算结果，本例消力池深为 $d=1.35\mathrm{m}$。

（3）消力池长度计算。

按式（6-30）计算水跃长度为

$$L_j=6.9\times(h''_c-h_c)=6.9\times(4.403-0.812)=24.78(\mathrm{m})$$

陡坡段坡度为1∶4，其水平投影长度为

$$L_s=4\times(4+1.35)=21.4(\mathrm{m})$$

采用水跃长度校正系数 $\beta=0.75$，按式（6-29）计算包括陡坡段在内的消力池总长为

$$L_{sj}=L_s+\beta L_j=21.4+0.75\times24.78=21.4+18.585=39.985(\mathrm{m})$$

2. 电算法

根据算例中已知条件，为与手算法进行相互校验，以下为理正岩土计算软件中“水力学计算”模块的具体步骤。

（1）新建计算项目。

通过点击“水力学计算＞消能工水力学计算＞增”可得到新建的消能工水力学计算项目，单击“算”进入数据编辑界面。

（2）基本信息编辑。

注：

1）上、下游底部高程：由于本例未给出堰顶高程，只给出了上、下游水深与上、下游渠底高差，所以在电算之前，可假定一个下游渠底高程，以此为依据得出其他的高程坐标。

2）单宽流量：需按照例中所给流量与消力池宽度，自行计算后输入。

3）上、下游水位：下游水位采用“下游底部高程＋下游水深”得到；但是上游水位不可以简单的利用“上游底部高程＋上游水深”得到。因为理正软件中的“上游水深”和本例所给“上游水深”含义不同。需要指出的是，理正软件在计算下挖式消力池的参数输入界面内并没有“行进流速”参数的输入端口。事实上，理正软件在计算行进流速水头时采用的行进流速本就是通过间接计算到的，软件采用的公式为“行进流速 V＝单宽流量 q/（上游水位－上游底部高程）”。因此，如果单纯地将“原题所给的上游底部高程＋上游水深”输入到软件中去，得到的一定是错误的答案。

正确的做法是在输入前先进行一次计算，算出该输入到软件中的“上游水深”。从手算的过程中可以看到，上游水深并不直接参与各个过程参数的计算，它的作用只有计算出上游总势能 T_0，后续公式里没有一个是需要带入上游水深的。所以，只要保证软件计算的 T_0 是正确的就好。

先根据原题所给资料手算一遍 T_0，按式（6-33）计算上游总势能为

$$T_0=H+\frac{\alpha V^2}{2g}+P=3.3+\frac{1.05\times0.67^2}{2\times9.81}+4.0=7.324(\text{m})$$

再设“上游水深”为未知数 x，根据软件的计算方法列方程

$$T_0=7.324=x+P+\frac{\alpha v^2}{2g}=x+4+\frac{1.05\times(q/x)^2}{2\times9.81}$$

采用 Excel 表试算法解出本例题的上游水深为 2.669m，输入到理正软件（注意转化为“上游水位”），即可在软件输出的计算过程中发现，电算与手算的上游总势能 T_0 为同一值。

4）消力池前段长度：本题默认按照宽顶堰情况处理，但因为原题没有给出相关的参数，所以无法用软件电算消力池前段长度。因而此处采用直接输入的方法——输入斜坡水平投影的长度。然而此值在不知道消力池深度的情况下是无法准确得到的，因为在本例中消力池前段长度＝4×(上、下游渠底高差＋消力池深度)。但是消力池深度本身并不需要依靠消力池前段长度作为必须条件求解得到，从前文手算的过程中便能发现这一点。因此，消力池前段长度可以先取值为“4×上、下游渠底高差”，待软件运算得到消力池深度后再将“4×(上、下游渠底高差＋消力池深度）”作为最终取值带入。事实上，两次运算中，软件给出的消力池深度都是一致的，但是由于消力池前段长度对于消能工长度的直接影响，两次运算得到的消能工长度差值略大。

①第一次输入界面，如图 6-10 所示。

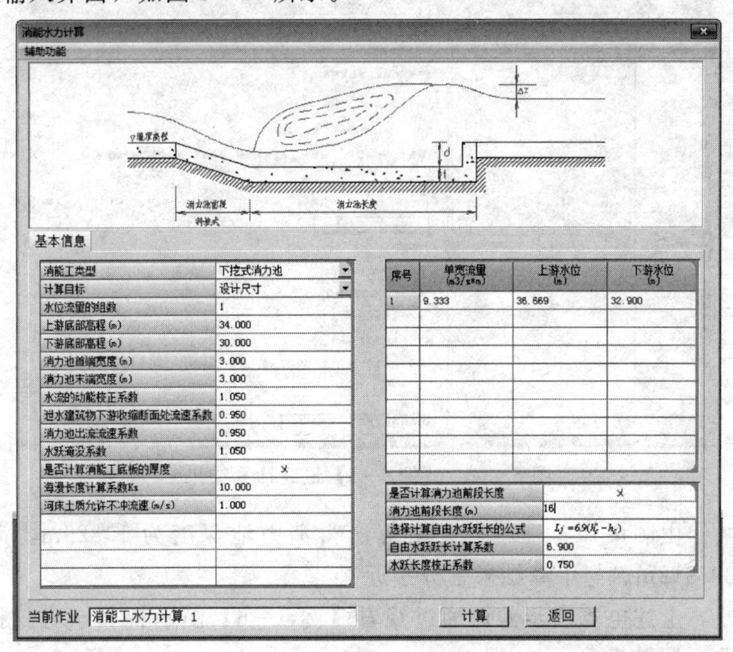

图 6-10 第一次基本信息编辑

②第二次输入界面——更改了消力池前段长度，如图 6-11 所示。

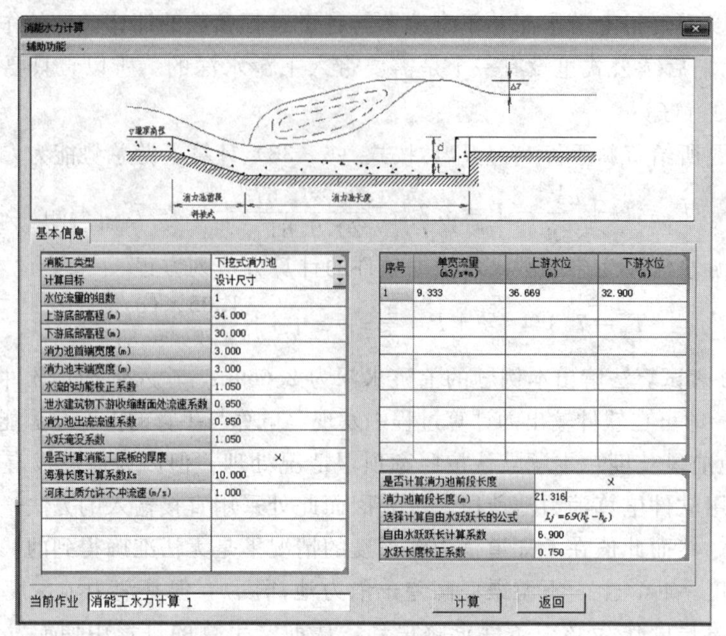

图 6-11　第二次基本信息编辑

(3) 计算结果。

点击“计算”，图 6-12 为第二次运算（输入准确的消力池前段长度）的结果。

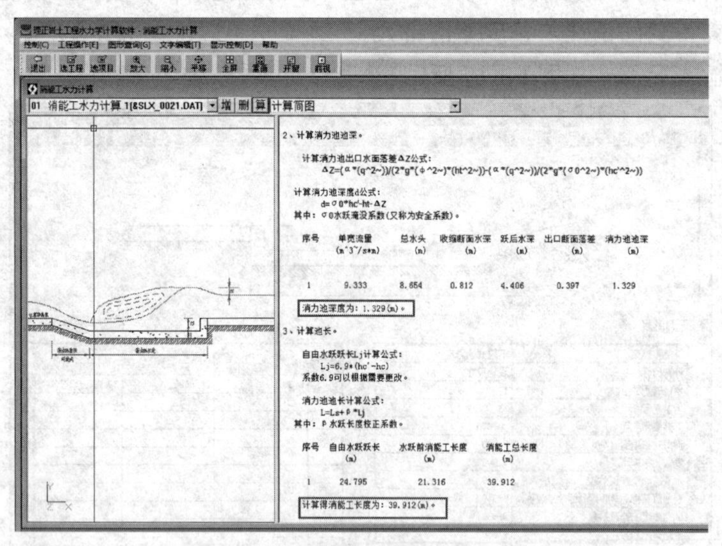

图 6-12　【例 6-6】最终计算结果

素材 10

由图可知，理正软件电算所得消力池深度为 1.329m，消能工长度为 39.912m。与手算结果十分接近。

上述电算法步骤可通过观看【例 6-6】演示视频（可扫描其二维码获取）辅助学习。

6.3.2 突槛式消力池计算

突槛式消力池，如图 6－13 所示，其槛高及消力池长度按式（6－33）～式（6－35）计算（图 6－13）：

$$c=\sigma h_c''-H_1 \tag{6-33}$$

$$H_1=H_{1o}-\frac{q^2}{2g\,(\sigma h_1'')^2} \tag{6-34}$$

$$H_{1o}=\left(\frac{q}{\sigma_s m\sqrt{2g}}\right)^{2/3} \tag{6-35}$$

式中：c 为消力槛高度，m；H_1 为槛顶壅高水深，m；H_{1o} 为包括流速水头在内的槛上水头，m；σ 为水跃淹没系数，可采用 1.05～1.10；m 为消力槛的流量系数，消力槛为梯形断面实用堰，流量系数一般采用为 0.42；σ_s 为消力槛的淹没系数，根据 h_n/H_{1o} 可由表 6－7 查取；h_n 为从槛顶算起的下游水深；其余符号意义同前。

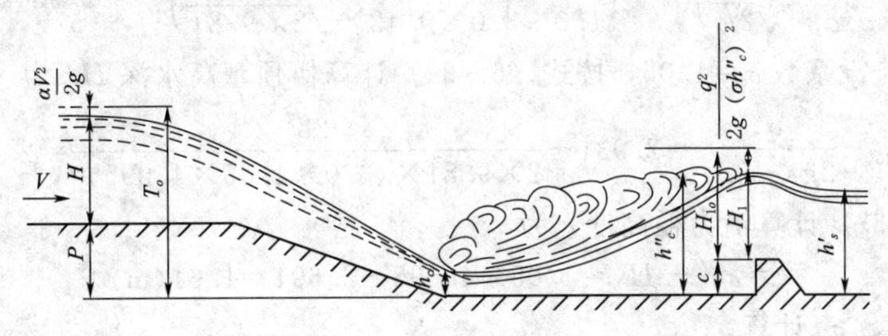

图 6－13　突槛式消力池示意图

表 6－7　　消力槛淹没系数 σ_s 值表

h_n/H_{1o}	≤0.45	0.50	0.55	0.60	0.65	0.70	0.72	0.74	0.76	0.78
σ_s	1.000	0.990	0.985	0.975	0.960	0.940	0.930	0.915	0.900	0.885
h_n/H_{1o}	0.80	0.82	0.84	0.86	0.88	0.90	0.92	0.95	1.00	
σ_s	0.965	0.845	0.815	0.785	0.750	0.710	0.651	0.535	0.000	

因消力槛的淹没系数 σ_s 与 h_n 有关，故槛高未知时，需试算确定 h_n。试算时，先假定 $\sigma_s=1.0$，即按非淹没堰流计算，算得槛高后，再根据比值 h_n/H_{1o}，查取 σ_s 值，如 $\sigma_s=1.0$，则该槛高即为所求；如 $\sigma_s<1.0$，则重新计算槛高。确定新的槛高后，一般还需再进行 1～2 次计算，直至后两次的计算值基本相同。

如消力槛的流态为非淹没堰流，即当 $\sigma_s=1.0$ 时，尚需验算消力槛后的水流衔接情况，确定是否需设第二道消力槛及进行第二道消力槛计算。

现借助算例介绍突槛式消力池计算的方法和步骤。

【例 6－7】 基本资料同【例 6－6】，试进行突槛式消力池计算。

解： 为佐证计算结果的有效性，下面采用手算法和电算法分别进行求解。

1. 手算法

根据算例中已知条件，以下为手算法的具体计算过程。

（1）判别下游水流的衔接型式，确定是否需要设消力槛。

上游总势能计算公式同【例6-6】所用，但本例选用水流动能校正系数$\alpha=1.0$，计算结果为$T_0=7.323$m。

1）收缩水深h_c计算。

收缩水深按式（6-27）计算，其中，流速系数采用$\varphi=0.95$，利用Excel试算得收缩水深$h_c=0.873$m。

2）跃后水深h_c''计算。

跃后水深同【例6-6】，按式（6-26）计算，计算结果为$h_c''=4.095$m。

3）判别是否需要设消力槛。

因$h_c''=4.095>h_c'=2.9$m，故需设消力槛。

（2）消力槛高度计算。

1）第一次槛高计算。

采用$\sigma_s=1.0$及$m=0.42$，按式（6-35）计算包括流速水头在内的槛顶水头H_{1o}为

$$H_{1o}=\left(\frac{q}{\sigma_s m\sqrt{2g}}\right)^{2/3}=\left(\frac{28}{1.0\times3.0\times0.42\times\sqrt{2\times9.81}}\right)^{2/3}=2.931(\text{m})$$

采用水跃淹没系数$\sigma=1.05$，按式（6-34）计算槛顶壅高水深H_1为

$$H_1=H_{1o}-\frac{q^2}{2g(\sigma h_1'')^2}=2.931-\frac{28^2}{2\times9.81\times(3.0\times1.05\times4.095)^2}=2.691(\text{m})$$

按式（6-33）计算消力槛高度c为

$$c=\sigma h_c''-H_1=1.05\times4.095-2.691=1.61(\text{m})$$

2）淹没系数σ_s计算。

从槛顶算起的下游水深为

$$h_n=h_s'-c=2.9-1.61=1.29(\text{m})$$

计算比值为

$$h_n/H_{1o}=1.29/2.931=0.44$$

因$h_n/H_{1o}<0.45$，知$\sigma_s=1.0$，上述计算c值即为所求的槛高。

（3）判别消力槛下游水流的衔接型式，确定是否需设第二道消力槛。

1）消力槛上游总势能T_0计算。

消力槛上游总势能T_0为c与H_{1o}之和，即

$$T_0=c+H_{1o}=1.61+2.931=4.541(\text{m})$$

2）收缩水深h_c计算。

收缩水深按式（6-27）计算，利用Excel试算得收缩水深$h_c=1.216$m。

3）跃后水深h_c''计算。

按式（6-27）计算跃后水深为

$$h_c''=\frac{h_c}{2}\left(\sqrt{1+\frac{8\alpha q^2}{gh_c^3}}-1\right)\left(\frac{b_1}{b_2}\right)^{0.25}$$

$$=\frac{1.216}{2}\times\left(\sqrt{1+\frac{8\times1.0\times(28/3.0)^2}{9.81\times1.216^3}}-1\right)=3.262(\text{m})$$

4）判别是否需要设第二道消力槛。

因 $h''_c=3.262>h'_s=2.9$（m），故需设第二道消力槛。

（4）第二道消力槛高度计算。

1）第一次槛高计算。

采用 $\sigma_s=1.0$ 及 $m=0.42$，按式（6-35）计算得

$$H_{1o}=2.931(\text{m})$$

采用 $\sigma_s=1.05$，按式（6-34）计算槛顶壅高水深 H_1 为

$$H_1=H_{1o}-\frac{q^2}{2g(\sigma h''_1)^2}=2.931-\frac{28^2}{2\times 9.81\times(3.0\times 1.05\times 3.262)^2}=2.553(\text{m})$$

按式（6-33）计算消力槛高度 c 为

$$c=\sigma h''_c-H_1=1.05\times 3.262-2.553=0.872(\text{m})$$

从槛顶算起的下游水深为

$$h_n=h'_s-c=2.9-0.872=2.028(\text{m})$$

计算比值为

$$h_n/H_{1o}=2.028/2.931=0.692$$

根据比值 $h_n/H_{1o}=0.692$，由表 6-7 查得 $\sigma_s=0.943$

2）第二次槛高计算。

根据 $\sigma_s=0.943$ 及 $m=0.42$，按式（6-35）计算槛顶水头 H_{1o} 为

$$H_{1o}=\left(\frac{q}{\sigma_s m\sqrt{2g}}\right)^{2/3}=\left(\frac{28}{0.943\times 3.0\times 0.42\times\sqrt{2\times 9.81}}\right)^{2/3}=3.048(\text{m})$$

采用 $\sigma=1.05$，按式（6-34）计算槛顶壅高水深 H_1 为

$$H_1=H_{1o}-\frac{q^2}{2g(\sigma h''_1)^2}=3.048-\frac{28^2}{2\times 9.81\times(3.0\times 1.05\times 3.262)^2}=2.67(\text{m})$$

按式（6-33）计算消力槛高度 c 为

$$c=\sigma h''_c-H_1=1.05\times 3.262-2.67=0.755(\text{m})$$

从槛顶算起的下游水深为

$$h_n=h'_s-c=2.9-0.755=2.145(\text{m})$$

计算比值为

$$h_n/H_{1o}=2.145/2.931=0.704$$

根据比值 $h_n/H_{1o}=0.704$，由表 6-7 查得 $\sigma_s=0.938$

3）第三次槛高计算。

根据 $\sigma_s=0.938$ 及 $m=0.42$，按式（6-35）计算槛顶水头 H_{1o} 为

$$H_{1o}=\left(\frac{q}{\sigma_s m\sqrt{2g}}\right)^{2/3}=\left(\frac{28}{0.938\times 3.0\times 0.42\times\sqrt{2\times 9.81}}\right)^{2/3}=3.058(\text{m})$$

采用 $\sigma=1.05$，按式（6-34）计算槛顶壅高水深 H_1 为

$$H_1=H_{1o}-\frac{q^2}{2g(\sigma h''_1)^2}=3.058-\frac{28^2}{2\times 9.81\times(3.0\times 1.05\times 3.262)^2}=2.68(\text{m})$$

按式（6-33）计算消力槛高度 c 为

$$c=\sigma h''_c-H_1=1.05\times 3.262-2.68=0.745(\text{m})$$

从槛顶算起的下游水深为

$$h_n=h_s'-c=2.9-0.745=2.155(\text{m})$$

计算比值为

$$h_n/H_{1o}=2.155/2.931=0.706$$

根据比值 $h_n/H_{1o}=0.706$，由表6-7查得 $\sigma_s=0.937$

4）第四次槛高计算。

根据 $m=0.937$ 及 $m=0.42$，按式（6-35）计算槛顶水头 H_{1o} 为

$$H_{1o}=\left(\frac{q}{\sigma_s m\sqrt{2g}}\right)^{2/3}=\left(\frac{28}{0.937\times3.0\times0.42\times\sqrt{2\times9.81}}\right)^{2/3}=3.061(\text{m})$$

采用 $\sigma=1.05$，按式（6-34）计算槛顶壅高水深 H_1 为

$$H_1=H_{1o}-\frac{q^2}{2g(\sigma h_1'')^2}=3.061-\frac{28^2}{2\times9.81\times(3.0\times1.05\times3.262)^2}=2.682(\text{m})$$

按式（6-33）计算消力槛高度 c 为

$$c=\sigma h_c''-H_1=1.05\times3.262-2.682=0.743(\text{m})$$

因第二道消力槛已为淹没式堰流，可不必再进行其下游的水流衔接计算。

（5）消力池长度计算。

1）第一道消力槛前的消力池长度计算。

按式（6-30）计算水跃长度为

$$L_j=6.9\times(h_c''-h_c)=6.9\times(4.905-0.873)=22.23(\text{m})$$

陡坡段坡度为1∶4，其水平投影长度为

$$L_s=4\times4=16.00(\text{m})$$

采用水跃长度校正系数 $\beta=0.75$，按式（6-29）计算包括陡坡段在内的第一道消力槛前的消力池总长为

$$L_{sj}=L_s+\beta L_j=16+0.75\times22.23=16+16.67=32.67(\text{m})$$

2）第二道消力槛前的消力池长度计算。

按式（6-30）计算水跃长度为

$$L_j=6.9\times(h_c''-h_c)=6.9\times(3.262-1.216)=14.12(\text{m})$$

采用水跃长度校正系数 $\beta=0.75$，按式（6-29）计算的消力池长（第一道消力槛与第二道消力槛间距离）为

$$L_{sj}=L_s+\beta L_j=0+0.75\times14.12=10.59(\text{m})$$

2. 电算法

根据算例中已知条件，为与手算法进行相互校验，以下为理正岩土计算软件中“水力学计算”模块的具体步骤。

（1）新建计算项目。

通过点击“水力学计算＞消能工水力学计算＞增”可得到新建的消能工水力学计算项目，单击“算”进入数据编辑界面。

（2）第一道槛高基本信息编辑。

先进行第一道槛高的数据编辑。基本信息沿用【例6-6】“上游水位”需要重新计

算，因为本例水流动能校正系数采用 $\alpha=1.0$，重新计算的上游水深选择 2.726m，消力池前段长度在本例中为斜坡水平投影长度，由于没有下挖设计，所以就等于“4×上、下游渠底高程差”，基本信息编辑如图 6-14 所示。

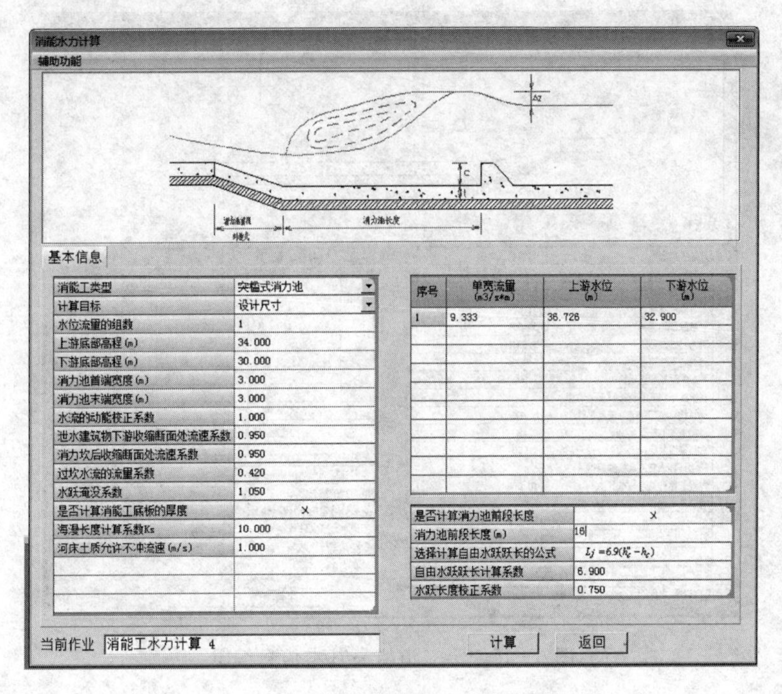

图 6-14　第一道槛高基本信息编辑

(3) 第一道槛高计算结果。

点击计算，输出第一道槛高计算结果。软件计算得到消力槛高度为 1.608m，槛顶水头（包含流速水头在内）为 2.932m，消能工长度为 32.669m，需要修建二级消力槛，与手算法计算结果基本相同。

(4) 第二道槛高基本信息编辑。

理正软件无法将第一道槛高与第二道槛高一起计算，需要再点击“增>前一个例题”，新建一个计算项目来计算第二道槛高。此时输入的数据中，需更改：

1) 上游底部高程：改成槛顶高程，即下游底部高程＋消力槛高度，本例中为 30＋1.608＝31.608m。

2) 上游水位：通过上游总势能反推得到。

$$\begin{aligned}\text{此处上游总势能}&=\text{消力槛高度}+\text{包含流速水头在内的槛顶水头}\\&=1.608+2.932=4.54(\mathrm{m})\end{aligned}$$

再设“上游水深”为未知数 x，根据软件的计算方法列方程

$$T_0=4.54=x+1.608+\frac{\alpha v^2}{2g}=x+1.608+\frac{1.0\times(q/x)^2}{2\times9.81}$$

采用 Excel 表试算解出本例的上游水深为 2.075m，输入到理正软件（注意转化为“上游水位”）中，即可计算。此时，电算与手算的上游总势能 T_0 差值较小，仅相

差0.175m。

3）消力池前段长度：第二道消力槛的消力池前段长度为0m。

更改后上述数据后点击计算，如图6-15所示。

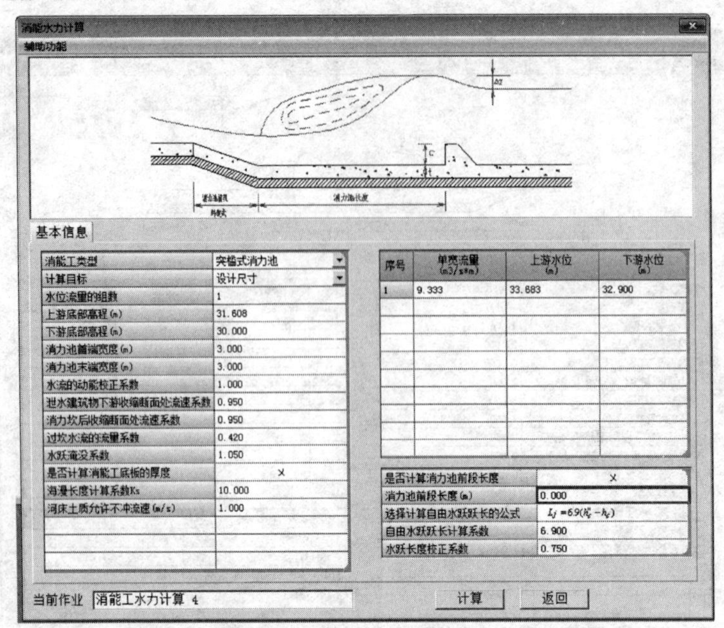

图6-15 第二道槛高基本信息编辑

（5）第二道槛高计算结果。

点击计算，输出第二道槛高计算结果。软件计算得到消力槛高度为0.824m，槛顶水头（包含流速水头在内）为3.04m，消能工长度为11.153m，与手算法计算结果略有差别，很大程度上由于两者计算的初始参数"上游总势能"有细微的差别，但仍满足工程的精度要求。

素材11

上述电算法步骤可通过观看【例6-7】演示视频（可扫描其二维码获取）辅助学习。

6.3.3 综合式消力池计算

综合式消力池，如图6-16所示，一般根据跃后水深与下游尾水深的关系，先拟定消力池深度，然后计算确定消力槛的高度。池深与槛高的比例根据实际情况确定，通常池深与槛高大致相等，或池深略大于槛高。拟定池深后，消力槛的高度按式（6-36）计算

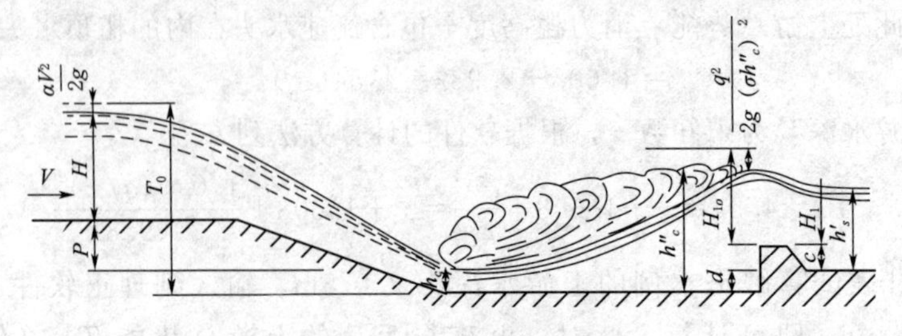

图6-16 综合式消力池示意图

$$c=\sigma h_c''-d-H_1 \tag{6-36}$$

式中：符号意义同前；消力槛顶壅高水深 H_1 的计算见式（6-34）及式（6-35）。

现借助算例介绍综合式消力池计算的方法和步骤。

【例 6-8】 基本资料同【例 6-6】，试进行综合式消力池计算。

解： 为佐证计算结果的有效性，下面采用手算法和电算法分别进行求解。

1. 手算法

根据算例中已知条件，以下为手算法的具体计算过程。

（1）判别下游水流的衔接型式，确定是否需要设消力池。

1）上游总势能同【例 6-7】计算结果为 $T_0=7.323\text{m}$。

2）收缩水深 h_c 计算。收缩水深同【例 6-7】计算结果为 $h_c=0.873\text{m}$。

3）跃后水深 h_c'' 计算。跃后水深同【例 6-7】计算结果为 $h_c''=4.095\text{m}$。

4）判别是否需要设消力池。因 $h_c''=4.095>h_s'=2.9$，故需设消力池。

（2）拟定消力池深度。

按式（6-28）计算出池水位落差 ΔZ 为

$$\begin{aligned}\Delta Z&=\frac{\alpha q^2}{2g\varphi^2 h_s'^2}-\frac{\alpha q^2}{2gh_c''^2}\\&=\frac{1.0\times 28/3^2}{2\times 9.81\times 0.95^2\times 2.9^2}-\frac{1.0\times 28/3^2}{2\times 9.81\times 4.095^2}=0.32(\text{m})\end{aligned}$$

按式（6-25）计算单一下挖式消力池的池深，水跃淹没系数采用 $\sigma_0=1.10$，得 $d=\sigma_0 h_c''-h_s'-\Delta Z=1.10\times 4.095-2.9-0.32=1.285\text{m}$。

即消力池深度计算值为 1.285m，为减小消力池下挖深度，采取综合式消力池形式，拟选取消力池下挖深度 $d'=2/3d=2/3\times 1.285=0.86\text{m}$，需根据工程实际情况选取。

（3）消力槛高计算。

1）第一次槛高计算。

设消力池后，上游总势能相应加大，按池深 0.86m 重新计算由消力池底板顶面算起的上游总势能 T_0 为

$$T_0=7.324+0.86=8.184(\text{m})$$

按式（6-27）计算收缩水深，水流动能校正系数采用 $\alpha=1.0$，流速系数采用 $\varphi=0.95$，利用 Excel 试算得收缩水深 $h_c=0.817\text{m}$。

按式（6-26）计算跃后水深为

$$\begin{aligned}h_c''&=\frac{h_c}{2}\left(\sqrt{1+\frac{8\alpha\overline{q^2}}{gh_0^3}}-1\right)\left(\frac{b_1}{b_2}\right)^{0.25}\\&=\frac{0.817}{2}\times\left[\sqrt{1+\frac{8\times 1.0\times(28/3.0)^2}{9.81\times 0.817^3}}-1\right]=4.271(\text{m})\end{aligned}$$

采用 $\sigma_s=1.0$ 及 $m=0.42$，按式（6-35）计算槛顶水头 H_{1o} 为

$$H_{1o}=\left(\frac{q}{\sigma_s m\sqrt{2g}}\right)^{2/3}=\left(\frac{28}{1.0\times 3.0\times 0.42\times\sqrt{2\times 9.81}}\right)^{2/3}=2.931(\text{m})$$

采用$\sigma=1.05$，按式（6-34）计算槛顶壅高水深H_1为

$$H_1=H_{1o}-\frac{q^2}{2g(\sigma h_c'')^2}=2.931-\frac{28^2}{2\times9.81\times(3.0\times1.05\times4.271)^2}=2.710(\text{m})$$

按式（6-36）计算消力槛高度c为

$$c=\sigma h_c''-d-H_1=1.05\times4.271-0.86-2.710=0.915(\text{m})$$

从槛顶算起的下游水深为

$$h_n=h_s'-c=2.9-0.915=1.985(\text{m})$$

计算比值为

$$h_n/H_{1o}=1.985/2.931=0.677$$

根据比值$h_n/H_{1o}=0.677$，由表6-7查得$\sigma_s=0.949$。

2）第二次槛高计算。

根据$\sigma_s=0.949$及$m=0.42$，按式（6-35）计算为槛顶水头H_{1o}为

$$H_{1o}=\left(\frac{q}{\sigma_s m\sqrt{2g}}\right)^{2/3}=\left(\frac{28}{0.949\times3.0\times0.42\times\sqrt{2\times9.81}}\right)^{2/3}=3.035(\text{m})$$

采用$\sigma=1.05$，按式（6-34）计算槛顶壅高水深H_1为

$$H_1=H_{1o}-\frac{q^2}{2g(\sigma h_c'')^2}=3.035-\frac{28^2}{2\times9.81\times(3.0\times1.05\times4.271)^2}=2.814(\text{m})$$

按式（6-36）计算消力槛高度c为

$$c=\sigma h_c''-d-H_1=1.05\times4.271-0.86-2.814=0.811(\text{m})$$

从槛顶算起的下游水深为

$$h_n=h_c''-c=2.9-0.811=2.089(\text{m})$$

计算比值为

$$h_n/H_{1o}=2.089/2.931=0.713$$

根据$h_n/H_{1o}=0.713$，由表6-7查得$\sigma_s=0.934$。

3）第三次槛高计算。

根据$\sigma_s=0.934$及$m=0.42$，按式（6-35）计算槛顶水头H_{1o}为

$$H_{1o}=\left(\frac{q}{\sigma_s m\sqrt{2g}}\right)^{2/3}=\left(\frac{28}{0.934\times3.0\times0.42\times\sqrt{2\times9.81}}\right)^{2/3}=3.067(\text{m})$$

采用$\sigma=1.05$，按式（6-34）计算槛顶壅高水深H_1为

$$H_1=H_{1o}-\frac{q^2}{2g(\sigma h_c'')^2}=3.067-\frac{28^2}{2\times9.81\times(3.0\times1.05\times4.271)^2}=2.846(\text{m})$$

按式（6-36）计算消力槛高度c为

$$c=\sigma h_c''-d-H_1=1.05\times4.271-0.86-2.846=0.78(\text{m})$$

从槛顶算起的下游水深为

$$h_n=h_s'-c=2.9-0.78=2.12(\text{m})$$

计算比值为

$$h_n/H_{1o}=2.12/3.067=0.691$$

根据$h_n/H_{1o}=0.691$，由表6-7查得$\sigma_s=0.944$。

4）第四次槛高计算

根据 $\sigma_s=0.944$ 及 $m=0.42$，按式（6-35）计算槛顶水头 H_{1o} 为

$$H_{1o}=\left(\frac{q}{\sigma_s m\sqrt{2g}}\right)^{2/3}=\left(\frac{28}{0.944\times3.0\times0.42\times\sqrt{2\times9.81}}\right)^{2/3}=3.045(\mathrm{m})$$

采用 $\sigma=1.05$，按式（6-34）计算槛顶壅高水深 H_1 为

$$H_1=H_{1o}-\frac{q^2}{2g(\sigma h_c'')^2}=3.045-\frac{28^2}{2\times9.81\times(3.0\times1.05\times4.271)^2}=2.825(\mathrm{m})$$

按式（6-36）计算消力槛高度 c 为

$$c=\sigma h_0''-d-H_1=1.05\times4.271-0.86-2.825=0.80(\mathrm{m})$$

此槛高计算值与上次槛高计算值基本接近，可确定消力槛高度为 $c=0.80\mathrm{m}$。

2. 电算法

根据算例中已知条件，为与手算法进行相互校验，以下为理正岩土计算软件中“水力学计算”模块的具体步骤。

（1）新建计算项目。

通过点击“水力学计算＞消能工水力学计算＞增”可得到新建的消能工水力学计算项目，单击“算”进入数据编辑界面。

（2）基本信息编辑。

基本信息沿用【例 6-6】（“上游水位”计算值见【例 6-7】，上游水深选择为 2.726m），消力池前段长度在本例中为斜坡水平投影长度，在没有计算出消力池深度前，先假定等于“4×上、下游渠底高程差”。输入完成后点击计算。待计算出消力池深度等数据后，再将消力池前段长度改为“4×(上、下游渠底高程差＋消力池深度）”，重新计算，如图 6-17 所示。注意，更改消力池前段长度并不会影响消力池深度等数据，只是会影响最终的消能工长度。

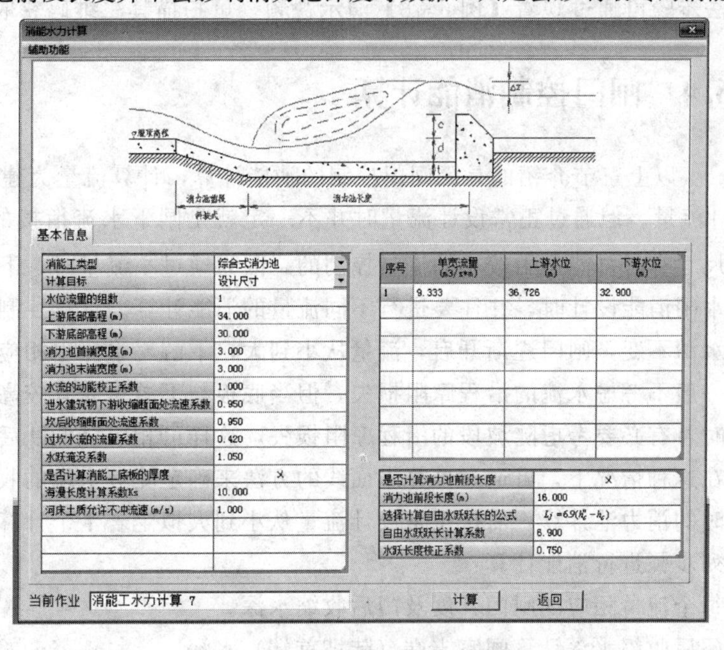

图 6-17 第一次基本信息编辑

(3) 第一次计算结果。

点击“计算”，输出消力槛高度为0.933m，消力池深度为0.836m，与手算结果基本接近，如图6-18所示；由此，可得消力池深度后输入正确的消力池前段长度，再进行一次计算，最终得到消能工长度为37.205m。

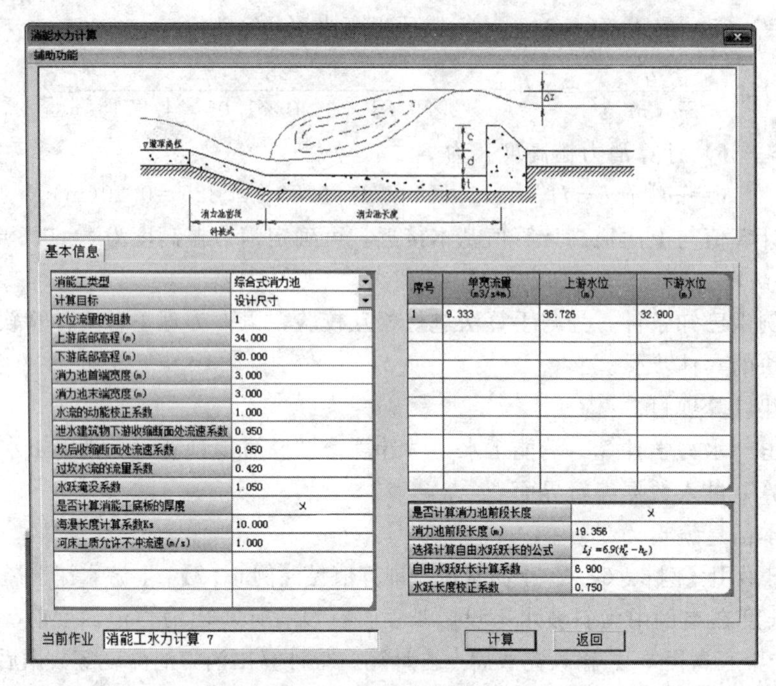

图6-18 第二次基本信息编辑

上述电算法步骤可通过观看【例6-8】演示视频（可扫描其二维码获取）辅助学习。

素材12

6.4 闸门控制消能计算

以上三节介绍的是无闸门控制的消能计算，计算流量为建筑物的正常设计流量。但通过正常设计流量时并不一定就是闸下水流衔接的最不利状态，消力池的布置尺寸有时可能是由较小的流量控制的，因为通过小流量时，下游尾水深也相应较小。因此水闸消能设计时，往往要进行不同流量的消能计算。计算控制条件多为上游保持最高设计水深不变，闸门逐渐开启，流量从小到大，下游尾水深也相应逐渐加大。水闸的消能计算一般不考虑水流的沿程摩阻损失，但当底板与下游渠底有较高的跌差及闸后有较长的陡坡时，有必要考虑陡坡段的沿程摩阻损失，这样可相应降低跃后水深，减小消力池的深度。在这种情况下，可通过推算水面线的方法来确定陡坡末端的收缩水深。

闸门控制时的消力池计算，需按正常设计流量从小到大拟定若干个计算流量级，每个流量级均按下列步骤进行消能计算：

(1) 计算每个流量相应的闸门开度及门后收缩水深。

(2) 根据门后收缩水深计算闸室末端（陡坡首端）水深。

(3) 根据陡坡首端水深计算陡坡末端的收缩水深，即消力池计算时的跃前水深。

(4) 根据陡坡末端的收缩水深计算跃后水深。

(5) 计算下游尾水渠水深。

(6) 根据跃后水深与尾水渠水深的关系确定消力池的第一次计算深度。

(7) 设消力池后，跌差及陡坡段长度加大，需按以上 (3) ～ (6) 的步骤重复进行消力池深度（或消力槛高度）的计算。

(8) 根据每个流量计算的消力池深度（或消力槛高度）确定所需的消力池布置尺寸。

现借助算例介绍闸门控制时的消力池计算的方法和步骤。

【例 6-9】 已知某单孔退水闸的正常设计流量 $Q=28\text{m}^3/\text{s}$，闸孔宽度 $B=3.0\text{m}$，闸上游水深 $H=3.3\text{m}$，上游行进流速 $V=0.67\text{m/s}$，闸门后的闸室段长 $L=4.0\text{m}$；闸上游渠底与下游退水渠渠底高差 $P=4.0\text{m}$；闸后采用 1∶4 的陡坡与下游退水渠相接，陡坡段为底宽 3.0m 的等宽矩形断面；闸室及陡坡段混凝土的糙率 $n=0.014$；退水渠底宽 $b=8.0\text{m}$，边坡系数 $m=2.0$，比降 $i=1/7737$，糙率 $n=0.025$。计算控制条件是在闸门开启过程中，闸上游水深保持为 3.3m 不变，不计行进流速，退水渠水深随各种下泄流量改变；消力池采用等宽 3.0m，计算简图如图 6-19 所示。试进行闸门逐渐开启泄流过程中各种流量时的下挖式消力池计算。

解： 为佐证计算结果的有效性，下面采用手算法和电算法分别进行求解。

1. 手算法

根据算例中已知条件，以下为手算法的具体计算过程。

计算采用 10 个流量级，最小流量为 $2.8\text{m}^3/\text{s}$，其余每个流量级递增 $2.8\text{m}^3/\text{s}$，最大流量为 $28\text{m}^3/\text{s}$。以下为流量 $14\text{m}^3/\text{s}$ 时的消力池计算过程。

(1) 闸门开度及门后收缩水深计算。

假定闸门开度为 $h_e=1.1\text{m}$，采用门底圆弧半径 $r=0\text{m}$，按式 (6-11) 计算系数 λ 为

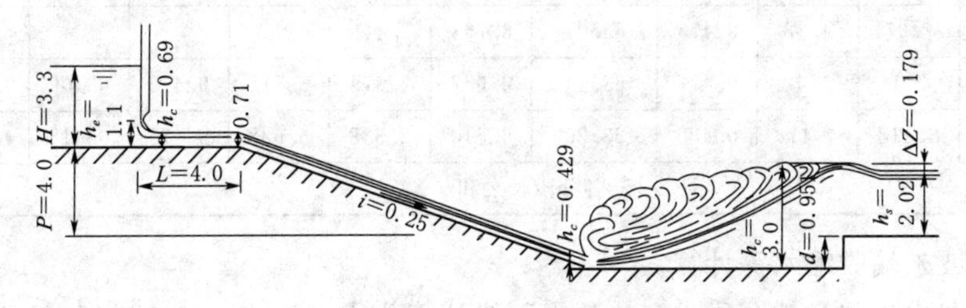

图 6-19 闸门控制的消力池计算示意图（单位：m）

$$\lambda=\frac{0.4}{2.718^{16\frac{r}{h_e}}}=0.4$$

按式 (6-10) 计算孔流垂直收缩系数 ε' 为

$$\varepsilon'=\frac{1}{1+\sqrt{\lambda\left[1-\left(\dfrac{h_e}{H}\right)^2\right]}}=\frac{1}{1+\sqrt{0.4\times\left[1-\left(\dfrac{1.1}{3.3}\right)^2\right]}}=0.627$$

采用流速系数为 $\varphi=0.95$，按式 (6-9) 计算流量系数 μ 为

$$\mu=\varphi\varepsilon'\sqrt{1-\frac{\varepsilon^{T}h_{e}}{H}}=0.95\times0.627\times\sqrt{1-\frac{0.627\times1.1}{3.3}}=0.53$$

按式（6-8）计算过水流量 Q 为

$$H_{0}=H+\frac{\alpha V^{2}}{2g}=3.3+\frac{1.05+0.67^{2}}{2\times9.81}=3.323(\mathrm{m})$$

淹没系数采用 $\sigma'=1.0$，得

$$Q=\sigma' B_{0}\mu h_{e}\sqrt{2gH_{0}}=1.0\times3\times0.53\times1.1\times\sqrt{2\times9.81\times3.323}=14.12(\mathrm{m^{3}/s})$$

过水流量计算值 $14.12\mathrm{m^3/s}$ 与设计流量 $14\mathrm{m^3/s}$ 基本相等，表明假设的闸门开度 1.1m 即为所求的闸门开度值。一般需经过多次试算才能确定所求闸门开度。

相应门后收缩水深为 $h_c=\varepsilon' h_e=0.627\times1.1=0.69$（m）。

（2）闸室末端（陡坡首端）水深计算

闸室末端（陡坡首端）水深按第5章所述分段求和法的水面线计算公式（5-21）～式（5-25）计算。控制断面水深为门后收缩水深 $h_c=0.69\mathrm{m}$，从门后收缩水深至闸室末端（陡坡首端）的水面线长度近似采用闸门后的闸室段长 4.0m。将该段水面线分为3个计算断面，收缩水深断面为1号断面，闸室末端（陡坡首端）断面为3号断面。水面线计算过程及结果列于表6-8，根据表6-8水面线计算结果，得闸室末端（陡坡首端）的水深值为 0.706m（取 0.71m）。

表6-8　　闸门后闸室水平段水面线计算表

断面	h /m	A /m²	χ /m	R /m	C /(m^0.5/s)	V /(m/s)	$\frac{\alpha V^2}{2g}$ /m	$\overline{V}$ /(m/s)	$\overline{R}$ /m	$\overline{C}$ /(m^0.5/s)	$\overline{J}$	ΔL /m
1	0.69	2.07	4.38	0.473	63.04	6.763	2.448					
2	0.70	2.1	4.40	0.477	63.14	6.667	2.379	6.715	0.475	63.09	0.0239	2.492
3	0.706	2.118	4.412	0.480	63.20	6.610	2.338	6.638	0.479	63.18	0.0231	1.485
各分段长之和												3.977

（3）陡坡末端收缩水深计算。

陡坡末端水深同样按分段求和法的水面线计算公式（5-21）～式（5-25）计算。陡坡比降 $i=1/4=0.25$，跌差 $P=4.0\mathrm{m}$，陡坡段水平长 $L=P/i=4/0.25=16\mathrm{m}$。将该段水面线分为6个计算断面，陡坡首端断面为1号断面，陡坡末端断面为6号断面。控制断面（1号断面）水深为 0.71m。水面线计算过程及结果列于表6-9，根据表中断面1～6的水面线计算结果，得陡坡末端（6号断面）收缩水深为 0.452m。

（4）跃后水深计算。

按式（6-26）计算跃后水深为

$$h_c''=\frac{h_c}{2}\left(\sqrt{1+\frac{8\alpha q^{2}}{gh_c^{3}}}-1\right)\left(\frac{b_1}{b_2}\right)^{0.25}=\frac{0.452}{2}\times\left[\sqrt{1+\frac{8\times1.0\times(14/3.0)^{2}}{9.81\times0.452^{3}}}-1\right]=2.916(\mathrm{m})$$

表 6-9 陡坡段水面线计算表

断面	h /m	A /m²	χ /m	R /m	C /(m$^{0.5}$/s)	V /(m/s)	$\frac{\alpha V^2}{2g}$ /m	$\overline{V}$ /(m/s)	$\overline{R}$ /m	$\overline{C}$ /(m$^{0.5}$/s)	$\overline{J}$	ΔL /m	$\sum\Delta L$
1	0.71	2.13	4.42	0.4819	63.246	6.5728	2.312						
2	0.62	1.86	4.24	0.4387	62.263	7.5269	3.0319	7.0498	0.4603	62.754	0.0274181	2.8302	
3	0.56	1.68	4.12	0.4078	61.509	8.3333	3.7164	7.9301	0.4232	61.886	0.0387974	2.9569	5.7871
4	0.52	1.56	4.04	0.3861	60.953	8.9744	4.3102	8.6538	0.397	61.231	0.0503192	2.7732	8.5603
5	0.48	1.44	3.96	0.3636	60.346	9.7222	5.0585	9.3483	0.3749	60.65	0.0633734	3.7953	12.356
6	0.452	1.356	3.904	0.3473	59.887	10.324	5.7046	10.023	0.3555	60.116	0.0782018	3.598	15.954
7	0.431	1.293	3.862	0.3348	59.521	10.828	0.548446	10.576	0.3411	59.704	0.0920022	3.4712	
7′	0.429	1.287	3.858	0.3336	59.485	10.878	6.3327	10.601	0.3405	59.686	0.0926615	3.8457	

(5) 下游退水渠水深计算。

退水渠底宽 $b=8.0$m，边坡系数 $m=2.0$，比降 $i=1/7737$，糙率 $n=0.025$，水深按第 4 章介绍的明渠均匀流公式（4-1）～式（4-7）计算。因计算公式中的 A、R、C 等值均与水深有关，因此需通过试算才能求得水深值。

假设水深 $h=2.02\text{m}$

过水断面湿周 $\chi=b+2h\sqrt{1+m^2}=8+2\times2.02\times\sqrt{1+2^2}=17.03(\text{m})$

水力半径 $R=\dfrac{A}{\chi}=\dfrac{24.321}{17.03}=1.428(\text{m})$

谢才系数 $C=\dfrac{1}{n}R^{1/6}=\dfrac{1}{0.025}\times1.428^{1/6}=42.45(\text{m}^{0.5}/\text{s})$

$$Q=AC\sqrt{Ri}=24.321\times42.45\times(1.428\times1/7737)^{1/2}=14.026$$

过水流量计算值与本次计算流量 14m³/s 基本相等，表明假设的水深 2.02m 即为所求水深值。一般需经过多次试算才能确定所求水深。

(6) 第一次池深计算。

按式（6-28）计算出池水位落差 ΔZ 为

$$\Delta Z=\frac{aq^2}{2g\varphi^2h_s^2}-\frac{aq^2}{2gh_c^2}=\frac{1.0\times(14/3)^2}{2\times9.81\times0.95^2\times2.02^2}-\frac{1.0\times(14/3)^2}{2\times9.81\times2.916^2}=0.171(\text{m})$$

按式（6-25）计算消力池深，水跃淹没系数采用 $\sigma_0=1.05$，得

$$d=\sigma_0h_c''-h_s'-\Delta Z=1.05\times2.916-2.02-0.171=0.871(\text{m})$$

(7) 第二次陡坡末端收缩水深计算。

消力池深为 0.871m 时，陡坡的长度按比降 $i=0.25$ 相应延长 $\dfrac{d}{i}=\dfrac{0.871}{0.25}=3.48$（m），

陡坡末端（6号断面）改为延长后的7号断面，在表6-9中继续进行6号断面与7号断面间的水面线计算，得新的陡坡末端（7号断面）收缩水深为0.431m。

（8）第二次跃后水深计算。

按式（6-26）计算跃后水深为

$$h_c''=\frac{h_c}{2}\left(\sqrt{1+\frac{8\alpha q^2}{gh_c^3}}-1\right)\left(\frac{b_1}{b_2}\right)^{0.25}=\frac{0.431}{2}\times\left[\sqrt{1+\frac{8\times1.0\times(14/3.0)^2}{9.81\times0.431^3}}-1\right]=3.0(\text{m})$$

（9）第二次池深计算。

按式（6-28）计算出池水位落差 ΔZ 为

$$\Delta Z=\frac{aq^2}{2g\varphi^2h_s^2}-\frac{aq^2}{2gh_c^2}=\frac{1.0\times(14/3)^2}{2\times9.81\times0.95^2\times2.02^2}-\frac{1.0\times(14/3)^2}{2\times9.81\times3.0^2}=0.178(\text{m})$$

按式（6-25）计算消力池深，水跃淹没系数采用 $\sigma_0=1.05$，得

$$d=\sigma_0h_c''-h_s'-\Delta Z=1.05\times3.0-2.02-0.178=0.952(\text{m})$$

（10）第三次陡坡末端收缩水深计算。

消力池深为0.952m时，陡坡的长度按比降 $i=0.25$ 相应延长 $\frac{d}{i}=\frac{0.952}{0.25}=3.81$(m)，陡坡末端断面按新的延长值改为延长后的7′号断面间的水面线计算，得新的陡坡末端（7′号断面）收缩水深为0.429m。

（11）第三次跃后水深计算。

按式（6-26）计算跃后水深为

$$h_c''=\frac{h_c}{2}\left(\sqrt{1+\frac{8\alpha q^2}{gh_c^3}}-1\right)\left(\frac{b_1}{b_2}\right)^{0.25}=\frac{0.429}{2}\times\left[\sqrt{1+\frac{8\times1.0\times(14/3.0)^2}{9.81\times0.429^3}}-1\right]=3.0(\text{m})$$

跃后水深计算值与第二次的计算值相等，流量 $14\text{m}^3/\text{s}$ 时的消力池深即为0.952m。

其余各流量级的计算步骤与此相同。上述计算过程表明，闸门控制时的消力池计算的手算工作量大且过程烦琐。

2. 电算法

采用电算法计算前，需要加以说明的有：

1）理正岩土软件在消力池计算中，无法按照手算法通过推求水面线的方法计算收缩水深，故不能考虑水流的沿程摩阻损失，其对本例计算无影响。

2）本例的控制条件“上游保持为最高设计水深不变，闸门逐渐开启，流量从小到大，下游尾水深也相应逐渐加大”，简而言之，上游总势能不变，下游水深随给定的流量而不断变化。参数输入时，每个流量对应的上、下游水深均需自行算好后输入。上游水深的输入参照【例6-6】电算步骤，通过计算得到合适的上游水深，使得输入此值后电算与手算得到的上游总势能一致。另外，每个流量对应的下游水深计算可参考【例4-1】电算步骤。

根据算例中已知条件，可参考【例6-6】下挖式消力池的电算流程，在此，以 $Q=14\text{m}^3/\text{s}$ 为例进行介绍。

1）根据本例所给资料手算 T_0，按式（6-31）计算上游总势能为

$$T_0=H+\frac{\alpha V^2}{2g}+P=3.3+\frac{1.05\times0.67^2}{2\times9.81}+4.0=7.323(\text{m})$$

再设“上游水深”为未知数 x，根据软件的计算方法列方程

$$T_0=7.323=x+P+\frac{\alpha V^2}{2g}=x+4+\frac{1.05\times(q/x)^2}{2\times 9.81}$$

其中，$q=\frac{14}{3}=4.667\text{m}^3/\text{s}$。

解此方程得出，理正软件中“上游水深”应输入 3.217m。

2）用理正软件电算下游水深，电算流程参考【例 4-1】，此处仅展示具体参数编辑界面，如图 6-20 和图 6-21 所示。

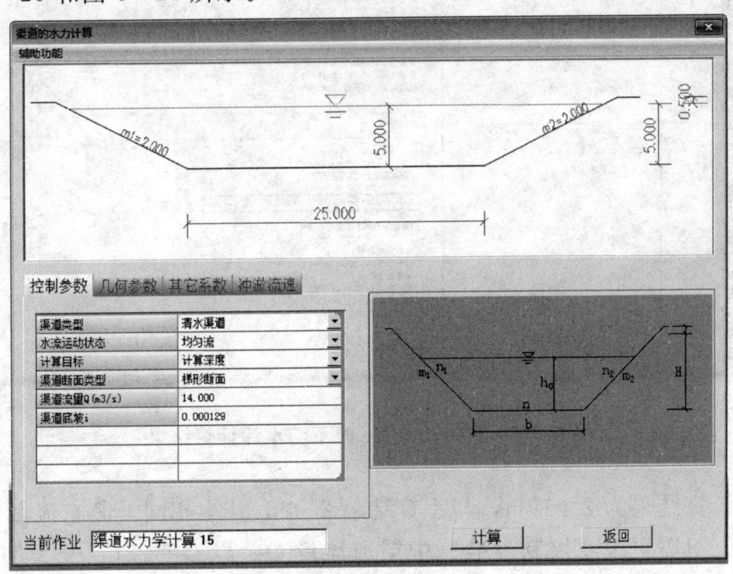

图 6-20　编辑控制参数

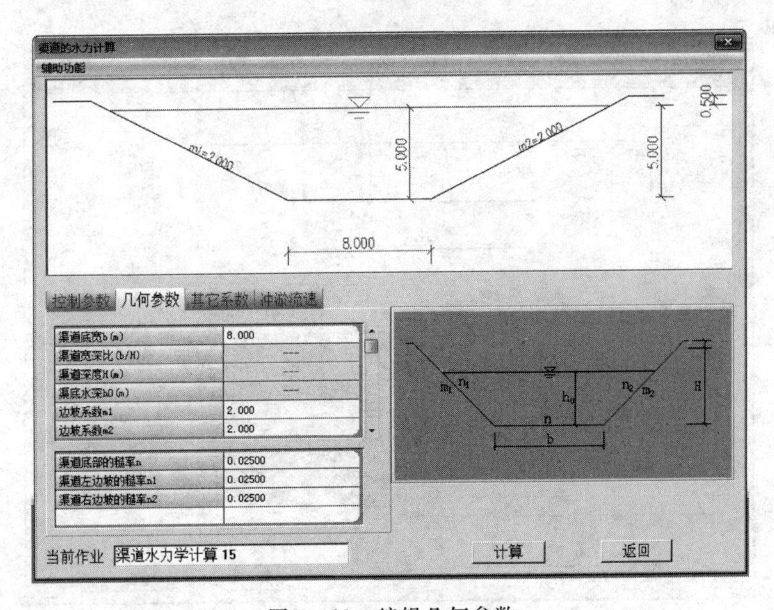

图 6-21　编辑几何参数

“其它系数”与“冲淤流速”均采用默认值。输入完成后，点击计算，软件输出结果，如图 6-22 所示。

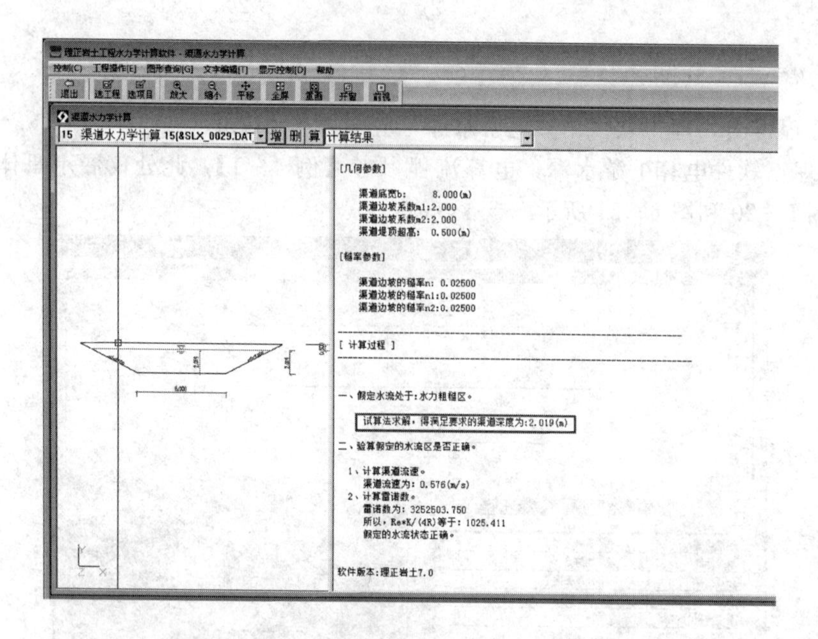

图 6-22　$Q=14m^3/s$ 时下游水深计算结果

下游水深计算结果为 2.019m，与手算结果 2.02m 基本相同。其它流量下的下游水深计算流程同上，只需更改“控制参数”中渠道流量 Q。以 $Q=28m^3/s$ 为例，如图 6-23 所示。

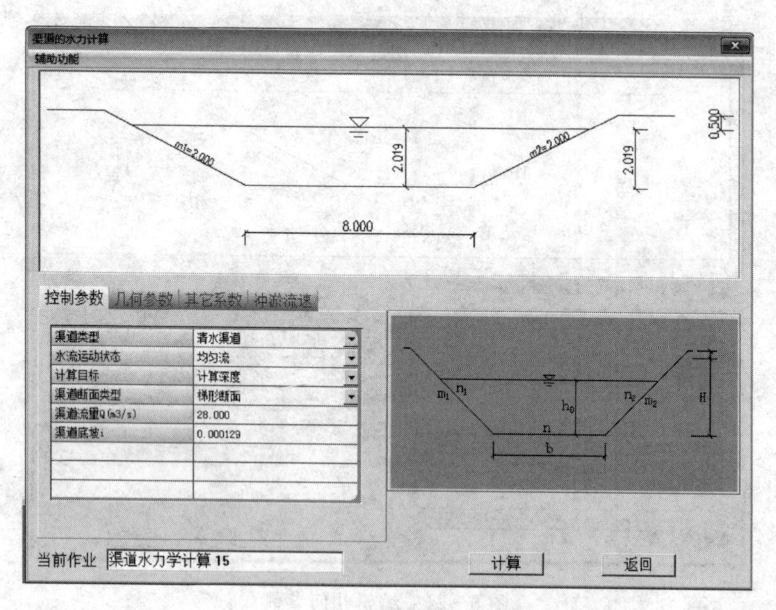

图 6-23　编辑控制参数

点击计算，软件输出结果，如图 6-24 所示。

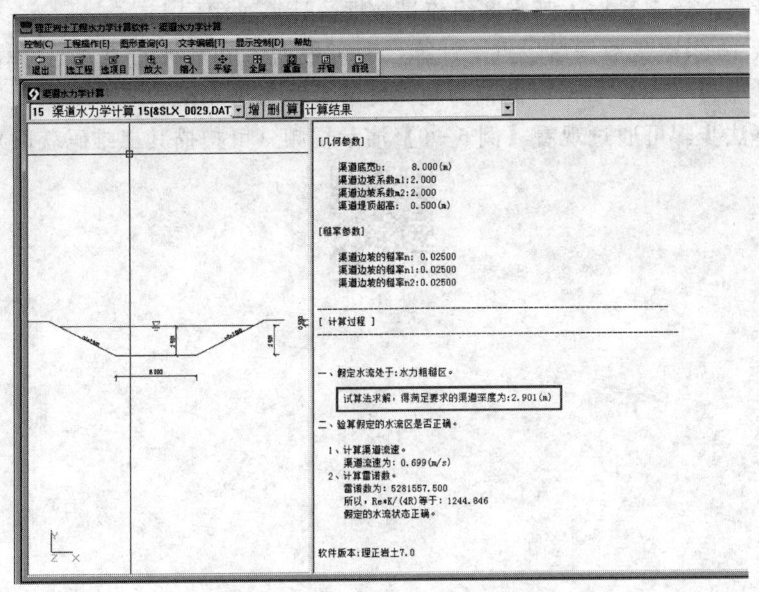

图 6-24　$Q=28m^3/s$ 时下游水深计算结果

下游水深输出结果为 2.901m，与【例 6-6】的下游水深 2.9m 基本相同。

3）完成上述下游水深计算后，参考【例 6-6】的电算流程，打开“基本信息”界面后，按图 6-25 所示进行基本信息输入。

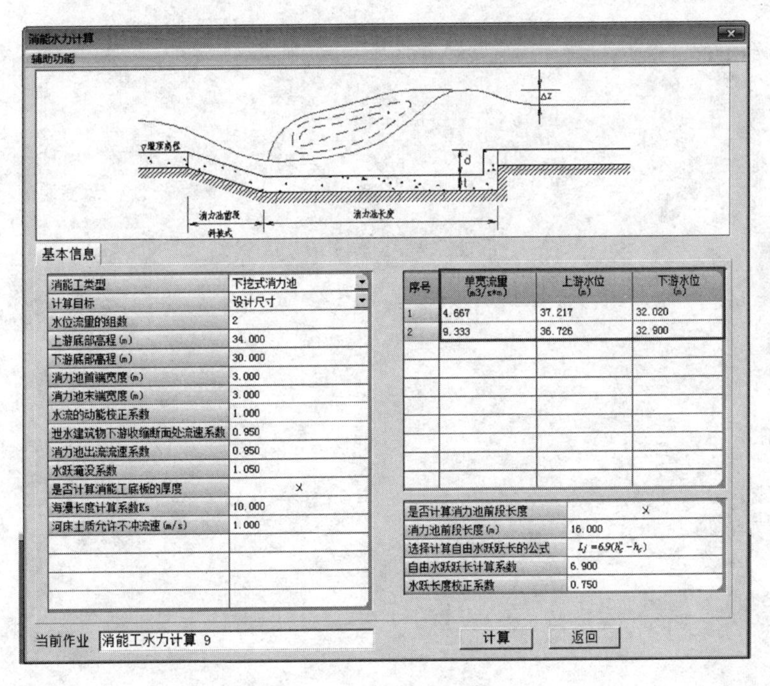

图 6-25　编辑基本信息

图6-25中右侧的水位流量数据只包含两个流量情况，即$Q=14m^3/s$和$Q=28m^3/s$，要完成本例计算，还需另输入其它8组流量数据，计算过程同上。

完整输入10组流量数据后，点击计算，即可根据各流量级的消力池计算结果，得到通过正常设计流量（$28m^3/s$）时的消力池深度最大，为1.3m。

上述电算法步骤可通过观看【例6-9】演示视频（可扫描其二维码获取）辅助学习。

素材13

第7章 基础沉降和挡土墙设计计算

7.1 地基分层总和法计算原理

7.1.1 最终沉降量计算公式

土基上的涵、闸等基础，需进行地基沉降量及沉降差计算。按 SL 265—2016《水闸设计规范》，地基最终沉降量采用分层总和法按式（7-1）计算：

$$S_{\infty}=\sum_{i=1}^{n} m_i \frac{e_{1i}-e_{2i}}{1+e_{1i}} h_i \tag{7-1}$$

式中：S_{∞}为土质地基最终沉降量，m；n 为土质地基压缩层计算深度范围内的土层数；e_{1i} 为基础底面以下第 i 层土在平均自重应力作用下，由压缩曲线查得的相应孔隙比；e_{2i} 为基础底面以下第 i 层土在平均自重应力加平均附加应力作用下，由压缩曲线查得的相应孔隙比；h_i 为基础底面以下第 i 层土的厚度，m；m_i 为地基沉降量修正系数，可采用 1.0～1.6（坚实地基取较小值，软土地基取较大值）。

基础地面以下压缩土层分层的原则为：性质不同土层的分界面应为分层面；地下水位面应为分层面；每个分层厚度一般不大于 0.4 倍基础宽度；基础地面以下 1 倍基础宽度的深度范围内分层应较薄。《水闸设计规范》规定，土质地基压缩层计算深度可按计算层面处土的附加应力与自重应力之比为 0.1～0.2（软土地基取小值，坚实地基取大值）的条件确定，如图 7-1 所示。

每个沉降计算断面一般可沿基底宽 4 等分，取 5 个计算点进行计算，如图 7-2 所示，计算点 1、点 5 分别为最小压力边及最大压力边所在点，计算点 3 为基底中点。

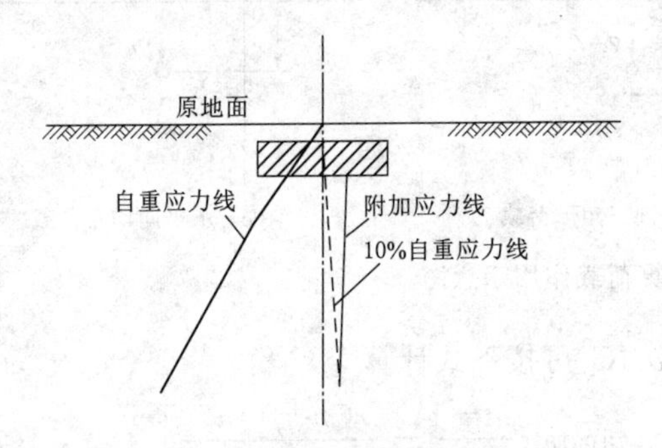

图 7-1　沉降计算深度确定图

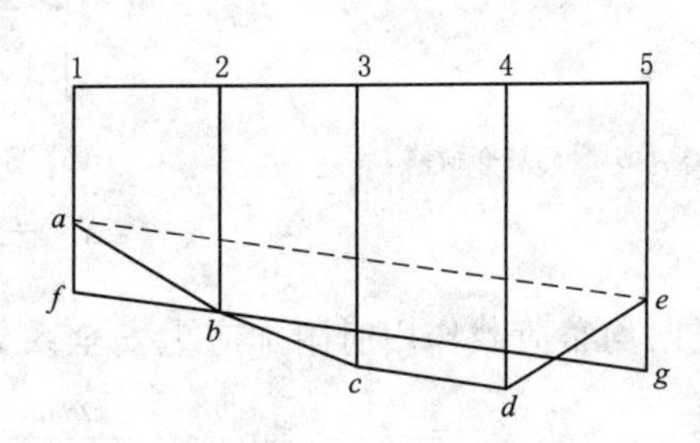

图 7-2　沉降计算结果及其调整示意图

根据各计算点的沉降计算结果，可绘制计算断面的沉降线，如图7-2中的$abcde$线，然后考虑结构刚性的影响进行适当调整，调整的方法是：连接ae线，作ae的平行线fg，并使面积$afge$等于面积$abcde$，则fg即为调整后的沉降线，从而可求得各计算点新的沉降量，各计算点沉降量的平均值即为该底板的沉降量。

《水闸设计规范》规定：土质地基的沉降量不宜超过15cm，相邻部位的最大沉降差不宜超过5cm。

7.1.2 自重应力计算

自重应力按式（7-2）计算

$$\sigma' = \gamma h \tag{7-2}$$

式中：h为计算层面距原地面的深度，m；γ为土的容重，kN/m^3。地下水位以上取$\gamma=20$，地下水位以下取$\gamma=10$。

7.1.3 附加应力计算

不同种类荷载的附加应力计算原理如图7-3所示，计算公式分别为

$$\sigma_V = K_1 P_V \tag{7-3}$$

$$\sigma_S = K_2 P_S \tag{7-4}$$

$$\sigma_H = K_3 P_H \tag{7-5}$$

$$\sigma'' = \sigma_V + \sigma_S + \sigma_H \tag{7-6}$$

式中：σ_V为竖向均布荷载作用时的附加应力，kN/m^2；P_V为基底竖向均布荷载，kN/m^2；σ_S为竖向三角形荷载作用时的附加应力，kN/m^2；P_S为基底竖向三角形荷载的最大强度值，kN/m^2；σ_H为水平向均布荷载作用时的附加应力，kN/m^2；P_H为基底水平向均布荷载，kN/m^2；σ''为各种荷载作用的附加应力总和，kN/m^2；K_1、K_2和K_3为附加应力计算系数，可根据计算点的位置和计算层深度，分别由《水闸设计规范》表J.0.1～表J.0.3查取，也可分别按式（7-7）～式（7-12）计算［参见《水闸设计规范》表J.0.1～表J.0.3及《水工设计手册（第2版）》表25-5-6～表25-5-8］。

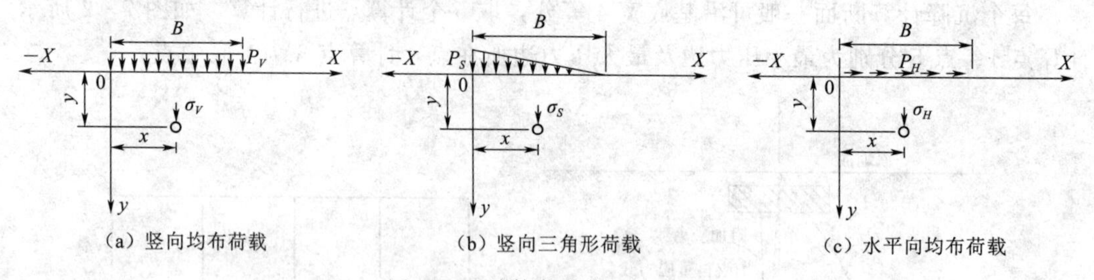

图7-3 计算荷载作用示意图

竖向均布荷载作用时附加应力安全系数K_1可按下式计算

$$K_1 = \frac{1}{\pi}\left[\arctan\frac{m}{n} + \frac{mn}{m^2+n^2} - \arctan\frac{m-1}{n} - \frac{(m-1)n}{(m-1)^2+n^2}\right] \tag{7-7}$$

或
$$K_1=\frac{1}{\pi}\left[\arctan\frac{x}{y}+\frac{xy}{x^2+y^2}-\arctan\frac{x-B}{y}-\frac{(x-B)y}{(x-B)^2+y^2}\right] \tag{7-8}$$

竖向三角形荷载作用时附加应力系数 K_2 可按下式计算

$$K_2=\frac{1}{\pi}\left[(m-1)\arctan\frac{m-1}{n}-(m-1)\arctan\frac{m}{n}+\frac{mn}{m^2+n^2}\right] \tag{7-9}$$

或
$$K_2=\frac{1}{\pi B}\left[(x-B)\arctan\frac{x-B}{y}-(x-b)\arctan\frac{x}{y}+\frac{Bxy}{x^2+y^2}\right] \tag{7-10}$$

水平向均布荷载作用时附加应力系数 K_3 可按下式计算

$$K_3=-\frac{1}{\pi}\left[\frac{n^2}{(m-1)^2+n^2}-\frac{n^2}{m^2+n^2}\right] \tag{7-11}$$

或
$$K_3=-\frac{1}{\pi}\left[\frac{y^2}{(x-B)^2+y^2}-\frac{y^2}{x^2+y^2}\right] \tag{7-12}$$

式中：$m=x/B$；$n=y/B$；B 为基底面宽度，m；x 为计算点距 y 轴的距离，m；y 为计算点距 x 轴的距离，m；坐标原点 O 为基底面左端点。

7.2 涵闸基础的沉降分析计算案例

【例 7-1】 已知某闸底板顺水流方向宽 $B=20$m，有闸室稳定分析计算所得基地压力分别为 $P_{max}=103.5$kN/m^2（底板下游端）及 $P_{min}=76.5$kN/m^2（底板上游端），向下游的水平荷载 $T=150$kN/m。基底面低于原地面 3m。地基为三层沉积黏性土，第一层土的厚度为 3m，第二层土的厚度为 5m，第三层土的厚度为 7m，各层土的压缩关系曲线值见表 7-1。地下水水位线为第一层土与第二层土的分界线，第三层土以下为砂土层。试进行地基沉降计算。

表 7-1 各层土压缩曲线关系表

土层	项目						
第一层土	σ/(N/cm^2)	2.5	7.5	12.5	17.5	22.5	27
	e	0.883	0.806	0.743	0.684	0.636	0.600
第二层土	σ/(N/cm^2)	2.5	7.5	12.5	17.5	22.5	27
	e	0.845	0.807	0.743	0.689	0.643	0.600
第一层土	σ/(N/cm^2)	2.5	7.5	12.5	17.5	22.5	27
	e	0.883	0.806	0.743	0.684	0.636	0.600

解：

顺水流方向按底板宽度 4 等分，取 5 个计算点进行计算，各点间距为 5m，计算点 1 和点 5 分别为基底上游端与下游端，计算点 3 为基底中点，如图 7-4 所示。

1. 自重应力计算

自重应力按式（7-2）从原地面算起，地下水水位以上土的容重采用 $\gamma=20$kN/m^3，地下水位以下土的容重采用 $\gamma=10$kN/m^3。各计算点的自重应力均相等，原地面以下不同深度处的自重应力计算结果列于表 7-2。

2. 附加应力计算

(1) 基底荷载计算。基底竖向均布荷载 P_V 及竖向三角形荷载 P_S 根据基底压力及基底面的自重应力计算。竖向均布荷载 P_V 为最小基底压力值与基底面的自重应力之差，即

$$P_V=76.5-60=16.5(\mathrm{kN/m^2})$$

竖向三角形荷载 P_S 为最大基底压力与最小基底压力之差，即

$$P_S=103.5-76.5=27(\mathrm{kN/m^2})$$

水平向均布荷载为

$$P_H=\frac{T}{B}=\frac{150}{20}=7.5(\mathrm{kN/m^2})$$

表7-2　　自重应力计算结果表

部　位	基底面	第一层土底面	第二层土底面	附加应力与自重应力之比为0.1的层面处	第三层土底面
地面以下深度 h/m	3.0	6.0	11.0	15.8	18.0
自重应力 $\sigma'/(\mathrm{kN/m^2})$	60.0	120.0	170.0	218.0	240.0

(2) 基底面处附加应力计算。基底面处各计算点的附加应力根据均布荷载 P_V 及竖向三角形荷载 P_S 计算，计算结果列于表7-3中。表中计算点1的附加应力等于竖向均布荷载 P_V 之值，其余各点的附加应力按 $P_S/4=27/4=6.75\mathrm{kN/m^2}$ 依次递增计算。

表7-3　　基底面处附加应力计算结果表

计　算　点	1	2	3	4	5
附加应力 $\sigma''/(\mathrm{kN/m^2})$	16.5	23.25	30.0	36.75	43.5

(3) 各层土底面处的附加应力计算。各计算点在各层土底面处的附加应力计算结果列于表7-4。

表7-4中，系数 K_1、K_2 和 K_3 分别按式（7-8）、式（7-10）和式（7-12）计算；各种荷载作用的附加应力 σ_V、σ_S 和 σ_H 分别按式（7-3）、式（7-4）和式（7-5）计算。以计算点4的第一层土为例，表中各种系数及附加应力的具体计算过程如下：

1) 确定计算点4第一层土底面竖向均布荷载作用时的系数 K_1 及附加应力 σ_V。

按式（7-8）计算 K_1 值为

$$\begin{aligned}K_1&=\frac{1}{\pi}\left[\arctan\frac{x}{y}+\frac{xy}{x^2+y^2}-\arctan\frac{x-B}{y}-\frac{(x-B)y}{(x-B)^2+y^2}\right]\\&=\frac{1}{\pi}\left[\arctan\frac{15}{3}+\frac{15\times3}{15^2+3^2}-\arctan\frac{15-20}{3}-\frac{(15-20)\times3}{(15-20)^2+3^2}\right]\\&=0.9668\end{aligned}$$

按式（7-3）计算 σ_V 的值为

$$\sigma_V=K_1P_V=0.9668\times16.5=15.952(\mathrm{kN/m^2})$$

式中：计算点4距 y 坐标轴的距离 $x=15\mathrm{m}$；计算层深度 $y=3\mathrm{m}$（即第一层土的厚度）；竖向均布荷载 $P_V=16.5\mathrm{kN/m^2}$。

表 7-4 各层土底面处附加应力计算结果表

计算点	基底以下计算深度 y/m	K_1	竖向均布荷载 P_V /(kN/m²)	竖向均布荷载附加应力 σ_V/(kN/m²)	K_2	竖向三角形荷载 P_S /(kN/m²)	竖向三角形荷载附加应力 σ_S /(kN/m²)	K_3	水平均布荷载 P_H /(kN/m²)	水平均布荷载附加应力 σ_H /(kN/m²)	附加应力总和 σ'' /(kN/m²)
1	3	0.4993	16.5	8.239	0.0467	27	1.261	0.3113	7.5	2.335	11.835
	8	0.4886	16.5	8.063	0.1098	27	2.964	0.2774	7.5	2.058	13.085
	12.8	0.4633	16.5	7.645	0.1445	27	3.902	0.2258	7.5	1.694	13.241
2	3	0.9668	16.5	15.952	0.2525	27	6.818	0.072	7.5	0.540	23.31
	8	0.7971	16.5	13.152	0.2626	27	7.091	0.1584	7.5	1.188	21.431
	12.8	0.6587	16.5	10.869	0.2556	27	6.901	0.1421	7.5	1.065	18.835
3	3	0.9987	16.5	16.33	0.4948	27	13.361	0	7.5	0	29.691
	8	0.881	16.5	14.536	0.4405	27	11.893	0	7.5	0	26.429
	12.8	0.7311	16.5	12.063	0.3655	27	9.869	0	7.5	0	21.932
4	3	0.9668	16.5	15.952	0.7143	27	19.286	−0.072	7.5	−0.54	34.698
	8	0.7971	16.5	13.152	0.5344	27	14.43	−0.1584	7.5	−1.188	26.394
	12.8	0.6587	16.5	10.869	0.4031	2	10.885	−0.142	7.5	−1.065	20.689
5	3	0.4993	16.5	8.239	0.4526	27	12.22	−0.3113	7.5	−2.335	18.124
	8	0.4886	16.5	8.063	0.3789	27	10.23	−0.2744	7.5	−2.058	16.235
	12.8	0.4633	16.5	7.645	0.3188	27	8.607	−0.2258	7.5	−1.694	14.558

2）确定计算点4第一层土底面竖向三角形荷载作用时的系数 K_2 及附加应力 σ_S。

对于竖向三角形荷载，与 K_2 计算公式相应的三角形荷载的最大值位于坐标原点（底板左端），而本例为三角形荷载的最小值位于坐标原点（底板左端），因此公式中相应之距离为 $x=B-15=20-15=5\text{m}$；y 值同前；竖向三角形荷载 $P_S=27\text{kN/m}^2$。按式（7-10）计算 K_2 值为

$$K_2=\frac{1}{\pi B}\left[(x-B)\arcsin\frac{x-B}{y}-(x-B)\arctan\frac{x}{y}+\frac{Bxy}{x^2+y^2}\right]$$
$$=\frac{1}{3.1416\times20}\left[(5-20)\arctan\frac{5-20}{3}-(5-20)\arctan\frac{5}{3}+\frac{20\times5\times3}{5^2+3^2}\right]$$
$$=0.7143$$

按式（7-4）计算 σ_S 值为

$$\sigma_S=K_2P_S=0.7143\times27=19.286(\text{kN/m}^2)$$

3）确定计算点4第一层土底面竖向水平向均布荷载作用时的系数 K_3 及附加应力 σ_H。

按式（7-12）计算 K_3 值为

$$K_3=-\frac{1}{\pi}\left[\frac{y^2}{(x-B)^2+y^2}-\frac{y^2}{x^2+y^2}\right]$$
$$=-\frac{1}{3.1416}\times\left[\frac{3^2}{(15-20)^2+3^2}-\frac{3^2}{15^2+3^2}\right]$$
$$=-0.072$$

按式（7-5）计算

$$\sigma_H=K_3P_H=-0.072\times7.5=-0.54(\text{kN/m}^2)$$

式中：水平向均布荷载 $P_H=7.5\text{kN/m}^2$；x 及 y 值同前。

4）按式（7-6）求得计算点4第一层土底面附加应力总和 σ'' 为

$$\sigma''=\sigma_V+\sigma_S+\sigma_H=15.952+19.286-0.54=34.398(\text{kN/m}^2)$$

3. 压缩层计算深度的确定

压缩层的计算深度按计算层面处土的附加应力与自重应力之比为0.1计算，各计算点近似采用相同的压缩层计算深度，附加应力以计算点3（底板中点）为准（计算点3的附加应力最大）。

当基底以下的深度为 $y=12.8\text{m}$，相应地面以下的深度为 $h=15.8\text{m}$ 时，自重应力为 218kN/m^2（见表7-2），附加应力为 21.932kN/m^2（见表7-4），附加应力与自重应力之比为 $21.932/218\approx0.1$，即压缩土层的计算深度为12.8m。

计算点4自重应力及附加应力计算示意图，如图7-4所示。

4. 沉降量计算

各计算点的最终沉降量采用分层总和法按式（7-1）计算，计算结果列于表7-5。

表7-5中，第三层土的计算厚度 h_3 算至附加应力与自重应力之比为0.1处，即

$$h_3=12.8-8=4.8(\text{m})$$

以计算点4为例，表7-5中有关部分数据的计算过程如下：

表 7-5 最终沉降量计算结果表

计算点	分层编号 i	分层厚度 h_i /cm	自重应力平均值 σ' /(kN/m²)	附加应力平均值 σ''/(kN/m²)	自重应力与附加应力总和 σ /(kN/m²)	自重应力作用孔隙比 e_1	自重应力与附加应力总和作用孔隙比 e_2	$\frac{e_1-e_2}{1+e_1}$	分层沉降量 $S_i=\left(\frac{e_1-e_2}{1+e_1}\right)h_i$ /m	最终沉降量总和 S_∞ /cm
1	1	300	90	14.17	104.17	0.7871	0.7692	0.010016	3.005	9.08
	2	500	145	12.46	157.46	0.6944	0.6821	0.00726	3.630	
	3	480	194	13.16	207.16	0.6098	0.6016	0.00509	2.445	
2	1	300	90	23.28	113.28	0.7871	0.7578	0.01640	4.919	14.99
	2	500	145	22.37	167.37	0.6944	0.673	0.01263	5.315	
	3	480	194	20.13	214.13	0.6098	0.5972	0.00783	3.757	
3	1	300	90	29.85	119.85	0.7871	0.7495	0.02104	6.312	18.66
	2	500	145	28.06	173.06	0.6944	0.6678	0.01570	7.849	
	3	480	194	24.18	218.18	0.6098	0.5947	0.00938	4.502	
4	1	300	90	35.72	125.72	0.7871	0.7422	0.02512	7.537	20.45
	2	500	145	30.55	175.55	0.6944	0.6655	0.01706	8.528	
	3	480	194	23.54	217.54	0.6098	0.5951	0.00913	4.383	
5	1	300	90	30.81	120.81	0.7871	0.7483	0.02171	6.513	14.27
	2	500	145	17.18	162.18	0.6944	0.6778	0.00980	4.899	
	3	480	194	15.4	209.4	0.6098	0.6002	0.00596	2.862	

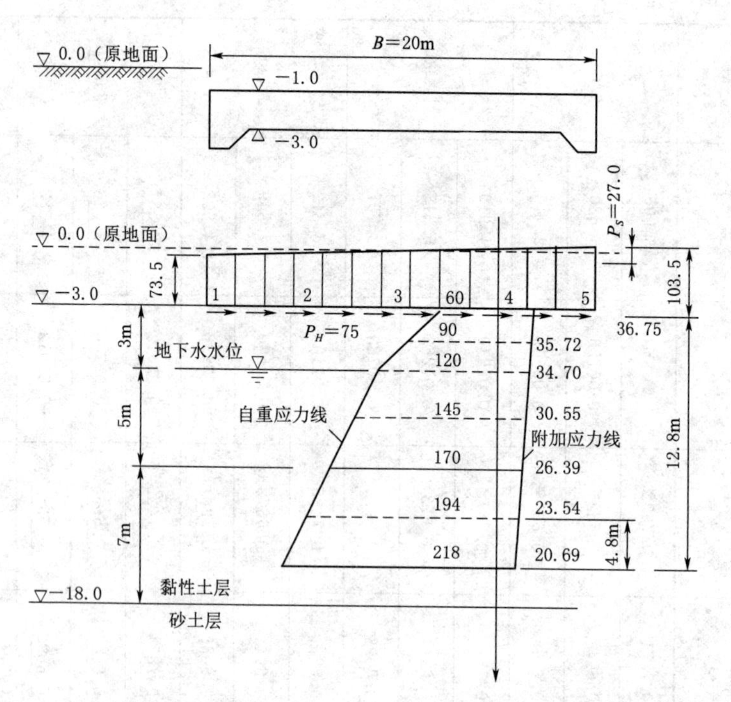

图7-4　计算点4自重应力及附加应力计算示意图　（单位：kN/m²）

(1) 各层自重应力平均值 σ' 及附加应力平均值 σ'' 按层顶及层底的应力值平均计算。第一层土的自重应力平均值为

$$\sigma'=\frac{60+120}{2}=90(\text{kN/m}^2)$$

第一层土的附加应力平均值为

$$\sigma''=\frac{36.75+34.698}{2}=35.72(\text{kN/m}^2)$$

第二层土的自重应力平均值为

$$\sigma'=\frac{120+170}{2}=145(\text{kN/m}^2)$$

第二层土的附加应力平均值为

$$\sigma''=\frac{34.698+26.394}{2}=30.55(\text{kN/m}^2)$$

第三层土的自重应力平均值为

$$\sigma'=\frac{170+218}{2}=194(\text{kN/m}^2)$$

第三层土的附加应力平均值为

$$\sigma''=\frac{26.394+20.689}{2}=23.54(\text{kN/m}^2)$$

(2) 各层自重应力作用的孔隙比 e_1 及自重应力与附加应力总和作用的孔隙比 e_2，由表7-1按直线内插计算。

第一层土自重应力作用的孔隙比为

$$e_1=0.806-\frac{0.806-0.743}{12.5-7.5}\times(9-7.5)=0.7871$$

第一层土自重应力与附加应力总和作用的孔隙比为

$$e_2=0.743-\frac{0.743-0.684}{17.5-12.5}\times(12.572-12.5)=0.7422$$

第二层土自重应力作用的孔隙比为

$$e_1=0.743-\frac{0.743-0.689}{15-10}\times(14.5-10)=0.6944$$

第二层土自重应力与附加应力总和作用的孔隙比为

$$e_2=0.689-\frac{0.689-0.643}{17.5-12.5}\times(17.555-15)=0.6655$$

第三层土自重应力作用的孔隙比为

$$e_1=0.638-\frac{0.638-0.606}{20-15}\times(19.4-15)=0.6098$$

第三层土自重应力与附加应力总和作用的孔隙比为

$$e_2=0.606-\frac{0.606-0.575}{25-20}\times(21.754-20)=0.5951$$

(3) 分层计算量 S_i 及最终沉降量总和 S_∞ 计算。

第一层土的分层沉降量为

$$S_1=\frac{e_1-e_2}{1+e_1}\times h_1=\frac{0.7871-0.7422}{1+0.7871}\times300=7.537(\text{cm})$$

第二层土的分层沉降量为

$$S_2=\frac{e_1-e_2}{1+e_1}\times h_2=\frac{0.6944-0.6655}{1+0.6944}\times500=8.528(\text{cm})$$

第三层土的分层沉降量为

$$S_3=\frac{e_1-e_2}{1+e_1}\times h_3=\frac{0.6098-0.5951}{1+0.6098}\times480=4.383(\text{cm})$$

计算点 4 终沉降量总和为

$$S_\infty=S_1+S_2+S_3=7.537+8.528+4.383=20.45(\text{cm})$$

以上各式中，第一层土的厚度 $h_1=300\text{cm}$；第二层土的厚度为 $h_2=500\text{cm}$；第三层土的计算厚度 $h_3=480\text{cm}$。

5. 沉降量调整计算

如图 7-2 所示，当面积 $afge$ 等于面积 $abcde$ 时，平行线 ae 与 fg 间的距离 ΔS 可计算为

$$\begin{aligned}\Delta S&=\frac{S_{\infty2}+S_{\infty3}+S_{\infty4}-1.5S_{\infty1}-1.5S_{\infty5}}{4}\\&=\frac{14.99+18.66+20.45-1.5\times9.08-1.5\times14.27}{4}\\&=4.77\ (\text{cm})\end{aligned}$$

式中：ΔS 为两平行线 ae 与 fg 间的铅直距离，cm；$S_{\infty1}$、$S_{\infty2}$、$S_{\infty3}$、$S_{\infty4}$、$S_{\infty5}$ 分别为计算点1、点2、点3、点4、点5调整前的沉降量，cm，见表7-5。

各计算点调整后的沉降量分别可计算为

$$S'_{\infty1}=S_{\infty1}+\Delta S=9.08+4.77=13.85(\text{cm})$$

$$S'_{\infty5}=S_{\infty5}+\Delta S=14.27+4.77=19.04(\text{cm})$$

$$S'_{\infty2}=S_{\infty1}+\frac{S'_{\infty5}-S'_{\infty1}}{4}=13.85+\frac{19.04-13.85}{4}=15.15(\text{cm})$$

$$S'_{\infty3}=S'_{\infty1}+\frac{S'_{\infty5}-S'_{\infty1}}{2}=13.85+\frac{19.04-13.85}{2}=16.45(\text{cm})$$

$$S'_{\infty4}=S'_{\infty1}+\frac{3(S'_{\infty5}-S'_{\infty1})}{4}=13.85+\frac{3\times(19.04-13.85)}{4}=17.74(\text{cm})$$

各计算点调整前及调整后的沉降量示意图见图7-5。

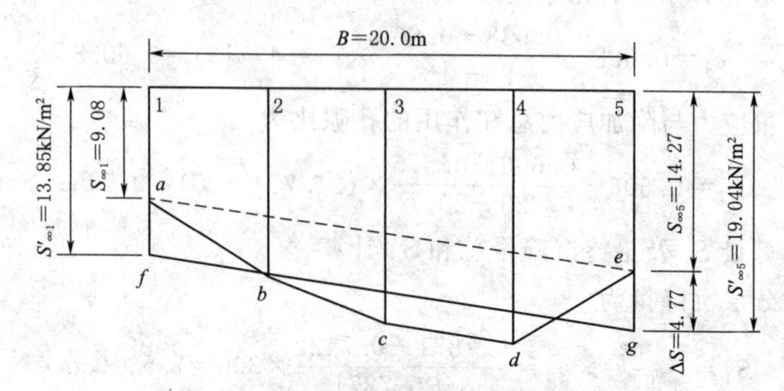

图7-5 各计算点沉降量调整示意图

6. 平均沉降量及沉降差计算

各计算点沉降量的平均值为整块底板的沉降量，即

$$\frac{S'_{\infty1}+S'_{\infty2}+S'_{\infty3}+S'_{\infty4}+S'_{\infty5}}{5}$$

$$=\frac{13.85+15.15+16.45+17.74+19.04}{5}=16.45(\text{cm})$$

最大沉降差为

$$S'_{\infty5}-S'_{\infty1}=19.04-13.85=5.19(\text{cm})$$

7.3 贴坡式挡土墙计算方法

7.3.1 贴坡式挡土墙

贴坡式挡土墙作为挡土墙的结构型式之一，其与重力式挡土墙的区别是：重力式挡土墙的前墙面为直立（边坡系数 $m=0$），墙背面为俯斜式（墙背与铅直线的夹角为正值）；贴坡式挡土墙的前墙面与墙背面均为 $m>0$ 的仰斜式（墙面与垂直线的夹角为负值），如图7-6所示。

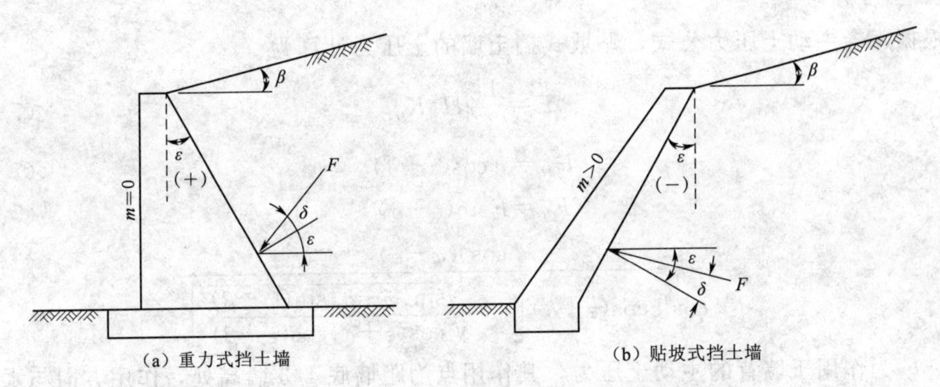

图 7-6　重力式挡土墙及贴坡式挡土墙断面示意图

按库仑主动土压力公式，墙背与垂直线的夹角越小，作用于墙背的土压力越小，夹角为负值的仰斜式墙背土压力，要比夹角为正值的俯斜式墙背土压力小得多；也就是说，墙高相同时，贴坡式挡土墙满足抗滑稳定要求的断面尺寸比重力式挡土墙的断面尺寸小。

贴坡式挡土墙由于墙背为仰坡，可直接在土基上削坡砌筑，因此与重力式挡土墙相比，不仅土压力较小，墙后土方开挖及回填工程量也相应较少。因此，如果条件允许，采用贴坡式挡土墙的结构布置型式相对经济合理。

输水渠道当开口宽受到条件限制，不宜采用较大的边坡系数时，可考虑采用边坡较陡的贴坡式挡土墙的护砌型式。例如，河南省新三义寨引黄工程的商丘总干渠，有一通过居民区的渠段，两岸房屋紧靠渠边，为减少拆迁，渠道开口宽不宜过大，因此渠身采用了贴坡式挡土墙护砌。该渠段地质条件为重粉质壤土，贴坡式挡土墙高（渠底以上）3.5m。墙身外边坡 1∶0.6，内边坡 1∶0.4，墙顶宽 0.5m，墙底宽 1.2m，墙底埋入渠底以下 0.5m。

拟定贴坡式挡土墙断面尺寸时，可参考以下原则：

(1) 墙身较低、土壤内摩擦角 φ 较大时，可采用外边坡系数为 $m=0.5\sim0.7$，墙底宽 0.6～0.7m。

(2) 墙身较高、土壤内摩擦角 φ 较小时，可采用外边坡系数为 $m=0.7\sim1.0$，墙底宽 1.0～2.0m；墙高超过 8m，有地下水作用时，边坡系数及墙底宽可适当加大。

(3) 墙顶宽 0.3～1.0m，墙身较高时，加大墙顶宽度比加大墙底宽度更有利于墙身稳定。

(4) 底部不需再设扩大底板，为增加稳定性，可将墙底垂直嵌入地面或渠底以下 0.5m。

7.3.2 计算方法

贴坡式挡土墙的土压力计算及稳定性验算方法与重力式挡土墙基本相同。由于贴坡式挡土墙的整个墙身均斜卧在地基上，承压面积较重力式挡土墙大，地基压力相对较小，因此只需进行抗滑稳定验算，在抗滑稳定满足要求后，可不必再验算基底压力。

1. 土压力计算

根据库仑主动土压力公式，贴坡式挡土墙的土压力计算为

$$F=\frac{1}{2}\gamma H^2 K_a \tag{7-13}$$

$$F_H=F\cos(\varepsilon+\delta) \tag{7-14}$$

$$F_V=F\sin(\varepsilon+\delta) \tag{7-15}$$

$$K_a=\frac{\cos^2(\varphi-\varepsilon)}{\cos^2\varepsilon\cos(\varepsilon+\delta)\left[1+\sqrt{\dfrac{\sin(\varphi+\delta)\sin(\varphi-\beta)}{\cos(\varepsilon+\delta)\cos(\varepsilon-\beta)}}\right]^2} \tag{7-16}$$

式中：F 为作用于墙背的主动土压力，其作用点为距墙底 1/3 墙高处，作用方向与水平面成（$\varepsilon+\delta$）夹角，kN/m；γ 为墙后土的容重，地下水位以下取浮容重，kN/m^3；H 为墙的总高，m；K_a 为主动土压力系数；φ 为墙后回填土的内摩擦角，(°)；δ 为墙后土与墙背间的外摩擦角，(°)；ε 为墙背与铅直面的夹角，俯斜式墙背 ε 为正值。

按库仑主动土压力公式计算时，回填土与墙背间的外摩擦角 δ 值对土压力的计算值影响较大，δ 值越小，土压力越大，对稳定越不利。根据对库仑及朗肯两个公式实际计算结果的分析比较，库仑主动土压力公式计算时的 δ 值不宜小于 0.7φ；否则，按库仑主动土压力公式计算的土压力水平分力，将比按朗肯公式计算的土压力大得多，导致墙身断面的设计尺寸偏大而不经济。

当墙后有地下水时，土压力需分段计算，地下水位以上墙背土压力为三角形分布，其底边土压力强度为 $\gamma_1 H_1 K_a$，γ_1 为土的湿容重，H_1 为地下水位以上的墙高；地下水位以下墙背土压力为梯形分布，其顶边土压力强度为 $\gamma_1 H_1 K_a$，底边土压力强度为 $\gamma_1 H_1 K_a+\gamma_2 H_2 K_a$，$\gamma_2$ 为土的浮容重，H_2 为地下水位以下的墙高。

挡墙后为黏性土时，应考虑黏聚力的作用，这时可采用等值内摩擦角计算主动土压力。等值内摩擦角可按式（7-17）计算，公式等号右侧为已知值，求出其相应的正切反三角函数值后，即可算得等值内摩擦角 φ_d。

$$\tan\left(45°-\frac{\varphi_d}{2}\right)=\sqrt{\frac{\gamma H^2\tan^2\left(45°-\dfrac{\varphi}{2}\right)-4\tan\left(45°-\dfrac{\varphi}{2}\right)+\dfrac{4C^2}{\gamma}}{\gamma H^2}} \tag{7-17}$$

式中：φ_d 为等值内摩擦角，(°)；H 为墙高，m；C 为土的黏聚力，kN/m^3；其余符号意义同前。

2. 抗滑稳定验算

贴坡式挡土墙抗滑稳定安全系数 K_c，可按式（7-18）计算

$$K_c=\frac{f\sum G}{\sum H} \tag{7-18}$$

式中：f 为基底与地基之间的摩擦系数，可根据地基类别由表 7-6 查取；$\sum G$ 为所有垂直荷载之和，kN；$\sum H$ 为所有水平荷载之和，kN。

抗滑稳定安全系数应大于允许值，按《水闸设计规范》，挡土墙的抗滑稳定安全系数允许值见表 7-7。

表 7-6　墙基底与地基之间的摩擦系数 f 值表

地基类别		f	地基类别		f
黏土	软弱	0.20～0.25	砾石、卵石		0.50～0.55
	中等坚硬	0.25～0.35	碎石土		0.40～0.50
	坚硬	0.35～0.45	软质岩石	极软	0.40～0.45
壤土、粉质壤土		0.25～0.40		软	0.45～0.55
砂壤土、粉砂土		0.35～0.40		较软	0.55～0.60
细砂、极细砂		0.40～0.45	硬质岩石	较坚硬	0.60～0.65
中砂、粗砂		0.45～0.50			
砂砾石		0.40～0.50		坚硬	0.65～0.70

表 7-7　土基上挡土墙沿基底面抗滑安全系数的允许值表

挡土墙级别	1	2	3	4、5
安全系数	1.35	1.3	1.25	1.2

7.4　挡土墙稳定分析工程案例

【例 7-2】 某输水涵洞进出口连接段重力式挡土墙为 M7.5 浆砌石，墙底板为 C15 混凝土，渠底以上墙高 4.0m，墙身总高为 $H=4.5\text{m}$，各部位结构尺寸见图 7-7。墙前及墙后均无水。地基为密实的沙壤土，相应基底与地基之间的摩擦系数 f 为 0.35～0.40，采用 $f=0.37$。墙后回填砂壤土，密实状态砂土的内摩擦角 φ 为 30°～35°，采用 $\varphi=30°$。墙后回填土与墙背间的外摩擦角采用 $\delta=25°$。墙顶填土面为水平，$\beta=0$。回填压实砂土的湿容重 $\gamma_1=18\text{kN/m}^3$，混凝土容重 24kN/m^3，浆砌石容重 22kN/m^3。该工程建筑级别为 3 级。试按库仑公式进行墙身抗滑稳定验算。

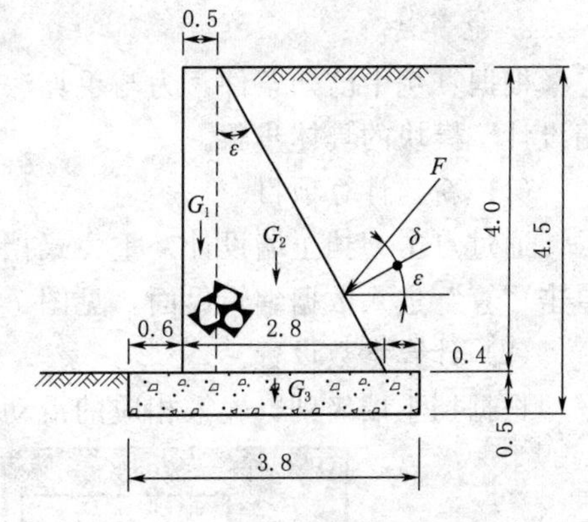

图 7-7　重力式挡土墙断面尺寸示意图

解：

1. 手算法

根据算例中已知条件，以下为手算法的具体计算过程。

(1) 主动土压力系数计算

墙背面与铅直面的夹角为

$$\varepsilon=\arctan\left(\frac{2.3}{4.0}\right)=29.9°$$

主动土压力系数 K_a 为

$$K_a=\frac{\cos^2(30°-29.9°)}{\cos^2 29.9°\cos(29.9°+25°)\left[1+\sqrt{\dfrac{\sin(30°+25°)\sin 30°}{\cos(29.9°+25°)\cos 29.9°}}\right]^2}$$

计算得 $K_a=0.637$。

(2) 抗滑稳定安全系数的计算

表7-8中土压力水平分力 F_H 和垂直分力 F_V 计算式中，0.575和0.818分别为 $\cos(\varepsilon+\delta)=\cos(29.9°+25°)$ 和 $\sin(\varepsilon+\delta)=\sin(29.9°+25°)$ 的值。

表7-8　　土压力和自重力计算成果表

作用力名称	计算式	垂直力/kN	水平力/kN
自重	$G_1=4.0\times0.5\times22$	44.0	
	$G_2=0.5\times4.0\times2.3\times22$	101.2	
	$G_3=3.8\times0.5\times24$	45.6	
土压力	$F_H=0.5\times0.637\times4.5^2\times18\times0.575$		66.75
	$F_V=0.5\times0.637\times4.5^2\times18\times0.818$	94.96	
合计		285.76	66.75

由表7-8得所有垂直荷载之和为 $\sum G=285.76\text{kN}$，所有水平荷载之和为 $\sum H=66.75\text{kN}$，计算抗滑稳定安全系数为

$$K_c=\frac{f\sum G}{\sum H}=\frac{0.37\times285.76}{66.75}=1.58$$

计算结果 $K_c>[K]=1.25$，满足抗滑稳定要求。

2. 电算法

根据算例中已知条件，为与手算法进行相互校验，以下为理正岩土计算软件中“挡土墙设计”模块的具体步骤。

(1) 新建计算项目。

通过点击“挡土墙设计>重力式挡土墙>增”可得到新建的重力式挡土墙计算项目，单击“算”进入数据编辑界面，见图7-8。

(2) 计算参数设置。

根据挡土墙级别，输入相应的滑动稳定安全系数，见图7-9。

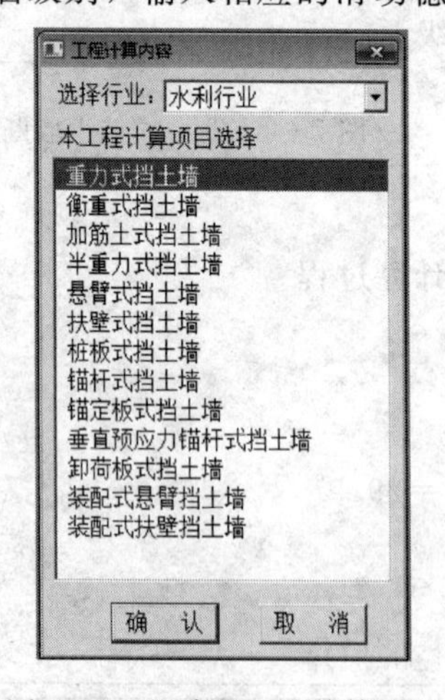

图7-8　新建挡土墙计算项目

图7-9　输入滑动稳定安全系数

（3）墙身尺寸，如图 7－10 所示。

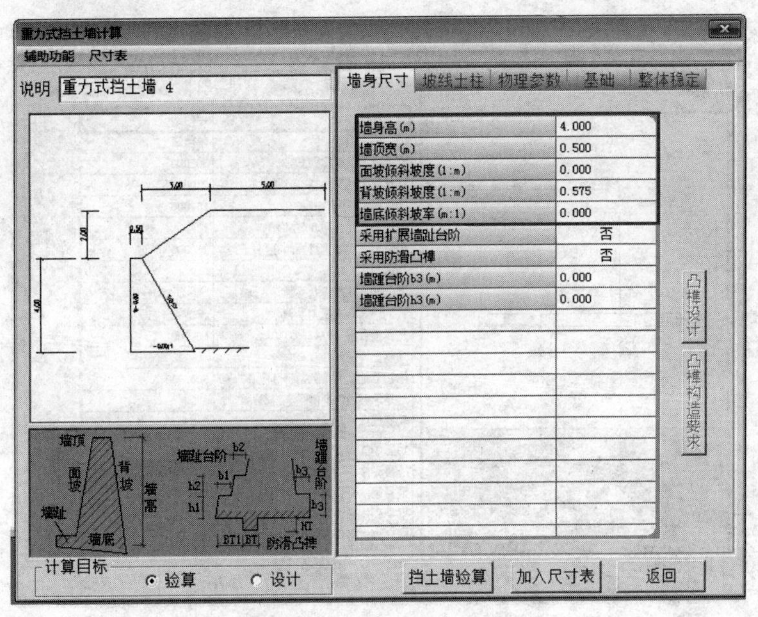

图 7－10 输入墙身尺寸

注：如墙趾有台阶，图中否改为是，然后输入台阶基本数据（在输入墙身高时，不要包括墙底板的高度）。

（4）坡线尺寸，如图 7－11 所示。

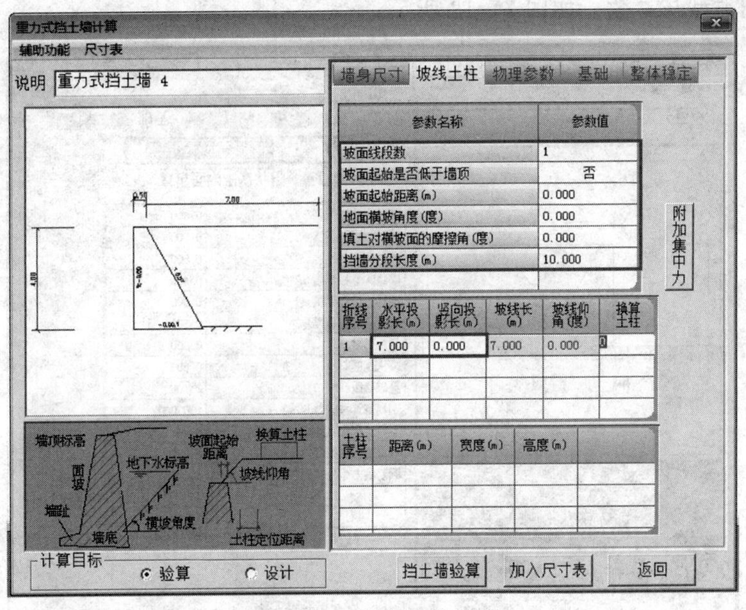

图 7－11 输入坡线尺寸

注：挡墙分段长度按挡土墙的设缝间距划分，如果未知设缝间距，挡墙分段长度则设置为 10～20m，水平投影一般超过墙身即可。

（5）物理参数，如图 7－12 所示。

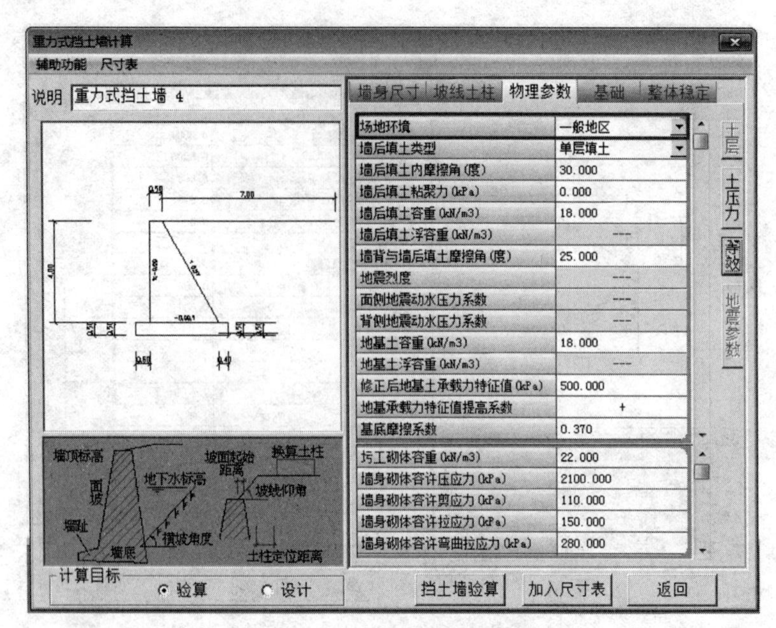

图 7－12　输入物理参数

注：挡土墙类型里面可以下拉选择一般挡土墙、浸水地区挡土墙等不同的类型，不同类型对应的各种数据输入不同，详见理正岩土使用手册。

（6）基础类型与参数。如图 7－13 所示。

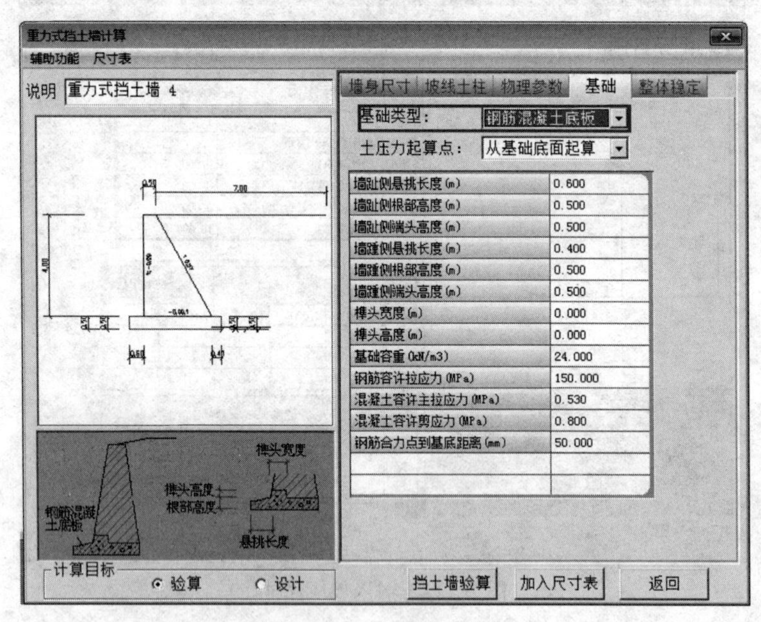

图 7－13　编辑基础信息

注：基础类型下拉菜单有天然地基、钢筋混凝土底板、台阶式等不同的类型，根据具体情况选择，然后输入已知数据，点击挡土墙验算即可进行抗滑稳定性验算、倾覆稳定性验算、地基验算等。

(7) 计算结果。

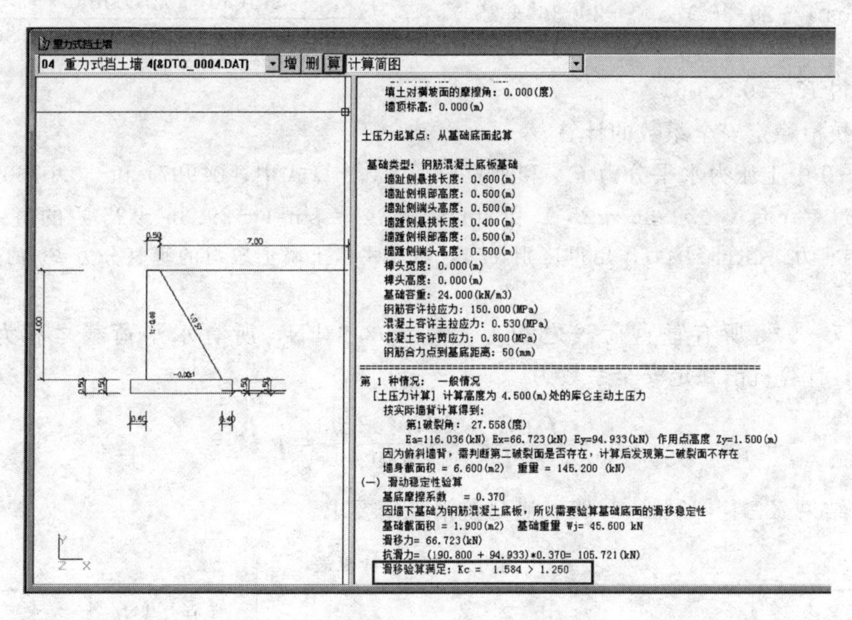

图 7-14 【例 7-2】最终计算结果

如图 7-14 所示，本例抗滑稳定安全系数 $K_c=1.584\geqslant[K]=1.25$，满足稳定要求。

上述电算法步骤可通过观看【例 7-2】演示视频（可扫描其二维码获取）辅助学习。

素材 14

【例 7-3】 墙高及其他基本设计资料均同【例 7-2】，仅将挡土墙结构型式改为贴坡式，拟定断面尺寸为：渠底以上墙高 4.0m，墙底垂直嵌入渠底以下 0.5m，墙身总高 $H=4.5$m，墙身外边坡 1∶0.7，墙顶宽 0.65m，墙底宽 1.2m，墙身全部采用 M7.5 浆砌石（图 7-15）。试进行墙身抗滑稳定验算。

图 7-15 贴坡式挡土墙断面尺寸示意图

解：

1. 手算法

根据算例中已知条件，以下为手算法的具体计算过程。

(1) 主动土压力系数计算。

墙背面与铅直面的夹角为

$$\varepsilon=-\arctan\left(\frac{4.0\times0.7+0.65-1.2}{4.0}\right)=-29.36^{\circ}$$

主动土压力系数 K_a 为

$$K_a=\frac{\cos^2(30^\circ+29.36^\circ)}{\cos^2(-29.36^\circ)\cos(-29.36^\circ+25^\circ)\left[1+\sqrt{\frac{\sin(30^\circ+25^\circ)\sin30^\circ}{\cos(-29.36^\circ+25^\circ)\cos(-29.36^\circ)}}\right]^2}$$

计算得 $K_a=0.1206$。

(2) 抗滑稳定安全系数的计算。

表 7-9 中土压力水平分力 F_H 和垂直分力 F_V 计算式中，0.9971 和 -0.07602 分别为 $\cos(\varepsilon+\delta)=\cos(-29.36^\circ+25^\circ)$ 和 $\sin(\phi+\delta)=\sin(-29.36^\circ+25^\circ)$ 的值。

注：与重力式挡土墙压力作用得区别在于，贴坡式挡土墙土压力的垂直分力 F_V 的作用方向向上。

由表 7-9 得所有垂直荷载之和为 $\sum G=92.93\text{kN}$，所有水平荷载之和为 $\sum H=21.92\text{kN}$，计算抗滑稳定安全系数为

$$K_c=\frac{f\sum G}{\sum H}=\frac{0.37\times92.93}{21.92}=1.57$$

计算结果 $K_c>[K]=1.25$，满足抗滑稳定要求。

表 7-9　　土压力及自重力计算表

作用力名称	计 算 式	垂直力/kN	水平力/kN
自重	$G_1=(0.65+1.2)\times0.5\times4.0\times22$	81.4	
	$G_2=1.2\times0.5\times22$	13.2	
土压力	$F_H=0.5\times0.1206\times4.5\hat{}2\times18\times0.9971$		21.92
	$F_V=0.5\times0.1206\times4.5\hat{}2\times18\times(-0.07602)$	-1.67	
合计		92.93	21.92

(3) 计算结果对比分析。

【例 7-3】与【例 7-2】中的挡土墙高度相同，抗滑稳定安全系数计算结果基本相等，但贴坡式挡土墙的断面尺寸相对较小，其断面面积与相应的工程量均约为重力式挡土墙的 1/2，说明贴坡式挡土墙是一种比较经济合理的结构型式。

2. 电算法

根据算例中已知条件，为与手算法进行相互校验，以下为“理正岩土计算软件”中“挡土墙设计”模块的具体步骤。

(1) 新建计算项目。

通过点击“挡土墙设计>重力式挡土墙>增”可得到新建的重力式挡土墙计算项目，单击“算”进入数据编辑界面。

(2) 计算参数设置。

根据挡土墙级别，输入相应的滑动稳定安全系数，如图 7-16 所示。

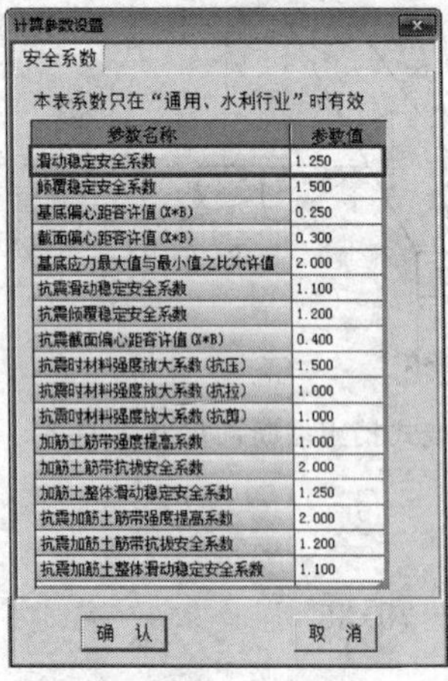

图 7-16　输入滑动稳定安全系数

(3) 墙身尺寸，如图 7－17 所示。

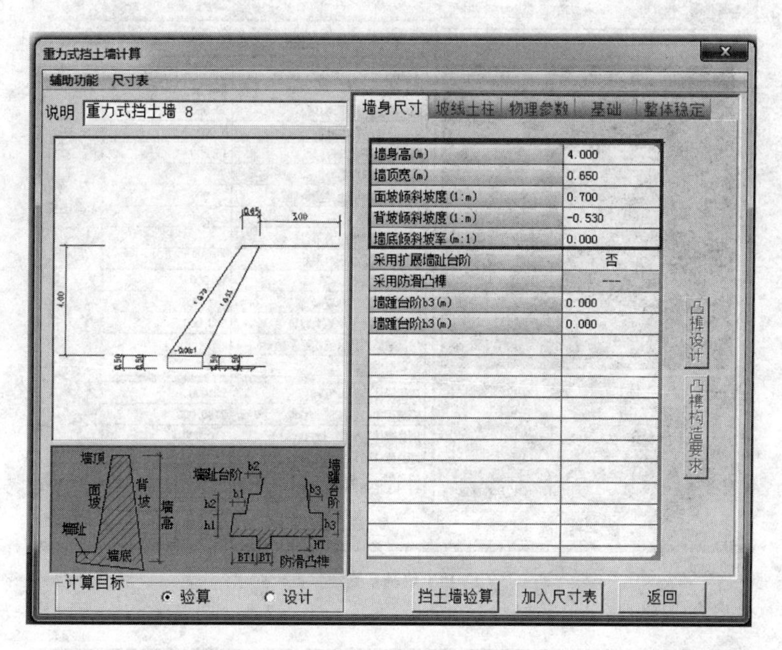

图 7－17 输入墙身尺寸

(4) 坡线尺寸，如图 7－18 所示。

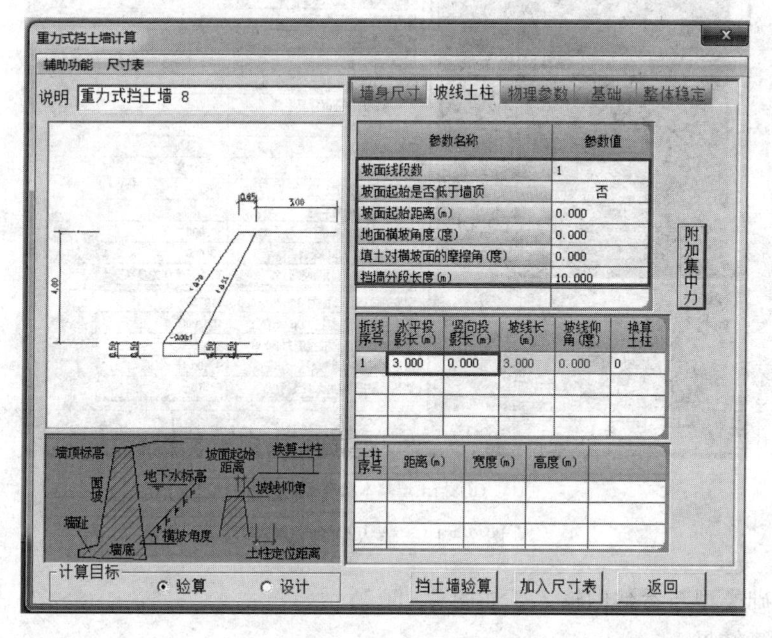

图 7－18 输入坡线尺寸

(5) 物理参数的输入，如图 7－19 所示。

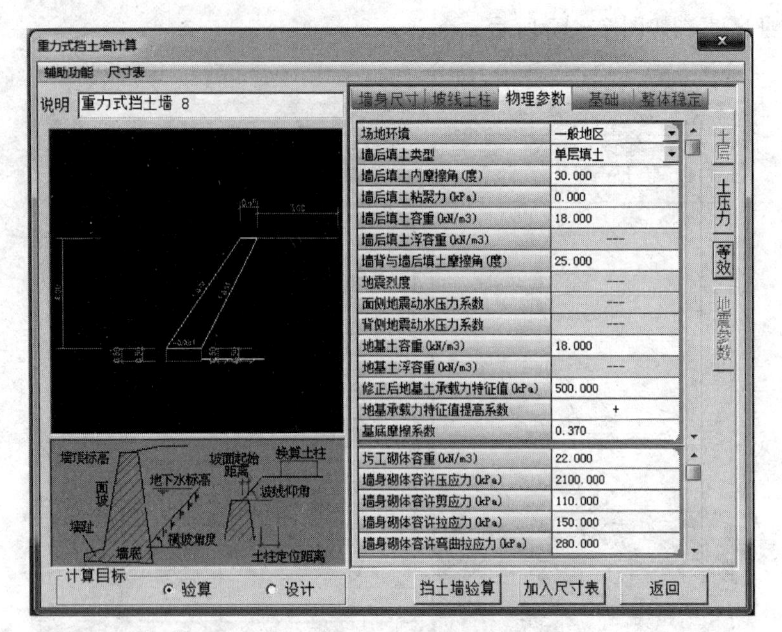

（a）挡土墙基本物理参数1

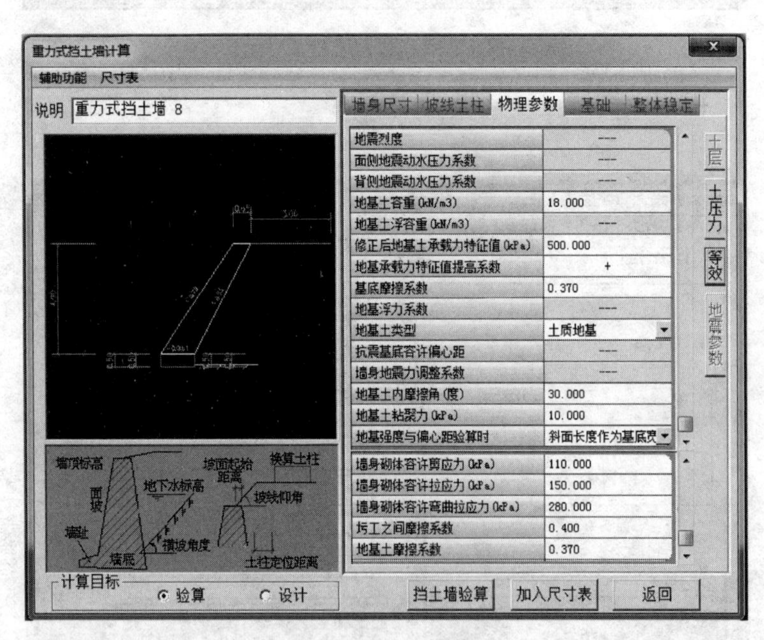

（b）挡土墙基本物理参数2

图7-19 输入物理参数

（6）基础类型与参数的输入，如图7-20所示。

（7）计算结果。

考虑到基础类型无浆砌石选项，故可选取基础类型为钢筋混凝土板（修改其基础容重）。如图7-21所示，本例抗滑稳定验算计算结果 $K_c=1.555\geqslant1.25$，满足稳定要求。

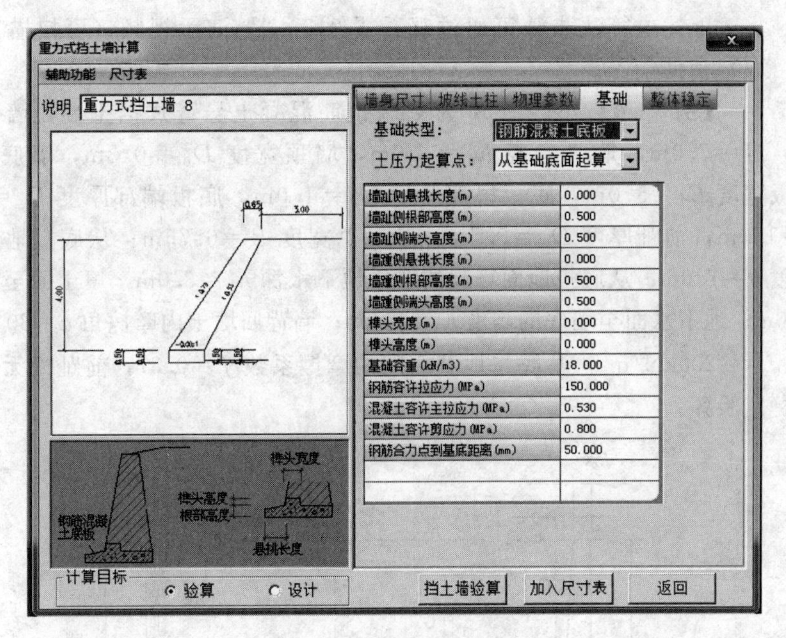

图 7-20 编辑基本信息

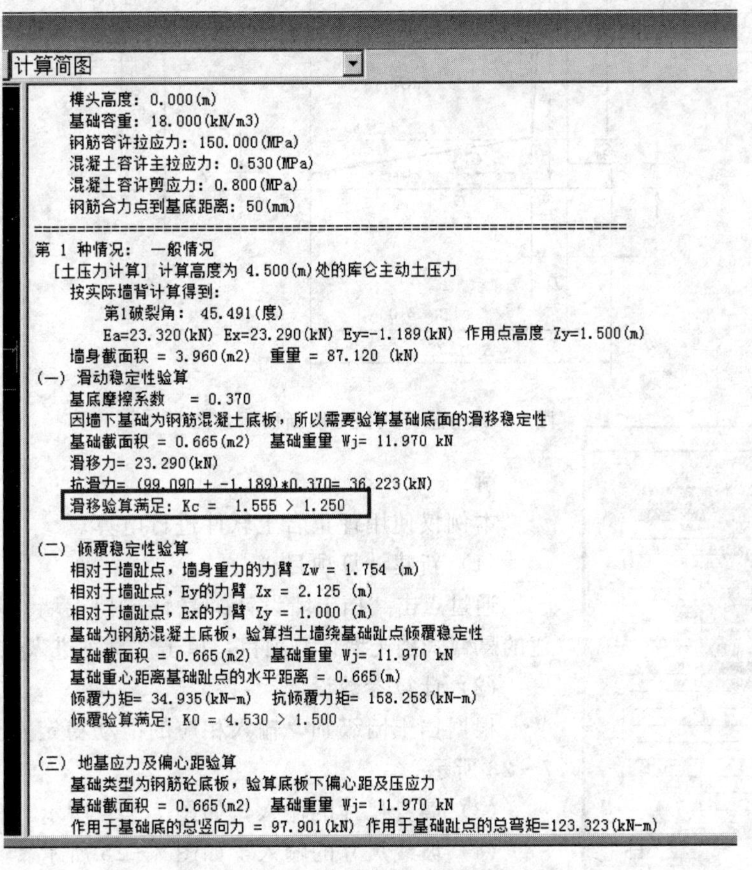

计算简图

榫头高度: 0.000(m)
基础容重: 18.000(kN/m3)
钢筋容许拉应力: 150.000(MPa)
混凝土容许主拉应力: 0.530(MPa)
混凝土容许剪应力: 0.800(MPa)
钢筋合力点到基底距离: 50(mm)
==

第 1 种情况: 一般情况
[土压力计算] 计算高度为 4.500(m)处的库仑主动土压力
按实际墙背计算得到:
第1破裂角: 45.491(度)
Ea=23.320(kN) Ex=23.290(kN) Ey=-1.189(kN) 作用点高度 Zy=1.500(m)
墙身截面积 = 3.960(m2) 重量 = 87.120 (kN)

(一) 滑动稳定性验算
基底摩擦系数 = 0.370
因墙下基础为钢筋混凝土底板，所以需要验算基础底面的滑移稳定性
基础截面积 = 0.665(m2) 基础重量 Wj= 11.970 kN
滑移力= 23.290(kN)
抗滑力= (99.090 + -1.189)*0.370= 36.223(kN)
滑移验算满足: Kc = 1.555 > 1.250

(二) 倾覆稳定性验算
相对于墙趾点，墙身重力的力臂 Zw = 1.754 (m)
相对于墙趾点，Ey的力臂 Zx = 2.125 (m)
相对于墙趾点，Ex的力臂 Zy = 1.000 (m)
基础为钢筋混凝土底板，验算挡土墙绕基础趾点倾覆稳定性
基础截面积 = 0.665(m2) 基础重量 Wj= 11.970 kN
基础重心距离基础趾点的水平距离 = 0.665(m)
倾覆力矩= 34.935(kN-m) 抗倾覆力矩= 158.258(kN-m)
倾覆验算满足: K0 = 4.530 > 1.500

(三) 地基应力及偏心距验算
基础类型为钢筋砼底板，验算底板下偏心距及压应力
基础截面积 = 0.665(m2) 基础重量 Wj= 11.970 kN
作用于基础底的总竖向力 = 97.901(kN) 作用于基础趾点的总弯矩=123.323(kN-m)

图 7-21 【例 7-3】最终计算结果

上述电算法步骤可通过观看【例 7－3】演示视频（可扫描其二维码获取）辅助学习。

素材 15

【例 7－4】 图 7－22 为 C25 钢筋混凝土悬臂式挡土墙，墙体总高 $h=H=7.0\text{m}$，墙身净高 $h_0=6.0\text{m}$，墙顶宽度 $D_0=0.3\text{m}$，墙底宽度 $D_1=0.75\text{m}$；底板宽度 $B_1=5.0\text{m}$，底板根部厚度 $D_2=1.0\text{m}$，底板端部厚度 $D_3=0.3\text{m}$；前趾宽度 $B_2=1.0\text{m}$，前趾厚度 $D_4=0.5\text{m}$；基底总宽度 $B=6.75\text{m}$；从底板地面算起的墙后回填土高度 $h=7.0\text{m}$；从底板地面算起的墙后地下水深 $h_1=3.0\text{m}$，填土面至地下水面的高度 $h_2=4.0\text{m}$；地下水面至墙底的高度 $h_3=2.0\text{m}$；墙背回填土内摩擦角 $\varphi=30°$；地基允许承载力为 $[\sigma_0]=200\text{kN/m}^2$，基底与地基之间的摩擦系数 $f=0.37$，前趾处无止水。进行挡土墙抗滑稳定验算。

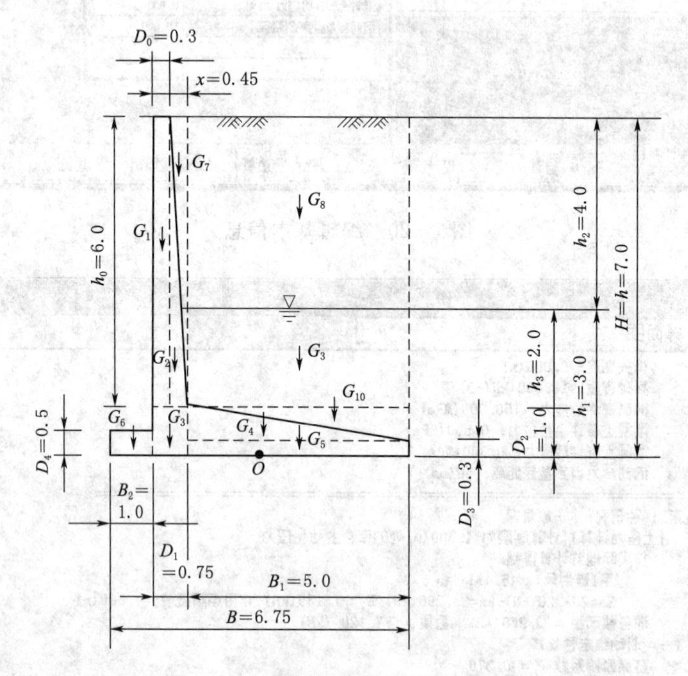

图 7－22　悬臂式挡土墙断面示意图

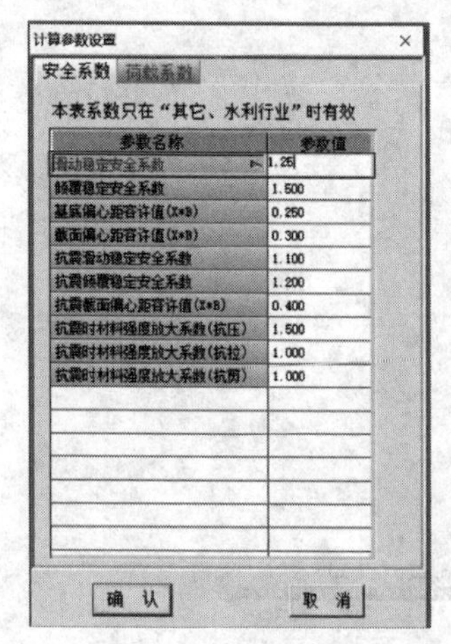

图 7－23　输入滑动稳定安全系数

解：

本例仅使用理正岩土软件进行电算。

（1）新建计算项目。

通过点击“挡土墙设计>悬臂式挡土墙>增”可得到新建的悬臂式挡土墙计算项目，单击“算”进入数据编辑界面。

（2）计算参数设置。

根据挡土墙级别，输入相应的滑动稳定安全系数，如图 7－23 所示。

（3）墙身尺寸的输入，如图 7－24 所示。

（4）坡线尺寸的输入，如图 7－25 所示。

（5）物理参数的输入，如图 7－26 所示。

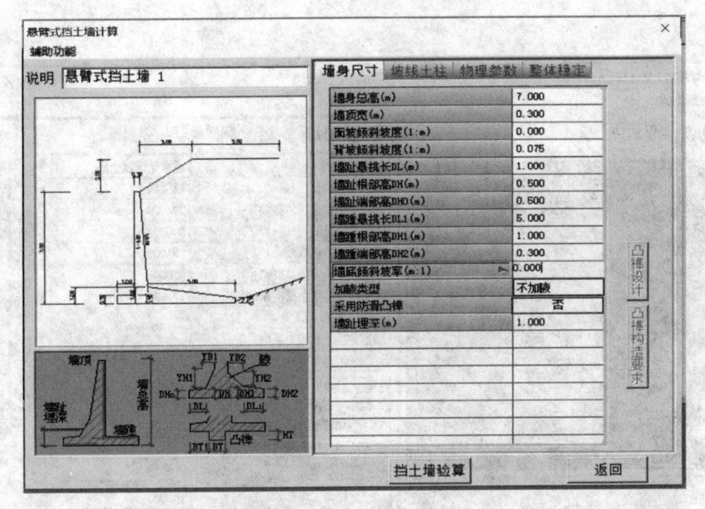

图 7-24 输入墙身尺寸

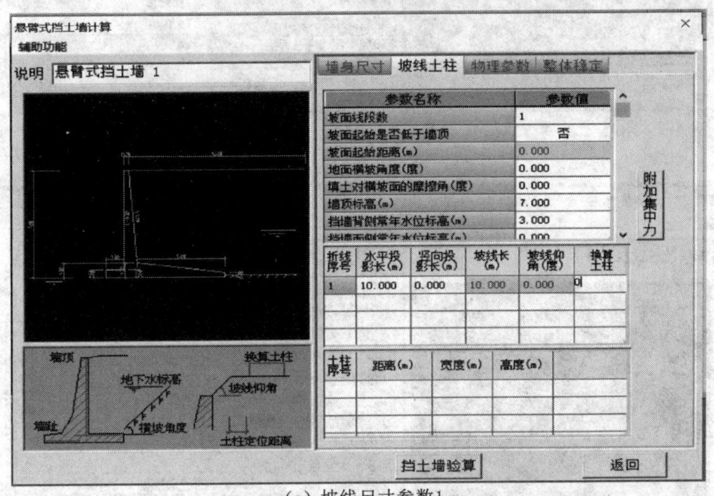

(a) 坡线尺寸参数1

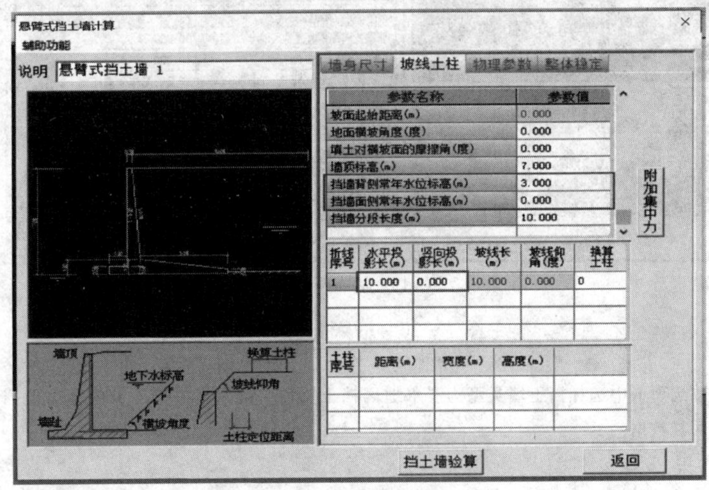

(b) 坡线尺寸参数2

图 7-25 输入坡线尺寸

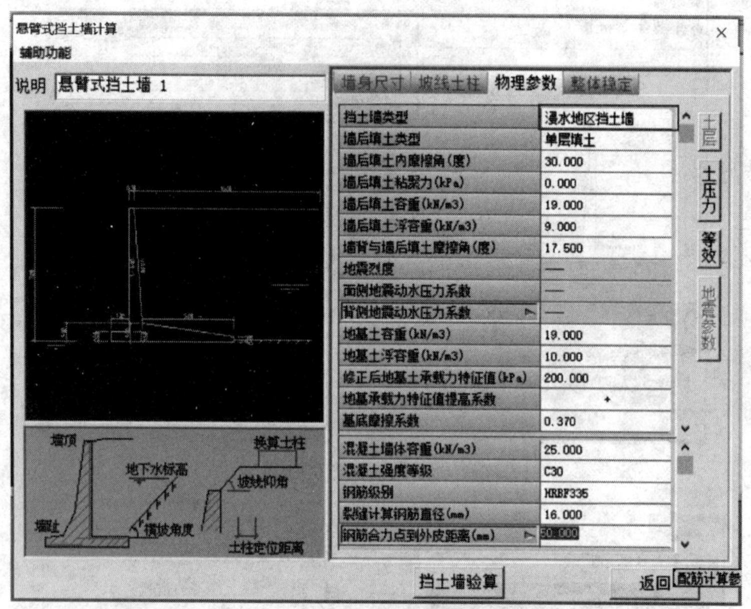

（a）挡土墙物理参数1

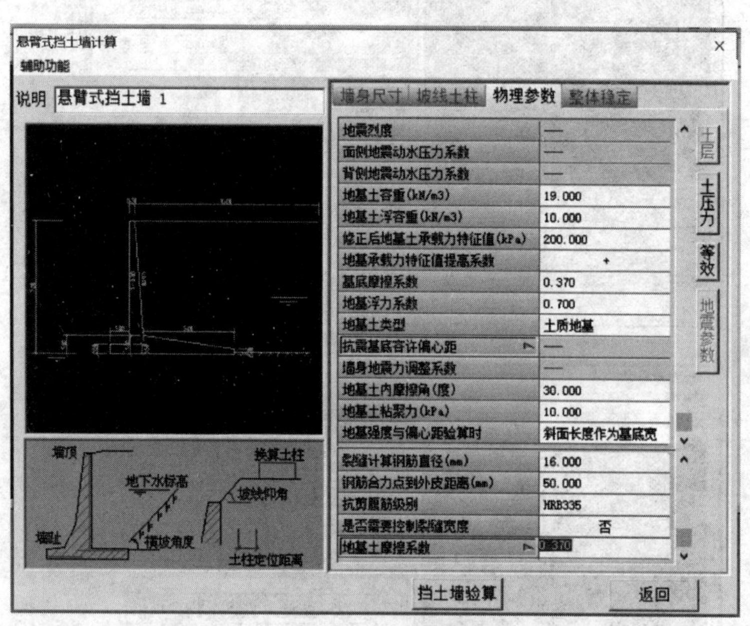

（b）挡土墙物理参数2

图7-26　输入物理参数

注：在物理参数选项卡中选择挡土墙类型为浸水地区挡土墙后，剖线土柱选项卡中会出现挡土墙背、面侧常年水位标高两栏数据。

（6）计算结果。

如图7-27所示，本例抗滑稳定安全系数 $K_c=1.517\geqslant 1.25$，满足稳定要求。

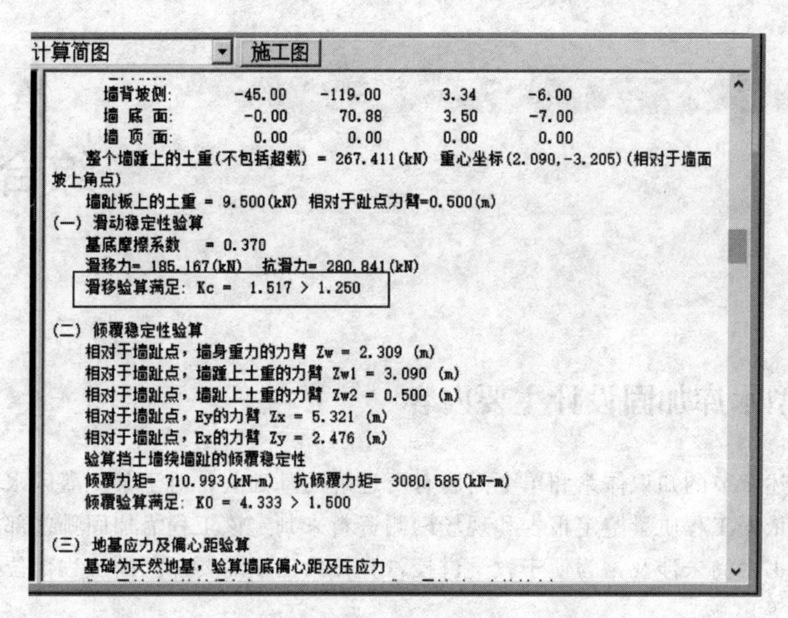

计算简图
施工图
墙背坡侧: -45.00 -119.00 3.34 -6.00
墙 底 面: -0.00 70.88 3.50 -7.00
墙 顶 面: 0.00 0.00 0.00 0.00
整个墙踵上的土重(不包括超载) = 267.411(kN) 重心坐标(2.090,-3.205)(相对于墙面坡上角点)
墙趾板上的土重 = 9.500(kN) 相对于趾点力臂=0.500(m)
(一) 滑动稳定性验算
基底摩擦系数 = 0.370
滑移力= 185.167(kN) 抗滑力= 280.841(kN)
滑移验算满足: Kc = 1.517 > 1.250
(二) 倾覆稳定性验算
相对于墙趾点，墙身重力的力臂 Zw = 2.309 (m)
相对于墙趾点，墙踵上土重的力臂 Zw1 = 3.090 (m)
相对于墙趾点，墙趾上土重的力臂 Zw2 = 0.500 (m)
相对于墙趾点，Ey的力臂 Zx = 5.321 (m)
相对于墙趾点，Ex的力臂 Zy = 2.476 (m)
验算挡土墙绕墙趾的倾覆稳定性
倾覆力矩= 710.993(kN-m) 抗倾覆力矩= 3080.585(kN-m)
倾覆验算满足: K0 = 4.333 > 1.500
(三) 地基应力及偏心距验算
基础为天然地基，验算墙底偏心距及压应力

图 7-27 【例 7-4】最终计算结果

上述电算法步骤可通过观看【例 7-4】演示视频（可扫描其二维码获取）辅助学习。

素材 16

第 8 章 综合算例

8.1 小型水库加固设计主要内容

在对上述章节的知识体系和单个问题有所理解的基础上，对于某一灌区水利枢纽工程的加固，要依据工程质量鉴定报告和现场勘测资料来判定该工程需加固哪些部位，由于此部分内容本书中尚未涉及，为便于教学讲授，直接给出了需要加固的工程部位（大坝、溢洪道、边墙等）。

对于灌区水利工程来说，大多存在年久失修，坝面凌乱无序且多处渗漏的问题，同时，考虑到大坝水文序列的增加和上游地形因人民生产改造的较大变化，故而需重新对挡水建筑物进行调洪演算，根据调洪演算的结果重新确定坝前设计洪水位和校核洪水位。因此，大坝加固十分重要，不可或缺。这里需要加以说明的是，对于开敞式溢洪道堤坝，其坝前正常蓄水位高程一般取为溢洪道底板高程。依据调洪演算结果，即不同水文频率下的上游坝前水位，将其作为大坝渗流稳定的计算荷载条件和进行防渗加固的重要依据，进而对大坝加固前后进行渗流稳定分析计算，确保大坝结构抗渗稳定；依据大坝渗流分析结果，按照规范要求确定大坝下游面的排水措施。

溢洪道是大坝枢纽中重要的洪水调节设施，保证它能够安全稳定地运行十分重要，因此，需对其进行加固。常见的加固形式有：缓坡明渠、陡坡明渠、明渠边墙无衬砌、边墙重力挡墙等。其中，边墙加固需要依据调洪演算结果和上游来水流量进行明渠水力计算，得到溢洪道的实际过流能力、下泄水面线等，以确定溢洪道的边墙设计高度，并据此对其下泄水流进行消能工设计计算。溢洪道边墙的常用设计形式有两种：一种是重力式挡土墙；另一种是贴坡式挡土墙。这两种形式需因地制宜采用，这部分内容在第 7 章中已有阐述。

下面将以某一实际工程为例来进行说明，其中，本书中尚未涉及的其他重要内容，如坝下涵管的过流能力复核、大坝的沉降问题等，读者可依据相关章节教程自学完成。

8.2 工程案例

某小（2）型灌区水利枢纽工程中水库采用均质土石坝挡水，如图 8 - 1 所示，水库的运行方式为：当洪水来临时自由下泄，无闸门控制。已知：入库洪水过程线，见表 8 - 1；水库容积特性曲线 $V=f(Z)$，见表 8 - 2，其中已给出部分库水位与溢洪道下泄流量的关联值（需要指出的是，设计中往往需要进行水力学计算方能获取）；汛期水电站水轮机过水流量 $q_{电}=5m^3/s$，$q=q_{堰}+q_{电}$，计算时段 Δt 采用 1h。大坝典型坝段剖面坐标和相关物理参数见表 8-3 和表 8-4。泄洪建筑物为单孔开敞式溢洪道，堰顶高程 140m，堰宽 10m，具体尺寸如图 8-2 所示。

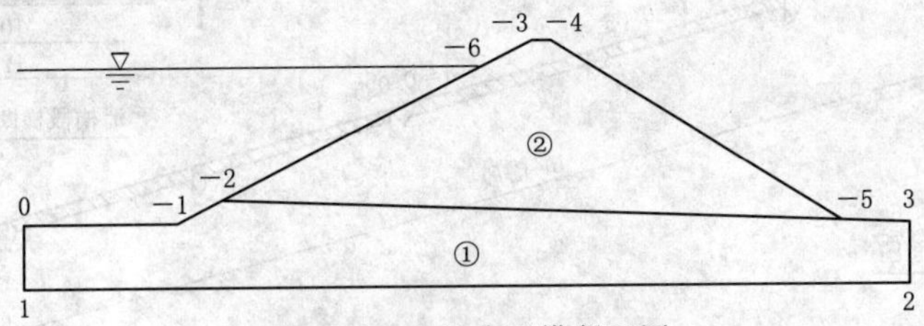

图 8-1 大坝典型横断面图

注：断面轮廓线节点坐标见表 8-3；①和②为土层类别，见表 8-4。

表 8-1 洪水过程线（$P=1\%$）

时间 t/h	0	1	2	3	4	5	6	7
流量 $Q/(m^3/s)$	5.0	30.3	55.5	37.5	25.2	15.0	6.7	5.0

表 8-2 水库 $Z-V$ 和 $Z-q$ 关系表

库水位 H/m	140	140.5	141	141.5	142	142.5	143
库容 $V/10^4m^3$	305	325	350	375	400	425	455
下泄流量 $q/(m^3/s)$	5		22.045		53.21		93.567

表 8-3 大坝剖面坐标

节点编号	0	−1	−2	−6	−3	−4	−5	3	2	1
坐标 X/m	0.000	15.396	20.039	46.277	50.847	52.847	82.109	88.675	88.675	0.000
坐标 Y/m	125.00	125.00	127.377	140.81	143.15	143.15	125.00	125.00	119.00	119.00

表 8-4 大坝断面土层主要物理参数

部位	岩土类别	分区	湿密度 $/(g/cm^3)$	黏聚力 /kPa	内摩擦角/(°)	渗透系数 /(m/d)	容重 $/(kN/m^3)$	饱和重度 $/(kN/m^3)$	水下黏聚力 /kPa
坝基土	强风化泥质粉砂岩	①	2.00	45	30	0.01296	18	20	10
坝体填土	含砾低液限黏土	②	1.87	24	16	0.47520	18	20	10

要求解决以下问题：

（1）补充完善表 8-2 中库水位与溢洪道下泄流量的关联值。

（2）利用列表试算法计算出坝前设计洪水位，给出各步列表最终结果。

（3）根据大坝基础资料，利用理正岩土软件计算典型坝段（见图 8-1）达到设计洪水位时的渗流场及上下游坝坡稳定情况（坝底高程为 125m），给出渗流场的等势线分布图，上下游坝坡滑动面图及稳定安全系数。

（4）已知堰顶高程 140m，根据上述所求设计洪水位，计算如图 8-2 所示棱柱体溢洪道泄槽段下泄水面线，并列表说明。

（5）已知堰顶高程 140m，下游渠底高程 138m，下游渠水深 1m，给出如图 8-2 所示

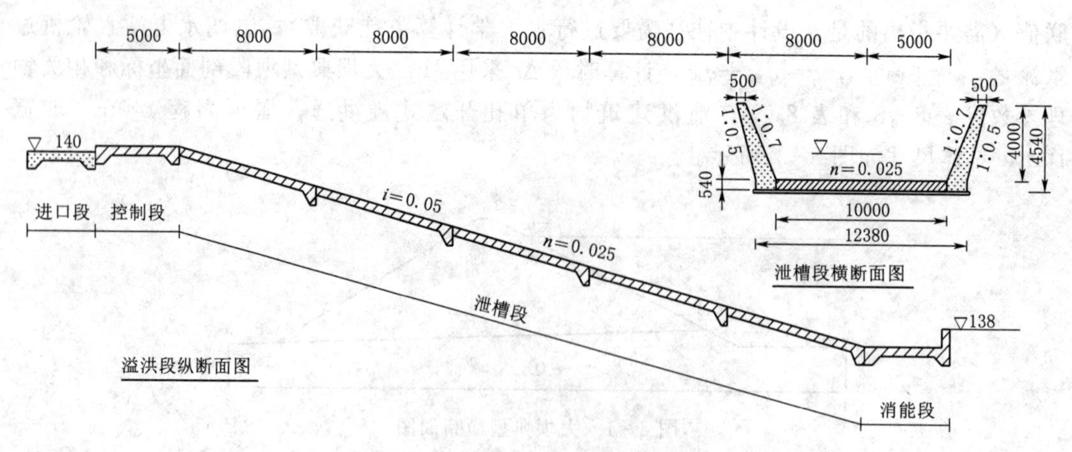

图 8-2　溢洪道贴坡式挡土墙各部尺寸

溢洪道底流消能的设计方案及设计参数。

(6) 已知挡土墙各部尺寸如图 8-2 所示，基底与地基间的摩擦系数 $f=0.37$，墙后回填砂壤土，其内摩擦角 $\Phi=30°$，墙后回填土与墙背间的外摩擦角 $\delta=25°$，墙顶填土面为水平，$\beta=0$，采用回填压实砂土的湿容重为 18kN/m^3，混凝土容重为 24kN/m^3，浆砌石容重为 22kN/m^3。采用钢筋混凝土地板，无悬挑，根部和端头高度为 0.54m；计算溢洪道贴坡式挡土墙的稳定系数。

解：

1. 计算溢洪道下泄流量

根据公式 $q=mB\sqrt{2g}H^{1.5}$，查阅相关规范可知 m 为 0.385，取 $B=10$m，$g=9.8$m/s^2，计算结果见表 8-5。

表 8-5　　**水库 Z-V、Z-Q 关系表**

水位 Z/m	140	140.5	141	141.5	142	142.5	143
库容 V/万 m^3	305	325	350	375	400	425	455
下泄流量 q/(m^3/s)	5.000	11.026	22.045	36.314	53.211	72.376	93.567

2. 推求设计洪水位

依据上述工程水文等资料，利用 Excel 表编辑的列表试算法计算过程如下：

(1) 将已知入库洪水流量过程线列入表 8-6 的第 (1) 栏和第 (2) 栏，选取计算时段 $\Delta t=1\text{h}=3600\text{s}$；起始库水位为 $Z_{堰}=140.00$m，此时对应的下泄流量 $q=5.00$m^3/s。

(2) 当洪水来临时自由下泄，无闸门控制，当水位超过堰上水位即第 0 小时为调洪计算的初始时刻，此时对应的 q_1 与 V_1 分别为 5.00m^3/s、305.00 万 m^3；然后开始进行试算，试算过程列入表 8-6。

(3) 起始计算时段为第 0～1 小时，$q_1=5.00$m^3/s，$V_1=305.00$ 万 m^3，$Q_1=5.00$m^3/s (等于 q_1)，$Q_2=30.30$m^3/s。对 q_2、V_2 要试算，试算过程见表 8-7。

(4) 试算开始时，先假定 $Z_2=140.05$m，运用插值法，算得相应的 $V_2=307.00$ 万 m^3、$q_2=5.60$m^3/s，将这些数字填入表 8-7 的第 (3) 栏、第 (4) 栏、第 (5) 栏，表中原已

填入 $q_1=5.00\mathrm{m^3/s}$，$V_1=305.00$ 万 $\mathrm{m^3}$，于是 $\overline{q}=(q_1+q_2)/2=(5.00+5.60)/2=5.30\mathrm{m^3/s}$，并可求出相应的$\Delta V=4.45$ 万 $\mathrm{m^3}$，因此，V_2 值应是 $V_2=V_1+\Delta V=305.00+4.45=309.45$ 万 $\mathrm{m^3}$，填入表 8－7 第（9）栏，此值与第（4）栏中假定的 V_2 值不符，故采用符号 V_2'以资区别。由 V_2'值插值，得相应的 $q_2'=6.34\ \mathrm{m^3/s}$，$Z_2'=140.11\mathrm{m}$。显然，$V_2'$、$q_2'$、$Z_2'$与原假定的 V_2、q_2、Z_2 相差较大，说明假定值不合适，Z_2 假定得偏高。重新假定 $Z_2=140.10\mathrm{m}$，重复以上试算，结果仍不合适。第三次，假定 $Z_2=140.11\mathrm{m}$，结果 V_2 和 V_2'值很接近，其差值可视为计算与查曲线的误差。至此，第一时段的试算结束，最后结果为：$q_2=6.30\mathrm{m^3/s}$，$V_2=309.32$ 万 $\mathrm{m^3}$ 和 $Z_2=140.11\mathrm{m}$。

（5）将表 8－7 中试算的最后结果 V_2、q_2、Z_2，分别填入表 8－6 中第 1 小时的第（4）栏、第（7）栏、第（8）栏中。按上述试算方法继续逐时段试算，结果均填入表 8－6。

表 8－6　　调洪计算列表试算法

时间 /h	入库洪水流量 /(m³/s)	时段平均入库流量 /(m³/s)	下泄流量 /(m³/s)	时段平均下泄流量 /(m³/s)	时段水库水量变化 /万 m³	水库存水量 /万 m³	水库水位 /m
(1)	(2)	(3)	(4)	(5)	(6)	(7)	(8)
0	5.00	17.65	5.00	5.66	4.32	305.00	140
1	30.30	42.90	6.33	8.19	12.49	309.32	140.11
2	55.50	46.50	10.06	12.53	12.23	321.89	140.42
3	37.50	31.35	14.99	16.21	5.45	334.03	140.68
4	25.20	20.10	17.42	17.64	0.89	339.45	140.79
5	15.00	10.85	17.86	17.31	−2.32	340.39	140.81
6	6.70	5.85	16.76	15.98	−3.65	338.18	140.76
7	5.00		15.21			334.35	140.69

由表 8－6 可知，在第 4h，水库水位 $Z=140.79\mathrm{m}$、$V=339.45$ 万 $\mathrm{m^3}$、$Q=25.20\mathrm{m^3/s}$、$q=17.42\mathrm{m^3/s}$；在第 5h，水库水位 $Z=140.81\mathrm{m}$、$V=340.39$ 万 $\mathrm{m^3/s}$、$Q=15.00\mathrm{m^3/s}$、$q=17.86\mathrm{m^3/s}$。按水库调洪的原理，当 $q_{\max}$ 出现时，一定是 $q=Q$，此时 Z、V 均达最大值。显然，$q_{\max}$ 出现在第 4h 与第 5h，在表 8－6 中并未算出。通过进一步试算，在第 4h42min 处，可得出 $q_{\max}=Q=18.03\mathrm{m^3/s}$，$Z_{\max}=140.81\mathrm{m}$，$V_{\max}=340.89$ 万 $\mathrm{m^3}$。

所以，设计洪水位为 $Z_{\max}=140.81\mathrm{m}$。

表 8－7　　第一时段（第 0～1h）的试算过程

时间 t/h	Q /(m³/s)	Z /m	V /万 m³	q /(m³/s)	$\overline{Q}$ /(m³/s)	$\overline{q}$ /(m³/s)	ΔV /万 m³	V_2' /万 m³	q_2' /(m³/s)	Z_2' /m
(1)	(2)	(3)	(4)	(5)	(6)	(7)	(8)	(9)	(10)	(11)
0	5.00	140.00	305.00	5.00	17.65	(5.30)	(4.45)			
1	30.30	(140.05)	(307.00)	(5.60)				(309.45)	(6.34)	(140.11)
		(140.10)	(309.00)	(6.21)		(5.60)	(4.34)	(309.34)	(6.31)	(140.11)
		140.11	309.40	6.33		5.66	4.32	309.32	6.30	140.11

3. 典型坝段渗流计算与稳定分析

(1) 根据算例中已知条件，以下为运用“理正岩土计算软件”中“渗流分析计算”模块的计算步骤。

1) 用AutoCAD软件建立模型，必须使用Line线命令画图，如图8-3所示；运行DXFOUT命令或使用另存为将文件保存为.dxf格式文件（工作目录下），注意导入时图形单位是m。

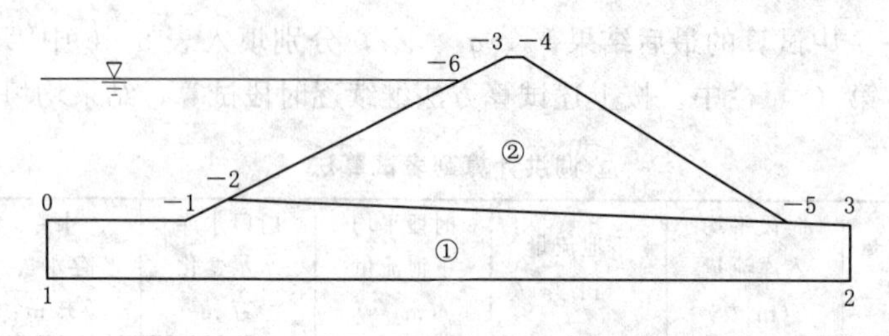

图8-3 大坝典型横断面图CAD模型图

2) 进入理正岩土软件主界面，点击左上角工作目录可修改工作路径，如图8-4所示。

图8-4 选择工作路径

3) 计算模块和计算项目的选择。

①计算模块的选择，如图8-5所示。

②计算项目的选择。

选择本次设计渗流分析采用的方法（有限元分析法），如图8-6所示。

4）新增计算项目。

点击“工程操作”中的“增加项目”或“增”按钮来新增计算项目，就会出现新增项目选用模板选项卡，选择相应的项目，点击“确认”，如图 8-7 所示。

图 8-5　选择计算模块

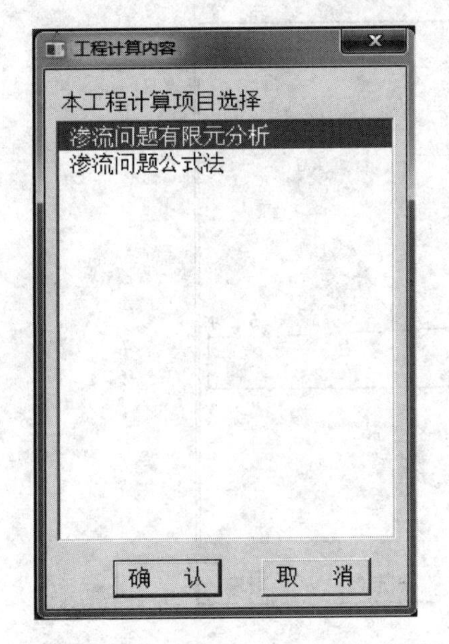

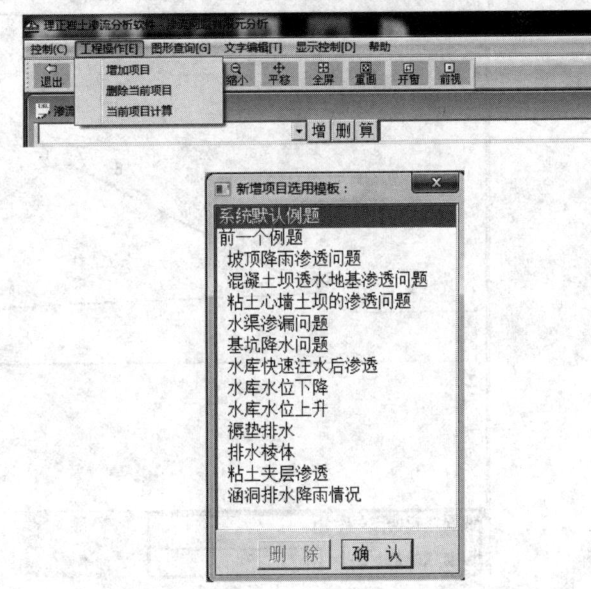

图 8-6　选择渗流分析计算方法

图 8-7　新增计算项目

5）读入先前由 CAD 创建的 DXF 模型文件。

点击“辅助功能”，选择“读入 DXF 文件自动形成坡面、节点、土层数据”，选择刚才生成的 DXF 文件，如图 8-8 所示。

先进行坡面起点、坡面线段数的确认，如图 8-9 所示。

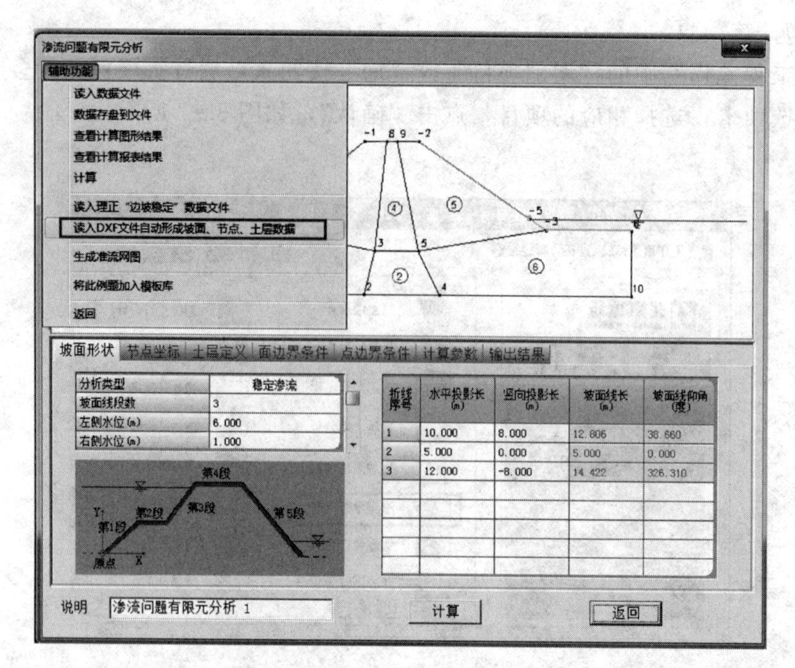

图 8-8　读入 DXF 模型文件

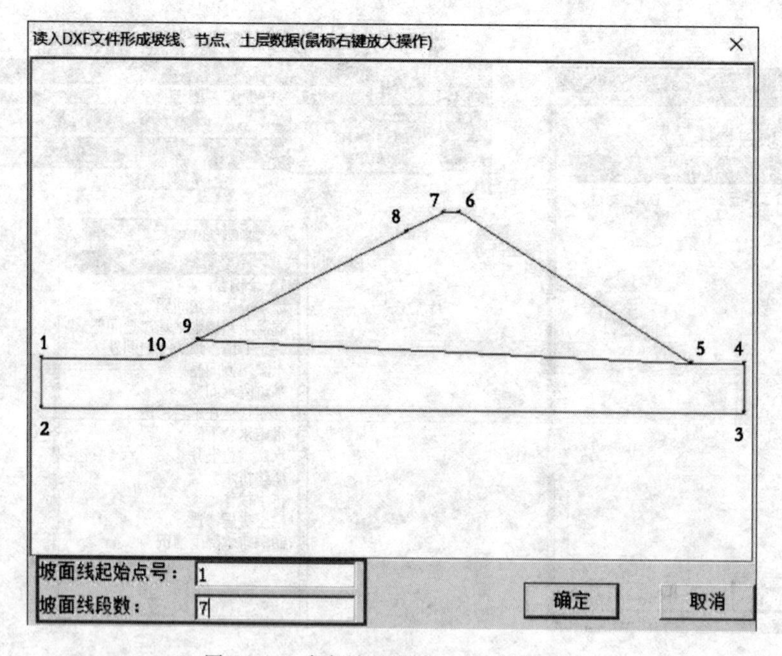

图 8-9　确定坡面起点、坡面线段数

6）原始数据编辑。

①选项：坡面形状（可对上、下游水位进行修改），如图 8-10 所示。

②选项：节点坐标（此栏一般无需修改），如图 8-11 所示。

③选项：土层定义。

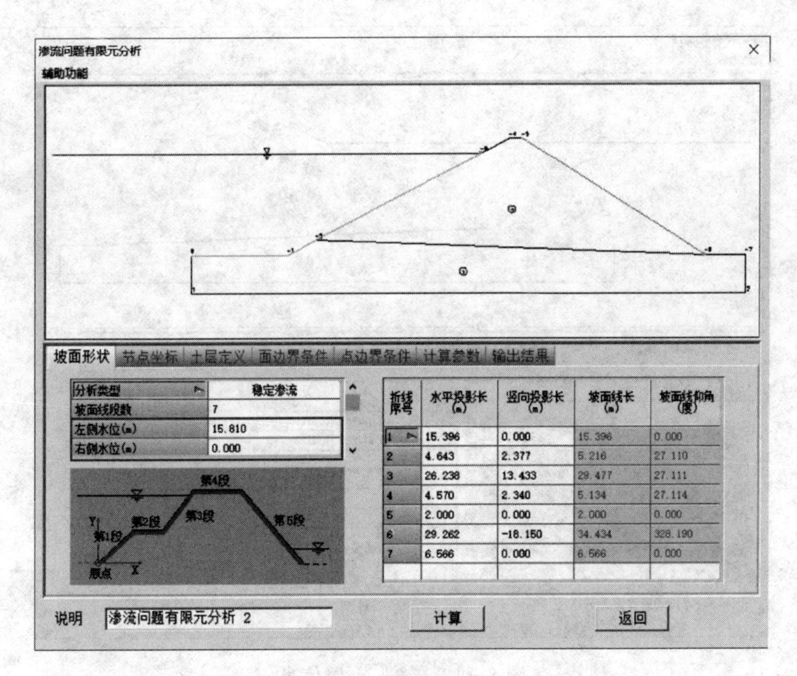

图 8-10 确定坡面形状

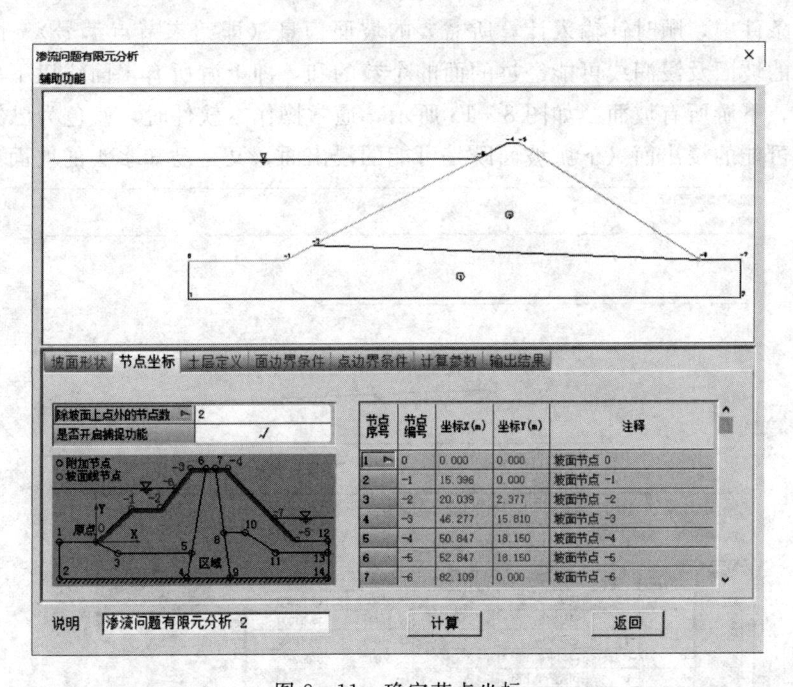

图 8-11 确定节点坐标

K_x、K_y 为土层的 x 向、y 向的渗透系数，同一土层两数相等且等于土层渗透系数，对应区号输入渗透系数 α 值（若无资料则都为 0）计算即可，如图 8-12 所示，注意将单位转化为 m/d。

④选项：面边界条件。

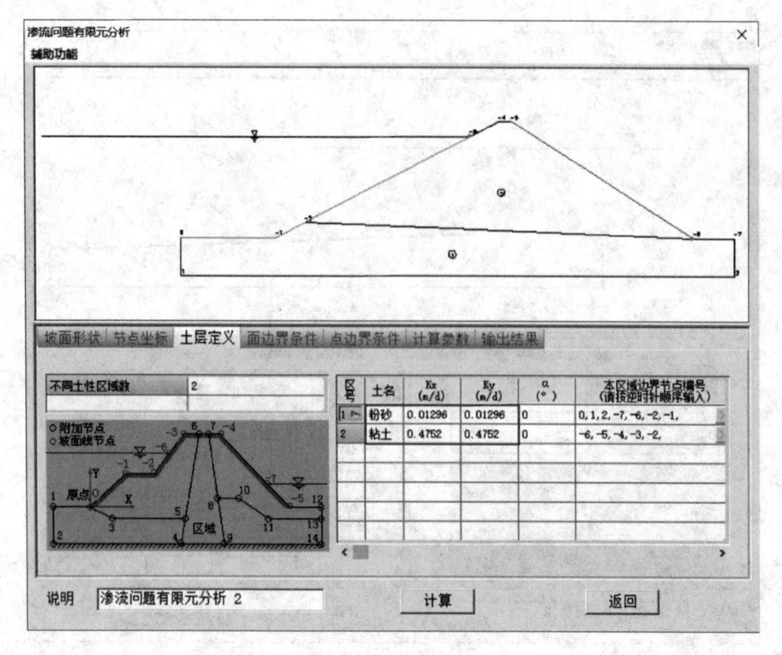

图 8-12　输入土层信息

面边界条件中，顺时针输入计算所需要的坡面信息（即始末节点编号）。面边界个数为已知水头的坡面及浸润线可能经过的面的个数的和，即上游所有水面线以下的坡面加上坝基上表面，下游所有坡面。如图 8-13 所示，通常操作本软件时，蓝色为已知水头的坡面，红色为可能的浸出面（下游坡面既是可能的浸出面，又是已知水头的坡面）。

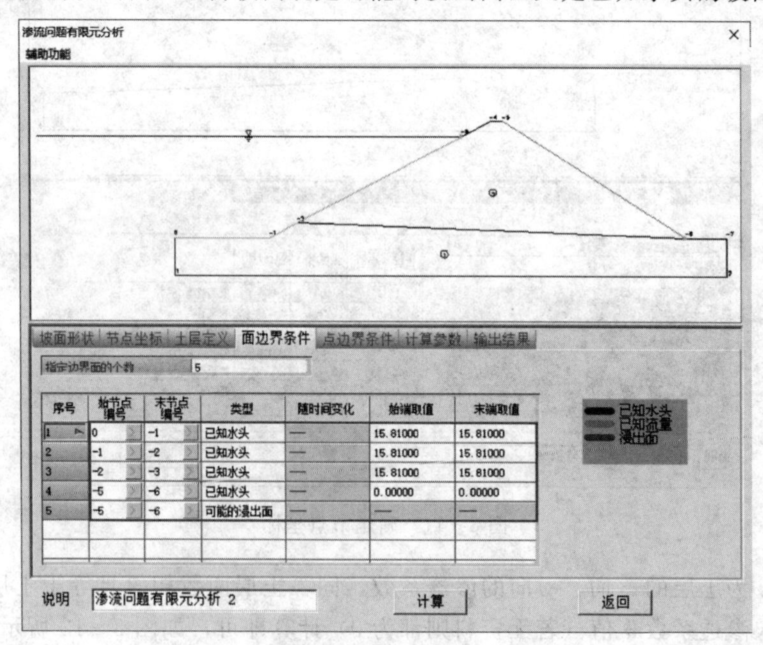

图 8-13　输入面边界条件

⑤选项：点边界条件。

边界点描述项数为 2，分别为上、下游水面线与坝体的交点，若下游无水则为下游坝脚，取值为 0，如图 8－14 所示。

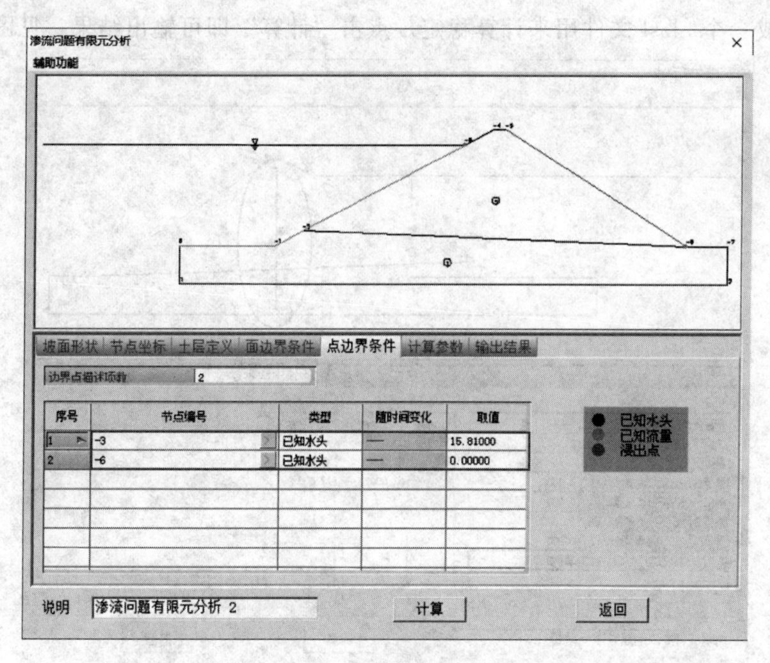

图 8－14　输入点边界条件

⑥选项：计算参数（此栏一般无需修改），如图 8－15 所示。

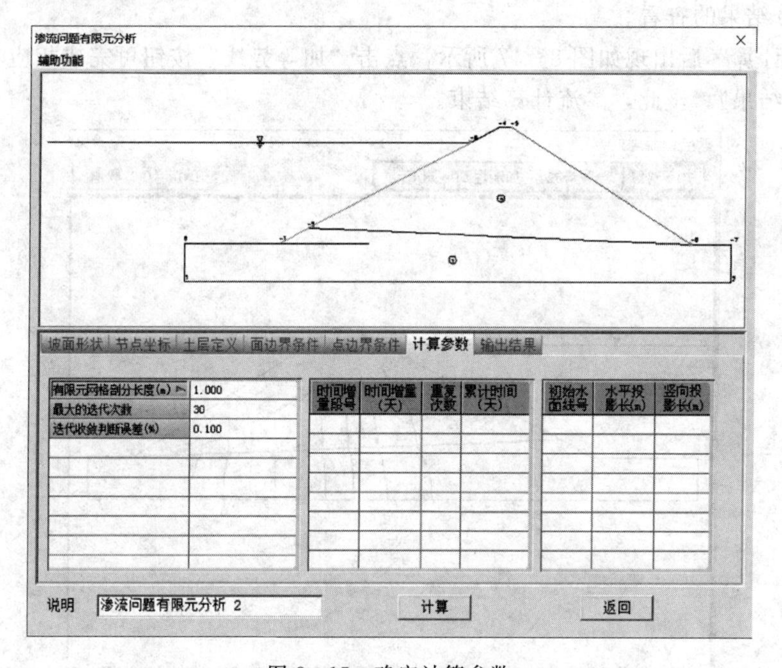

图 8－15　确定计算参数

⑦选项：输出结果。

在 X 坐标、Y 坐标输入栏里输入数值使图中圈中的线条趋于图中部，上下接近上下底但是不超出，在“‘理正边坡稳定’接口文件”一栏输入一个文件名，以便在选定的工作路径中生成一个 .lzsl 文件用来计算稳定。点击“计算”即可输出结果，见图 8-16。

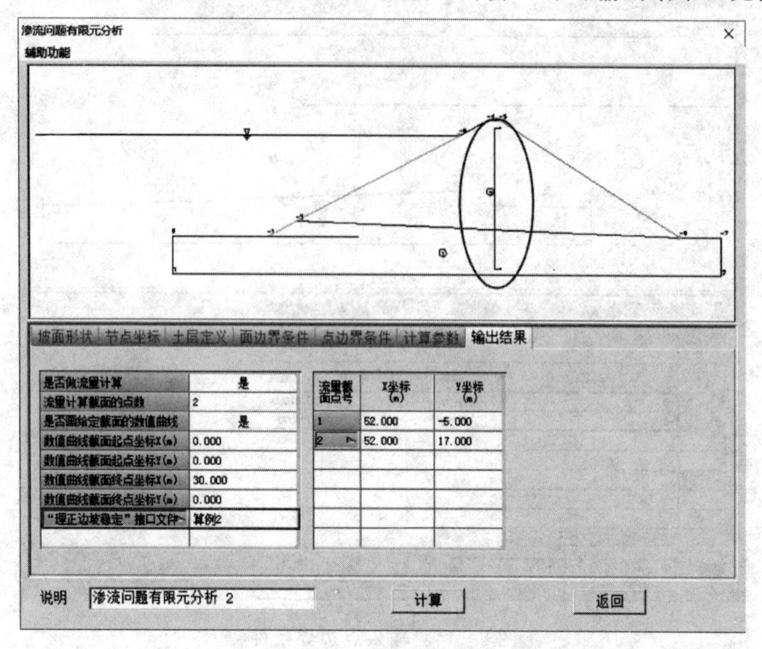

图 8-16　输出计算结果

7）计算结果的查看。

点击“计算”后出现如图 8-17 所示，点击“加等势线”按钮可完成相应功能（图示为加等势线结果）。至此，渗流计算结束。

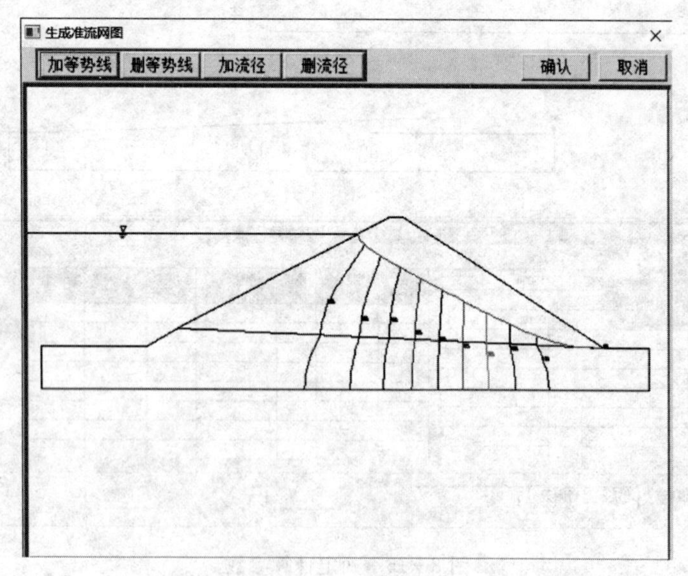

图 8-17　查看计算结果

(2) 根据算例中已知条件，以下为运用“理正岩土计算软件”中“边坡稳定分析”模块的计算步骤。

1) 计算模块的选择，如图 8-18 所示。

图 8-18 选择计算模块

2) 计算项目的选择。

选择稳定计算项目土层土坡的形式，这里仅介绍复杂土层土坡的稳定计算，如图 8-19 所示。

3) 工作路径的选择。

通过“选工程”按钮指定此模块的工作路径（也可在上图中的主界面点击左上角工作目录修改所有模块的工作路径），如图 8-20 所示。

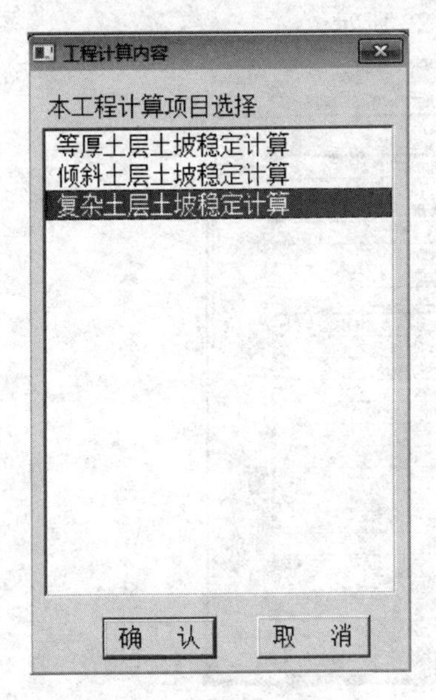

图 8-19 选择计算项目

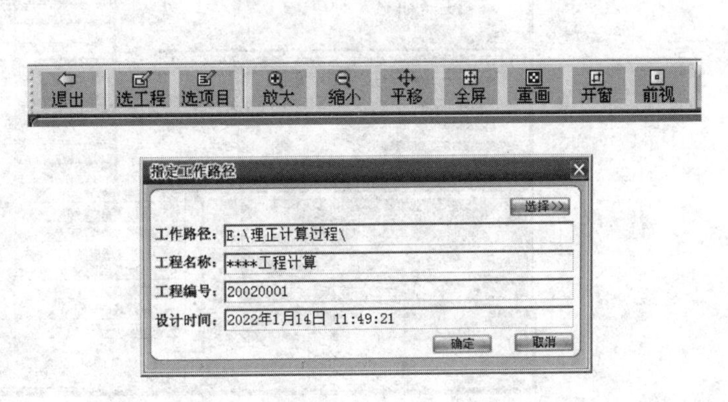

图 8-20 选择工作路径

4）新增计算项目。

点击“工程操作”中的“增加项目”或“增”按钮来新增计算项目，就会出现“新增项目选用模板”选项卡，选择相应的项目，点击“确认”，如图 8－21 所示。

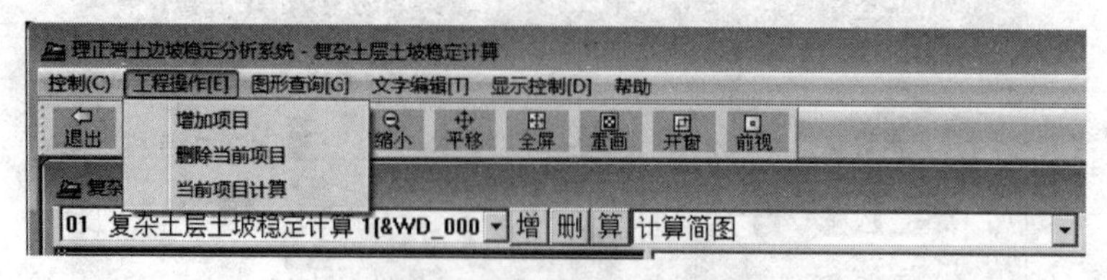

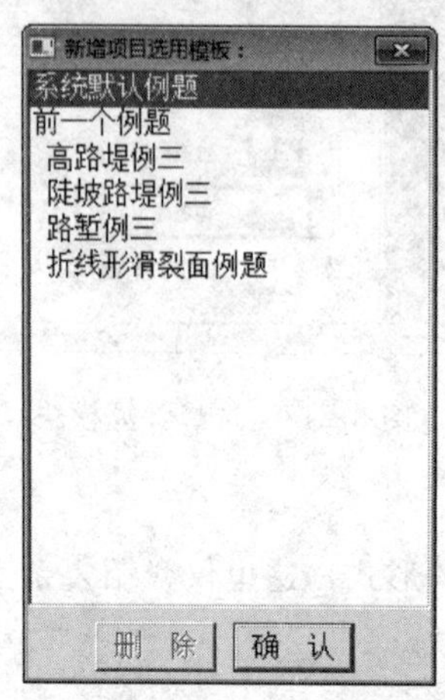

图 8－21　新增计算项目

5）读入先前做渗流计算时创建的 . lzsl 文件，如图 8－22 所示。

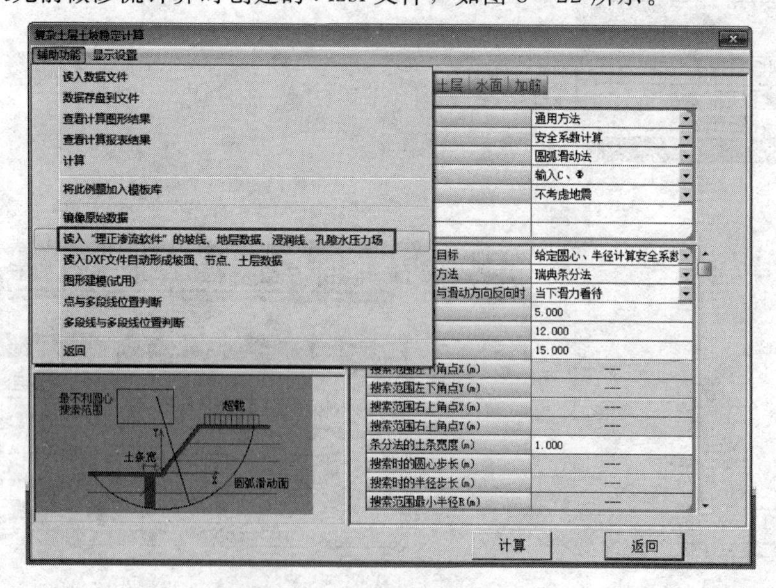

图 8－22　读入 . lzsl 文件

6）原始数据编辑。

①选项：基本。

在基本选项卡中，可以对本次设计采用的规范和圆弧稳定计算目标进行修改，如图 8－23 所示。

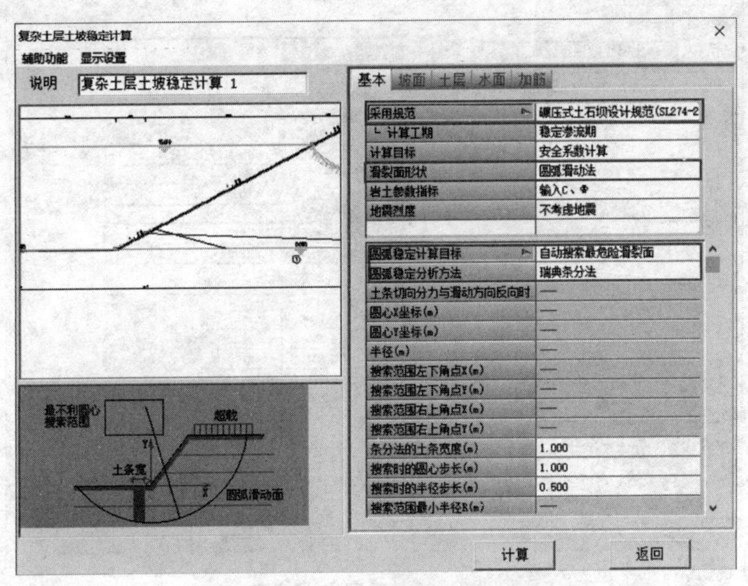

图 8－23 编辑基本信息

②选项：土层。

按照给定的资料，对土层的基本数据进行输入，如图 8－24 所示。

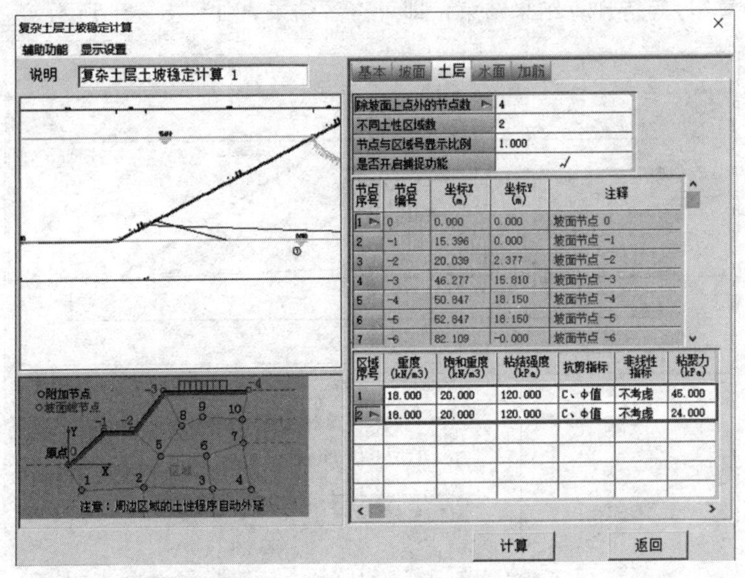

图 8－24 输入土层数据

注：土的粘结强度用于设置筋带的时候分析使用，是土体和材料之间的作用力。如果不设置筋带不用考虑粘结强度，其取值对计算结果无影响。

③选项：水面。

按照设计要求，可对是否考虑水的作用、水作用考虑方法、是否考虑渗透压力和坡面外静水压力是否考虑进行修改，如图 8－25 所示。

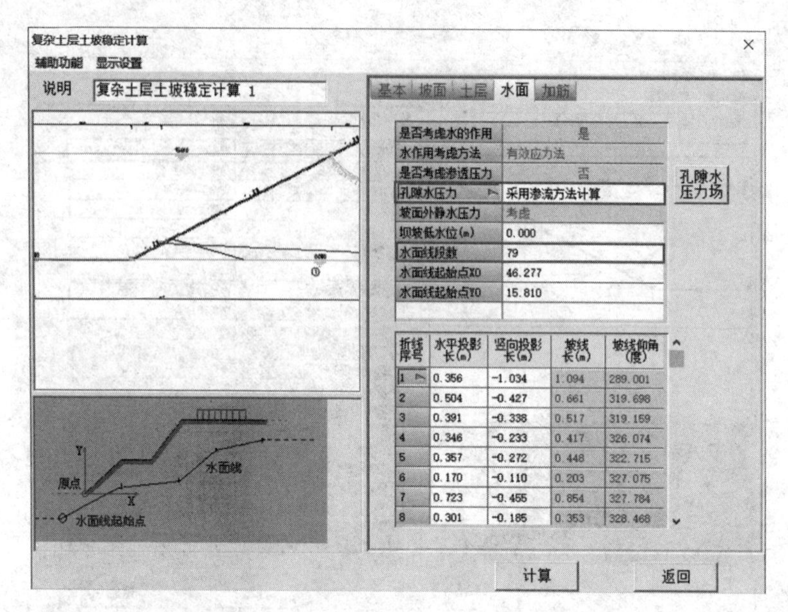

折线序号	水平投影长(m)	竖向投影长(m)	坡线长(m)	坡线仰角(度)
1	0.356	-1.034	1.094	289.001
2	0.504	-0.427	0.661	319.698
3	0.391	-0.338	0.517	319.159
4	0.346	-0.233	0.417	326.074
5	0.357	-0.272	0.448	322.715
6	0.170	-0.110	0.203	327.075
7	0.723	-0.455	0.854	327.784
8	0.301	-0.185	0.353	328.468

图 8－25　确定水面信息

注：坡面及加筋选项卡一般无需修改。

7）上游坝坡稳定计算结果的查看。

点击“计算”，等待计算结果结束，即可查看结果，如图 8－26 所示。

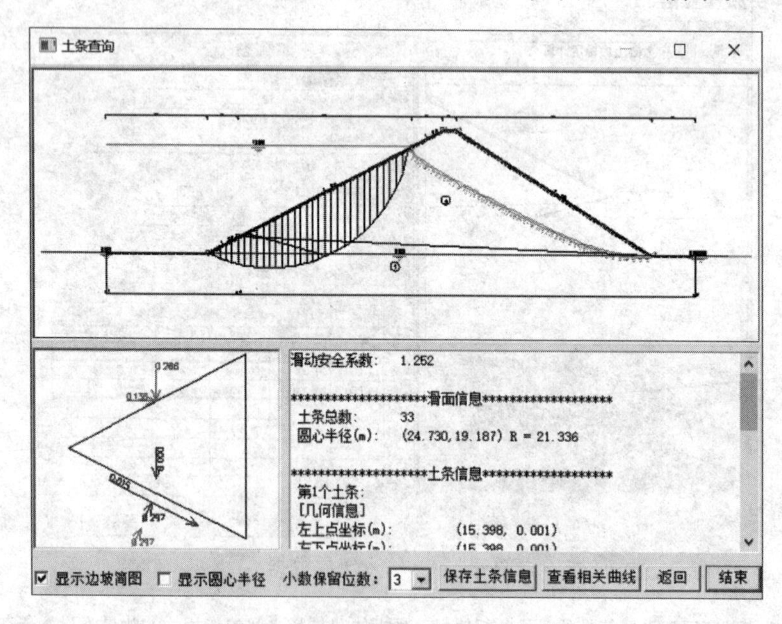

图 8－26　上游坝坡稳定计算结果

滑动安全系数 $K=1.252<1.5$，上游面不稳定。

8）镜像原始数据。

为完成下游坝坡稳定计算，点击“算”按钮，继续计算，点击辅助功能中的“镜像原始数据”，生成.WD3文件，如图8-27所示。

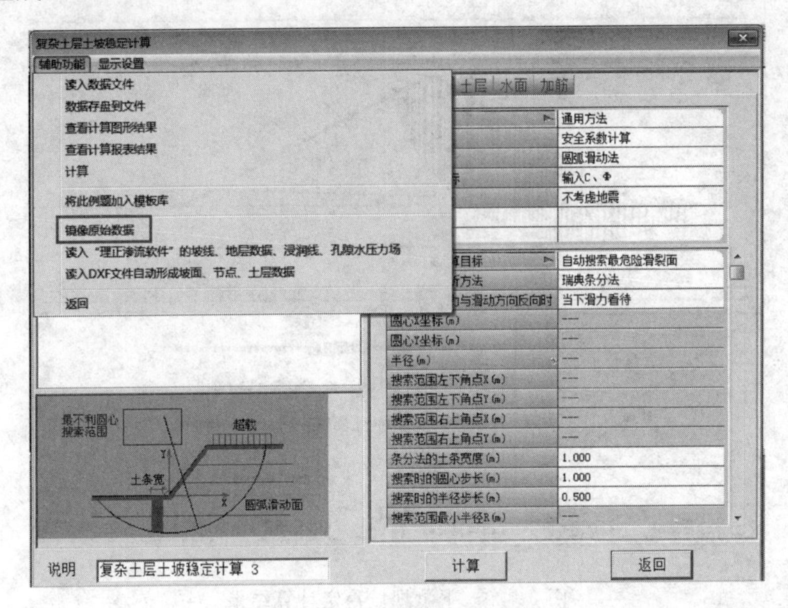

图8-27 镜像原始数据

9）点击辅助功能中的“读入数据文件”，选择镜像生成的.WD3文件，点击“计算”，如图8-28所示。

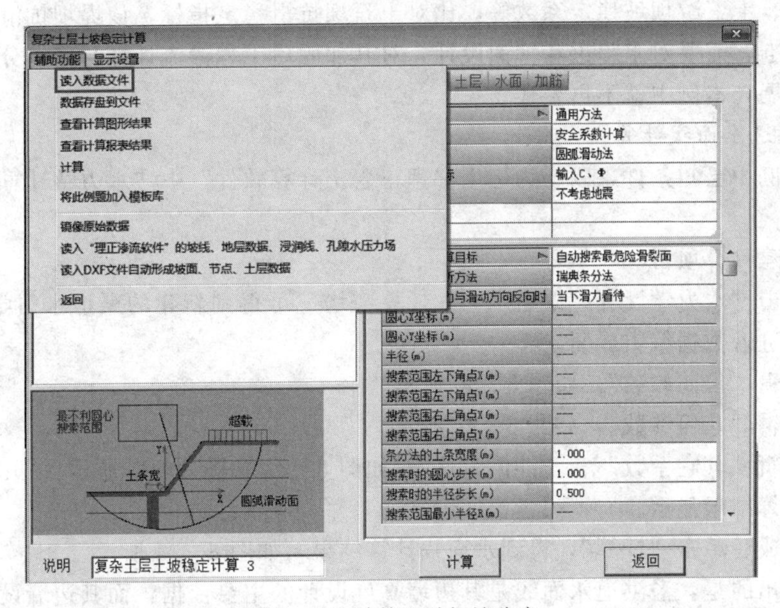

图8-28 计算下游坝坡稳定

10）下游坝坡稳定计算结果的查看，如图8-29所示。至此，稳定分析计算完成，如图8-29所示。

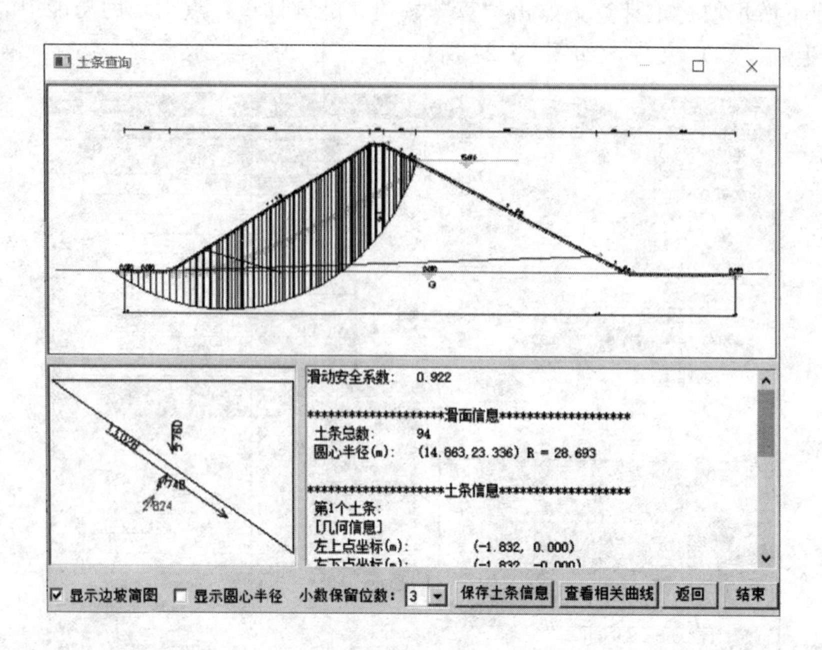

图8-29　下游坝坡稳定计算结果

滑动安全系数 $K=0.922<1.5$，下游面不稳定。

通过上述渗流计算与稳定分析，由其结果可知：其堤坝渗流场的分布情况、浸润线、孔隙水压力、上下游坝坡稳定系数等，比对土石坝抗滑稳定指标，该堤坝抗滑稳定不满足工程设计标准，需要对工程进行加固设计，对其加固后工程渗流计算与稳定分析的复核工作可同理开展，本例中就不再赘述。

4. 溢洪道水面线计算

根据算例中已知条件，以下为运用“理正岩土计算软件”中“水力学计算”模块的计算步骤。

（1）新建计算项目

通过点击“水力学计算>渠道水力学计算>增”可得到新建的渠道水力学计算项目，单击“算”进入数据编辑界面。

（2）编辑“控制参数”，如图8-30所示。

（3）编辑“几何参数”，如图8-31所示。

（4）编辑“其它系数”和“冲淤流速”，如图8-32和图8-33所示。

（5）计算结果显示。

设置完成后单击“计算”，得到水面线计算结果，如图8-34所示。

需要指出的是，溢洪道水面线是其边墙高度设计的主要依据，而其边墙设计施工中往往受场地限制，多采用先确定边墙典型断面位置后推求其水面线高度的设计思路，而上述计算结果可作为其设计成果的复核。

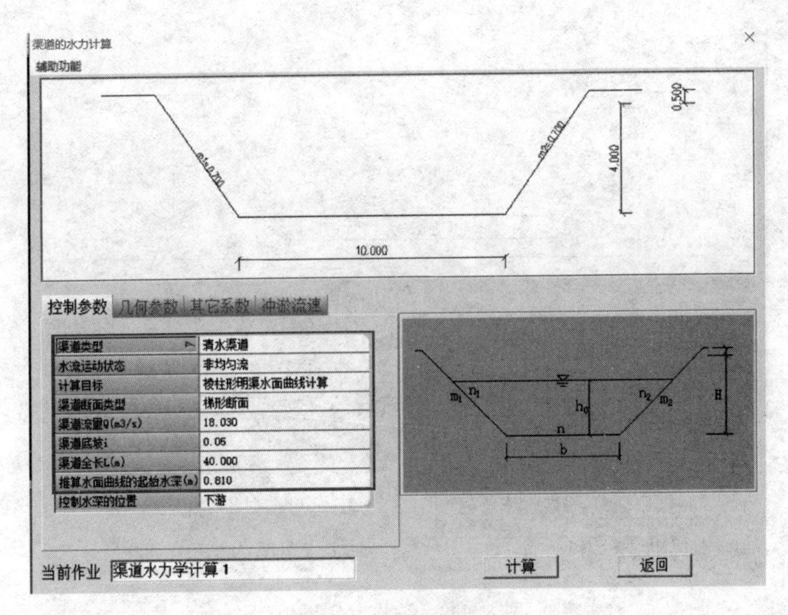

图 8－30　编辑控制参数

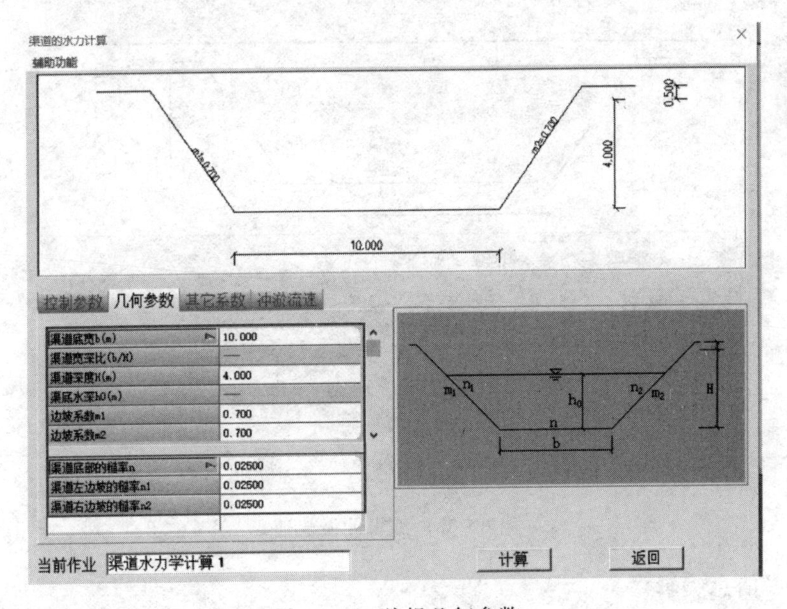

图 8－31　编辑几何参数

5. 溢洪道底流消能设计

根据算例中已知条件，以下为运用“理正岩土计算软件”中“水力学计算”模块的计算步骤。

(1) 新建计算项目。

通过点击“水力学计算＞消能工水力学计算＞增”可得到新建的消能工水力学计算项目，单击“算”进入数据编辑界面。

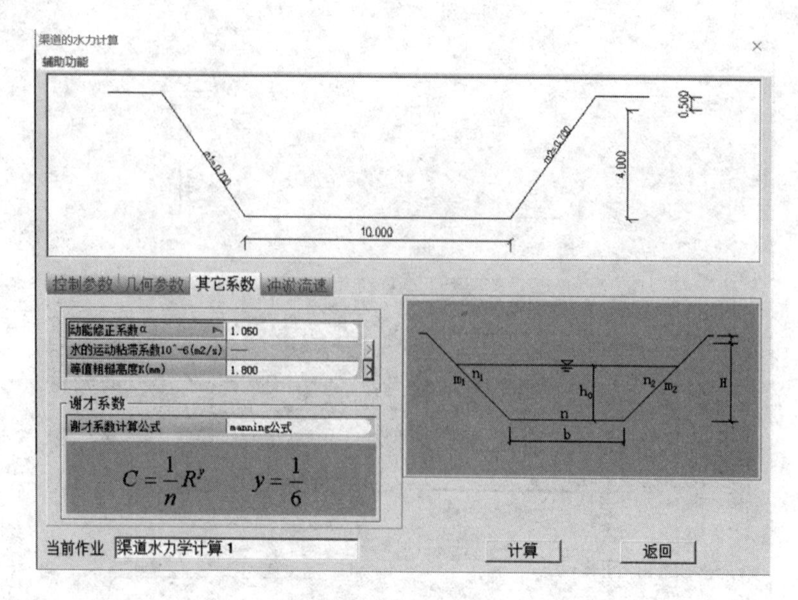

图 8-32　编辑其它系数

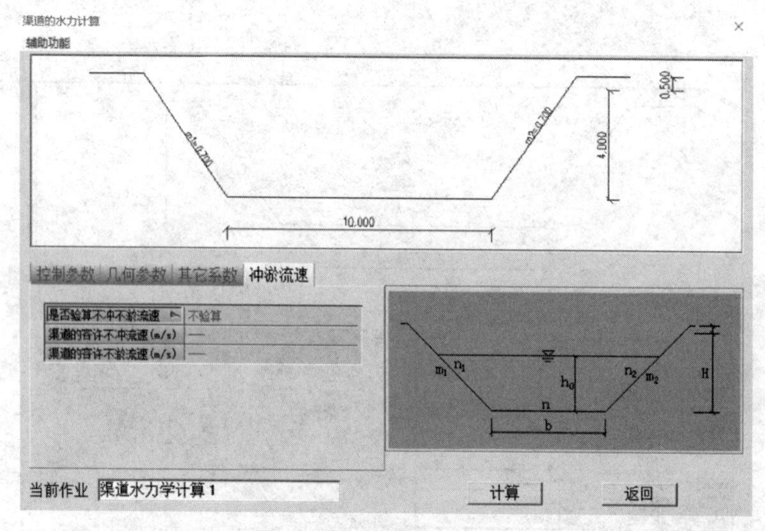

图 8-33　编辑冲淤流速

(2) 基本信息编辑。

根据上述计算得到的水库最大下泄流量及相关水力学公式，可求得堰顶上水流的行进流速，即

$$v=\frac{Q}{A}=\frac{q_{\max}}{A}=\frac{18.03}{10\times0.81}=2.23(\mathrm{m/s})$$

依据图 8-2 所给尺寸大小和已知条件，先手算得到 T_0，按式 (6-33) 计算上游总势能为

$$T_0=H+\frac{\alpha V^2}{2g}+P=0.81+\frac{1.05\times2.23^2}{2\times9.81}+2=3.076(\mathrm{m})$$

二、水面曲线的定量计算。

1、设取水深求距离。

断面	水深 (m)	过水断面面积 (m2)	湿周 (m)	水力半径 (m)	谢才系数	断面平均流速 (m/s)	断面单位能量 (m)	平均水力坡度	间距 (m)	总长度 (m)
0	0.810	8.559	11.977	0.715	37.821	2.106	1.048			
								0.00443058	0.081	0.081
1	0.800	8.448	11.953	0.707	37.752	2.134	1.044			
								0.00461673	0.076	0.157
2	0.790	8.337	11.929	0.699	37.682	2.163	1.041			
								0.00481322	0.071	0.228
3	0.780	8.226	11.904	0.691	37.610	2.192	1.037			
								0.00502077	0.065	0.293
4	0.770	8.115	11.880	0.683	37.538	2.222	1.034			
								0.00524015	0.059	0.352
5	0.760	8.004	11.855	0.675	37.465	2.253	1.032			
								0.00547221	0.052	0.404
6	0.750	7.894	11.831	0.667	37.391	2.284	1.029			
								0.00571786	0.045	0.449
7	0.740	7.783	11.807	0.659	37.316	2.316	1.027			
								0.00597812	0.038	0.488
8	0.730	7.673	11.782	0.651	37.241	2.350	1.026			
								0.00625404	0.030	0.518
9	0.720	7.563	11.758	0.643	37.164	2.384	1.024			
								0.00654683	0.022	0.539
10	0.710	7.453	11.733	0.635	37.086	2.419	1.024			
								0.00685777	0.013	0.552
11	0.700	7.343	11.709	0.627	37.007	2.455	1.023			

断面11的水深接近于临界水深，程序结束计算。

图 8-34 水面线推求计算结果

再假设“上游水深”为未知数 x，根据软件的计算方法列方程

$$T_0=3.076=x+P+\frac{\alpha V^2}{2g}=x+2+\frac{1.05\times(q_{单}/x)^2}{2\times 9.81}$$

采用 Excel 表试算得到上游水深 $x=0.81\text{m}$，转化成上游水位输入到理正软件中。在未知消力池深度的情况下，消力池前段长度可以取为“4×上、下游渠底高差”，待运算得到池深后再将“4×（上、下游渠底高差＋消力池深度）”作为最终值代入。

①第一次输入界面，如图 8-35 所示。

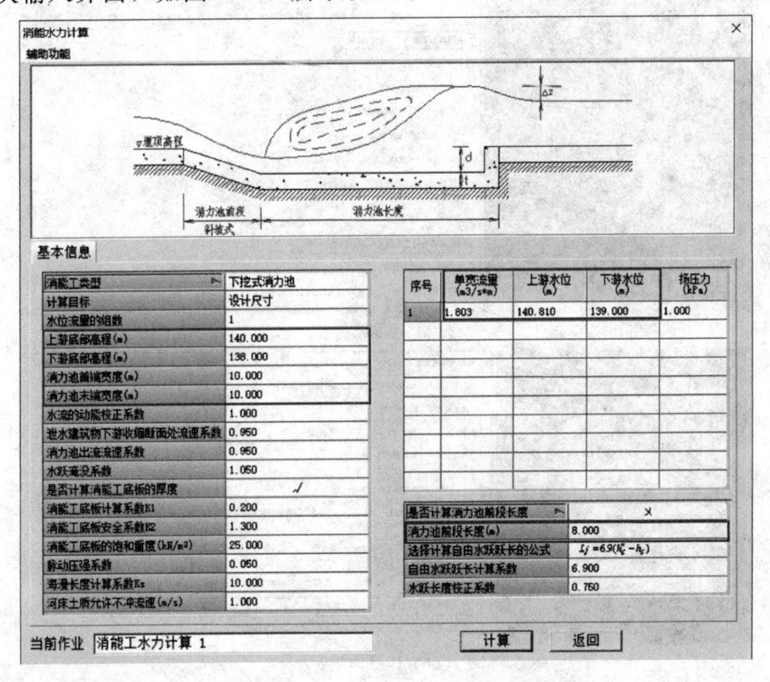

图 8-35 第一次基本信息编辑

②第二次输入界面，如图 8－36 所示。

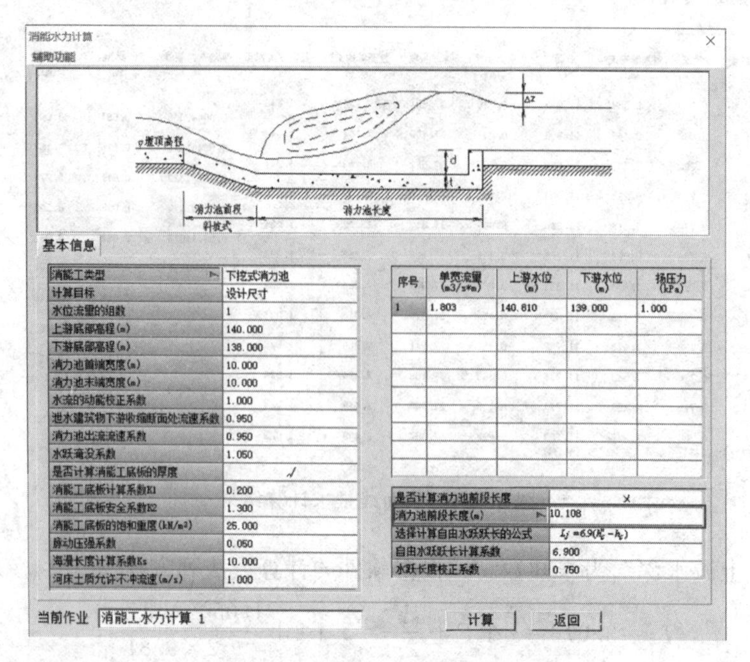

图 8－36　第二次基本信息编辑

（3）计算结果。

点击“计算”，第二次计算结果如图 8－37 所示。

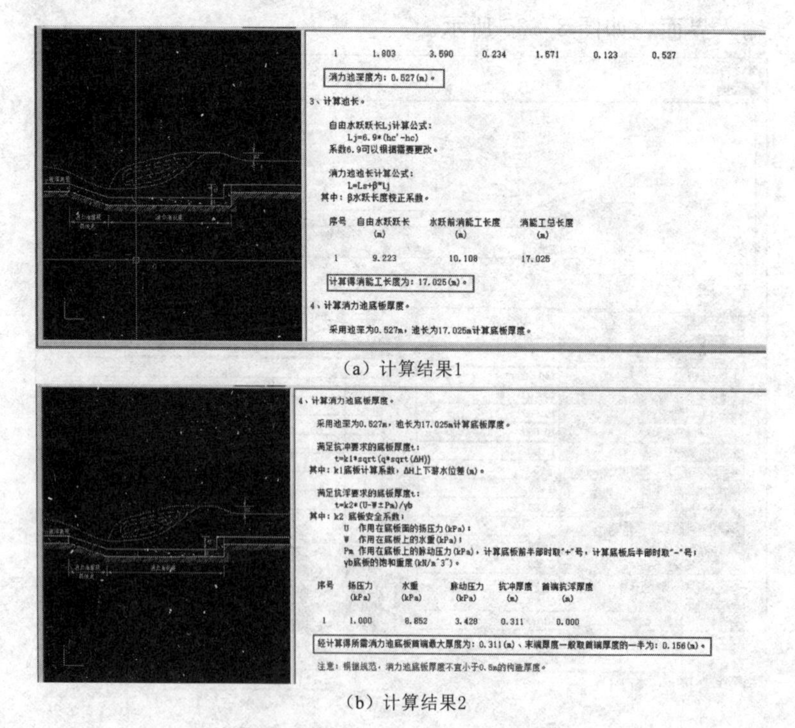

（a）计算结果1

（b）计算结果2

图 8－37　溢洪道底流消能设计计算结果

由图 8-37 可知，设计流量所对应的坎高为 0.527m。为安全起见，实际采用的坎高可较算出值稍低一些，使坎后形成稍有淹没的水跃。取坎高为 0.5m。

设计流量所对应的消能工长度为 17.025m，取长度为 17.0m。

设计流量所对应的所需消力池底板首端最大厚度为 0.311m、末端厚度一般取首端厚度的一半为 0.156m。根据规范，消力池底板厚度不宜小于 0.5m 的构造厚度。故取消力池底板厚度为 0.5m。

6. 贴坡式挡土墙稳定分析

根据算例中已知条件，以下为运用理正岩土计算软件中“挡土墙设计”模块的计算步骤。

(1) 新建计算项目。

通过点击“挡土墙设计＞重力式挡土墙＞增”可得到新建的重力式挡土墙计算项目，单击“算”进入数据编辑界面。

(2) 计算参数设置。

根据水工建筑物安全等级及相关设计规范，输入挡土墙相应的抗滑稳定安全系数，如图 8-38 所示。

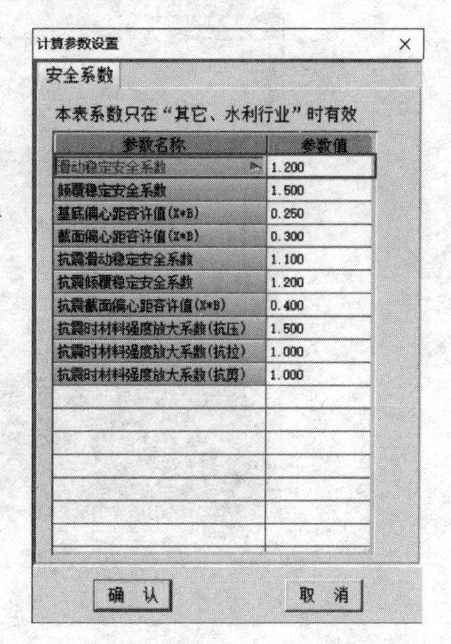

图 8-38 输入滑动稳定安全系数

(3) 墙身尺寸输入，如图 8-39 所示。

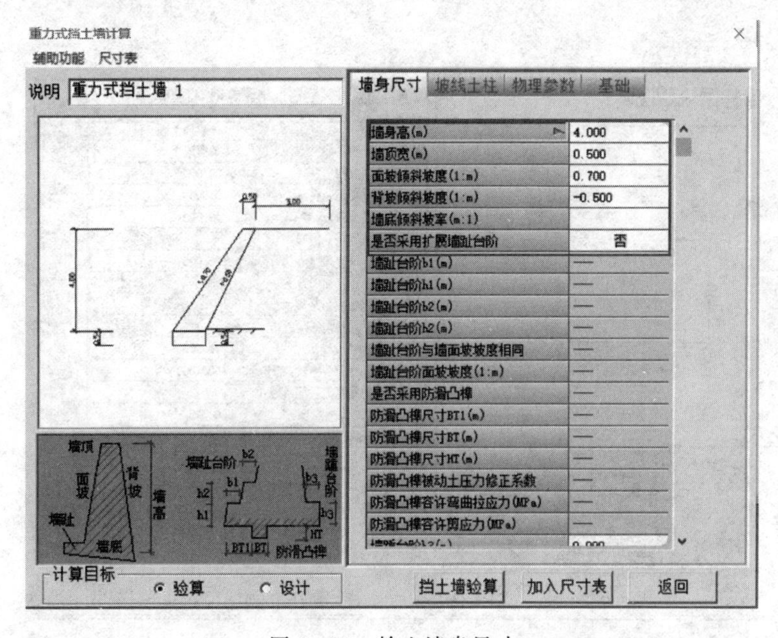

图 8-39 输入墙身尺寸

注：如墙趾有台阶，图中否改为是，然后输入台阶基本数据（在输入墙身高时，不要包括墙底板的高度）。

(4) 坡线尺寸输入，如图 8-40 所示。

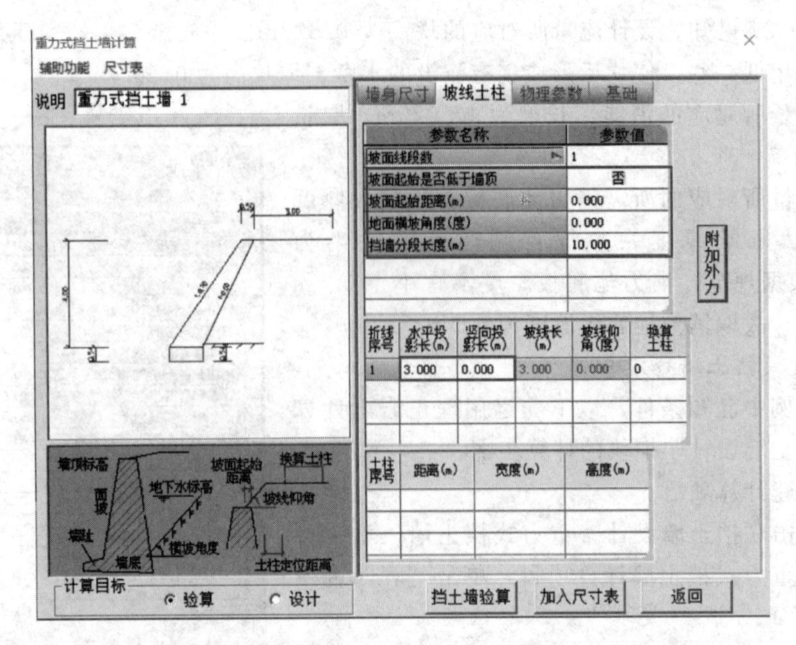

图 8-40　输入坡线尺寸

注：挡墙分段长度按挡土墙的设缝间距划分，如果未知设缝间距，挡墙分段长度则设置为 10～20m，水平投影一般超过墙身即可。

(5) 物理参数输入，如图 8-41 所示。

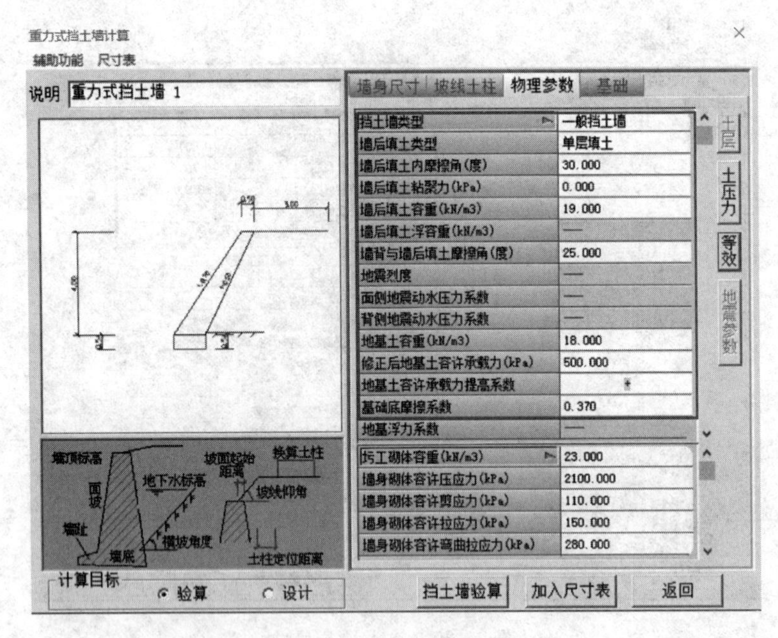

图 8-41　输入物理参数

注：挡土墙类型里面可以下拉选择一般挡土墙、浸水地区挡土墙等不同的类型，不同类型对应的各种数据输入不同，详见理正岩土使用手册。

(6) 基础类型与参数的输入，如图 8-42 所示。

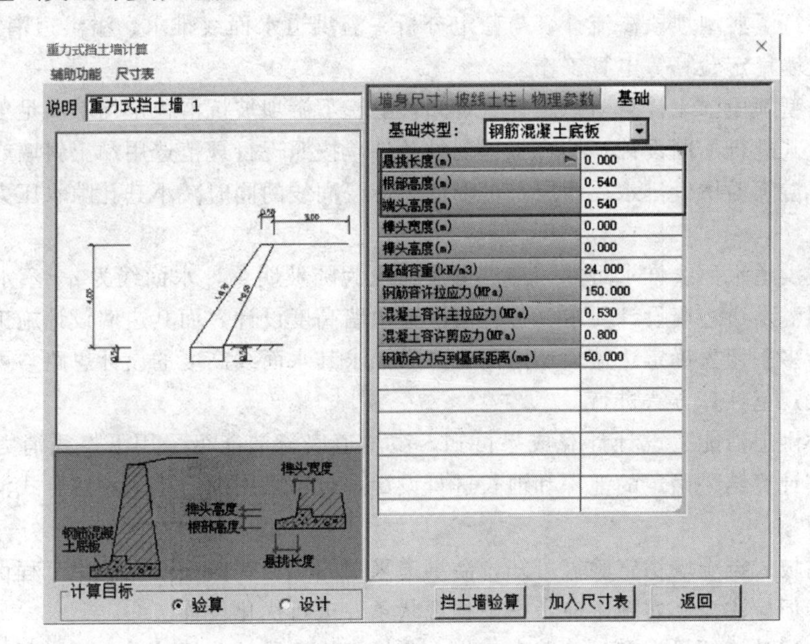

图 8-42 编辑基础信息

注：基础类型下拉菜单有天然地基、钢筋混凝土底板、台阶式等不同的类型，根据具体情况选择，然后输入已知数据，点击“挡土墙验算”即可进行抗滑稳定性验算、倾覆稳定性验算、地基验算等。

(7) 计算结果。

如图 8-43 所示，滑动稳定性验算：$K_c=1.787>1.200$，满足要求。

倾覆稳定性验算：$K_0=3.859>1.500$，满足要求。

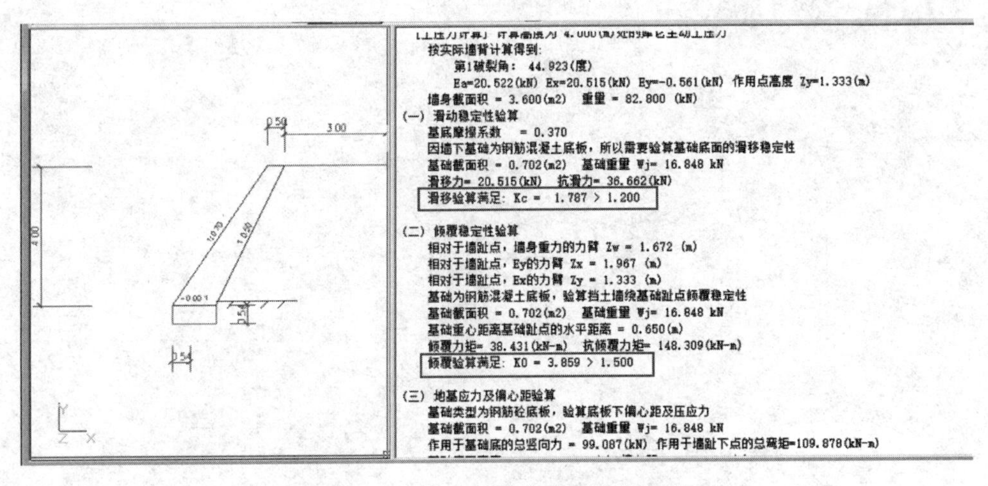

图 8-43 挡土墙稳定分析计算结果

7. 计算结果分析与应用

上述已对该工程加固设计涉及的主要内容开展了相应计算，其工作主要是依据推求所得的设计洪水位展开的（其他工况计算思路基本相同，本例未给出），分别对该灌区水利枢纽工程进行了典型坝段渗流计算与稳定分析、溢洪道水面线推求、溢洪道消能工设计、贴坡式挡土墙稳定验算等电算工作。

（1）典型坝段渗流计算与稳定分析可知，上、下游坝坡抗滑稳定均不满足工程设计标准，需要对其进行加固设计；结合工程现役条件，按照现行规范选用黏土斜墙或心墙等防渗形式，下游坝面增设排水反滤层，可降低坝体浸润线的同时减小其孔隙水压力，增加其安全稳定。

（2）溢洪道水面线推求可知，溢洪道泄槽段为陡坡明渠，水面线为 a_2 壅水曲线，可据此并按照溢洪道边墙设计要求，进行溢洪道边墙高度设计，而其边墙设计施工中往往受场地限制，多采用先确定边墙典型断面位置后推求其水面线高度的设计思路，可参考溢洪道设计相关规范计算方法进行。

（3）溢洪道消能工设计计算成果可知，溢洪道底流消能可采用下挖式消力池进行消能，按照其计算结果确定的池深和池长进行设计，也可采用消力槛式和综合式消能工等其他消能型式。

（4）贴坡式挡土墙稳定验算可知，溢洪道采用的贴坡式挡土墙能满足工程设计中安全稳定要求，但应注意其实施中应考虑工程现状条件进行优化设计。

（5）上述计算结果大多是基于理正岩土分析模块开展的分析结果，而水利行业中采用相应计算原理方法研发的实用软件不限于此，建议读者根据工程设计需要参照选用。

运维管控篇

第 9 章 HEC - RAS 在河道水力分析中的应用

我国是世界上河流最多的国家之一，4.5 万余条江河纵横交错，其中流域面积 $1000km^2$ 以上的河流就有 1500 多条。同时，我国也是世界上水旱灾害最多的国家之一，有文献记载以来，1092 次水灾、1056 次旱灾，使得数千年的中华文明发展史成为一部人与水旱灾害的抗争史。近年来，全球气候变化导致各地洪水频率与受灾程度剧增，譬如，2021 年“7・20”特大暴雨造成郑州多人遇难，经济损失惨重。统计表明，2000—2018 年，全球共发生 913 次大洪水事件，洪水淹没范围约 223 万 km^2，直接导致 2.55 亿～2.9 亿人受灾，洪灾损失约为 6510 亿美元。为此，开展河道水力计算、识别不同情景下河道周边城乡区域的洪水风险范围是保障区域生态安全与居民生命财产安全的重要科学手段。对于河流动力学问题的求解，国内外科研工作者基于水动力模型的基本原理开发了众多仿真分析软件，如：HEC - RAS、SWMM、Delft 3D、MIKE、InfoWorks 等，为辅助分析河道水力要素变化提供了有力技术支撑。本章以 HEC - RAS 软件为例，在简要介绍 HEC - RAS 软件基本功能的基础上，详细阐述其在天然河道水面线推求方面的操作。

9.1 HEC - RAS 简介

9.1.1 功能概述

HEC - RAS 是美国陆军工程兵团工程水文中心开发的一种适用于一维恒定流与非恒定流的河道水力计算软件，可用于各种涉水建筑物（如桥梁、涵洞、防洪堤、堰、水库、块状阻水建筑物等）的水面线推求，同时可生成断面水面线图、水位流量关系曲线、复式河道三维断面图等分析图表，在水利设计、溃坝评估、溃堤评估、泛洪区评估、桥梁涉水设计和泵站调度等方面具有广泛应用。

HEC - RAS 软件主要包括恒定流分析、非恒定流模拟、泥沙运输和运动边界计算三个水力分析模块，且三者间可交互共享工程数据文件及水力计算程序。三个水力分析模块中，恒定流分析模块可模拟单河道和树网河道中缓流、急流及混合流的水面线，也可用于计算由于渠道和防洪堤等结构的改变引起的水面曲线变化，已被广泛应用于泛洪平原的管理和分叉河道侵蚀的洪水风险研究。特殊的恒定流分析包括多方案的分析、多水面线的计算、复式桥涵开启分析以及分流最优化配置等。非恒定流分析模块主要用于模拟临界流区域的水力计算，可模拟混合流区域内的缓流、急流、水跃和泄降，也可实现对断面、桥、涵洞等水工建筑物的恒定流水力计算。为此，在应用 HEC - RAS 软件开展河道水力计算时，建议参考相关水力学教材，深入理解恒定流与非恒定流、缓流与急流的基本概念及其区别，以便正确掌握并运用此软件解决实际工程问题。

9.1.2 操作界面

HEC－RAS 软件主窗口如图 9－1 所示，主窗口上方菜单栏基本功能简述如下：

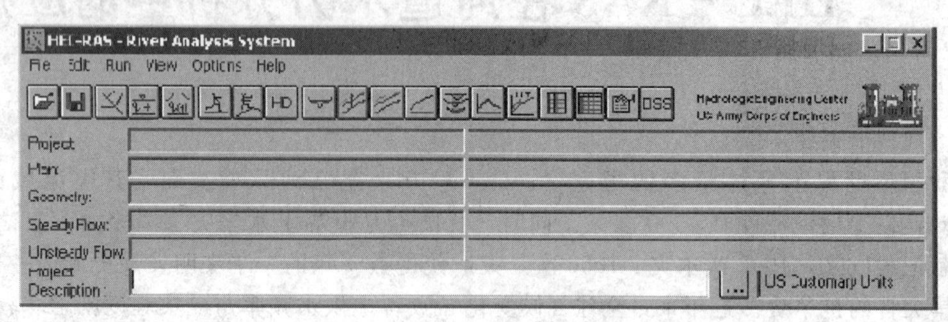

图 9－1　HEC－RAS 主窗口

【File（文件）】：文件管理。主要功能涉及新建、打开、保存、另存或删除工程与工程重命名、工程简述、导入 HEC－2 或 HEC－RAS 数据、产生报表、导出 GIS 数据、导出到 HEC－DSS 以及数据恢复和退出等。此外，最近打开的工程案例显示于该列最底端，以供快捷打开。

【Edit（编辑）】：数据输入和编辑。数据类型包括图形数据、恒定流数据、非恒定流数据和泥沙数据四种。

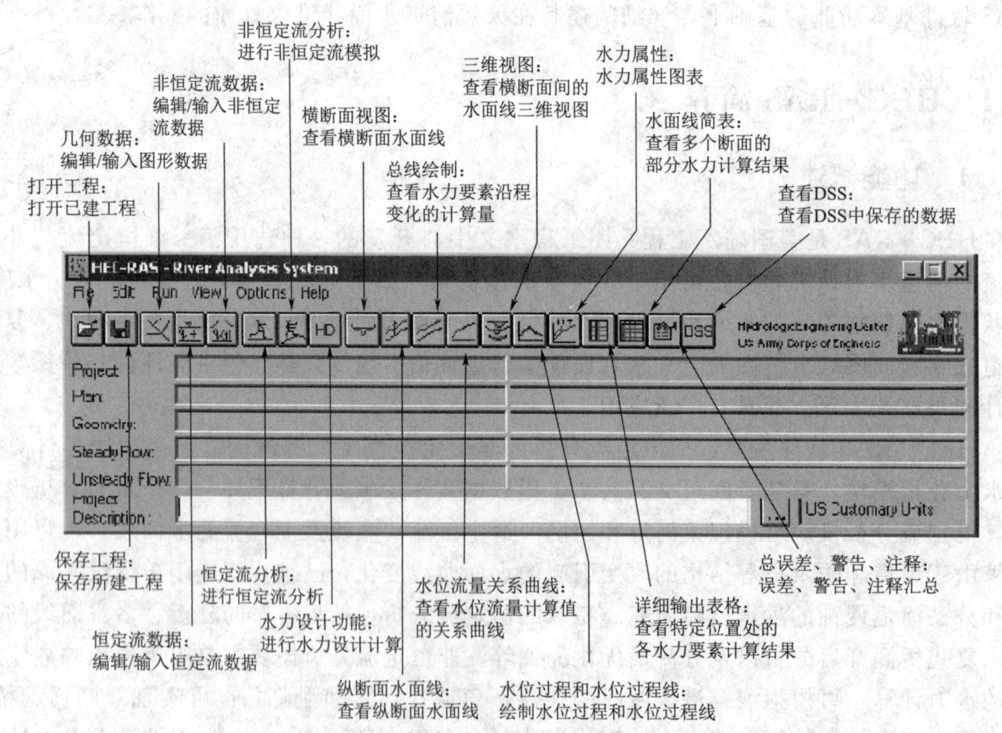

图 9－2　HEC－RAS 主窗口工具栏

【Run（运行）】：水力计算。具有恒定流分析、非恒定流分析、泥沙输送和运动边界计算三个水力分析模块。

【View（视图）】：输出结果的图形和表格。包括：断面、水面线、总线绘制、水位流量关系曲线、三维视图绘制、水力属性绘图、详细表格输出、总线表格和误差、警告、注释汇总等。

【Options（选项）】：改变安装程序默认设置。建立单位体系（美制或公制）、单位转换（美制转公制或公制转美制）和水平坐标系转换。

【Help（帮助）】：在线帮助，同时显示 HEC-RAS 的版本信息。

此外，HEC-RAS 主窗口菜单栏下方提供了图标形式的常用操作命令，以便快捷进入常用的功能操作界面，图 9-2 列举了各操作命令的基本功能。

9.2 恒定流分析

一般而言，自然界中水流运动多属非恒定流，真正的恒定流极少，但当水流运动要素随时间变化较小时，可视其为恒定流以简化分析，如非雨季时，天然河道或渠道的水力计算即可按恒定流分析，换言之，天然河道中的非恒定流水面线计算可通过恒定流分析模块实现。对于天然河道中的非恒定流而言，急流、缓流与混合流在工程中多根据其河床比降、区间降雨汇流等情况进行分类，具体判定标准可参考水力学相关典籍。HEC-RAS 软件河道水力计算过程可大致分为五大步骤，分别为：新建工程、输入图形数据、输入流量数据并建立边界条件、进行水力计算、查看和打印结果。其中，图形数据、流量数据的输入与边界条件的建立是成功构建水力计算模型的基础，也是熟练掌握软件的重点。本节主要介绍的是基于 HEC-RAS 软件恒定流分析模块开展河道水力计算的基本操作，对于操作细节或注意事项说明不甚详尽之处，可自行参照其用户手册。

9.2.1 新建工程

启动 HEC-RAS 软件，打开主窗口“文件”菜单中“New Project（新建工程）”，即可弹出新建工程窗口，如图 9-3 所示。若初次打开软件，则显示为一个空白窗口。在建立水力学模型时，需在新建工程窗口输入工程标题（Title）、文件名（File Name）及其工作路径（Directories），其中，文件名扩展名为“.prj”。

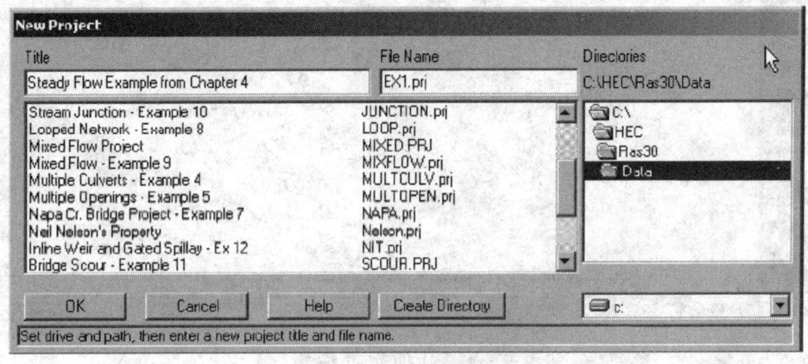

图 9-3 新建工程窗口

输入上述信息后，点击“OK”按钮，将会弹出一个对话框，显示工程标题、文件名、保存路径与单位制。若上述信息正确，单击“确定”按钮即可完成工程的新建；反之，单击“取消”，重新回到新建工程窗口加以修改。需指出的是，在新建工程时，需先指定单位体系，HEC - RAS 软件中提供了美制和公制两种单位体系，可通过点击主窗口“选项”菜单中“Unit system（单位体系）”，在弹出对话框中选择“US Customary（美制）”或“System International (Metric System)（公制）”单位加以修改，也可通过“选项”菜单中“Convert Project Units（单位转换）”切换当前单位体系。所选单位体系将显示于主窗口右下角。

9.2.2 输入图形数据

图形数据主要包括河流水系的连接数据、断面数据和水工建筑物（桥梁、涵管、堰等）数据等，可通过点击 HEC - RAS 主窗口“编辑”菜单中“Geometric Data（几何数据）”或工具栏中“Edit/Enter geometric data（编辑/打开几何数据）”图标，进入几何数据编辑器中输入必要的图形数据，如图 9 - 4 所示。图形数据的输入可通过下述步骤实现。

(1) 绘制河流水系图。河流水系图为显示河流连接情况的图表，通常由一个或多个河段组成，为较为真实地描述河流形态，河段常被绘制为多段曲线。一般而言，河流水系图需设置多个河段起讫点，其通常位于河段的两端、两条或多条河段的交汇点和河段分叉点。

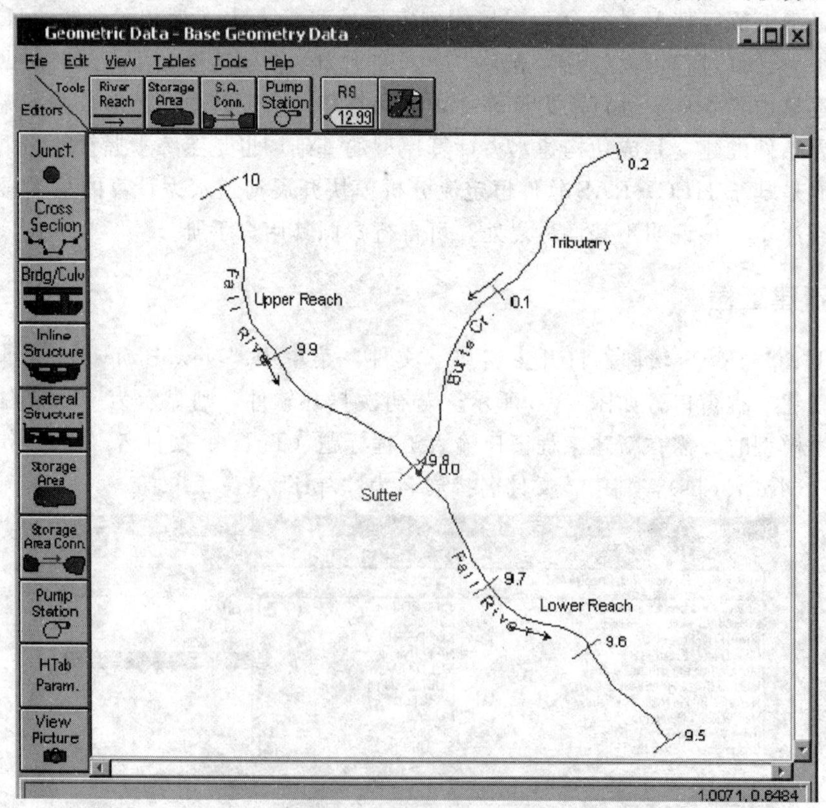

图 9 - 4　几何数据编辑器

河段的绘制可通过单击几何数据编辑器窗口中“River Reach（河流-河段）”按钮，将鼠标移动至绘图区，在河流起始位置处点击鼠标左键开始绘制河段，移动鼠标指针并单击鼠标左键添加线条，双击鼠标左键结束绘制。需注意的是，鼠标移动的方向需与水流流向保持一致。每条河段绘制完成后，将弹出对话框提示输入“River（河流）”和“Reach（河段）”名称，河流与河段的命名最多可采用16个字符。以图9-4中两条河流为例，河流名称分别为Fall River和Butte Cr.，其中，河流Fall River由Upper Reach和Lower Reach两个河段组成，河流Butte Cr. 仅由Tributary一个河段组成。

河流水系图由沿顺水流方向自上而下逐一绘制的多条首尾连接的河段组成。当两个河流连接时，河段连接处将自动生成接点（Junction），并会弹出对话框提示在接点处输入标识符。当河段分流或汇入时，在绘制好分流或汇入河段并对其命名后，将弹出对话框提醒是否要将原河段打断（Split），选择“是”后，在弹出的对话框中修改原河流下游河段名称，并输入接点标识符即可实现河段的分流或汇入。需注意的是，河段的分流或汇入与新增河段的绘制方向有关，若从任意一点向逼近原河段方向绘制新增河段，则为河段汇入；反之，则为河段分流。图9-4中，则为河流Butte Cr. 汇入河流Fall River。

以图9-4中水系图为例，其绘制有以下两种方式。

1）点击“河流-河段”按钮，以图中左上角断面编号10处为起点，单击鼠标左键开始绘制Fall River河流，不断点击鼠标左键添加线条，至右下角断面编号9.5处双击鼠标左键结束绘制该河流，在弹出的对话框中，输入河流名“Fall River”与河段名“Upper Reach”后点击“OK”；然后以右上角断面编号0.2处为起点、两条河流交点处为终点，重复上述操作绘制Butte Cr河流并对其河流河段命名后，点击“OK”，对话框将询问是否要将河流Fall River在河段Upper Reach上打断，选择“是”，在对话框内输入被打断河流在打断点下游段的河流名“Fall River”与河段名“Lower Reach”，点击“OK”，在对话框内输入两条河流接点标识符“Sutter”并点击“OK”，即可完整绘制图9-4中所示的两条河流与接点及河流、河段名称和接点标识符。

2）点击“河流-河段”按钮，首先绘制图9-4中三个河段中的任意一个河段并对其河流与河段命名，然后逐一绘制与之相接的另外两条河段即可。其中，第一条与之相邻河段绘制后，需填入接点标识符。

对于复杂河流水系图而言，其绘制、编辑与修改过程中或需联合使用几何数据编辑器窗口“编辑”菜单中的多项功能，相关实用编辑功能详述如下。

【Change Name（更改标签）】：更改河段名称或接点标识符。将指针定位于待更改的标签上，单击鼠标左键点击该目标以更改标签。若更改河段名称，则会弹出对话框供输入新的河流与河段名称；若更改接点标识符，点击原标识符位置即可更改。

【Move Object（移动对象）】：移动任意标签、接点与河段中的点对象。将指针移置于待移动的对象上，按住鼠标左键拖拽即可移动对象。

【Add Points to a Reach or SA（增加河段和蓄水区中的点）】：添加点至河段或蓄水区域的线条上，以使水系图更接近河流水系的真实形状。移动指针至欲增加点的线条上，单击鼠标左键即可增加点。

【Remove Points in a Reach or SA（删除河段或蓄水区中的点）】：删除河段或蓄水区

域线条上的点。移动指针至待删除的点上，单击鼠标左键即可将其删除。

需注意的是，上述四种编辑功能使用后，需再次点击“编辑”菜单栏中的对应选项方可关闭。

【Delete Reach（删除河段）】：打开该选项，弹出对话框中将列举出所有河段，可在此将待删除河段选入至“Delete（删除）”区域后点击“OK”将其删除。注意：删除河段时需慎重，河段一旦被删除，与之相关的图形信息将全部删除。

【Delete Junction（删除接点）】、【Delete Storage Area（删除蓄水区域）】、【Delete Storage Connection（删除蓄水区域连接）】、【Delete Pump Station（删除泵站）】和【Delete Nodes XS，BR，Culv…（删除多点对象断面、桥梁、涵洞……）】的使用方法与删除河段选项相同。

此外，几何数据编辑器菜单栏中还提供了大量的图形数据编辑功能，如“视图”菜单中具有用以放大、缩小、显示河流断面、重新设定水系图与颜色填充等多项可视化功能选项，读者可自行查阅用户手册了解其功能与操作方法，在此不做赘述。

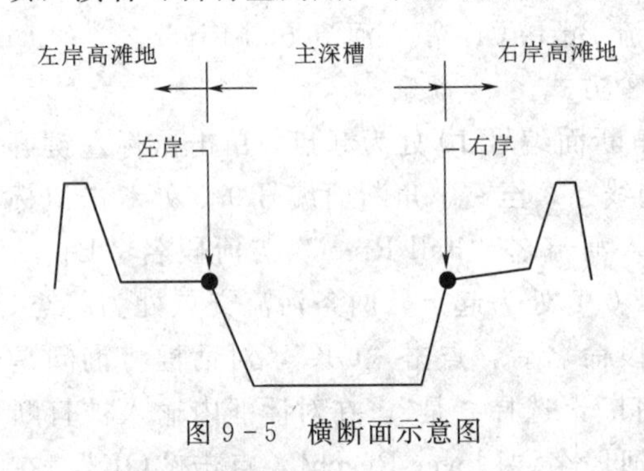

图9-5　横断面示意图

（2）输入横断面数据。断面数据用以表征河道横断面及边界的图形形状，如图9-5所示，其一般要求设置在具有代表性且能反映水力特性（如流量、坡度、形状、糙率等）变化的位置，或冲积堤起讫、出现水工建筑物（如桥梁、涵洞、串联堰、溢洪道、侧向堰及溢洪道等）的位置。为较好地描述河道的过水能力，横断面的设置间距一般不易太长。

横断面数据可通过单击几何数据编辑器左侧“Cross Section（横断面）”按钮，在弹出的断面编辑器窗口中编辑，如图9-6所示。在该窗口中，选定河流与河段后，点击“选项”菜单下“Add a new Cross Section（新增断面）”，在弹出的对话框中输入“River Station（断面编号）”。断面编号用以描述断面在整个河流系统中所在位置，仅需用一个数值表示即可，为便于查找与直观定位断面位置，建议断面编号可沿河流走向顺序编码。例如，图9-4中，10、9.9、0.1等数字即为断面编号。

在断面编辑器窗口“Cross Section X-Y Coordinates（断面坐标表）”内输入若干组$X-Y$坐标数据，用以定义横断面形状，其中，$X-Y$坐标数据的输入需以面向下游，从左岸高滩地至右岸高滩地方向逐一输入断面内点的里程X值及对应高程Y值数据。同时，在“Downstream Reach Lengths（下游河段长度）”栏内输入本断面至下一个断面间左岸高滩地（LOB）、右岸高滩地（ROB）和主河床（Channel）间的距离，在“Manning’s n Values（曼宁n值）”栏输入本断面左、右岸高滩地和主河床的曼宁糙率系数n值，在“Main Channel Bank Stations（主河床岸点）”栏输入左、右岸高滩地与主河床间接触点之间的里程，在“收缩/扩展系数（Cont/Exp Coefficients）”栏内输入本断面至下一个断面间的收缩与扩展系数，据此完善断面特性信息。其中，河段终点处断面在“下游河段长度”栏内距离为0；左、右岸高滩地与主河床间接触点（如图9-5所示）之间的里程

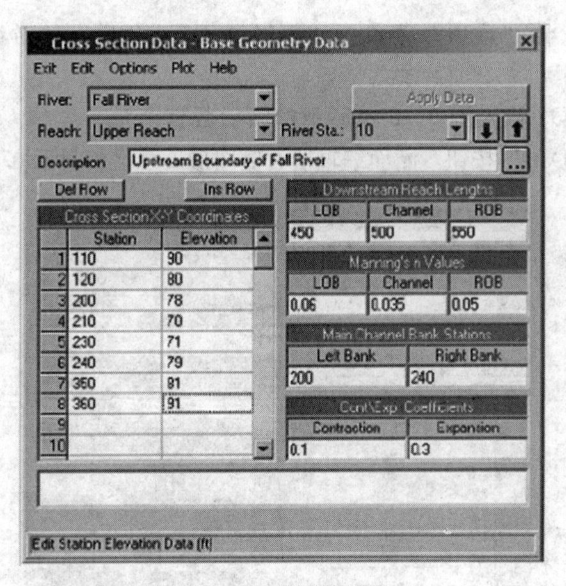

图 9-6 断面编辑器

数据 X 值需与断面坐标表中的两个 X 数据一致；收缩或扩展系数用以估计水流收缩、扩散过程中的能量损失。

在断面编辑器中完整输入图 9-6 中所述断面数据后，点击“Apply Data（应用）”按钮，该窗口右侧展示区即可显示该横断面的剖面图，如图 9-7 所示。

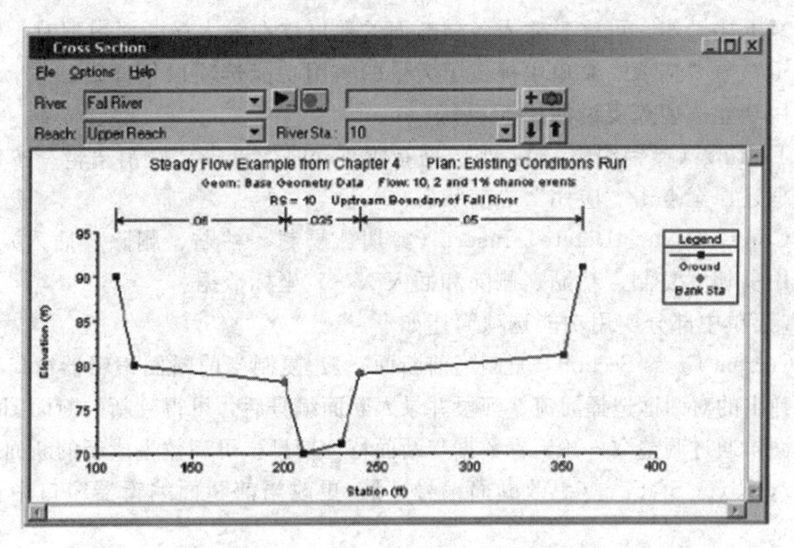

图 9-7 断面绘制成果

图 9-7 中所示的横断面即为图 9-4 中 Fall River 河流 Upper Reach 河段 10 号断面的剖面形式。以图 9-4 所示河流水系图中 Butte Cr. 河流上 Tributary 河段起点 0.2 号断面为例，断面数据输入的实现步骤可简要归纳如下。

1）点击几何数据编辑器左侧“横断面”按钮，在弹出的断面编辑器窗口中选择河流“Butte Cr.”与河段“Tributary”。

2）点击断面编辑器“选项”菜单中“新增断面”，在弹出的对话框中输入断面编号“0.2”。

3）在断面编辑器中输入图9-8中所示的断面数据。

4）点击“Apply Data”按钮，断面编辑器右侧图形展示区将显示0.2号断面的剖面图。

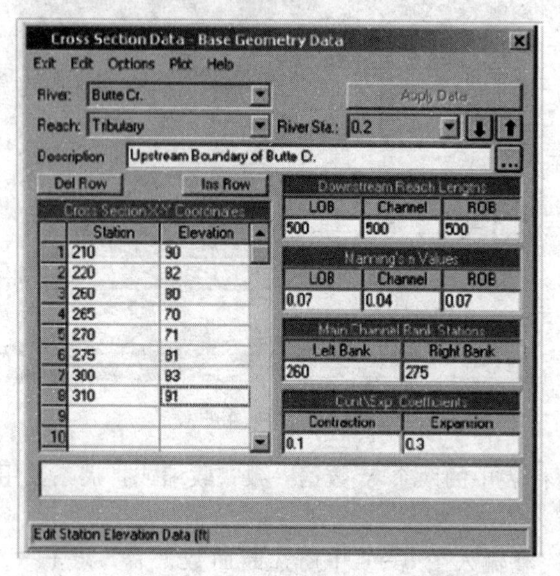

图9-8　Tributary河段0.2号断面数据

通过重复上述操作，可完整输入各横断面的数据。在输入横断面数据时，断面数据编辑窗口“编辑”与“选项”菜单中提供了大量的实用功能选项以供高效建模，“编辑”菜单中相关实用功能选项简要说明如下：

【Undo Editing（撤销编辑）】：当数据有所改动时，点击“撤销编辑”按钮即可取消修改，将数据还原至点击“应用”之前状态。

【Cut、Copy、Paste、Delete、Insert（剪切、复制、粘贴、删除、插入）】：用以在断面坐标表中剪切、复制、粘贴、删除和插入$X-Y$坐标数据。

“选项”菜单中部分实用功能选项简述如下。

【Copy Current Cross Section（复制当前断面）】：复制当前断面编辑器窗口中正在显示的断面，在弹出的对话框选择河流、河段并录入断面编号后，可得到新的断面图数据，对于所复制的断面，通过调整$X-Y$坐标数据与断面特性信息，可高效生成新的断面地形数据。

【Rename River Station（更改断面编号）】：更改当前断面编辑器窗口中正在显示断面的编号。

【Delete Cross Station（删除断面）】：删除当前显示的断面。点击该选项后会弹出对话框以确认是否删除断面，若确认删除，会提示是否自动调整相邻两断面间的河段长，若选择“是”，所删除断面间河段长度将累加至下一个断面中的河段；若选择“否”，则该断面删除后，不影响其他河段长度。

【Adjust Elevations（调整高程）】：调整当前断面的所有高程值。点击该选项后在弹出的对话框中输入高程调整值，列表中的所有高程将同时自动修正。

【Adjust Stations（调整断面）】：调整当前所示断面。有“Multiply by a Factor（乘以因子）”和“Add a Constant（添加常量）”两种途径供选择。“乘以因子”可用以扩大或缩小左、右高滩地和主河道的尺寸，该选项中，在弹出对话框中输入小于1的倍率时，上述水力要素将缩小；反之，则被放大。“添加常量”对断面上的所有测点同时增加或减少一个定值，以将该断面向左或右平移。

【Adjust n or K values（调整 n 和 K 值）】：同时增大或减小当前断面所有的 n 或 K 值。其中，n 和 K 值分别为曼宁公式与Strickler公式中的河段边坡糙率系数。

【Skew Cross Section（斜断面）】：输入一个倾斜角度来调整斜断面测点。一般调整断面与流线尽量垂直，但在有桥梁等建筑物的地方该条件常难以满足。为得到正确的过水断面，断面宽度需用测量值乘以倾斜角的余弦来修正。点击该选项后在弹出的对话框中输入一个倾斜角度，即可自动调整断面宽度。

【Horizontal Variation in n values（n 值的水平变化）】：对当前断面沿水平方向输入多个曼宁系数。点击该选项后，断面坐标列表中会增加一列“n 值”以输入曼宁系数 n 值，而曼宁系数 n 值栏将无法编辑，如图9-9所示。其中，断面坐标列表首行的曼宁系数 n 值必须给定，若后续表格中不填入曼宁系数 n 值，将默认该断面糙率不变。在此，仅需在曼宁系数发生变化的位置处输入 n 值即可，无需为每行赋予 n 值。

【Vertical Variation in n values（n 值的垂直变化）】：曼宁系数 n 值可以随高程或流量变化而变化，点击该选项，在弹出的列表中第0行录入 n 值会随高程变化的 X 坐标、在第1列输入 n 值发生变化的高程信息后，在表格内输入实际的曼宁系数 n 值即可，如图9-10所示。若水面高程低于第一行录入的高程，软件将使用第一行的 n 值；若水面高程高于最后一行输入的高程，软件将使用最后一行录入的 n 值；而当水面高程在所录入的高程范围内，软件将自动插补出对应的 n 值。

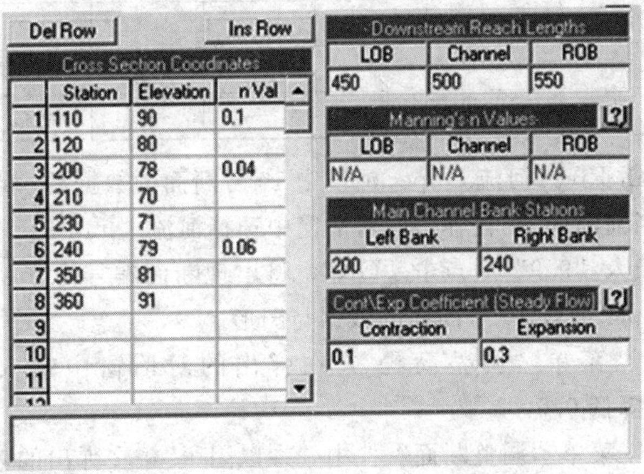

图9-9　曼宁系数 n 值在水平方向上的变化

在了解上述实用功能后，可较为高效地输入各断面数据，图9-4中河流水系中其余各断面的数据见表9-1。以Upper河段中9.9号断面为例，数据的输入可通过下述步骤实现：

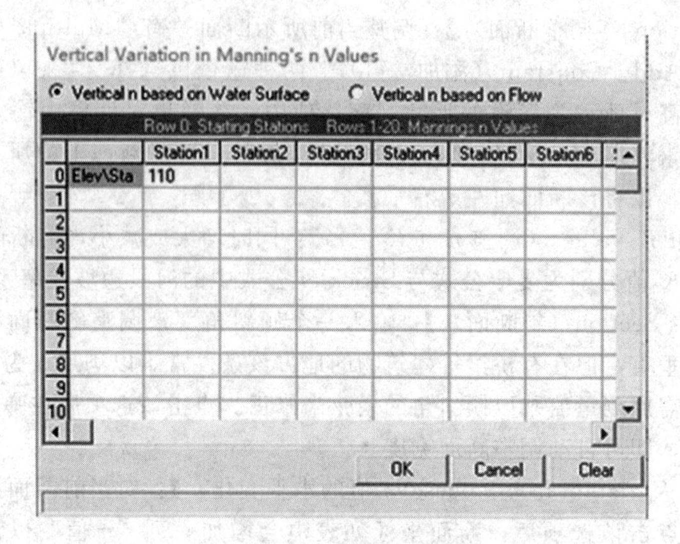

图9-10　曼宁系数 n 值在垂直方向上的变化

表9-1　　图9-4中水系的横断面数据

断面			调整高程	调整断面			下游段长度		
河流	河段	断面编号		LOB	Channel	ROB	LOB	Channel	ROB
Fall River	Upper	9.9	−0.5	0.9	—	0.9	450	500	500
	Upper	9.8	−0.4	0.80	—	0.80	0.0	0.0	0.0
	Lower	9.79	−0.1	1.20	1.20	1.20	500	500	500
	Lower	9.7	−0.5	1.20	1.20	1.20	500	500	500
	Lower	9.6	−0.3	—	—	—	500	500	500
	Lower	9.5	−0.2	—	—	—	0.0	0.0	0.0
Butte Cr.	Tributary	0.1	−0.6	—	—	—	500	500	500
	Tributary	0.0	−0.3	—	—	—	0.0	0.0	0.0

1）在输入完Fall River河流Upper河段中10号断面的数据后，点击断面编辑器“选项”菜单下“复制当前断面”，在弹出的对话窗中选择河流“Fall River”与河段“Upper”后，在断面编号中填入“9.9”后点击“OK”，将出现断面编号为9.9的断面数据编辑窗口，其显示的是Upper河段10号断面的数据与图形。

2）点击“选项”菜单“调整高程”，在弹出的对话窗中输入“−0.5”后点击“OK”，断面高程将降低0.5。

3）点击“选项”菜单“调整断面”栏中“乘以因子”，在弹出的对话窗LOB与ROB栏中分别输入“0.9”后点击“OK”，断面中左、右岸高滩地长度将均减小10%，而主河床断面长度保持不变，同时，“主河床岸点”栏内数据将自动修改。

4）下游段长度不变，故“下游河段长度”栏内数据无需修改。

5）进行上述操作后，点击“应用”，断面编辑器右侧展示区将显示9.9号断面的图形。

(3) 输入接点数据。河流水系图中接点处需输入“Junction Length（接点处水力段长度）”数据，其可通过点击几何数据编辑器左侧“Junction（接点）”按钮，在弹出的界面中进行编辑，如图 9-11 所示。

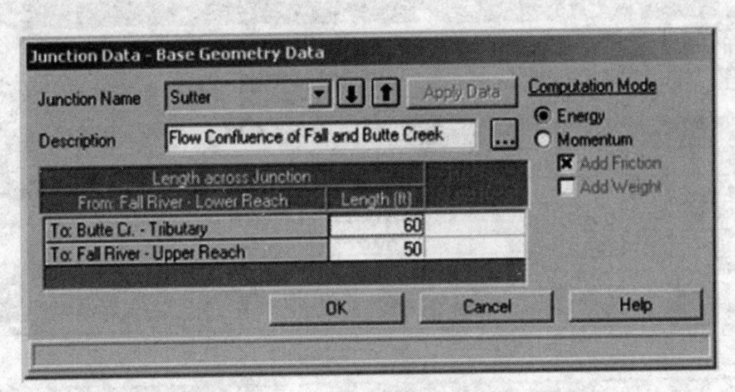

图 9-11 接点数据编辑窗口

接点数据编辑窗口中会自动显示一个已有接点，接点可点击接点标识符后上下箭头切换。接点数据输入有 Energy（能量法）和 Momentum（动量法）两种形式，其区别在于能量法不考虑支流夹角。一般而言，支流夹角造成的能量损失并不显著，使用能量法可基本满足工程需求。当支流夹角会引起显著能量损失时，则应使用动量法。在能量法模式下，仅需在“接点处水力段长度”栏输入该接点与相连河段上游最近断面间的距离即可；在动量法模式下，还需在“Tributary Angle”栏输入支流与干流的夹角，被视为干流的夹角应设置为 0 或空置，同时，在该模式中，可自行选择是否增加摩阻项（Add Friction）与重力项（Add Weight）。

(4) 输入水工建筑物数据。当输入完成断面数据后，可通过几何数据编辑器左侧功能按钮添加任意水工建筑物，如桥梁、涵管、堰和溢洪道等，并对各种水工建筑物进行数据处理。在此，对相关操作不做介绍，可自行参照用户手册。

(5) 保存图形数据。当完整输入图形数据后，单击几何数据编辑器窗口“文件”菜单下“Save Geometry Data（保存几何数据）”，在弹出的界面中输入河道名称（Title），并选择文件路径后，点击“OK”即可保存所建图形数据。

9.2.3 输入流量数据和边界条件

(1) 输入流量数据。当完整输入图形数据后，即可通过恒定流数据编辑器输入恒定流数据，恒定流数据编辑器可通过 HEC-RAS 主界面窗口“编辑”菜单下“Steady Flow Data（恒定流数据）”或工具栏中“Edit/Enter Steady Flow Data（编辑/打开恒定流数据）”图标打开，如图 9-12 所示。

所需输入的恒定流数据包括待计算的水面线数、洪峰流量数据、河流系统边界条件。其中，水面线数即流量重现期的个数，可通过修改恒定流数据编辑器“Enter/Edit Number of Profiles（输入/编辑水面线数）”栏中数据加以修改；洪峰流量数据的默认标签为“PF＃1”“PF＃2”等，可通过点击恒定流数据编辑器窗口“选项”菜单下“Edit Profile Names（编辑水面线名）”加以修改。如图 9-12 中，水面线数设置为 3，并且将 3 组洪

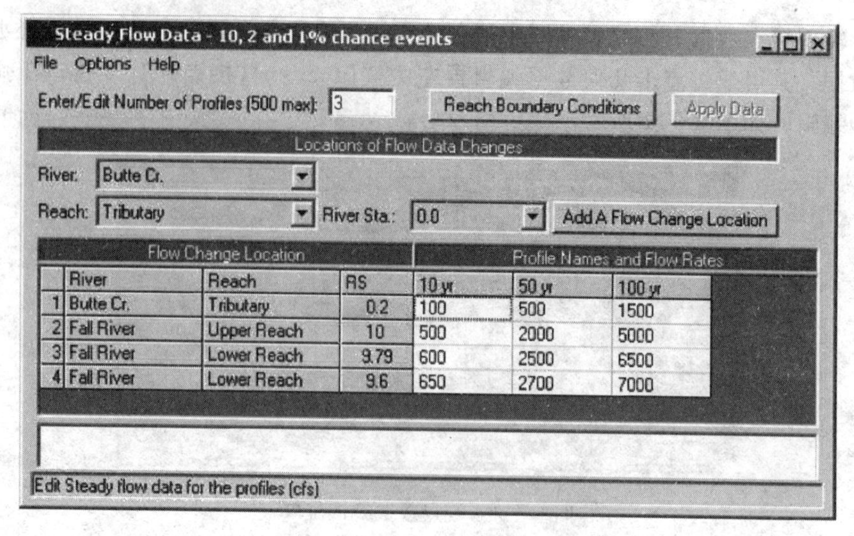

图 9-12 恒定流数据编辑器

峰流量数据标签修改为“10yr”“50yr”和“100yr”，以直观地表示所输入数据为十年一遇、五十年一遇或百年一遇的洪峰流量。每一个河段至少要输入一个洪峰流量数据，譬如，在某河段终点的上游输入一个流量值，则该河段将保持该流量，直至另外的流量输入该河段，附加流量可在河段的任意断面进行输入。如图 9-12 中，除分别在三个河段上游输入一组流量数据外，还在 Fall River 河流 Lower Reach 河段 9.6 号断面（位置详见图 9-4）输入了一个附加流量，其可通过选定“河流”与“河段”并在“River Sta”选择要输入流量的断面编号后，单击“Add A Flow Change Location（新增流量汇入点）”按钮，在下方表格内输入相应流量数据。

(2) 建立边界条件。输入流量数据后，需建立边界条件，其对河流系统初始水面线的生成具有显著影响。边界条件分内、外边界条件两大类，其中，接点为内边界条件，软件会根据河流水系的连接情况自动设定，而上、下游边界条件则需人为建立。若分析缓流，仅需输入下游边界条件；若分析急流，则需给定上游边界条件；若分析混合流态，则上、下游边界条件都需给定。边界条件的建立可通过单击恒定流数据编辑器窗口中“Reach Boundary Condition（设定边界条件）”按钮，进入边界条件编辑器中设置，如图 9-13 所示。

边界条件编辑器中提供了四种建立边界条件的选项，分别为：Known W. S.（已知水面线高程）、Critical Depth（临界水深）、Normal Depth（正常水深）和 Rating Curve（率定曲线）。其中，“已知水面线高程”采用水面线高程作为边界条件；“临界水深”无需填入任何资料，软件将自行计算；“正常水深”采用能量比降、水面线比降或河床坡度作为边界条件；“率定曲线”采用水位-流量表作为边界条件。对需建立边界条件的河段，可在“Selected Boundary Condition Locations and Types（边界条件位置和类型）”列表中点击所要设定边界条件的位置，然后选择一种边界条件建立选项，在弹出的界面中输入边界条件即可。以图 9-13 为例，假定 Fall River 河流 Lower Reach 河段为缓流，通过单击该河段对应的“Downstream（下游）”栏后点击“正常水深”，在弹出的界面内输入 0.0004，可为其添加“Normal Depth $S=0.0004$”的下游边界条件。

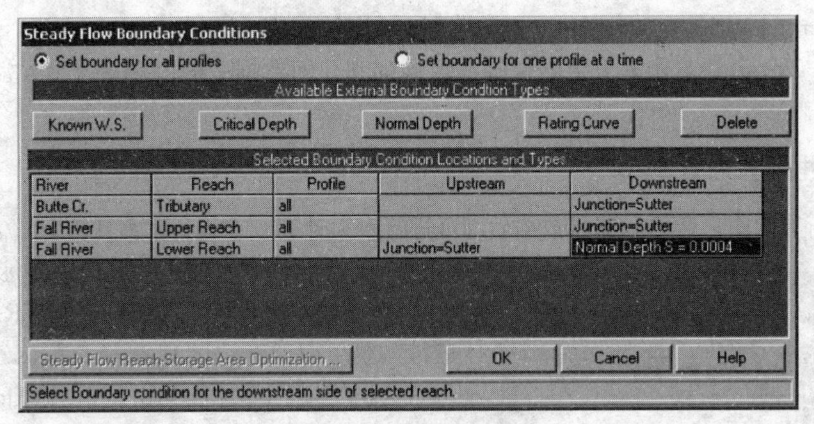

图 9-13　边界条件编辑器

在边界数据编辑器中，点击“Set boundary for one profile at a time（独立设定边界条件）”按钮，可根据水面线个数为河段设置不同的边界条件。流量数据和边界条件数据输入之后，需点击恒定流数据编辑器窗口“应用”按钮将其保存。

此外，在恒定流数据编辑器窗口“选项”菜单内，还提供了若干有助于提升数据编辑效率的实用功能，部分实用功能选项简述如下。

【Undo Edits（撤销编辑）】：取消修改，将数据还原至点击“应用”之前状态。

【Delete Row From Table（删除表中某一行）】：删除流量数据表中某一行。鼠标点击待删除行的任意位置后点击该选项，此行将被删除，且下列各行均上移一行。

【Delete All Rows from Table（删除表中所有行】：删除流量数据表中的所有行。点击该选项后，会弹出对话框询问是否要删除所有行，点击“是”，则表中所有数据将被删除，仅留有一个空白行。

【Delete Column (Profile) From Table（删除表中列［即水面线］）】：鼠标点击待删除水面线数据所在列的任意位置，点击该选项后，此列将被删除，且后续各列均左移一列。

【Ratio Selected Flows（流量比率）】：对选定的流量值乘以一个因子。选中流量数据表中某单元或某区域的流量数据，点击该选项后，在弹出的对话框中输入一个因子，点击“OK”后所选单元或区域的流量数据将会等比例更新。

【Set Changes in WS and EG（设置水面线和能量梯度】：对水面线和模型中两断面间的能量变化进行设置。点击该选项将弹出水面线和能量梯度设置窗口，其提供了 Additional EG（附加的 EG）、Change in EG（EG 变化）、Known W.S.（已知 WS）与 Change in WS（WS变化）四种途径供选择。其中，附加的 EG 可用以增加两个断面间的能量损失，且该能量损失会计入能量平衡方程中；EG 的变化可为两个断面设定具体的能量损失值，其仅能增加具体的能量损失值到下游断面并计算相应的水面线，不能维持能量的平衡；已知 WS 可为某一水面线的特定断面设定水面线，计算过程中将使用已知 WS 高程开展水力计算；WS 变化用以强行设置 1～2 个断面间水面线高程的特定变化，其将设定的水面线变化增加到下游断面，计算相应的能量并匹配新的水面线。在使用上述操作时，需首先选定河流、河段、断面编号以及要修改的水面线，然后在表格内“Value”框输入相应数据。

【Observed WS（WS观测值）】输入任一断面的水面线测值。

【Gate Openings（闸孔开度）】控制已添加到几何数据中的内嵌式或闸控溢洪道的闸门开度。

9.2.4 进行水力计算

输入所有的图形数据和流量数据后即可进行水力计算，在进行水力计算时，需从HEC－RAS主窗口“运行”菜单中选择一种水力分析模块。以恒定流分析为例，通过HEC－RAS主窗口“运行”菜单中“Steady Flow Analysis（恒定流分析）”或工具栏中“Perform a steady flow simulation（开展恒定流模拟）”图标进入恒定流分析窗口，如图9－14所示。

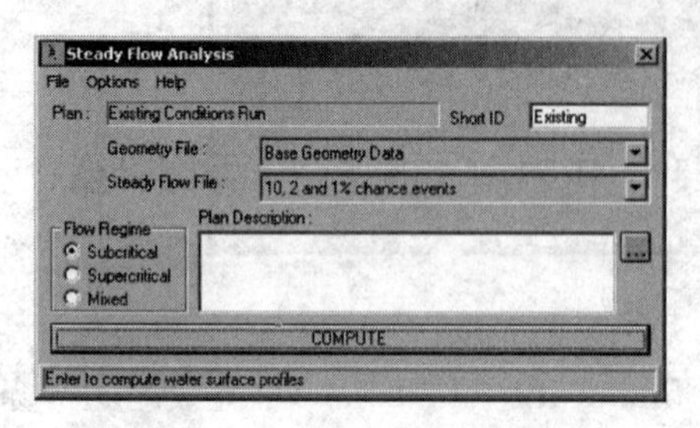

图9－14　恒定流分析编辑器

在恒定流分析窗口中，选定一组图形数据和流量数据后，点击“文件”菜单中“New Plan（新建方案）”选项，输入方案标题（Plan）和缩略标识符（Short Id），然后选择一种分析流态，如：“Subcritical（缓流）”、“Supercritical（急流）”或“Mixed（混合流）”，以建立水力分析模型方案。选择“文件”菜单中“Save Plan（保存方案）”将其保存后，点击“COMPUTE（计算）”即可开始水力计算。

9.2.5 查看和打印结果

（1）结果查看。计算完成后，可通过主窗口“视图”菜单中提供的图表查看计算结果，常用计算结果图表包含以下几种：

【Cross Section（横断面视图）】：通过选择河流、河段与断面编号，可查看横断面的水面线，其亦可通过主窗口工具栏“View cross sections”图标打开。若需同时查看不同流量重现期的水面线，可点击该窗口“选项”菜单下“水面线”选项，在弹出对话框中选择要查看的一组或多组水面线标签后点击“OK”即可，如图9－15所示。

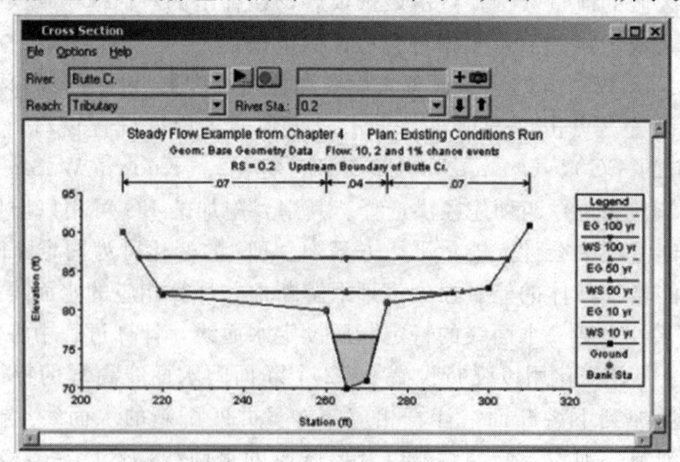

图9－15　横断面视图

【Water Surface Profile（纵断面水面线视图）】：通过选择河段和水面线，可展示河道纵断面的水面线分布，其亦可通过主窗口工具栏“View profiles”图标打开。以 Fall River 河流上 Upper Reach 和 Lower Reach 河段为例，沿程水面线计算成果如图 9-16 所示。

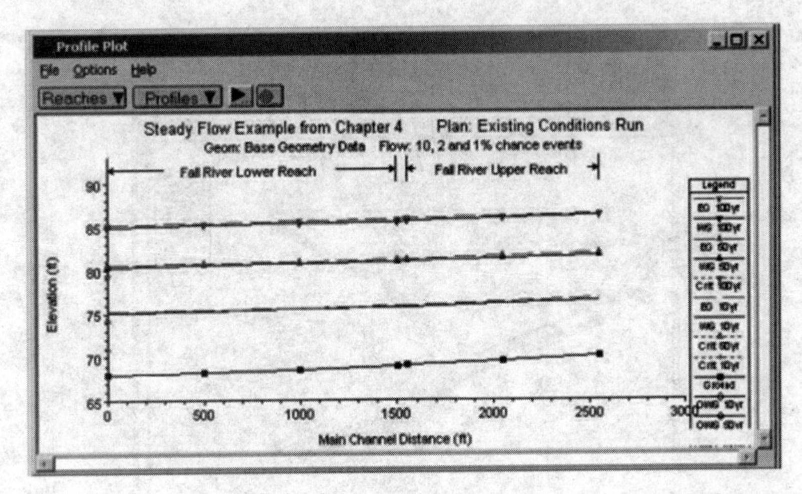

图 9-16 纵断面水面线视图

【Rating Curve（水位流量关系曲线）】：通过选择河流、河段和横断面编号，可查看横断面的水位与流量间的关系曲线，其亦可通过主窗口工具栏“View computed rating Curves”图标打开。以 Butte Cr. 河流上 Tributary 河段起点 0.2 号断面为例，该断面的水位流量关系曲线计算成果如图 9-17 所示。

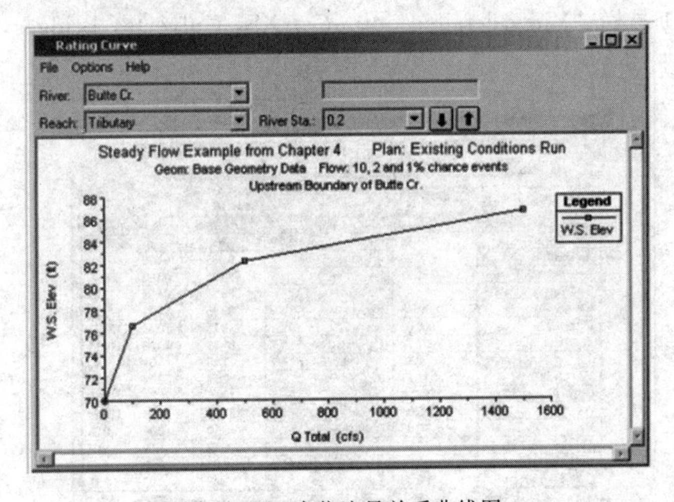

图 9-17 水位流量关系曲线图

【X-Y-Z Perspective Plot（三维视图）】：通过选择任意的上、下游横断面编号，可得到两断面间水力计算段的三维视图，其亦可通过主窗口工具栏“View 3D multiple cross section plot”图标打开。点击该窗口“选项”菜单中“Profiles”选项，在弹出对话框中选择多个水面线标签，可显示不同流量重现期的水面线三维分布。其亦可通过主窗口工具栏“View 3D multiple cross section plot”图标打开。以图9-4中河流水系为例，五十年一遇洪水下河道水面线计算结果的三维视图如图9-18所示。此外，该界面“Rotation Angle（垂直旋转）”和“Azimuth Angle（水平旋转）”栏中可填入旋转角度，以便于观察不同视角下河段的三维视图。

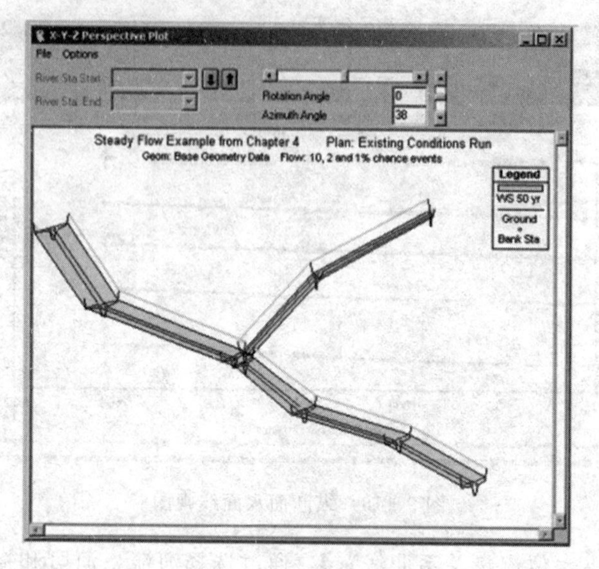

图9-18 三维视图

【Detailed Output Tables（详细输出表格）】：通过选择河流、河段、水面线、横断面编号与方案，输出某一特定位置处各种水力要素的详细计算成果，如图9-19所示。其亦可通过主窗口工具栏“View detailed output at XS，Culverts，Bridges，Weirs，etc”图标打开。

Cross Section Output

File Type Options Help

River: Fall River Profile: 50 yr

Reach: Upper Reach Riv Sta: 10

Plan: Existing Fall River Upper Reach RS: 10 Profile: 50 yr

E.G. Elev (ft)	81.84	Element	Left OB	Channel	Right OB
Vel Head (ft)	0.23	Wt. n-Val.	0.060	0.035	0.050
W.S. Elev (ft)	81.61	Reach Len. (ft)	450.00	500.00	550.00
Crit W.S. (ft)		Flow Area (sq ft)	209.95	364.33	177.09
E.G. Slope (ft/ft)	0.000646	Area (sq ft)	209.95	364.33	177.09
Q Total (cfs)	2000.00	Flow (cfs)	246.75	1570.46	182.78
Top Width (ft)	232.22	Top Width (ft)	81.61	40.00	110.61
Vel Total (ft/s)	2.66	Avg. Vel. (ft/s)	1.18	4.31	1.03
Max Chl Dpth (ft)	11.61	Hydr. Depth (ft)	2.57	3.11	1.60
Conv. Total (cfs)	78681.0	Conv. (cfs)	9707.5	61782.8	7190.8
Length Wtd. (ft)	498.58	Wetted Per. (ft)	82.30	45.64	110.88
Min Ch El (ft)	70.00	Shear (lb/sq ft)	0.10	0.32	0.06
Alpha	2.10	Stream Power (lb/ft s)	0.12	1.39	0.07
Frctn Loss (ft)	0.31	Cum Volume (acre-ft)	4.25	8.98	4.49
C & E Loss (ft)	0.00	Cum SA (acres)	1.49	0.92	2.46

Errors, Warnings and Notes

Conveyance weighted Manning's n for the left overbank.

图9-19 详细计算成果输出表格

【Profile Summary Table（水面线简表）】：输出若干断面的部分水力计算成果，通过该窗口“选项”菜单中“Define table（自定义表格）”可以自行增删表格中需输出结果的项目，如图 9－20 所示。其亦可通过主窗口工具栏“View summary output tables by profile”图标打开。

Profile Output Table - Standard Table 1

File　Options　Std. Tables　User Tables　Locations　Help

HEC-RAS Plan: Exstng　Profile: 50yr　　Reload Data

River	Reach	River Sta	Q Total	Min Ch El	W.S. Elev	Crit W.S.	E.G. Elev	E.G. Slope	Vel Chnl	Flow Area	Top Width
			(cfs)	(ft)	(ft)	(ft)	(ft)	(ft/ft)	(ft/s)	(sq ft)	(ft)
Fall River	Upper Reach	10	2000.00	70.00	81.61		81.84	0.000646	4.31	751.24	232.22
Fall River	Upper Reach	9.9	2000.00	69.50	81.31		81.53	0.000599	4.21	754.61	213.35
Fall River	Upper Reach	9.8	2000.00	69.10	80.97		81.22	0.000630	4.34	690.50	178.78
Fall River	Lower Reach	9.79	2500.00	69.00	80.92		81.18	0.000640	4.49	839.21	214.62
Fall River	Lower Reach	9.7	2500.00	68.50	80.76		80.92	0.000360	3.51	1094.31	258.24
Fall River	Lower Reach	9.6	2700.00	68.20	80.55		80.72	0.000400	3.73	1117.55	258.43
Fall River	Lower Reach	9.5	2700.00	68.00	80.35	74.20	80.52	0.000400	3.73	1117.53	258.43
Butte Cr.	Tributary	0.2	500.00	70.00	82.30		82.48	0.001176	3.54	189.77	71.65
Butte Cr.	Tributary	0.1	500.00	69.40	81.72		81.89	0.001164	3.52	190.91	71.87
Butte Cr.	Tributary	0.0	500.00	69.10	81.01		81.23	0.001495	3.86	162.99	64.67

图 9－20　水面线计算成果简表

（2）成果打印。图形与表格成果均可直接打印或复制以供进一步使用。点击成果所在窗口中“文件”菜单下“Print（打印）选项，即可打印成果，在弹出的“Print Options（打印机选项对话框）”中可修改打印设置；点击成果所在窗口中“文件”菜单下“Copy to Clipboard（复制至粘贴板）”选项，即可复制图形或表格成果。需注意的是，表格成果的打印需先选定欲打印区域。

9.3　上机实践

前一节详细阐述了基于 HEC－RAS 软件恒定流分析模块的河道水面线推求的具体操作步骤，为方便读者快速掌握其操作的基本技能，本节以某一简单的单一节点交汇河网的水力计算为例，演示其实现过程，操作视频可通过扫描二维码获取。

9.3.1　建立河流水系

素材 17

启动 HEC－RAS 软件后，根据 9.2.1 节所述内容打开新建工程界面，输入工程标题“Gan River”，将自动生成文件名“GanRiver. prj”，选择工作路径后保存。

（1）输入图形数据。本例仅为演示利用 HEC－RAS 推求河道水面线的操作，所用示例基础资料简单，读者可参照图 9－21 自行设置河道尺寸、边界条件等基本信息。打开几何数据编辑器，点击“河流-河段”按钮，将鼠标移至绘图区内，点击鼠标左键，自左下角向右上角方向移动鼠标绘制第一条河流，双击鼠标左键结束绘制，在弹出的对话框内输入河流名称“gan01”与河段名称“gan01”；重复上述操作，自右下角向左上角绘制与 gan01 河流交汇的支流并命名其河段名为“gan02”，在弹出的对话框选择“是”后，提示为 gan01 河流交汇点以下河段命名，将其修改为“gan03”，而后在新的对话框中输入接点名称“ccc”，从而绘制如图 9－21 所示的河流水系。

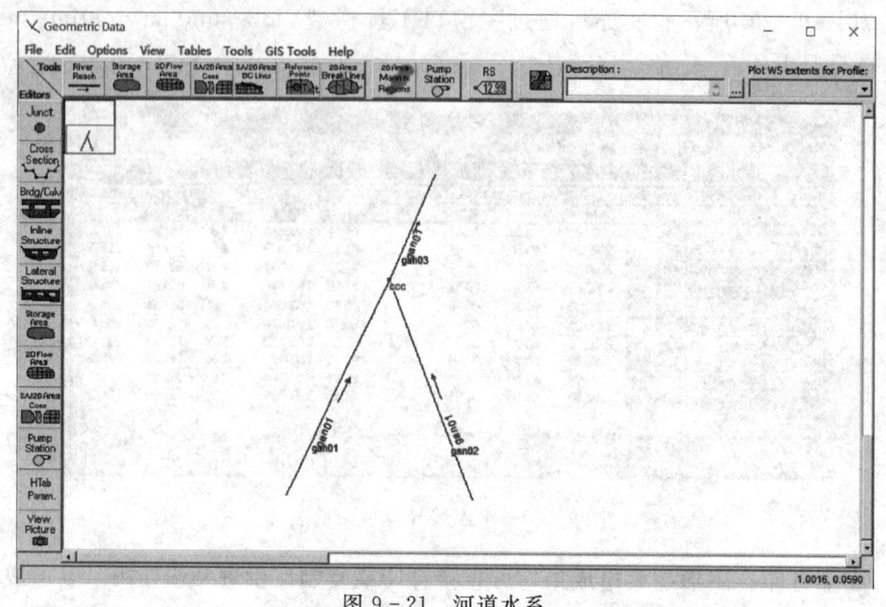

图 9－21　河道水系

完成上述操作后，点击几何数据编辑器“文件”菜单下“保存几何数据”，在对话框内输入文件名，如“Geometric”，对图形数据加以保存。

(2) 输入横断面数据。点击几何数据编辑器窗口左侧“横断面”按钮，打开断面编辑器，选择河流与河段后，点击“选项”菜单中“新增断面”，在弹出的对话框中输入一个任意数字，如“10”；然后在断面编辑器窗口内填入定义 10 号断面形状和特性的资料，并点击“应用”，该窗口右侧图形展示区将显示该断面剖面形状，如图 9－22 所示。一般而言，从原始数据常难以直接确定两岸与主深槽接触点之间的里程，建议可先填入断面内任意 2 点里程数据，后期可在几何数据编辑器窗口“工具”菜单下“Graphical Cross Section Editor（图形断面编辑器）”中编辑或修改。

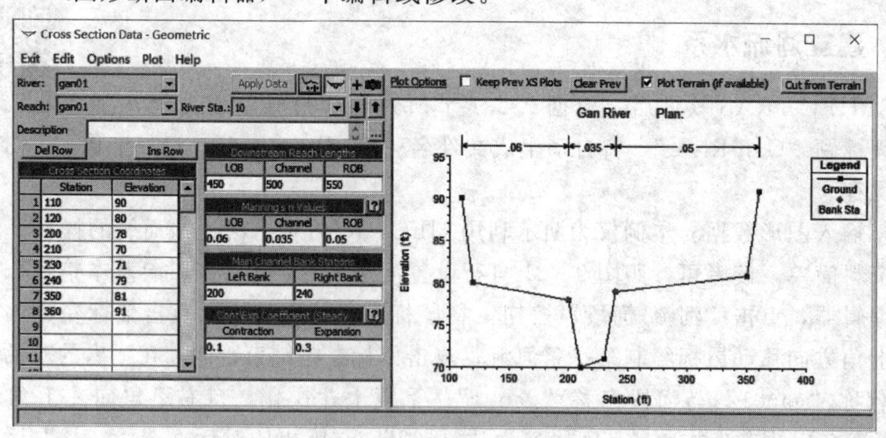

图 9－22　横断面编辑器

其余河道断面数据，可通过点击断面数据编辑窗口“编辑”菜单下“复制当前断面”按钮，选择相应河段，输入断面编号并对修改断面数据进行输入。本例仅为教学所用，故其他断面数据均与10号断面相同，实际工程中应根据具体情况作相应修改。

(3) 输入接点数据。在绘制完河流水系并输入断面数据后，还需输入河流接点处水力计算段长度数据，通过点击几何数据编辑器左侧“接点”按钮，在弹出的对话框内逐一选取河流接点，并填入接点与相连河段上游最近断面间的距离即可，如图9-23所示。值得注意的是，接点数据的默认输入模式为能量法模式，若采用动量法模式，还需输入支流与干流的夹角。完成汇流点数据输入后，接点与断面将根据输入距离分开。至此，基本完成河道水力分析计算模型的建立工作，如图9-24所示。

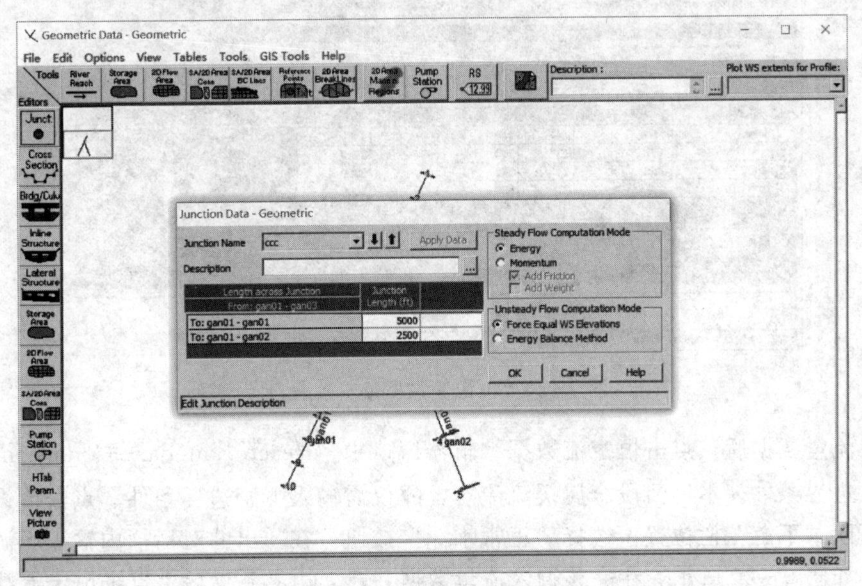

图9-23 接点数据输入窗口

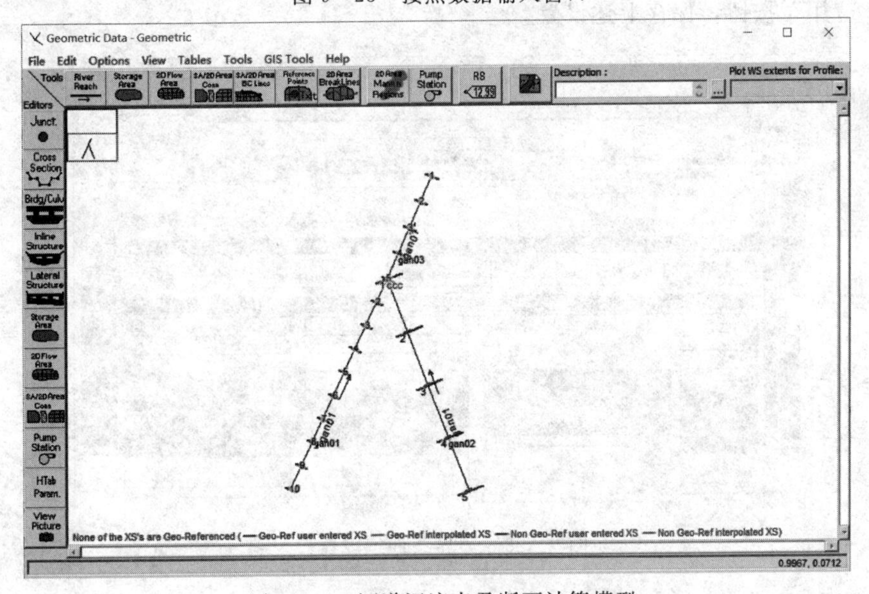

图9-24 河道汇流点及断面计算模型

9.3.2 输入恒定流数据和边界条件

打开恒定流数据编辑器，在此需输入十年一遇、五十年一遇和百年一遇 3 组洪峰流量数据，故先将水面线数设置为 3，并点击“选项”菜单中“编辑水面线名”，将 3 组洪峰流量数据标签修改为“10yr”“50yr”和“100yr”；然后，对河段自上游至下游方向依次输入流量数据，如图 9－25 所示。

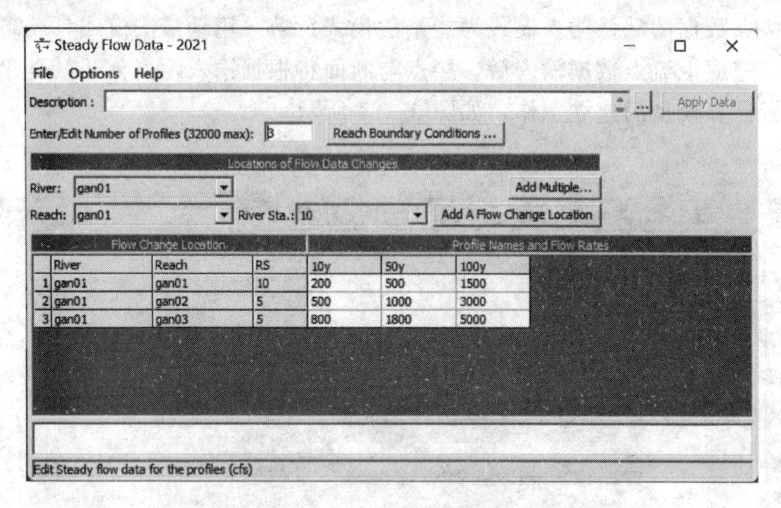

图 9－25 恒定流数据编辑器窗口

输入流量数据后，点击恒定流数据编辑器窗口中“Reach Boundary Conditions...”按钮，建立边界条件。本例河段全属缓流流态，故仅需输入下游边界条件。点击待设置边界条件的河段“下游”栏位置，选择“正常水深”按钮，在弹出的对话框内输入下游河床坡度即可，如图 9－26 所示。在完整输入流量数据并建立边界条件后，点击恒定流数据编辑器窗口“应用”按钮，保存上述设置。

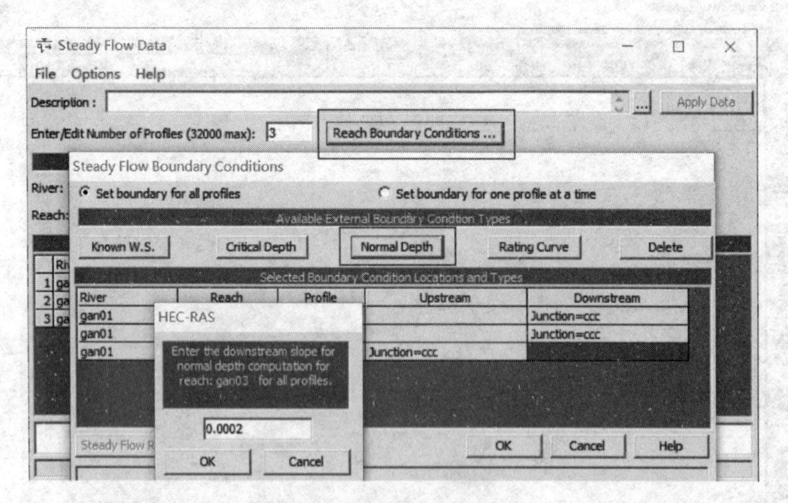

图 9－26 边界条件编辑窗口

9.3.3 执行程序并查看结果

完整输入上述河流水系与流量数据后，即可开始计算。打开恒定流分析窗口，选择"缓流"流态，点击"计算"按钮开始恒定流计算，如图 9-27 所示。

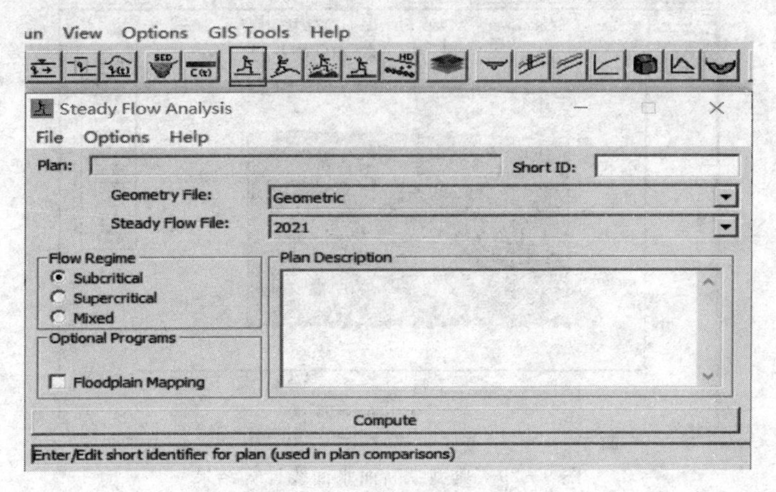

图 9-27 执行程序计算界面

计算完成后，可参照 9.2.5 节内容，查看计算成果。譬如，横断面的水面线计算结果如图 9-28 所示；纵断面水面线计算结果如图 9-29 所示；断面的部分水力计算结果如图 9-30 所示。

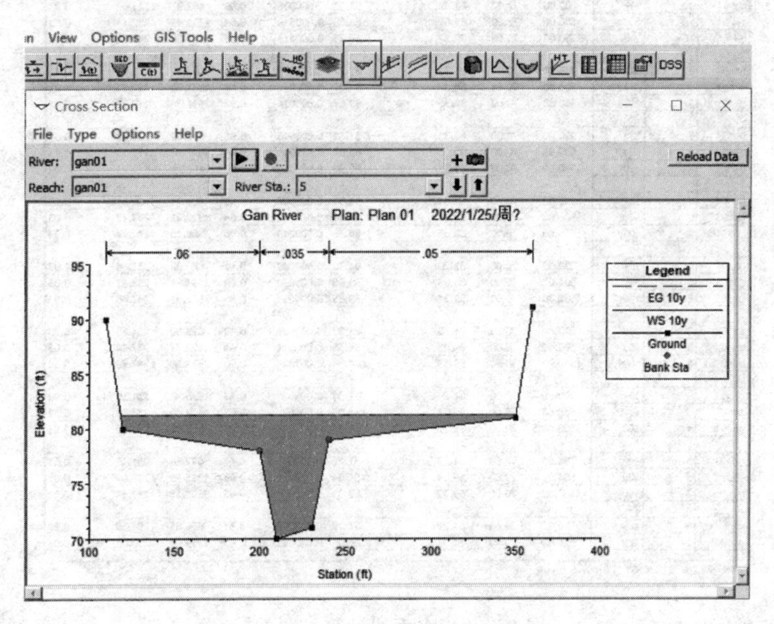

图 9-28 典型横断面水面线计算结果

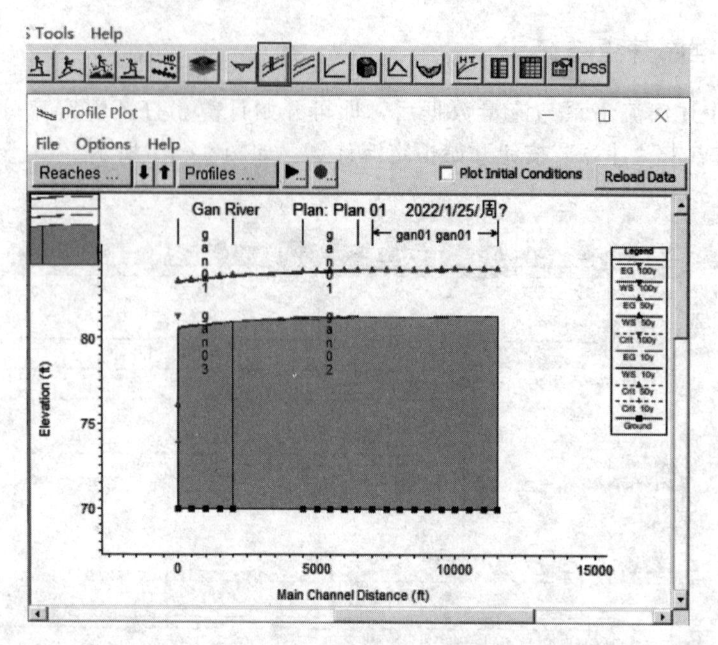

图9-29 典型纵断面水面线计算结果

Profile Output Table - Standard Table 1

File Options Std. Tables Locations Help

HEC-RAS Plan: Plan 01

Reach	River Sta	Profile	Q Total	Min Ch El	W.S. Elev	Crit W.S.	E.G. Elev	E.G. Slope	Vel Chnl	Flow Area	Top Width	Froude # Chl
			(cfs)	(ft)	(ft)	(ft)	(ft)	(ft/ft)	(ft/s)	(sq ft)	(ft)	
gan01	10	10y	200.00	70.00	81.32		81.32	0.000008	0.46	683.92	231.63	0.03
gan01	10	50y	500.00	70.00	84.07		84.08	0.000010	0.64	1329.94	237.15	0.03
gan01	10	100y	1500.00	70.00	89.37		89.38	0.000014	0.95	2613.38	247.73	0.04
gan01	9	10y	200.00	70.00	81.31		81.32	0.000008	0.46	683.02	231.63	0.03
gan01	9	50y	500.00	70.00	84.07		84.07	0.000010	0.64	1328.70	237.14	0.03
gan01	9	100y	1500.00	70.00	89.36		89.37	0.000014	0.95	2611.64	247.72	0.04
gan01	8	10y	200.00	70.00	81.31		81.31	0.000008	0.46	682.12	231.62	0.03
gan01	8	50y	500.00	70.00	84.06		84.07	0.000010	0.64	1327.46	237.13	0.03
gan01	8	100y	1500.00	70.00	89.35		89.36	0.000014	0.95	2609.90	247.71	0.04
gan01	7	10y	200.00	70.00	81.31		81.31	0.000008	0.46	681.21	231.61	0.03
gan01	7	50y	500.00	70.00	84.06		84.06	0.000010	0.64	1326.21	237.12	0.03
gan01	7	100y	1500.00	70.00	89.35		89.35	0.000014	0.95	2608.15	247.69	0.04
gan01	6	10y	200.00	70.00	81.30		81.30	0.000008	0.46	680.30	231.60	0.03
gan01	6	50y	500.00	70.00	84.05		84.06	0.000010	0.64	1324.96	237.11	0.03
gan01	6	100y	1500.00	70.00	89.34		89.35	0.000014	0.95	2606.41	247.68	0.04
gan01	5	10y	200.00	70.00	81.30		81.30	0.000008	0.47	679.39	231.60	0.03
gan01	5	50y	500.00	70.00	84.05		84.05	0.000011	0.64	1323.71	237.09	0.03
gan01	5	100y	1500.00	70.00	89.33		89.34	0.000014	0.96	2604.66	247.66	0.04
gan01	4	10y	200.00	70.00	81.29		81.30	0.000008	0.47	678.48	231.59	0.03
gan01	4	50y	500.00	70.00	84.04		84.05	0.000011	0.65	1322.46	237.08	0.03
gan01	4	100y	1500.00	70.00	89.33		89.33	0.000014	0.96	2602.90	247.65	0.04
gan01	3	10y	200.00	70.00	81.29		81.29	0.000008	0.47	677.56	231.58	0.03
gan01	3	50y	500.00	70.00	84.04		84.04	0.000011	0.65	1321.20	237.07	0.03
gan01	3	100y	1500.00	70.00	89.32		89.33	0.000014	0.96	2601.15	247.64	0.04
gan01	2	10y	200.00	70.00	81.29		81.29	0.000008	0.47	676.65	231.57	0.03
gan01	2	50y	500.00	70.00	84.03		84.04	0.000011	0.65	1319.94	237.06	0.03

Total flow in cross section.

图9-30 水面线计算结果简表

第 10 章 MATLAB 在混凝土坝安全监测中的应用

水工大坝建造技术是我国基建行业提升较快的一项工程技术，目前已然是中国在世界上的一张崭亮名片。随着三峡、锦屏一级、小湾、白鹤滩、乌东德、溪洛渡等世界级巨型水电站相继建成投产，我国混凝土坝建设攻克了一系列世界性难题，取得了举世瞩目的成就。混凝土坝作为关乎国民经济发展、区域稳定的重要基础设施，其运行期不仅要长期承受静、动循环荷载作用，还面临着全球气候变暖与地震、特大洪水等突发性自然灾害的多重风险威胁。为保障工程的长效健康服役与工程效益的持续发挥，混凝土坝自设计、施工阶段起，在大坝与相关建筑物内部和周边埋设了大量监测仪器用以实时感知并馈控混凝土坝服役全生命周期内结构的健康态。根据《水工设计手册（第 2 版）·第 11 卷 水工安全监测》规定，重力坝安全监测的重点包括坝基与坝体变形、坝基扬压力、渗流量、绕坝渗流与坝基应力等项目；拱坝安全监测的重点除上述监测项目之外，还包括坝肩变形。故本章在介绍混凝土坝变形、渗流与应力应变监测技术的基础上，重点阐述运行期混凝土坝变形、坝体与坝基渗压、渗流量以及应力监控统计模型原理，并演示基于 MATLAB 软件的混凝土安全监控模型的构建流程。

10.1 变形监测技术与统计模型原理

10.1.1 变形监测技术

混凝土坝变形监测主要包括坝体和坝基水平位移、垂直位移、接缝与裂缝开合度等项目。严格意义上来讲，变形测量系统所测变形量都是相对变形，但在工程实际应用中，相对大地测量基准和工程变形影响范围之外的倒垂线锚固点的变形可视为绝对变形。一般规定，坝体和坝基顺河向水平位移向下游方向变形为正，侧向水平位移向左岸方向变形为正，垂直位移沿铅直方向向下变形为正，接缝与裂缝开合度以缝口张开为正。本节主要介绍坝体和坝基水平位移、垂直位移的监测技术。

10.1.1.1 水平位移

混凝土坝水平位移监测一般采用准直线法（包括视准线、引张线、激光准直系统等），垂线系统和交互法等监测技术。在此，主要介绍垂线系统的结构型式与工作原理。

垂线系统可用于观测水工建筑物水平位移与挠度、坝基岩体的相对位移、边坡岩土体的水平位移等，其通常由垂线、悬挂（或固定）装置、吊锤（或浮桶）、观测墩、测读装置（垂线坐标仪、光学坐标仪或垂线瞄准器）等组成。常用的垂线有正垂线和倒垂线，垂线坐标仪与垂线瞄准器安装在水工建筑物或其它建筑物所设置的垂线上，用以测量建筑物水平方向的位移，其安装在正垂线上可量测建筑物的相对水平位移和挠度，安装在倒垂线上可量测建筑物的绝对水平位移。

1. 结构型式

正垂线由一根悬挂点处于上部的垂线和若干安装在建筑物上处于垂线下部的测读站组成，垂线通常是直径为 1.5～2.0mm 不锈钢丝，垂线下部悬挂一个 20～40kg 的重锤使其处于拉紧状态，重锤置于阻尼桶内，以抑制垂线的摆动；倒垂线的固定端灌注在整个垂线系统的下部，垂线由上面的浮筒拉紧。正、倒垂线结构如图 10-1 所示。

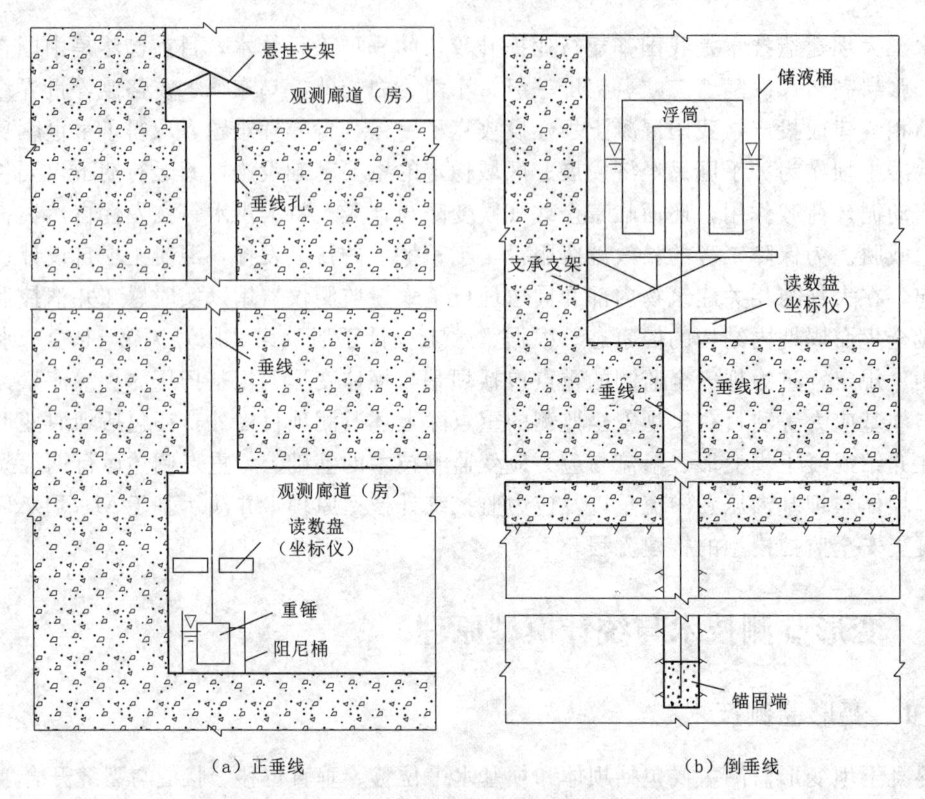

（a）正垂线　　（b）倒垂线

图 10-1　正垂线与倒垂线结构示意图

2. 工作原理

正垂线通常悬挂在坝顶的某一固定点，通过竖直井到达坝底基点。对于高度较高的大坝，正垂线往往采用分段悬挂的方法，每段垂线长度不宜超过 60m。根据观测要求，沿垂线在不同高程处及基点设置观测墩，利用固定在墩上的坐标仪，可测量各观测点相对于垂线悬挂点的位移值。

正垂线观测与位移计算方法可分为一点支承多点观测法和多点支承一点观测法。其中，一点支承多点观测法是利用一根正垂线观测各测点相对位移值的方法，测读仪安装在不同的高程处，如图 10-2 所示。S_0 为垂线最低点与悬挂点之间的相对位移，S 为任意一点 N 与悬挂点之间的相对位移，则任意一点 N 处的挠度 $S_N=S_0-S$。

倒垂线下端固定在基岩深处的孔底锚块上，上端与浮筒相连，在浮力作用下，钢丝铅直方向被拉紧并保持不动。因倒垂线的固定端位于较为稳定的岩体内，可假定固定端的位移值为零，故倒垂线测得的位移值一般被视为绝对位移值。通过各观测点处所安装的坐标仪等读测装置，即可测得各测点相对于基岩深处的绝对挠度值，如图 10－3 所示。若在坝基岩体内（断层带上、下盘）布置多根倒垂线，倒垂线的固定端埋设于断层带的上、下盘处，则可测得断层带上、下盘之间的错动变形和岩体的深部变形。

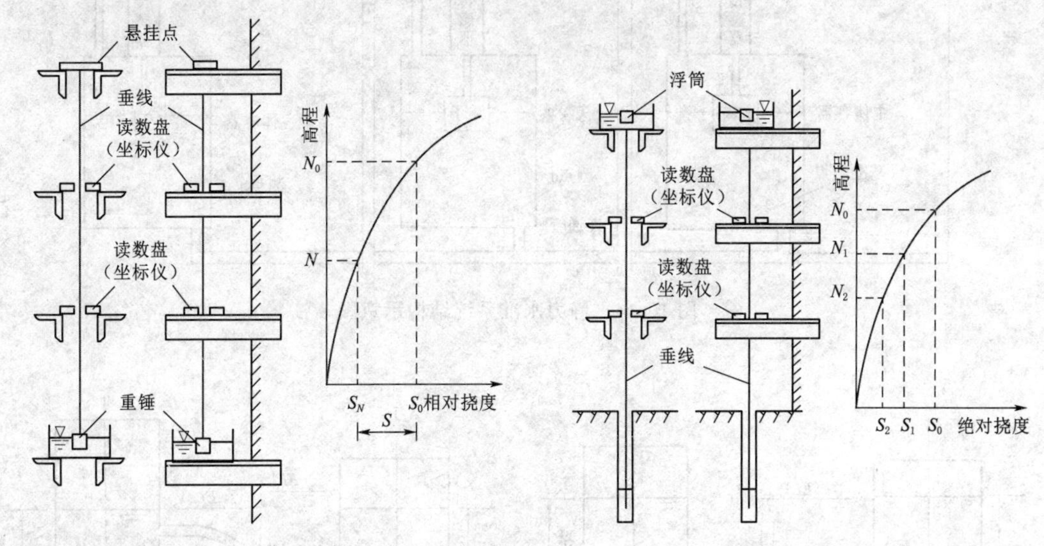

图 10－2　正垂线（一点支承多点观测法）位移计算简图

图 10－3　倒垂线位移计算简图

10.1.1.2　垂直位移

混凝土坝垂直位移监测一般采用几何水准法和液体静力水准系统等技术，其中，静力水准系统可用于大坝、高层建筑物、核电站、地铁等大型建筑物不均匀沉降和倾斜的自动化监测，在此主要介绍静力水准系统的结构型式与工作原理。

1. 结构型式

静力水准系统由主体容器、液体、传感器、浮子、连通管、通气管等部分组成，如图 10－4 所示。主体容器内装有一定高度的液体，连通管用于连接其他静力水准仪测点，并将各测点连成一个连通的液体通道，使主体容器内各测点的液面始终为同一水平面。浮子置于主体容器内，其随水面升降而升降，并将所感应到的液面高度变化传递给安装于主体容器顶部的传感器。

2. 工作原理

静力水准系统的工作原理如图 10－5 所示。容器 1 与容器 2 相互连接，分别安置在测点 A 与测点 B 处，两容器内装有相同的均匀液体（即同类液体并具有相同的参数）。

当初始安装完成，液体完全静止后，两容器内液体的自由表面处于同一水平面上，液体的自由表面高程为 $EL1$，如图 10－5（a）所示。若测点 A 发生了沉降 Δh，测点 B 保持不变，则容器 2 内的部分液体会流向容器 1，并最终达到新的平衡，两容器内液体的自由表面高程变为 $EL2$，如图 10－5（b）所示。容器 1 内的液体高度由 H_1 变为 H_1'，变幅为 $\Delta h_1 = H_1' - H_1$；容器 2 内的液体高度由 H_2 变为 H_2'，变幅为 $\Delta h_2 = H_2' - H_2$。因容器

1 与容器 2 内径相同，则 $|\Delta h_1| = |\Delta h_2|$，故测点 A 的沉降量为 $\Delta h = |\Delta h_1| + |\Delta h_2|$。

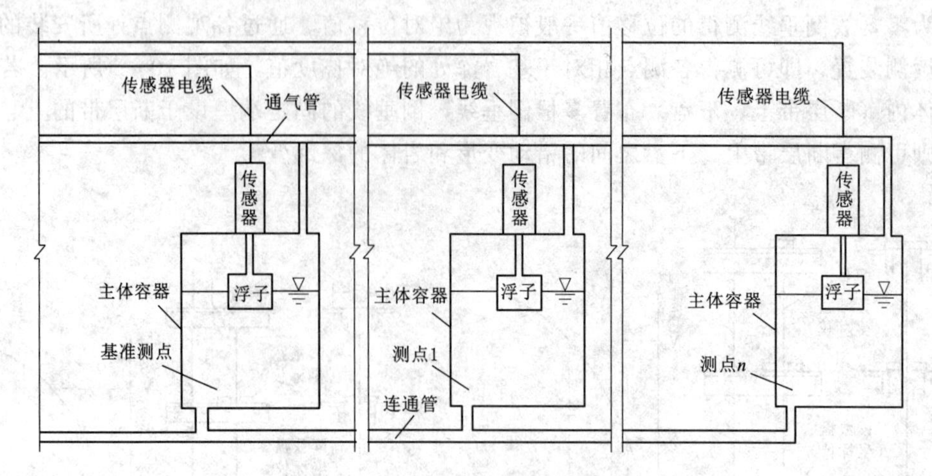

图 10-4　静力水准系统结构示意图

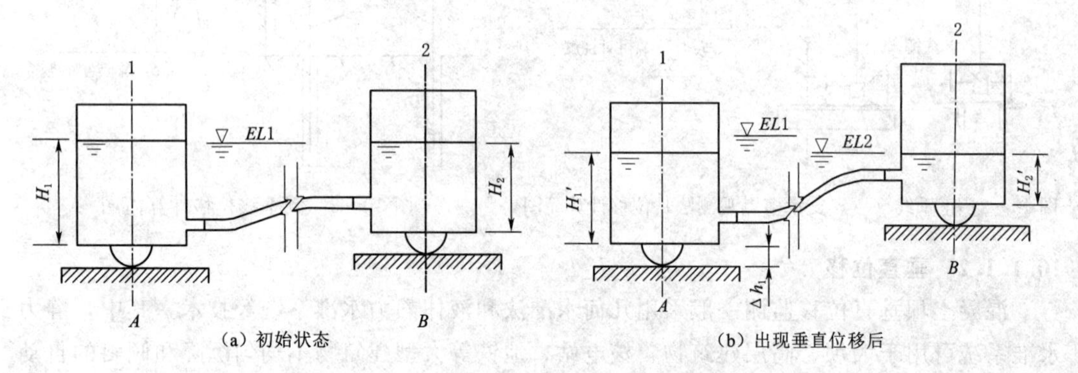

图 10-5　静力水准系统测量工作原理

根据上述原理，可以在水工建筑物及基础内布置多个测点并连成系统，以监测各测点间的相对沉降和倾斜。对于多测点静力水准系统，每个测头均需加接三通接头，使各测点之间的水管连通。多测点静力水准系统中，一般选择一个稳定的不动点作为基准点，以监测其它测点相对该不动点的沉降量。

10.1.2　变形监控统计模型

变形是坝工界公认的最能直观反映混凝土坝综合运行性态的重要观测量，在静水压力、扬压力、泥沙压力与温度等荷载作用下，混凝土坝任一点的变形 δ 可分解为水平位移 δ_x、侧向水平位移 δ_y 和垂直位移 δ_z，如图 10-6 所示。据其成因，混凝土坝变形主要是由静水荷载与温度荷载周期循环作用导致的可逆变形，以及碱骨料反应、冻融循环与节理裂隙发展等可能造成大坝安全裕度降低的时变效

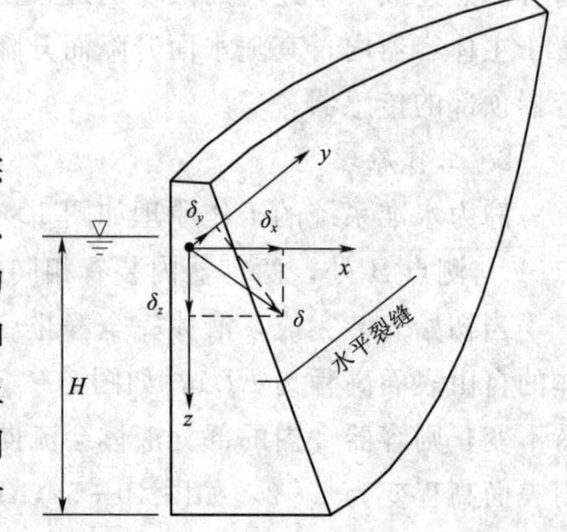

图 10-6　混凝土坝变形及其分解示意图

应导致的不可逆变形组成。因此，混凝土坝变形 δ 及其任一方向位移 δ_x、δ_y 或 δ_z 常由水压分量 δ_H、温度分量 δ_T 和时效分量 δ_θ 三部分组成，即

$$\delta(\delta_x \text{或} \delta_y \text{或} \delta_z)=\delta_H+\delta_T+\delta_\theta \tag{10-1}$$

若大坝下游面有较大范围的水平裂缝，混凝土坝变形尚需考虑裂缝位移分量 δ_J，故式（10－1）可改写为

$$\delta(\delta_x \text{或} \delta_y \text{或} \delta_z)=\delta_H+\delta_T+\delta_\theta+\delta_J \tag{10-2}$$

由式（10－1）和式（10－2）可知，混凝土坝变形及其任一方向位移的成因相同，故下面以水平位移 δ_x 为例详细介绍变形监控模型中各分量解释变量的选择原理和计算公式。

1. 水压分量 δ_H 的数学表达式

水压分量 δ_H 是混凝土坝坝体－坝基系统在库区静水荷载作用下产生的位移，其常由三部分组成：静水压力作用于坝体上产生的内力使坝体变形而引起的位移 δ_{1H}、静水压力作用于地基面上产生的内力使地基变形而引起的位移 δ_{2H}，以及库水重作用下库盘转动而引起的位移 δ_{3H}，如图 10－7 所示。故水压分量 δ_H 可计算为

$$\delta_H=\delta_{1H}+\delta_{2H}+\delta_{3H} \tag{10-3}$$

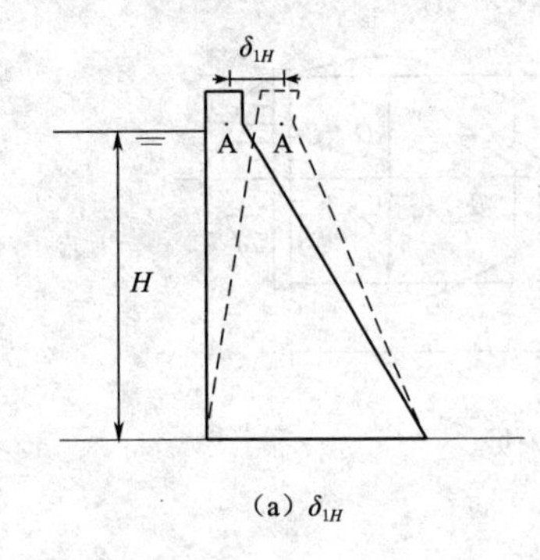

(a) δ_{1H}

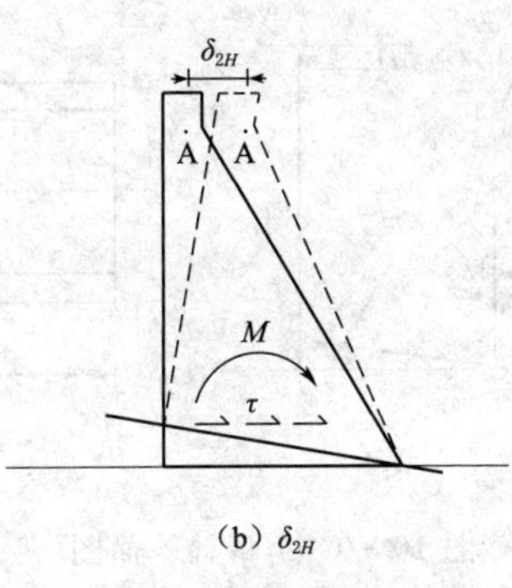

(b) δ_{2H}

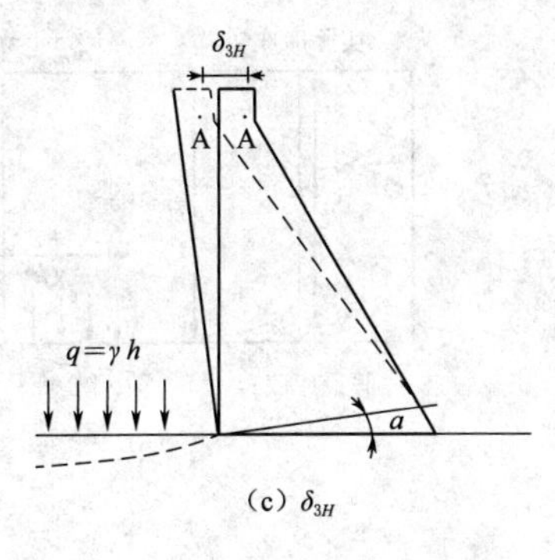

(c) δ_{3H}

图 10－7　水压分量分解示意图

下面分重力坝与拱坝两种坝型，介绍 δ_{1H}、δ_{2H} 与 δ_{3H} 的计算原理。

（1）重力坝。

1）δ_{1H}、δ_{2H} 计算原理。

为简化计算，可将重力坝视为悬臂梁，并将重力坝剖面简化为上游铅直、下游为倾斜面的三角形楔形体，δ_{1H} 与 δ_{2H} 的计算简图如图 10－8 所示。静水压力作用下，坝体和坝基面上产生的内力（M，F_s）使坝体和坝基变形，进而导致测点 A 产生位移。根据工程力学，可推得 δ_{1H} 与 δ_{2H} 的计算公式分别为

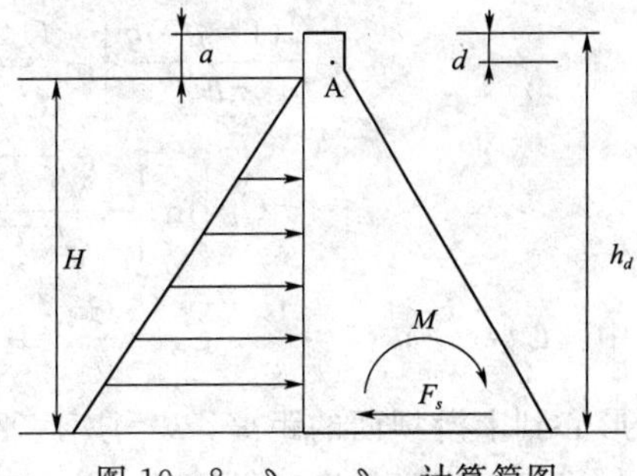

图 10－8　δ_{1H}、δ_{2H} 计算简图

$$\delta_{1H}=\frac{\gamma_0}{E_c m^3}\left[(h_d-d)^2+6(h_d-H)\left(d\ln\frac{h_d}{d}+d-h_d\right)\right.$$
$$\left.+6(h_d-H)^2\left(\frac{d}{h_d}-1+\ln\frac{h_d}{d}\right)-\frac{(h_d-H)^3}{h_d^2 d}(h_d-d)^2\right]$$

$$+\frac{\gamma_0}{G_c m}\left[\frac{h_d^2-d^2}{4}-(h_d-H)(h_d-d)+\frac{(h_d-H)^2}{2}\ln\frac{h_d}{d}\right] \tag{10-4}$$

$$\delta_{2H}=\left[\frac{3(1-\mu_r^2)\gamma_0}{\pi E_r m^2 h_d^2}H^3+\frac{(1+\mu_r)(1-2\mu_r)\gamma_0}{2E_r m h_d}H^2\right](h_d-d) \tag{10-5}$$

式中：γ_0 为水的容重；H 为坝前水深；h_d 为坝段高度；d 为监测点 A 距离坝顶的高度；m 为大坝下游坝坡坡度；$a=h_d-H$；E_c、G_c 分别为坝体混凝土的弹性模量和剪切模量；E_r、μ_r 分别为坝基岩体的变形模量和泊松比。

对于运行期的重力坝，m、h_d 为常数，E_c、G_c、E_r、μ_r 也可视为定值；同时，对特定的监测点而言，d 亦为定值。因此，不难得出，δ_{1H} 与 H、H^2、H^3 以及 δ_{2H} 与 H^2、H^3 之间呈线性关系。

2）δ_{3H} 计算原理。

库水重作用下，库盘的变形会导致坝体产生位移 δ_{3H}。由于库区的地形、地质条件十分复杂，且库盘变形导致的位移主要受靠近坝体处的地基变形影响，为简化计算，可假定靠近坝体区域的库底水平且等宽等，如图 10－9 所示。

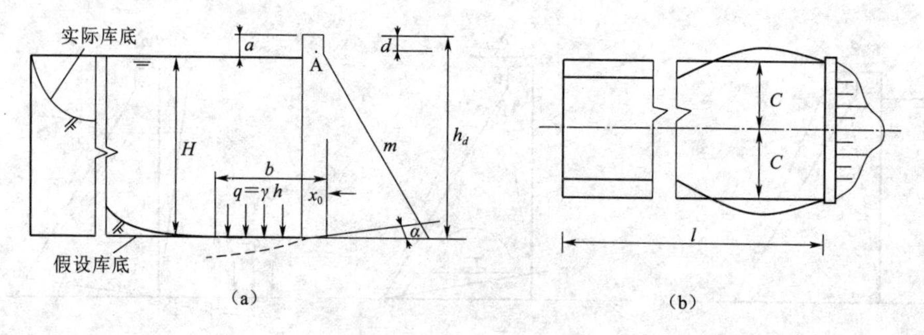

图 10－9　δ_{3H} 计算简图

基于上述假设，可按无限弹性体表面受均匀荷载 $q=\gamma_0 H$ 的作用来求解，据此可得坝踵位置处坝基面转角 α'

$$\alpha'=\frac{2(1-\mu_r^2)q}{\pi E_r}\left\{\ln\frac{C_0+\sqrt{C_0^2+1}}{C_l+\sqrt{C_l^2+1}}+\frac{C_l}{C_b-C_l}\ln\frac{C_b+\sqrt{C_b^2+1}}{C_l+\sqrt{C_l^2+1}}\right.$$
$$\left.+C_b\left[\ln\frac{1+\sqrt{C_b^2+1}}{1+\sqrt{C_l^2+1}}-\ln\frac{C_b}{C_l}\right]\right\} \tag{10-6}$$

式中：$C_0=\dfrac{C}{x_0}$，$C_l=\dfrac{C}{l}$，$C_b=\dfrac{C}{b}$，其中，l 为库区长度，C 为库区宽度的一半，x_0 为大坝形心到上游坝面的距离，b 为库底平坡和变坡转折处的坐标。

当水库库区长度 l 很长时，$C_l\to 0$，则式（10－6）可改写为

$$\alpha'=\frac{2(1-\mu_r^2)q}{\pi E_r}\ln\left(C_0+\sqrt{C_0^2+1}\right) \tag{10-7}$$

考虑到库区基岩内存在渗流力，需将转角 α' 进行修正，修正系数为

$$\eta=\frac{1+\mu_r}{2(1-\mu_r^2)}=\frac{1}{2(1-\mu_r)} \tag{10-8}$$

故可得到坝踵处的转角为

$$\alpha = \eta\alpha' = \frac{(1+\mu_r)q}{\pi E_r}\ln\left(C_0+\sqrt{C_0^2+1}\right) \tag{10-9}$$

进而，库水重作用下库盘转动产生转角所导致的坝体位移为

$$\delta_{3H} = \alpha(h_d - d) = \frac{\gamma_0(1+\mu_r)H}{\pi E_r}\ln\left(C_0+\sqrt{C_0^2+1}\right)(h_d - d) \tag{10-10}$$

由式（10-10）不难看出，δ_{3H} 与 H 呈线性关系。

综上，静水荷载作用下，重力坝水压分量 δ_H 与坝前水深 H、H^2、H^3 呈线性关系，因此，δ_H 的计算公式为

$$\delta_H = \sum_{i=1}^{3} a_i H^i \tag{10-11}$$

式中：a_i 为统计系数。

（2）拱坝。

拱坝由于水平拱与悬臂梁的双向作用，使分配在悬臂梁上的静水荷载 P_a 呈非线性变化。P_a 通常表示为坝前水深 H 的 2 次或 3 次多项式，即

$$P_a = \sum_{i=1}^{2(3)} a_i H^i \tag{10-12}$$

借助重力坝水压分量 δ_H 中 δ_{1H}、δ_{2H} 与 δ_{3H} 三个分量的分析原理，可推得拱坝水压分量 δ_H 中 δ_{1H} 与 H、H^2、H^3、H^4（或 H^5），δ_{2H} 与 H^2、H^3、H^4（或 H^5）以及 δ_{3H} 与 H 之间分别呈线性关系。因此，拱坝水压分量 δ_H 与坝前水深 H、H^2、H^3、H^4（或 H^5）呈线性关系，故可得拱坝水压分量 δ_H 的计算公式为

$$\delta_H = \sum_{i=1}^{4(5)} a_i H^i \tag{10-13}$$

（3）水压分量 δ_H 计算公式。

基于上述重力坝与拱坝水压分量的计算原理，可得混凝土坝水压分量 δ_H 的计算通式为

$$\delta_H = \sum_{i=1}^{n} a_i H^i \tag{10-14}$$

式中：对于重力坝而言，n 取 3；对于拱坝而言，n 取 4 或 5。

2. 温度分量 δ_T 的数学表达式

温度分量 δ_T 是由于坝体混凝土与坝基岩体温度变化引发的热变形。根据温度计的布设情况，混凝土坝温度分量 δ_T 的计算形式主要有以下两种。

（1）根据弹性力学分析可知，在变温作用下，混凝土坝热变形与变温值呈线性关系，故当坝体和基岩内布设了足够数量的温度计时，温度分量 δ_T 可通过各温度计测值计算，即

$$\delta_T = \sum_{i=1}^{m_1} b_i T_i \tag{10-15}$$

式中：b_i 为统计系数；m_1 为温度计支数；T_i 为温度计测值。

以“国之重器”锦屏一级水电站为例，其 35 号坝段埋设有温度计达 161 支之多，此时，若直接采用温度计测值作为温度因子计算温度分量，将显著增加监测数据处理的工作量，并会因引入较多温度因子而导致模型结构复杂。故当温度计支数较多时，可将任一高程处的温度计测值绘制成温度分布图 $OBCA$（$T-x$），并采用与其对 OT 轴的面积矩相等的等效温度 $OBC'A'$（T_e-x）代替，如图 10-10 所示。

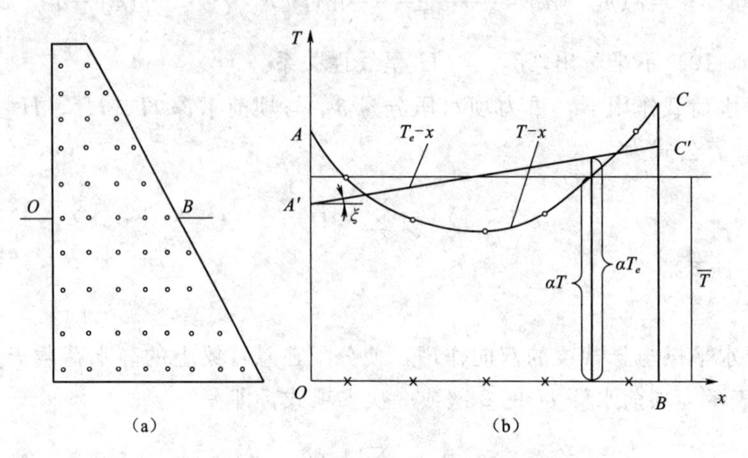

图 10-10 温度计布置与等效温度

等效温度 $OBC'A'$可利用平均温度 $\overline{T}$ 与梯度 $\beta=\tan\xi$ 代替，故温度分量 δ_T 可通过每层温度计等效温度的平均温度 $\overline{T}$ 与梯度 β 计算，即

$$\delta_T=\sum_{i=1}^{m_2}b_{1i}\overline{T}_i+\sum_{i=1}^{m_2}b_{2i}\beta_i \tag{10-16}$$

式中：m_2 为温度计埋设层数；$\overline{T}_i$ 为第 i 层等效温度的平均温度；β_i 为第 i 层等效温度的梯度；b_{1i}、b_{2i} 为统计系数。

(2) 对于运行期水化热已完全散发的混凝土坝，坝体内部混凝土温度场已达到稳定或准稳定温度状态，坝体混凝土任一点的温度随季节转变而变化，因此，温度分量 δ_T 也可用多周期的谐波函数计算，即

$$\delta_T=b_1\sin(s_1)+b_2\cos(s_1)+b_3\sin(2s_1)+b_4\cos(2s_1) \tag{10-17}$$

或

$$\delta_T=b_1\cos(s_2)+b_2\sin(s_2)+b_3\sin^2(s_2)+b_4\sin(s_2)\cos(s_2) \tag{10-18}$$

式中：b_1、b_2、b_3 与 b_4 为统计系数；$s_1=2\pi t/365$，t 为监测日至初始监测日的累计天数；$s_2=2\pi t_1/365.25$，t_1 为监测日至当年 1 月 1 日的累计天数。

3. 时效分量 δ_θ 的数学表达式

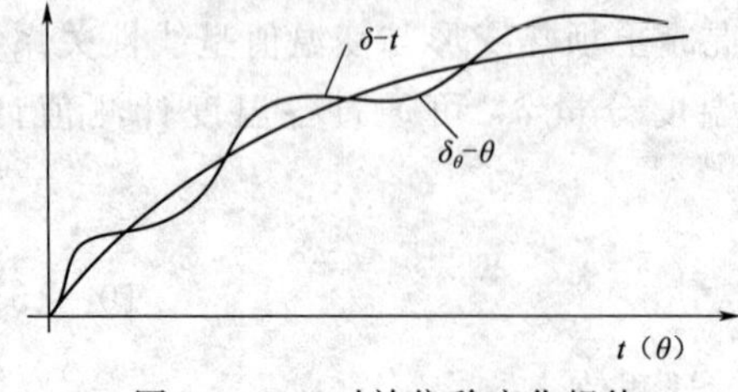

图 10-11 时效位移变化规律

时效分量 δ_θ 的成因异常复杂，其综合反映坝体混凝土和基岩的徐变、塑性变形以及基岩地质构造的压缩变形，同时还包括坝体裂缝引起的不可逆位移以及自生体积变形。一般而言，正常运行的混凝土坝，时效位移（$\delta_\theta-\theta$）的变化规律为初期变化急剧，后期渐趋稳定，如图 10-11

所示。下面介绍时效分量一般变化规律的数学模型及其选择基本原则。

(1) 指数函数型。

设时效位移 δ_θ 随 θ 衰减的速率与残余变形量（$C-\delta_\theta$）成正比，即

$$\frac{d\delta_\theta}{d\theta}=c(C-\delta_\theta) \tag{10-19}$$

其解为

$$\delta_\theta=C[1-\exp(-c\theta)] \tag{10-20}$$

式中：c 为参数；C 为时效位移的最终稳定值；$\theta=t/100$，t 为监测日至初始监测日的累计天数。

(2) 双曲函数型。

当测值较稀疏时，采用上述模型将产生较大误差，此时，δ_θ 可表示为

$$\frac{d\delta_\theta}{d\theta}=C(\xi+\theta)^{-2} \tag{10-21}$$

其解为

$$\delta_\theta=\frac{\xi_1\theta}{\xi_2+\theta} \tag{10-22}$$

式中：ξ_1、ξ_2 为参数。

(3) 多项式型。

将式 (10-20) 展开为幂级数，则 δ_θ 可表示为

$$\delta_\theta=\sum_{i=1}^{m_3}c_i\theta^i \tag{10-23}$$

式中：c_i 为统计系数。

(4) 对数函数型。

将式 (10-20) 用对数表示，则 δ_θ 为

$$\delta_\theta=c\ln\theta \tag{10-24}$$

式中：c 为统计系数。

(5) 指数函数（或对数函数）附加周期项型。

考虑混凝土和岩体的徐变可恢复部分，徐变采用鲍埃丁—汤姆逊模型，并设库水位和温度呈周期函数变化，可得 δ_θ 为

$$\delta_\theta=c(1-e^{-k\theta})+\sum_{i=1}^{2}\left(c_{1i}\sin\frac{2\pi i\theta}{365}+c_{2i}\cos\frac{2\pi i\theta}{365}\right) \tag{10-25}$$

式中：c、k、c_{1i}、c_{2i} 为统计系数。

(6) 线性函数型。

当大坝运行多年后，δ_θ 从非线性变化逐渐过渡为线性变化，因而 δ_θ 可用线性函数可表示为

$$\delta_\theta=\sum_{i=1}^{m_3}c_i\theta_i \tag{10-26}$$

式中：c_i 为统计系数；m_3 为分段数。

由实测资料 $\delta-t$，根据其变化趋势或分离出的时效分量（$\delta-\delta_H-\delta_T$），合理选用上述 δ_θ 的数学形式。一般而言，对于运行期混凝土坝，时效分量 δ_θ 通常可由线性函数与对数函数计算，即

$$\delta_\theta=c_1\theta+c_2\ln\theta \tag{10-27}$$

式中：c_1、c_2 为统计系数。

4. 裂缝位移分量 δ_J 的数学表达式

当运行多年或受地震等极端荷载影响，混凝土坝坝体出现裂缝开合度随环境荷载变化而规律变化的纵缝或水平缝时，需考虑裂缝张开或闭合对变形的影响。裂缝位移分量 δ_J 可采用测缝计的开合度测值加以计算，即

$$\delta_J=\sum_{i=1}^{m_4}d_iJ_i \tag{10-28}$$

式中：d_i 为统计系数；m_4 为测缝计个数；J_i 为裂缝开合度测值，其中，水平位移 δ_x、侧向水平位移 δ_y 和垂直位移 δ_z 分别采用 x、y、z 向的开合度测值。

5. 变形监控统计模型

根据温度因子选取的不同，运行期混凝土坝变形监控统计模型可分为静水-季节-时间（Hydrostatic - Seasonal - Time，HST）和静水-温度-时间（Hydrostatic - Thermal - Time，HTT）模型两大类，其中，HST 模型采用多周期的谐波函数计算温度分量，而 HTT 模型采用温度计测值计算温度分量。相比而言，因 HST 模型结构形式简单，其在实际工程领域中应用最为广泛。结合上述水压分量 δ_H、温度分量 δ_T 和时效分量 δ_θ 计算原理，运行期重力坝变形监控的 HST 模型可具体表述为

$$\begin{aligned}\delta=&\alpha_0+\alpha_1H+\alpha_2H^2+\alpha_3H^3+b_1\sin(s_1)+b_2\cos(s_1)\\&+b_3\sin(2s_1)+b_4\cos(2s_1)+c_1\theta+c_2\ln\theta\end{aligned} \tag{10-29}$$

拱坝变形监控的 HST 模型可具体表述为

$$\begin{aligned}\delta=&\alpha_0+\alpha_1H+\alpha_2H^2+\alpha_3H^3+\alpha_4H^4(+\alpha_5H^5)+b_1\sin(s_1)\\&+b_2\cos(s_1)+b_3\sin(2s_1)+b_4\cos(2s_1)+c_1\theta+c_2\ln\theta\end{aligned} \tag{10-30}$$

式中：α_0 为常数。

10.2 渗流监测技术与统计模型原理

10.2.1 渗流监测技术

混凝土坝渗流监测主要包括坝基扬压力监测、坝体渗透压力监测、渗流量监测、绕坝渗流监测以及渗漏水水质分析等项目。在此，主要介绍坝基扬压力和渗透压力、坝体渗透压力与渗流量的监测技术。

10.2.1.1 坝基扬压力和渗透压力

混凝土坝坝基扬压力和渗透压力监测一般采用渗压计或测压管等监测技术。孔隙水压力计（即渗压计）适用于建筑物基础扬压力、渗透压力、孔隙水压力和水位监测，其一般可分为竖管式、水管式、电测式及气压式等四大类，电测式孔隙水压力计又根据传感器的

不同分为钢弦式、差动电阻式、光纤光栅式、电感式、压阻式和电阻应变片式等。国内水工建筑物中，多采用竖管式、钢弦式和差动电阻式孔隙水压力计。在此，主要介绍钢弦式孔隙水压力计的结构型式与工作原理。

1. 结构型式

钢弦式孔隙水压力计由透水板（体）、承压膜、钢弦、支架、线圈、壳体与传输电缆等组成，如图10-12所示。承压膜是传感器的受力元件，多采用小直径受压膜片结构，膜片厚度取决于量程大小。

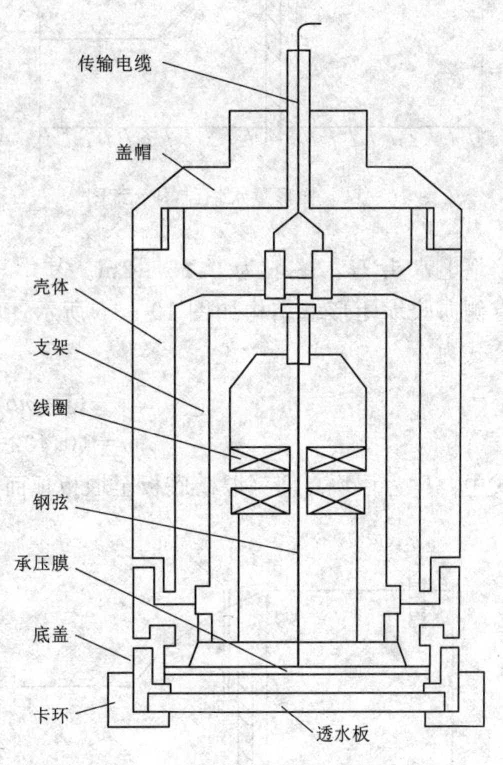

图10-12 钢弦式孔隙水压力计结构示意图

2. 工作原理

钢弦式孔隙水压力计的工作原理是将一根振动钢弦与一灵敏受压膜片相连，当孔隙水压力经透水板传递至仪器内腔作用到承压膜上，承压膜连带钢弦一同变形，测定钢弦自振频度的变化，即可把水压力转化为等同的频率信号进行测读。

10.2.1.2 坝体渗透压力

坝体渗透压力主要反映筑坝混凝土的防渗性能及施工质量。随着常态混凝土质量和筑坝技术的提升，常态混凝土重力坝与坝高不超过200m的常态混凝土拱坝内可不布置渗透压力监测仪器，但对于碾压混凝土坝与坝高超200m的常态混凝土拱坝，原则上应监测坝体渗透压力。坝体渗透压力一般采用渗压计进行监测，在此，对其结构型式与工作原理不再赘述。

10.2.1.3 渗流量

渗流量一般采用量水堰监测。当流量在1～70L/s时，可采用直角三角形堰；当流量在10～300L/s时，可采用梯形堰；当流量大于50L/s时，可采用矩形堰。

1. 结构型式

(1) 直角三角形量水堰结构如图10-13所示，渗流量Q的推荐计算公式为

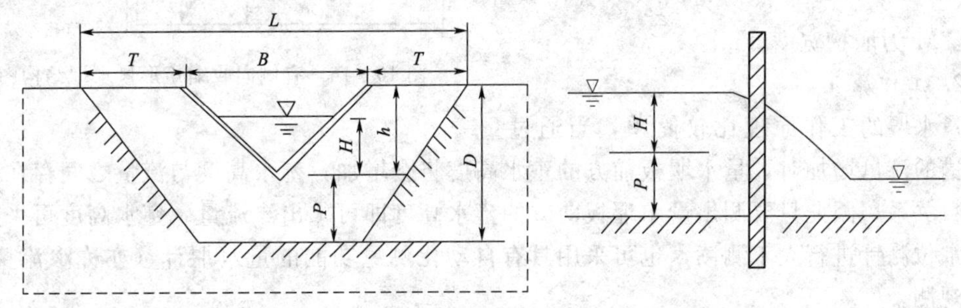

图10-13 直角三角形量水堰结构示意图

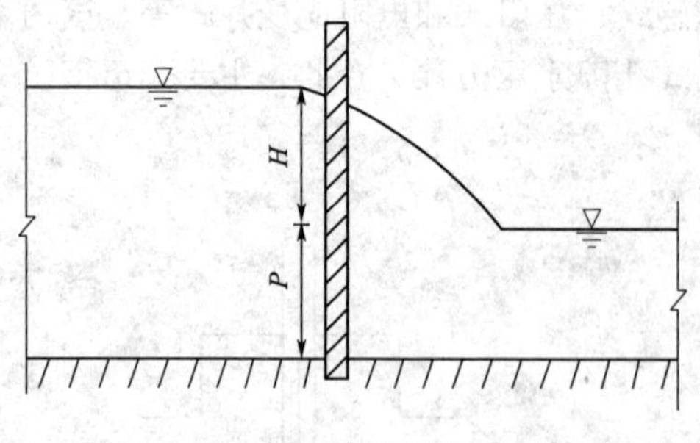

图 10-14 梯形量水堰结构示意图

$$Q=1.4H^{5/2} \tag{10-31}$$

式中：Q 为渗流量，m^2/s；H 为堰上水头，m。

（2）梯形量水堰一般常用 1∶0.25 的侧边坡比，堰坎高度 b 应小于 3 倍堰上水头 H，一般应为 0.25～1.5m，其结构如图 10-14 所示，渗流量 Q 的推荐计算公式为

$$Q=1.86bH^{3/2} \tag{10-32}$$

（3）矩形量水堰的堰坎宽度 b 应为 2～5 倍堰上水头 H，一般为 0.25～2m。其中，无侧向收缩矩形堰结构如图 10-15 所示，有侧向收缩矩形堰结构如图 10-16 所示。无侧向收缩矩形量水堰的流量 Q 的推荐计算公式为

$$Q=mb\sqrt{2g}H^{3/2} \tag{10-33}$$

$$m=(0.402+0.054H/P) \tag{10-34}$$

式中：P 为堰坎高度（堰槽底板至堰板顶面的距离），m。

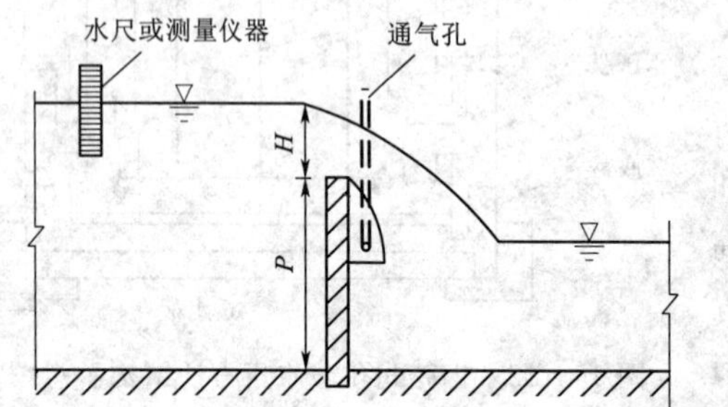

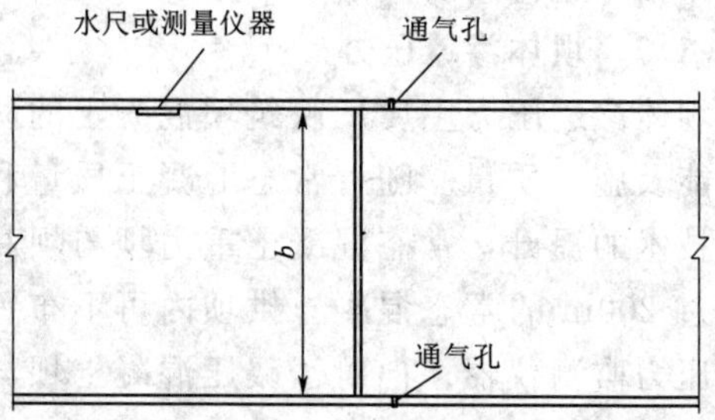

图 10-15 无侧向收缩矩形量水堰结构图

有侧向收缩矩形量水堰流量 Q 的推荐计算公式为

$$Q=\left(0.405+\frac{0.0027}{H}-0.03\frac{M-b}{M}\right)\times\left[1+0.55\left(\frac{b}{M}\right)^2\left(\frac{H}{H+P}\right)^2\right]b\sqrt{2g}H^{3/2} \tag{10-35}$$

式中：M 为堰槽宽度，m。

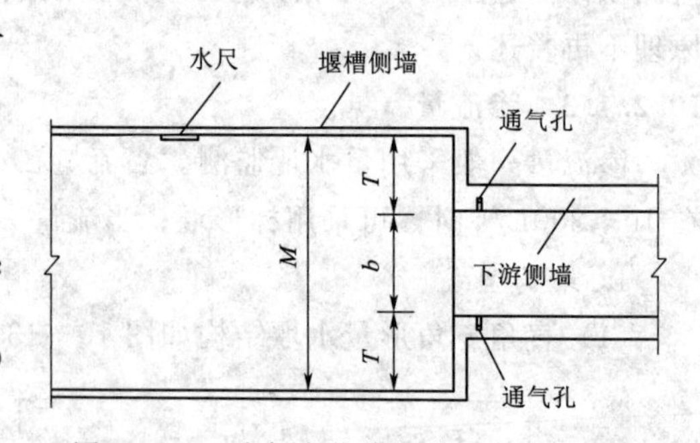

图 10-16 有侧向收缩矩形量水堰结构图

2. 工作原理

量水堰的工作原理比较简单，当通过量水堰槽的流量增加时，量水堰板前方的壅水高度将会增加，壅水高度与流量之间存在一定的函数关系，因此只要测出量水堰板前方的壅水高度即可求出渗流量。壅水高度可采用水尺或水位测针进行人工测读，也可采用具有自动化测量功能的量水堰计（亦称渗流量仪）进行观测。

10.2.2 坝基扬压力监控统计模型

混凝土坝坝基扬压力的监测，一般沿坝轴线在帷幕和排水孔后各布置一排扬压力孔，并选取若干典型坝段布置横向扬压力孔。下面分别阐述扬压力孔水位、帷幕和排水孔后的渗压系数以及横向监测坝基面上总扬压力的统计模型。

1. 扬压力孔水位监控统计模型

实测资料分析表明，坝基扬压力主要受上游水位、下游水位、降雨、基岩温度和时效等因素影响。因此，坝基扬压力 Y 主要由上游水位分量 Y_{Hu}、下游水位分量 Y_{Hd}、降雨分量 Y_p、温度分量 Y_T 和时效分量 Y_θ 组成，即

$$Y=Y_{Hu}+Y_{Hd}+Y_p+Y_T+Y_\theta \tag{10-36}$$

下面分别讨论各分量的计算原理与表达式。

（1）上、下游水位分量 Y_{Hu} 和 Y_{Hd}。

实测资料及渗流理论分析表明，上、下游水位对扬压力影响有一定的滞后效应。上游水位分量 Y_{Hu} 一般可通过监测日前 i 天库水位的均值 $\overline{H}_{ui}$ 作为因子，即

$$Y_H=\sum_{i=1}^{m_1}a_{ui}\overline{H}_{ui} \tag{10-37}$$

式中：a_{ui} 为统计系数；$\overline{H}_{ui}$ 为监测日前 i 天的平均库水位，一般 $i=1,\ 2,\ 5,\ 10,\ \cdots,\ m_1$；$m_1$ 为滞后天数。

由于下游水位变幅小且测值较少，故下游水位分量 Y_{Hd} 常取监测日当天的下游水位测值作为因子，即

$$Y_{Hd}=a_dH_d \tag{10-38}$$

式中：a_d 为统计系数；H_d 为下游水位。

（2）降雨分量 Y_p。

两岸坝段坝基扬压力受到两岸地下水的影响，而地下水除受库水位影响外，也受降雨影响。降雨量与地下水位的关系复杂，它与降雨量和雨型、入渗条件、地形和地质条件等因素有关，且有一定的滞后效应。一般而言，降雨分量 Y_p 可采用前 i 天降雨量的平均值作为因子，即

$$Y_p=\sum_{i=1}^{m_2}d_i\overline{p}_i \tag{10-39}$$

式中：d_i 为回归系数；$\overline{p}_i$ 为监测日前 i 天的平均降雨量，$i=1,\ 2,\ 5,\ 10,\ \cdots,\ m_2$；$m_2$ 为滞后天数。

（3）温度分量 Y_T。

渗流受地基裂隙变化的影响，而裂隙变化又受基岩温度的作用。因基岩温度变化较小，且基本上呈年周期变化，因此，在无实测基岩温度时，温度分量 Y_T 可直接采用多周期的谐波函数计算，即

$$Y_T=b_1\sin(s_1)+b_2\cos(s_1)+b_3\sin(2s_1)+b_4\cos(2s_1) \tag{10-40}$$

式中：各符号意义同式（10-17）。

（4）时效分量Y_θ。

坝前淤积、坝基裂隙的缓慢变化以及防渗体的防渗效应变化等因素都将影响坝基的渗流状况。时效分量Y_θ一般规律是在蓄水初期或某一工程措施开展初期变化较快，而后随时间的增长渐趋平稳，其一般计算为

$$Y_\theta = c_1\theta + c_2\ln\theta \tag{10-41}$$

式中：c_1与c_2为统计系数；$\theta=t/100$，t为监测日至蓄水初期或工程措施初期开始的累计天数。

（5）坝基扬压力孔水位监控统计模型。

综上所述，混凝土坝坝基扬压力孔水位监控统计模型可具体表征为

$$\begin{aligned} Y = a_0 + \sum_{i=1}^{m_1} a_{ui}\overline{H}_{ui} + a_d H_d + \sum_{i=1}^{m_2} d_i \overline{p}_i + b_1\sin(s_1) \\ + b_2\cos(s_1) + b_3\sin(2s_1) + b_4\cos(2s_1) + c_1\theta + c_2\ln\theta \end{aligned} \tag{10-42}$$

式中：a_0为常数。

2. 坝基渗压系数监控统计模型

在设计中，常采用渗压系数α_1与α_2控制扬压力，如图10-17所示。其中，α_1为帷幕后的渗压系数，其反映帷幕的防渗效应；α_2为排水后的渗压系数，其反映排水效应。渗压系数α的计算公式为

$$\alpha = \frac{H_i - H_d}{H_u - H_d} \tag{10-43}$$

式中：H_i为帷幕或排水后扬压力孔的水位测值；H_u为上游水位；H_d为下游水位，若下游坝基面高程高于下游水位，则H_d取下游坝基面高程。

根据上游水位、下游水位与基岩高程、扬压力孔水位测值，利用式（10-43）求得α_1与α_2后，可结合式（10-42）建立渗压系数的监控统计模型。

3. 坝基面的总扬压力统计模型

为掌握沿坝基面上的总扬压力，在某些典型坝段中会布置3个以上的测压孔，如图10-18所示。总扬压力U的计算公式为

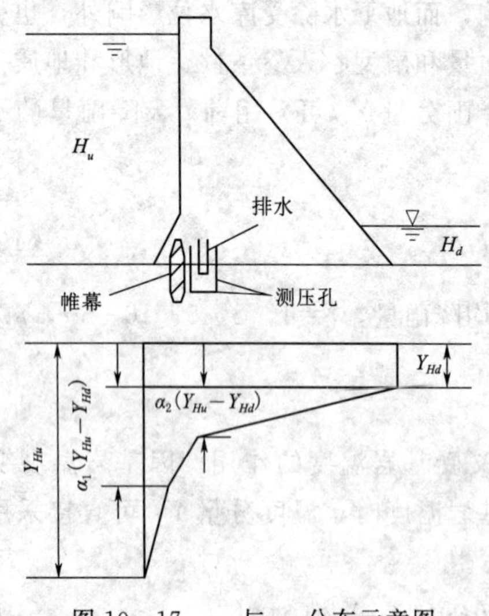

图10-17　α_1与α_2分布示意图

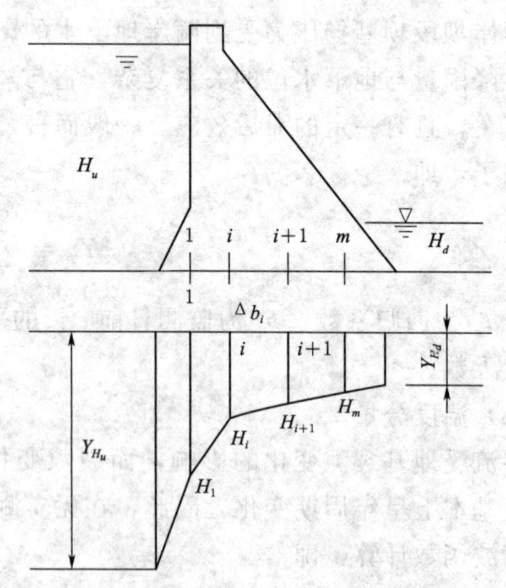

图10-18　坝基总扬压力示意图

$$U=\sum_{i=0}^{m+1}\frac{(H_i+H_{i+1})}{2}\Delta b_i \tag{10-44}$$

式中：m 为测压孔个数；H_i 为第 i 支测压孔的水位，其中，坝踵和坝趾处分别取上、下游水位，即 $H_0=H_u$，$H_{m+1}=H_d$；Δb_i 为两测压孔之间的距离。

根据上游水位、下游水位与基岩高程、扬压力孔水位测值，利用式（10－44）求得 U 后，可结合式（10－42）建立坝基面上总扬压力的监控统计模型。

10.2.3　坝体渗压监控统计模型

实测资料分析表明，混凝土坝坝体渗压值主要受水压、温度和时效等因素影响，即

$$P=P_H+P_T+P_\theta \tag{10-45}$$

式中：P_H 为库水位变化引起的渗透压力；P_T 为温度变化引起的渗透压力；P_θ 为渗透压力传递与消散引起的时效分量。

散粒体在水头作用下的浸润线方程与 H 的一次方有关，而混凝土材料渗透系数较小，骨料级配与散粒体也有所不同，其渗透方程也比较复杂。因此，库水位变化引起的渗透压力除与坝前水深的一次方有关外，可能还与其更高次方有关，故 P_H 常计算为坝前水深的四次多项式。温度变化引起的渗透压力与混凝土温度呈线性关系，时效分量与坝基扬压力时效分量计算形式相同。因此，混凝土坝坝体渗压监控统计模型为

$$P=a_0+\sum_{i=1}^{4}a_iH^i+a_5T+b_1\theta+b_2\ln\theta \tag{10-46}$$

式中：a_0 为常数；a_i、a_5、b_1 与 b_2 为统计系数；H 为坝前水深；T 为混凝土温度；$\theta=t/100$，t 为监测日至初始监测日的累计天数。

10.2.4　渗流量监控统计模型

混凝土坝的渗流量包括坝体和坝基的渗流量，其主要受上、下游水深以及温度和时效等因素影响，混凝土坝渗漏量监控的统计模型为

$$Q=Q_{H1}+Q_{H2}+Q_T+Q_\theta \tag{10-47}$$

式中：Q_{H1}、Q_{H2} 为上、下游水深分量；Q_T 为温度分量；Q_θ 为时效分量。

下面分别讨论各分量的计算原理与表达式。

1. 上、下游水深分量 Q_{H1} 与 Q_{H2}

实测资料分析表明，坝基渗漏量与上游水深的一次方、二次方和下游水深的一次方有关。同时，上游水深对渗漏量有一定滞后效应。因此，上游水深分量 Q_{H1} 的表达式为

$$Q_{H1}=\sum_{i=1}^{2}a_{ui}H_1^i+\sum_{i=1}^{m_1}b_{ui}\overline{H}_{1i} \tag{10-48}$$

下游水深分量 Q_{H2} 的表达式为

$$Q_{H2}=b_dH_2 \tag{10-49}$$

式中：a_{ui}、b_{ui} 与 b_d 为统计系数；H_1、H_2 为监测日的上、下游水深；$\overline{H}_{1i}$ 为监测日前 i 天的平均上游水深，一般 $i=1$，2，5，10，…，m_1；m_1 为滞后天数。

2．温度分量 Q_T

坝体混凝土和坝基的温度变化会导致结构面（如坝体裂缝和坝基节理裂隙）的缝隙开合度变化，从而引起渗漏量的变化。对于运行期水化热已完全散发的混凝土坝，坝体和基岩的温度呈现准稳定温度。因此，温度分量 Q_T 可采用多周期的谐波函数计算，即

$$Q_T=b_1\sin(s_1)+b_2\cos(s_1)+b_3\sin(2s_1)+b_4\cos(2s_1) \tag{10-50}$$

式中：各符号含义同式（10-17）。

3．时效分量 Q_θ

随运行时间的增长，坝前淤积逐渐增多，坝基帷幕的防渗效应逐渐衰减，会导致渗漏量的变化。时效分量 Q_θ 一般可计算为

$$Q_\theta=c_1\theta+c_2\ln\theta \tag{10-51}$$

式中：c_1 与 c_2 为统计系数；$\theta=t/100$，t 为监测日至蓄水初期或起测日的累计天数。

4．渗流量监控统计模型

综上所述，混凝土坝渗流量的统计模型为

$$Q=a_0+\sum_{i=1}^{2}a_{ui}H_1^i+\sum_{i=1}^{m_1}a_{ui}\overline{H}_{1i}+a_dH_2+b_1\sin(s_1)+b_2\cos(s_1)$$
$$+b_3\sin(2s_1)+b_4\cos(2s_1)+c_1\theta+c_2\ln\theta \tag{10-52}$$

式中：a_0 为常数。

10.3 应力应变监测技术与统计模型原理

10.3.1 应力应变监测技术

混凝土坝内应力观测监测的主要目的是为了解坝体应力的实际分布与变化情况，寻求最大应力的位置、大小和方向，以便估计结构的安全程度。长期以来，混凝土应力应变的监测主要是利用应变计观测混凝土应变，再通过力学计算求得混凝土应力分布，因此，混凝土坝应力应变监测的重要手段是应变计。此外，无应力计既可作为扣除应变计组中非荷载因素的混凝土应力应变，又可作为混凝土自生体积变形的监测载体，其常与应变计组配套使用。应变计、应变计组按传感器类型可分为差动电阻式应变计、钢弦式应变计、电阻式应变计、电感式应变计、光纤光栅式应变计等型式。在此，主要介绍国内应用最广的差动电阻式应变计的结构型式和工作原理。

1．结构型式

差动电阻式应变计主要由电阻传感器元件、密封壳体和引出电缆三部分组成，如图 10-19 所示。电阻传感元件由两组差动电阻钢丝、高频绝缘瓷子和两根方铁杆组成。传感元件外部构成一个可以伸缩密封的中性油室，内部灌满不含水分的中性油，以防钢丝氧化生锈，同时在钢丝通电发热时，也起到吸收热量的作用，以使测值稳定。

应变计组由一个应变计支架（多向）和多支应变计组成，用以监测混凝土的空间应力状态，常见的有两向应变计组、三向应变计组、五向应变计组、七向应变计组和九向应变计组等。每组应变计组附近常配套埋设一支无应力计，用于消除温度、湿度、水化热、蠕

变等对混凝土变形的影响。

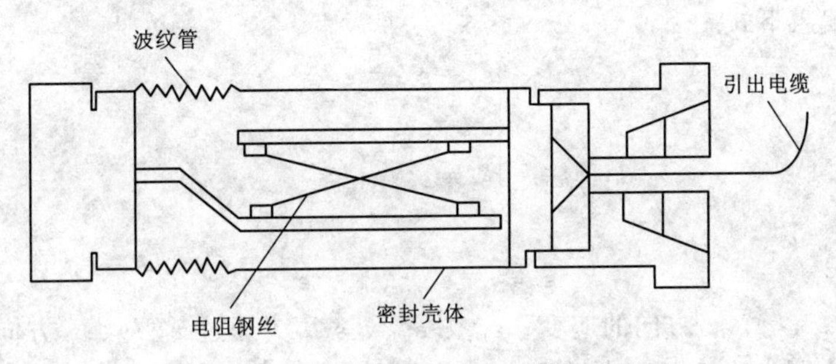

图 10-19 差动电阻式应变计结构示意图

2. 工作原理

当差动电阻式应变传感器所处的环境温度不变而受到轴向变形时，或者当传感器两端标距不变而温度变化时，电阻比与应变均具有线性关系，且温度的变化与传感器内部电阻值的变化具有线性关系。因此，应变计受变形和温度双重作用的影响可以通过测量差动电阻式应变计的电阻值和电阻比测出，从而计算出混凝土的应变量。

10.3.2 实测应变计算

不受外力作用的混凝土，其体积将由于温度和湿度的变化以及水泥的水化作用而不断变化，即自由体积变形，其可由无应力计仪器测量。混凝土自由体积变形包括三部分，即混凝土自生体积变形、混凝土温度变形及混凝土湿度变形，即

$$\varepsilon_0=G(t)+\alpha_c\Delta T_0+\varepsilon_w \tag{10-53}$$

式中：$G(t)$ 为混凝土自生体积变形，由水泥水化作用或其他一些未知因素引起；$\alpha_c\Delta T_0$ 为混凝土的温度变形，α_c 为温度线膨胀系数，ΔT_0 为温度变化量；ε_w 为湿度变化引起的变形，其常合并至 $G(t)$ 中考虑。

在大体积混凝土中 ε_0 不可能自由发生，由于周围混凝土或其它边界的约束而受到限制引起了内部应力。因此，混凝土内部任一点的总应变 ε_m 可表示为

$$\varepsilon_m=\lambda G(t)+\beta a_c\Delta T_0+r\varepsilon_w+\varepsilon_f \tag{10-54}$$

式中：λ、β、r 为小于 1 或等于 1 的系数；ε_f 为应力引起的应变。

将式（10-53）代入式（10-54），则有

$$\varepsilon_m=-[(1-\lambda)G(t)+(1-\beta)a_c\Delta T_0+(1-r)\varepsilon_w]+\varepsilon_f+\varepsilon_0=\varepsilon+\varepsilon_0 \tag{10-55}$$

故

$$\varepsilon=\varepsilon_m-\varepsilon_0 \tag{10-56}$$

式（10-55）表示混凝土内一点的总应变包含两部分：一部分是荷载和内部约束引起的应变，称为应力应变；一部分是自由体积变形引起的应变，称非应力应变。因此，计算应变时，应根据式（10-56）从总应变中减去非应力应变，才为应力产生的应变。

无应力计测出的自由体积变形中，温度变形是不难求得的，只需准确测定温度线膨胀系数 α_c 即可。但 $G(t)$ 和 ε_w 不易准确定量且难以区分，混凝土含水量的多少，水分是否能连续补给，都会对 $G(t)$ 产生重大影响，且各部位混凝土的力学性质亦不同。因此，每

一个应变计组附近应在同样温度条件下设置专用的无应力计，其测值作为该点应力计算的自由体积变形代入下式

$$\begin{cases}\varepsilon_x=\varepsilon_{mx}-\varepsilon_0\\ \varepsilon_y=\varepsilon_{my}-\varepsilon_0\\ \varepsilon_z=\varepsilon_{mz}-\varepsilon_0\end{cases} \tag{10-57}$$

或简写为

$$\varepsilon_{x,y,z}=\varepsilon_{mx,my,mz}-\varepsilon_0 \tag{10-58}$$

式中：$\varepsilon_{x,y,z}$ 为 x、y、z 方向的应变；ε_{mx}、ε_{my}、ε_{mz} 为通过 x、y、z 方向的应变计资料算得的值；ε_0 为测点附近无应力计测出的应变值。

根据试验资料，一般认为混凝土同一测点的温度线膨胀系数 α_c 是变化不大的常数，实际上由于混凝土的不均匀性及温度变化，该系数也可能随龄期和测点位置有所改变。同时，因大体积混凝土内湿度的变化不大，对自生体积变形 $G(t)$ 影响较小，故一般认为 ε_w 可以忽略，$G(t)$ 随时间单调变化。基于这些假定可得到无应力计资料的计算方法，具体步骤如下：

步骤 1：绘制电阻比、温度过程线

在过程线中检查测值的误差，对过失误差或粗差的测值，分析误差原因加以修正；初步进行修匀。

步骤 2：选择基准时间和基准值

同一时间埋设的应变计和无应力计选择同一基准时间，所谓基准时间即仪器在混凝土内开始工作的时间。对应于基准时间的测值称为基准值。

初步确定基准时间可以用混凝土终凝时间作为基准时间。因混凝土终凝后具有一定弹性模量，能带动仪器共同工作，终凝时间与水泥品种、浇筑温度和气温等因素有关，一般为 12～24h。终凝后测值不再跳动，电阻比和温度能够对应变化。

对应变计组资料误差检验后需重新确定基准时间，以进一步计算。

步骤 3：计算混凝土温度线膨胀系数 α_c 和 $G(t)$

(1) 计算 α_c。

在无应力计过程线上选取后期自生体积变形较稳定的降温段或其他温度梯度很大的时段，忽略自生体积变形的变化，即认为 $G(t)=c$，绘制 $T-\varepsilon_0$ 关系曲线，如图 10-20 所示。α_c 取近似于直线的斜率，即

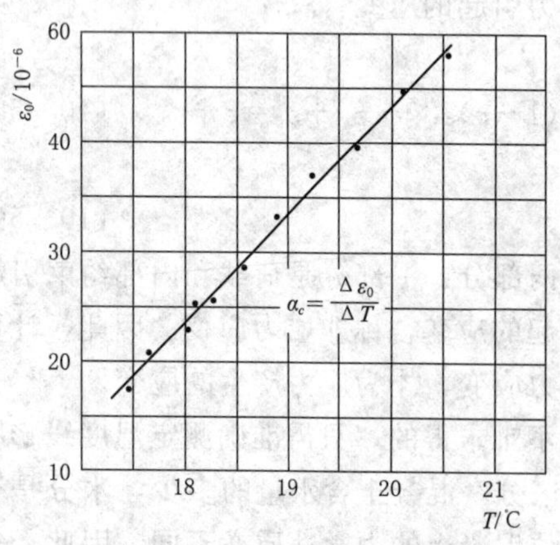

图 10-20　无应力计资料计算

$$\alpha=\frac{\Delta\varepsilon_0}{\Delta T_0} \tag{10-59}$$

式中：$\Delta\varepsilon_0$ 为曲线上两端点无应力计实测应变增量；ΔT_0 为曲线两端点无应力计温度增量。如果选取时段较多，可采用最小二乘法求解 α_c。

(2) 计算 $G(t)$。

求得 α_c 后，$G(t)$ 可计算为

$$G(t)=f_0\Delta Z_0+(b-\alpha_c)\Delta T_0 \tag{10-60}$$

式中：f_0 为无应力计的灵敏度；ΔZ_0 为无应力计的电阻比；b 为无应力计的温度补偿值。

当无应力计的温度和工作应变计组的温度不同时，直接将同一测次的无应力计资料代入式（10-56），按下式计算出与工作应变计组温度相同的无应力计资料

$$\varepsilon_{01}=\alpha_c\Delta T_1+G(t) \tag{10-61}$$

式中：ΔT_1 为工作应变计的温度增量；α_c、$G(t)$ 由无应力计资料求解。

混凝土自由体积变形是一个非常复杂的问题，考虑到混凝土的不均匀性，用个别无应力计的资料来计算整个混凝土坝的应变计的自由体积变形是不合理的，一般而言，需利用应变计组附近相同温度与湿度条件下，并在同一混凝土中的无应力计的测值来计算。

10.3.3 实际应力计算

实际应力通常采取近似计算公式加以计算，即

$$\begin{cases}\sigma_x=E\left\{\dfrac{1}{(1+\mu)(1-2\mu)}[(1-\mu)\varepsilon_x+\mu(\varepsilon_y+\varepsilon_z)]\right\}\\ \sigma_y=E\left\{\dfrac{1}{(1+\mu)(1-2\mu)}[(1-\mu)\varepsilon_y+\mu(\varepsilon_z+\varepsilon_x)]\right\}\\ \sigma_z=E\left\{\dfrac{1}{(1+\mu)(1-2\mu)}[(1-\mu)\varepsilon_z+\mu(\varepsilon_x+\varepsilon_y)]\right\}\end{cases} \tag{10-62}$$

令

$$\begin{cases}\varepsilon_x'=\dfrac{1}{(1+\mu)(1-2\mu)}[(1-\mu)\varepsilon_x+\mu(\varepsilon_y+\varepsilon_z)]\\ \varepsilon_y'=\dfrac{1}{(1+\mu)(1-2\mu)}[(1-\mu)\varepsilon_y+\mu(\varepsilon_z+\varepsilon_x)]\\ \varepsilon_z'=\dfrac{1}{(1+\mu)(1-2\mu)}[(1-\mu)\varepsilon_z+\mu(\varepsilon_x+\varepsilon_y)]\end{cases} \tag{10-63}$$

式中：μ 为混凝土泊松比。

计入自由体积的影响，将式（10-58）代入式（10-63）得到

$$\begin{cases}\varepsilon_x'=\dfrac{\varepsilon_{mx}}{1+\mu}+\dfrac{\mu}{(1+\mu)(1-2\mu)}(\varepsilon_{mx}+\varepsilon_{my}+\varepsilon_{mz})-\dfrac{\varepsilon_0}{1-2\mu}\\ \varepsilon_y'=\dfrac{\varepsilon_{my}}{1+\mu}+\dfrac{\mu}{(1+\mu)(1-2\mu)}(\varepsilon_{mx}+\varepsilon_{my}+\varepsilon_{mz})-\dfrac{\varepsilon_0}{1-2\mu}\\ \varepsilon_z'=\dfrac{\varepsilon_{mz}}{1+\mu}+\dfrac{\mu}{(1+\mu)(1-2\mu)}(\varepsilon_{mx}+\varepsilon_{my}+\varepsilon_{mz})-\dfrac{\varepsilon_0}{1-2\mu}\end{cases} \tag{10-64}$$

称 ε_x'、ε_y'、ε_z'为单轴应变，则式（10-62）可写为

$$\sigma_{x,y,z}=E\cdot\varepsilon_{x,y,z}' \tag{10-65}$$

将三向应力计算简化为单向应力计算，如果只计算微小时段内的徐变应力增量时，只

要采取有效弹性模量 E_s 代替瞬时弹性模量 E，即可用式（10－65）来计算，$\varepsilon'_{x,y,z}$ 采用该时段内的应变增量。

对于长时段混凝土内的实际应力计算，需要运用叠加原理将微小时段的徐变应力叠加。具体运算过程有两种做法：一是直接利用徐变试验求得的变形资料进行计算，称为变形法；二是首先利用徐变资料算出松弛系数，再用松弛系数来计算应力，称为松弛系数法。

1. 变形法

首先将实测应变资料经过计算，绘制成单轴应变过程线（或列表），将全部应变过程划分为几个时段，时段可以是等间距的也可以是不等间距的。早期应力增量较大，时段应划分较细，后期应力变化不大，时段可划分稍粗。将徐变资料进行计算，按每一时段的开始龄期 τ_0，τ_1，…，τ_{n-1} 绘制成总变形过程线，或制成相应于应力作用龄期之后的各时段中点龄期的有效弹模表，供进一步计算使用。

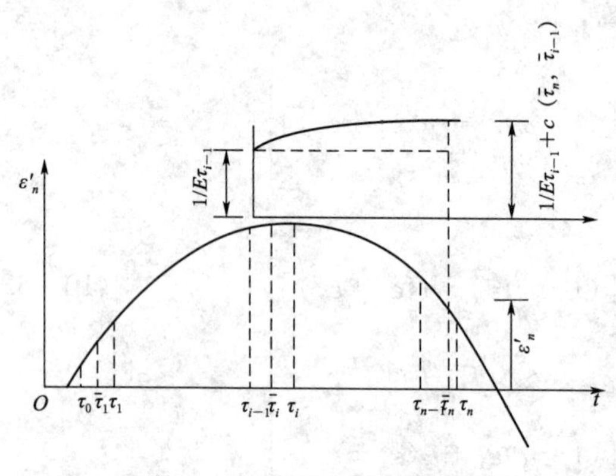

图 10－21　变形法计算原理

由徐变概念可以得知，某一时刻的实测应变不仅包含该时刻弹性应力增量引起的弹性应变，而且包含在此之前所有应力引起的总变形，如图 10－21 所示。τ_{i-1}—τ_i 时段应力增量 $\Delta\sigma_i$ 引起的总变形，将包含在 τ_{n-1}—τ_n 时段的应变 ε'_n 中，因此，计算这一时段的应变增量时应予以扣除。

计算时段之前的总变形影响值称为“承前应变”，用 ε 表示，其数学表达式为

$$\varepsilon=\int_{\tau_0}^{t}\frac{\mathrm{d}\sigma(\tau)}{\mathrm{d}\tau}\left[\frac{1}{E(\tau)}+\delta(t,\tau)\right]\mathrm{d}\tau \tag{10-66}$$

实际计算中，常采用以下的近似式计算

$$\varepsilon=\sum_{i=1}^{n-1}\Delta\sigma_i\left[\frac{1}{E(\tau)}+c(\bar{\tau}_n,\tau_i)\right] \tag{10-67}$$

式中：$\bar{\tau}_n$ 为时段中点的龄期，$\bar{\tau}_n=\dfrac{\tau_{n-1}+\tau_n}{2}$。

在 τ_n 的应力增量应为

$$\Delta\sigma_n=E_s(\bar{\tau}_n,\tau_{n-1})\left\{\varepsilon'_n(\bar{\tau}_n)-\sum_{i=1}^{n-1}\Delta\sigma_i\left[\frac{1}{E(\tau_i)}+c(\bar{\tau}_n,\bar{\tau}_i)\right]\right\} \tag{10-68}$$

式中：$E_s(\bar{\tau}_n,\tau_{n-1})$ 为以 τ_{n-1} 为加荷龄期，持续到 $\bar{\tau}_n$ 的总变形的倒数，即 $\bar{\tau}_n$ 时刻 $\Delta\sigma_n$ 的有效弹性模量；$\varepsilon'_n(\bar{\tau}_n)$ 为单轴应变过程线上，$t=\bar{\tau}_n$ 时刻的单轴应变值。

在 $\bar{\tau}$ 时刻的混凝土实际应力为

$$\sigma_n=\sum_{i=0}^{n-1}\Delta\sigma_i+\Delta\sigma_n=\sum_{i=0}^{n}\Delta\sigma_i \tag{10-69}$$

2. 松弛系数法

在内外力作用下，如果某一混凝土体应变保持不变，由于混凝土的徐变性能将使相应的应力逐渐降低，称为应力松弛，可表示为

$$\sigma(t)=\sigma_0 K_p(t,\tau_0) \tag{10-70}$$

式中：$K_p(t,\tau_0)$ 为松弛系数，是由徐变曲线算得的松弛曲线的纵坐标；σ_0 为初始应力，在 $t=\tau_0$ 时开始作用于混凝土体的应力。

松弛系数法计算原理如图 10-22 所示。松弛曲线和徐变变形曲线相似，其也是混凝土龄期和荷载作用时间的函数，在进行实际应力计算之前，首先需求出与计算中划分时段相应龄期的松弛曲线。松弛曲线可计算为

$$\varepsilon_x(t)=\frac{\sigma_x(\tau_1)}{E(\tau_1)}+\sigma_x(\tau_1)c(t,\tau_1)+\int_{\tau_1}^{t}\frac{\mathrm{d}\sigma_x(\tau)}{\mathrm{d}\tau}\left[\frac{1}{E(\tau)}+c(t,\tau)\right]\mathrm{d}\tau \tag{10-71}$$

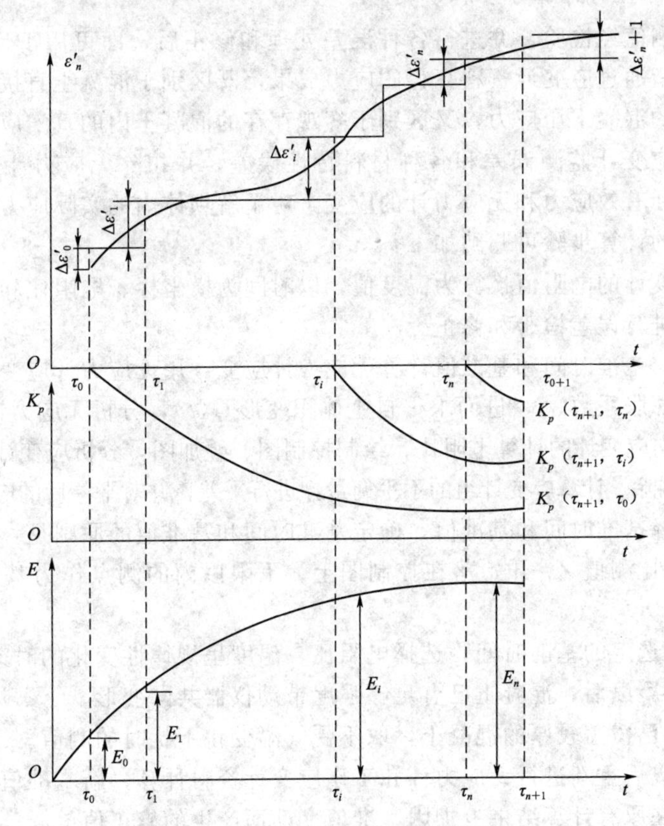

图 10-22　松弛系数法计算原理

即
$$\varepsilon_x(t)-\varepsilon_x(\tau_1)=\sigma_x(\tau_1)c(t,\tau_1)+\int_{\tau_1}^{t}\frac{\mathrm{d}\sigma_x(\tau)}{\mathrm{d}\tau}\left[\frac{1}{E(\tau)}+c(t,\tau)\right]\mathrm{d}\tau \tag{10-72}$$

根据假定，应变为常量，即 $\varepsilon_x(t)=\varepsilon_x(\tau_1)$。令 $\dfrac{\sigma_x(\tau)}{\sigma_x(\tau_1)}=K_p(t,\tau)$，则式（10-72）变为

$$c(t,\tau_1)+\int_{\tau_1}^{t}\frac{\partial K_p(t,\tau)}{\partial\tau}\left[\frac{1}{E(\tau)}+c(t,\tau)\right]\mathrm{d}\tau=0 \tag{10-73}$$

求解式（10－73）即得初始应力为0.1MPa作用下的应力松弛曲线的表达式。通常可用近似计算或图解法，从徐变试验资料推求。

求得松弛系数后，混凝土内的实际应力可计算为

$$\sigma_n=\sum_{i=0}^{n}\Delta\varepsilon'_i\cdot E(\tau_i)\cdot K_p(\tau_{n+1},\tau) \tag{10-74}$$

式中：σ_n 为 n 时段的混凝土的实际应力；$\Delta\varepsilon'_i$ 为第 i 时段单轴应变增量；$E(\tau_i)$ 为第 i 时段的瞬时弹模；$K_p(\tau_{n+1},\tau)$ 为第 i 时段的松弛曲线上在 τ_{n+1} 时刻的数值。

需要指出的是，这两种方法虽然计算过程有差别，其实质是一样的，而且都必须具备各龄期完整的徐变试验资料。实际工作中，不可能进行与计算时段相应的各个龄期的徐变试验，通常只进行五个龄期或稍多几个龄期的徐变试验，其它龄期的徐变试验资料可用内插外延方法推算得到。

3. 混凝土实际应力计算方法和步骤

应变计组的测值经检验，并进行各种误差处理和修正后，即可用于计算混凝土应力。所谓实际应力是指通过应变计资料算得的应力成果，既区别于混凝土直接测量的应力，如用压应力计测量的混凝土压应力，又区别于客观存在的混凝土内的真实应力（应力真值）。实际应力是带有应变计监测误差和各种材料特性误差，并扣除无应力计测值而计算的应力，分别研究实际有效应力和无应力计的应变，对了解坝体内的实际应力状态具有重要的意义。实际应力的计算步骤可归纳如下：

（1）将各温度计的电阻值换算为温度值，以时间为横坐标、电阻比和温度值为纵坐标绘制过程线，并进行误差检验和修正。

（2）初步选定基准时间和基准值计算无应力计应变，用无应力计应变和温度相关线求得混凝土温度线膨胀系数 α_c，进而求得自生体积变形 $G(t)$，分析无应力计的可靠性。

（3）计算各支应变计的计算电阻比，绘制控制图、叠加图，分析应变计组资料的系统误差并加以修正或删除。计算应变计组的不平衡量，进行平差，并对平差后的应变过程线修匀。

（4）重新选择基准时间和基准值，确定基准时间和基准值的原则是：

1）选择电阻比测值 Z_T 开始落在控制图上、下限以内的测点作为基准值，以相应的时间为基准时间。

2）参照初期选定的基准时间，选择电阻比、温度呈规律性变化的时刻。

3）混凝土终凝以后，混凝土已有足够强度带动仪器共同变形。

4）仪器上部已覆盖较厚的混凝土，取不受气温变化干扰时的测值。

选定基准值以后重新进行无应力计和工作应变计资料计算，新基准值和初期选定基准值不同时，只需在原有计算结果上加因基准值变动而产生的修正值。

5）计算单轴应变。

从处理后的电阻比、温度过程线上取得各测次的电阻比和温度值，计算各支仪器的应变值。空间应力状态，单轴应变按式（10－64）计算；平面应力状态，单轴应变计算为

$$\begin{cases}\varepsilon'_x=\dfrac{\varepsilon_x}{1+\mu}+\dfrac{\mu}{1-\mu^2}(\varepsilon_x+\varepsilon_y)\\ \varepsilon'_y=\dfrac{\varepsilon_y}{1+\mu}+\dfrac{\mu}{1-\mu^2}(\varepsilon_x+\varepsilon_y)\end{cases} \tag{10-75}$$

（5）实际应力和实际主应力计算。利用徐变资料，用前述的变形法或松弛系数法从单轴应变可计算出测点的实际应力分量，根据实际应力可直接求得实际主应力。

10.3.4 应力监控统计模型

混凝土坝应力 σ 主要由水压分量 σ_H、温度分量 σ_T、自重应力分量 σ_G、湿胀应力分量 σ_W 和时效分量 σ_θ 等组成，即

$$\sigma=\sigma_H+\sigma_T+\sigma_G+\sigma_W+\sigma_\theta \tag{10-76}$$

下面分别讨论各分量的计算原理与表达式。

（1）水压分量 σ_H。

根据坝工理论与力学知识，水压力产生的坝体应力可表征为水头 H 的多项式形式，即

$$\sigma_H=\sum_{i=1}^{n}a_i(H^i-H_0^i) \tag{10-77}$$

式中：a_i 为统计系数；n 一般取 3～4；当下游无水时，H 取坝前水深；当下游有水时，H 取上下游水位差；H_0 为初始水头，即基准应力时的水头。

（2）温度分量 σ_T。

温度分量 σ_T 为坝体混凝土和基岩变温引起的应力，其与变温值 T 呈线性关系，故温度分量 σ_T 表达式为

$$\sigma_T=\sum_{i=1}^{m_1}b_iT_i \tag{10-78}$$

式中：b_i 为统计系数；m_1 为温度计支数；T_i 为第 i 支温度计的变温值，等于第 i 支温度计的瞬时温度减去初始应力所对应的温度。

当坝体温度计支数较多时，温度分量 σ_T 也可通过每层温度计测值的平均温度 $\overline{T}$ 与梯度 β 变化值计算，即

$$\sigma_T=\sum_{i=1}^{m_2}b_{1i}\overline{T}_i+\sum_{i=1}^{m_2}b_{2i}\beta_i \tag{10-79}$$

式中：m_2 为温度计埋设层数；b_{1i}、b_{2i} 为统计系数；$\overline{T}_i$ 为第 i 层等效温度的平均温度变化值，等于第 i 层瞬时温度的等效温度平均值减去其初始应力时的等效温度平均值；β_i 为第 i 层等效温度的梯度变化值，等于第 i 层瞬时温度的等效温度梯度减去其初始应力时的等效温度梯度。

对于运行期水化热已完全散发的混凝土坝，坝体内部混凝土温度场已达到稳定或准稳定温度场。因此，温度分量 σ_T 也可用多周期的谐波函数计算，即

$$\sigma_T=b_1\sin(s_1)+b_2\cos(s_1)+b_3\sin(2s_1)+b_4\cos(2s_1) \tag{10-80}$$

式中：各符号意义同式（10-17）。

（3）自重应力分量 σ_G。

坝体在自重和竖直荷载作用下将产生应力，因此，自重应力分量 σ_G 取决于坝体高度或浇筑高度时所对应的自重和其它竖直荷载。根据弹性理论可推得

$$\sigma_G=f(\gamma,L,\cdots) \tag{10-81}$$

即自重应力分量 σ_G 与混凝土容重 γ、坝体几何尺寸 L 等有关。对于施工期混凝土坝，σ_G 随坝体浇筑高度变化而变化；对于完建的混凝土坝，σ_G 为定值。

（4）湿胀应力分量 σ_W。

当坝体混凝土含水量增加到一定值时，湿胀应力为一个常量。因此，在统计模型中，湿胀应力分量 σ_W 一般视为常数。

（5）时效分量 σ_θ。

时效分量 σ_θ 是由于混凝土徐变和干缩等因素引起的应力，其一般表现为初期变化急剧而后期变化渐趋稳定的变化特征。根据混凝土徐变规律，时效分量 σ_θ 一般计算为

$$\sigma_\theta = c_1(\theta - \theta_0) + c_2(\ln\theta - \ln\theta_0) \tag{10-82}$$

式中：c_1、c_2 为统计系数；$\theta = t/100$，$\theta_0 = t_0/100$，t 与 t_0 为监测日与基准应力时至初始监测日的累计天数。

4. 运行期混凝土坝应力监控统计模型

根据上述各分量的计算原理与表达式，运行期混凝土坝应力监控统计模型可具体表述为

$$\sigma = a_0 + \sum_{i=1}^{n} a_i (H^i - H_0^i) + \sum_{i=1}^{m_1} b_i T_i + c_1(\theta - \theta_0) + c_2(\ln\theta - \ln\theta_0) \tag{10-83}$$

或

$$\sigma = a_0 + \sum_{i=1}^{n} a_i (H^i - H_0^i) + \sum_{i=1}^{m_2} b_{1i} \overline{T_i} + \sum_{i=1}^{m_2} b_{2i} \beta_i + c_1(\theta - \theta_0) + c_2(\ln\theta - \ln\theta_0) \tag{10-84}$$

或

$$\sigma = a_0 + \sum_{i=1}^{n} a_i (H^i - H_0^i) + b_1 \sin(s_1) + b_2 \cos(s_1) + b_3 \sin(2s_1) + b_4 \cos(2s_1) + c_1(\theta - \theta_0) + c_2(\ln\theta - \ln\theta_0) \tag{10-85}$$

式中：a_0 为常数。需指出的是，上述模型中应力观测值 σ 应扣除自重应力 σ_G。

10.4 基于 MATLAB 混凝土坝安全监测统计模型构建

基于混凝土坝安全监测数据，通过数理方法挖掘混凝土坝安全监测效应量与其解释变量间因果函数关系进而构建统计模型，是合理把控与判诊混凝土坝服役安全性态、定量解译环境荷载变化对结构性能演化的影响并预测未来运行行为的重要技术手段。本节在介绍多元线性回归分析方法原理与 MATLAB 软件的基础上，演示利用 MATLAB 软件构建基于多元线性回归分析方法的混凝土坝安全监控模型的操作流程。

10.4.1 多元线性回归分析方法

回归分析的主要目的是确定被解释变量的条件数学期望随解释变量变化的规律，进而从解释变量求出和被解释变量相应的条件数学期望，表征被解释变量的条件数学期望随解释变量变化的数学表达式，即为回归方程。回归分析中，解释变量被视为非随机变量，被解释变量被视为随机变量。根据 10.1 节～10.3 节混凝土坝健康监控统计模型原理可知，混凝土坝监测效应量及其解释变量间的函数关系为多元回归问题。

多元线性回归分析是应用最为广泛的多元回归分析方法，且诸多非线性问题都可转化为线性问题解决，故在此主要阐述多元线性回归分析方法的基本原理。多元线性回归分析需做如下假定：

(1) 解释变量 x_1，x_2，…，x_k 之间不存在多重共线性。

(2) 误差项 μ 服从正态分布，且其数学期望为 0，即 $E(\mu_t)=0$ $(t=1, 2, \cdots, n)$。

(3) 误差项 μ 不存在自相关，即 $\mathrm{cov}(\mu_t, \mu_p)=0$ $(t, p=1, 2, \cdots, n; t\neq p)$。

(4) 误差项 μ 与任一解释变量不相关，即 $\mathrm{cov}(\mu_t, x_{ti})=0$ $(i=1, 2, \cdots, k)$。

(5) 误差项 μ 具有同方差性，即 $D(\mu_t)=\sigma^2$。

k 元线性回归涉及 k 个解释变量 x_1，x_2，…，x_k 与一个被解释变量 y，对于 n 组样本

$$
\begin{matrix}
x_{11} & x_{12} & \cdots & x_{1k} & y_1 \\
x_{21} & x_{22} & \cdots & x_{2k} & y_2 \\
\vdots & \vdots & \vdots & \vdots & \vdots \\
x_{i1} & x_{i2} & \cdots & x_{ik} & y_i \\
\vdots & \vdots & \vdots & \vdots & \vdots \\
x_{n1} & x_{n2} & \cdots & x_{nk} & y_n
\end{matrix}
$$

条件平均数 $E\{y|x_1, x_2, \cdots, x_k\}$ 是 x_1，x_2，…，x_k 的线性函数，其函数表达式（即理论回归方程）为

$$E\{y|x_1,x_2,\cdots,x_k\}=A+B_1x_1+B_2x_2+\cdots+B_kx_k+\mu \tag{10-86}$$

理论回归方程是设想利用所研究问题的全部样本值建立的回归方程，实际中，所研究问题的样本值无法全部量测，故理论回归方程中参数 B_1，B_2，…，B_k 与常数 A 并不能求取。通常而言，可根据子样本对上述参数进行估计，用 b_1，b_2，…，b_k 和 a 等作为参数 B_1，B_2，…，B_k 与常数 A 的估计值，可得到经验回归方程（即超平面回归方程）

$$y'=a+b_1x_1+b_2x_2+\cdots+b_kx_k+\varepsilon \tag{10-87}$$

通常所说的回归方程即经验回归方程。多元线性回归方程的确定，本质上是利用子样本对参数 b_1，b_2，…，b_k 和常数 a 的求解问题，其可通过最小二乘法实现。

根据最小二乘法，令

$$Q^*=\sum_{t=1}^{n}\varepsilon_t^2=\sum_{t=1}^{n}(y-y_t^*)^2 \tag{10-88}$$

式中：y_i^* 为任一超平面对应于 x_{i1}，x_{i2}，…，x_{ik} 的被解释变量。

若该超平面的方程为

$$y^*=a+\sum_{i=1}^{k}b_ix_i \tag{10-89}$$

则 $y_t^*=a+\sum_{i=1}^{k}b_ix_{ti}$，故式 (10-88) 可改写为

$$Q^*=\sum_{t=1}^{n}\left[y_t-(a+\sum_{i=1}^{k}b_ix_{ti})\right]^2 \tag{10-90}$$

最小二乘法的核心是寻找参数 b_1，b_2，…，b_k 和常数 a，使 Q^* 达到极小值。因此，

求式（10－90）分别对 a，b_1，b_2，…，b_k 的偏导数，并令其为 0，即 $\frac{\partial Q^*}{\partial a}=0, \frac{\partial Q^*}{\partial b_1}=0, \frac{\partial Q^*}{\partial b_2}=0, \cdots, \frac{\partial Q^*}{\partial b_k}=0$，展开为

$$\begin{cases} -2\sum_{t=1}^{n}\left[y_t-(a+\sum_{i=1}^{k}b_i x_{ti})\right]=0 \\ -2\sum_{t=1}^{n}\left[y_t-(a+\sum_{i=1}^{k}b_i x_{ti})\right]x_{t1}=0 \\ -2\sum_{t=1}^{n}\left[y_t-(a+\sum_{i=1}^{k}b_i x_{ti})\right]x_{t2}=0 \\ \vdots \\ -2\sum_{t=1}^{n}\left[y_t-(a+\sum_{i=1}^{k}b_i x_{ti})\right]x_{tk}=0 \end{cases} \tag{10-91}$$

由式（10－91）第一式可得

$$\sum_{t=1}^{n}y_t-na-\sum_{t=1}^{n}b_1 x_{t1}-\sum_{t=1}^{n}b_2 x_{t2}-\cdots-\sum_{t=1}^{n}b_k x_{tk}=0 \tag{10-92}$$

以 $\overline{y}=\frac{1}{n}\sum_{t=1}^{n}y_t$，$\overline{x}_1=\frac{1}{n}\sum_{t=1}^{n}x_{t1}$，$\overline{x}_2=\frac{1}{n}\sum_{t=1}^{n}x_{t2}$，…，$\overline{x}_k=\frac{1}{n}\sum_{t=1}^{n}x_{tk}$ 分别表示 $\sum_{t=1}^{n}y_t$，$\sum_{t=1}^{n}x_{t1}$，$\sum_{t=1}^{n}x_{t2}$，…，$\sum_{t=1}^{n}x_{tk}$ 的算术平均数，式（10－92）可改写为

$$n\overline{y}-na-nb_1\overline{x}_1-nb_2\overline{x}_2-\cdots-nb_k\overline{x}_k=0 \tag{10-93}$$

故

$$a=\overline{y}-b_1\overline{x}_1-b_2\overline{x}_2-\cdots-b_k\overline{x}_k \tag{10-94}$$

将式（10－94）代入式（10－91）中后 k 个方程，整理后得回归系数的正规方程，即

$$\begin{cases} S_{11}b_1+S_{12}b_2+\cdots+S_{1k}b_k=S_{1y} \\ S_{21}b_1+S_{22}b_2+\cdots+S_{2k}b_k=S_{2y} \\ \vdots \\ S_{k1}b_1+S_{k2}b_2+\cdots+S_{kk}b_k=S_{ky} \end{cases} \tag{10-95}$$

其中

$$\begin{cases} S_{ii}=\sum_{t=1}^{n}(x_{ti}-\overline{x}_i)^2=\sum_{t=1}^{n}x_{ti}^2-\frac{1}{n}(\sum_{t=1}^{n}x_{ti})^2 \\ S_{ij}=S_{ji}=\sum_{t=1}^{n}(x_{ti}-\overline{x}_i)(x_{tj}-\overline{x}_j)=\sum_{t=1}^{n}x_{ti}x_{tj}-\frac{1}{n}(\sum_{t=1}^{n}x_{ti})(\sum_{t=1}^{n}x_{tj}) \\ S_{iy}=\sum_{t=1}^{n}(x_{ti}-\overline{x}_i)(y_t-\overline{y})=\sum_{t=1}^{n}x_{ti}y_t-\frac{1}{n}(\sum_{t=1}^{n}x_{ti})(\sum_{t=1}^{n}y_t) \\ i,j=1,2,\cdots,k \end{cases} \tag{10-96}$$

从式（10－95）求得参数 b_1，b_2，…，b_k 后，按式（10－94）求出常数 a，即可确定经验回归方程

$$y'=a+\sum_{i=1}^{k}b_i x_i \tag{10-97}$$

10.4.2 建模精度检验

决定系数R^2、平均绝对误差MAE、均方误差MSE和平均绝对百分误差MAPE等是常用的量化评估模型精度的统计指标，其中，R^2越接近1，MAE、MSE和MAPE越接近0，表明模型建模精度越高。各指标的计算公式为

$$R^2=1-\frac{\sum_{t=1}^{n}(y_t-y'_t)^2}{\sum_{t=1}^{n}(y_t-\overline{y})^2} \tag{10-98}$$

$$MAE=\frac{1}{n}\sum_{t=1}^{n}|y_t-y'_t| \tag{10-99}$$

$$MSE=\frac{1}{n}\sum_{t=1}^{n}(y_t-y'_t)^2 \tag{10-100}$$

$$MAPE=\frac{100}{n}\sum_{t=1}^{n}|(y_t-y'_t)/y_t| \tag{10-101}$$

式中：n为样本容量；y_t为监测效应量实测值；y'_t为模型计算值；$\overline{y}$为监测效应量实测值的平均值。

10.4.3 基于MATLAB的多元线性回归建模分析

10.4.3.1 软件简介

MATLAB是Matrix Laboratory（矩阵实验室）的缩写，是美国MathWorks公司出品的主要面对科学计算、可视化以及交互式程序设计的高科技计算环境。MATLAB将数值分析、矩阵计算、科学数据可视化以及非线性动态系统的建模和仿真等诸多强大功能集成在一个易于使用的视窗环境中，为科学研究、工程设计以及与数值计算相关的众多科学领域提供了一种全面的解决方案。

MATLAB是以线性代数软件包LINPACK和特征值计算软件包EISPACK中的子程序为基础发展起来的一种开放式程序设计语言，其基本数据单位是矩阵。因MATLAB的指令表达式与数学、工程中常用的形式十分相似，故其比仅支持标量的非交互式程序设计语言（如C、Fortran）计算更为简洁，因此，MATLAB广泛应用于工程计算、控制设计、信号处理与通讯、图像处理、信号检测、金融建模设计与分析等领域。在此，以MATLAB 2020*a*为例，简要介绍MATLAB软件基本功能。

1. MATLAB操作界面

MATLAB的操作界面主要由功能区、Command Window（命令行窗口）、Current Folder（当前目录窗口或当前文件夹窗口）、Workspace（工作区窗口）和Command History（命令历史记录窗口）等组成，如图10-23所示。

（1）功能区。

功能区搭载各种常用的功能命令，并将其分类放置于“HOME（主页）”“PLOTS（绘图）”和“APP（应用程序）”3个选项卡中。启动MATLAB软件，默认

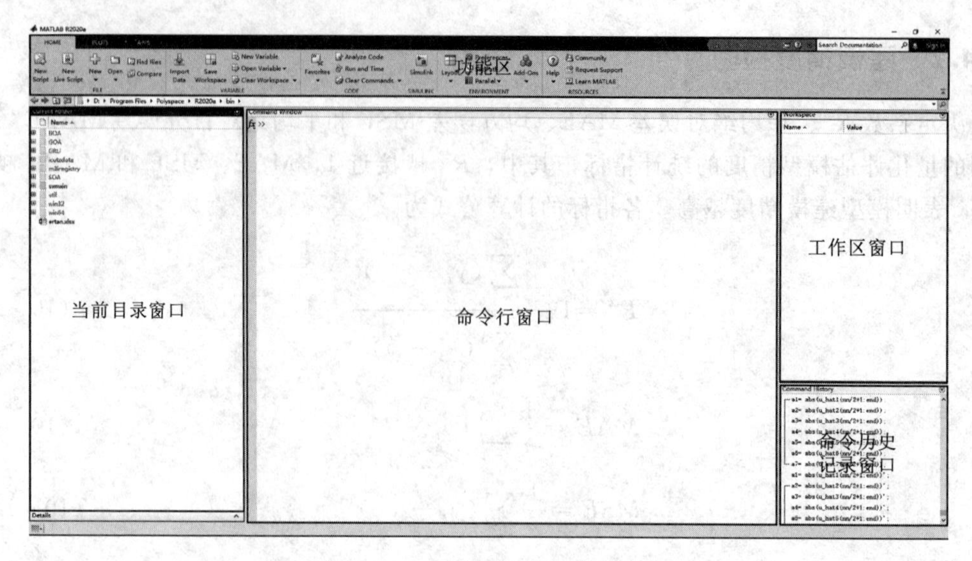

图 10－23　MATLAB 工作界面

显示主页选项卡，其包含常用的“New Script（新建脚本）”“New Live Script（新建实时脚本）”等命令，如图 10－23 所示；点击“PLOTS”，即可显示绘图选项卡，其包含关于图形绘制的编辑命令，如图 10－24 所示；点击“App”，即可显示 App 选项卡，其配置有多种应用程序命令，如图 10－25 所示。

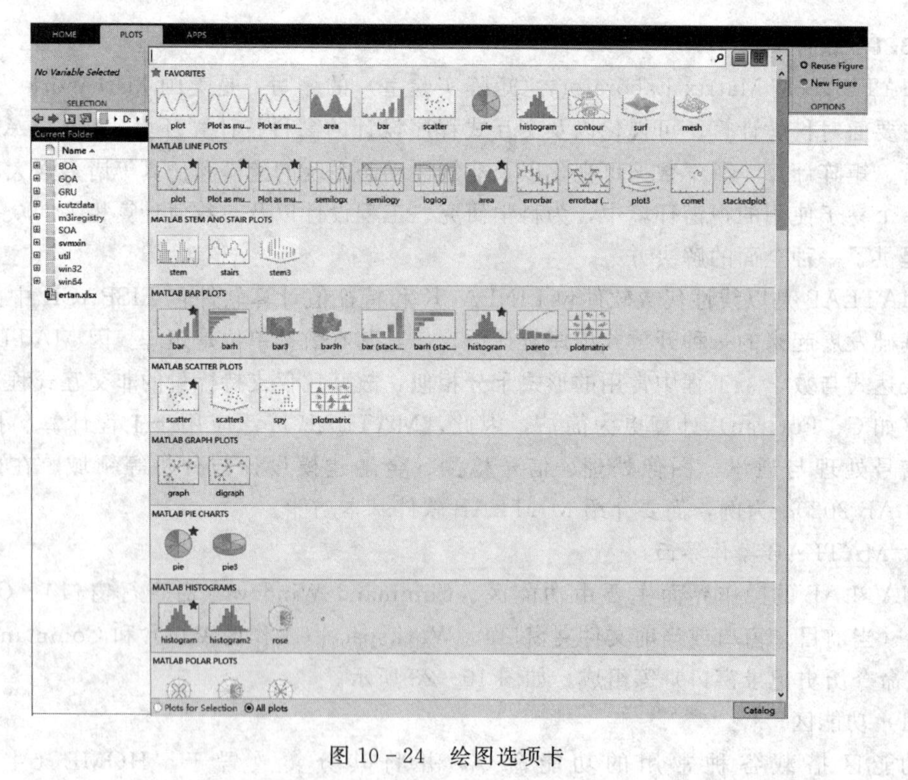

图 10－24　绘图选项卡

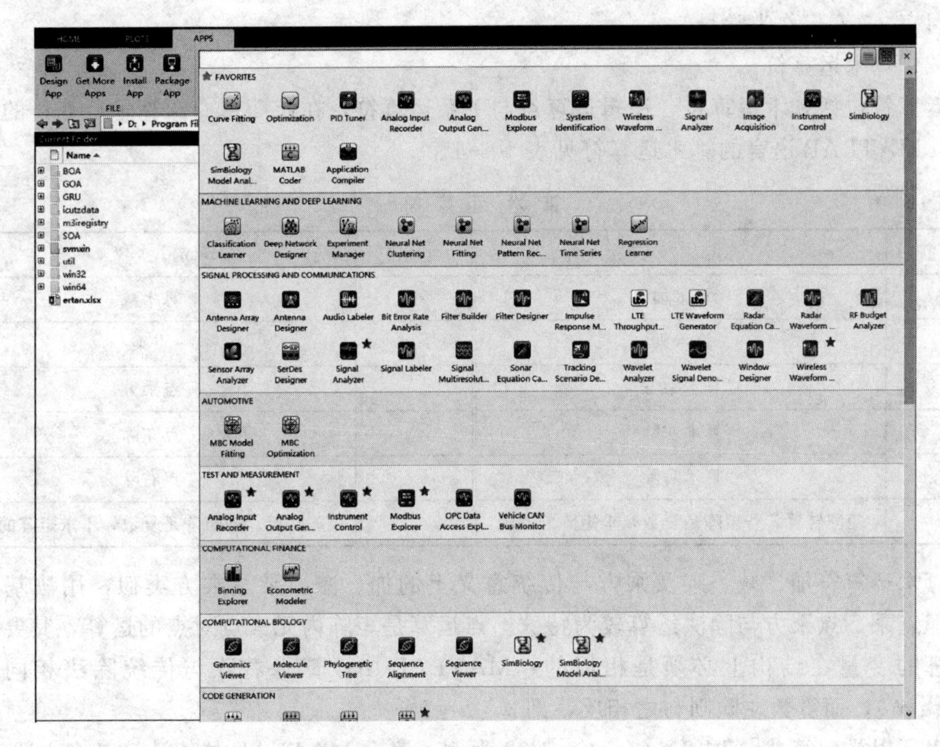

图 10-25 APP 选项卡

(2) 当前目录窗口。

当前目录窗口中，可以显示或改变当前目录，查看当前目录下的文件等。

(3) 工作区窗口。

工作区窗口中，显示目前内存中所有的 MATLAB 变量名、数据结构、字节数与类型。

(4) 命令历史窗口。

命令历史记录窗口主要用于记录所有执行过的命令，并记录其运行时间，以便于查询。

(5) 命令行窗口。

在默认设置下，命令行窗口自动显示于 MATLAB 界面中间，该窗口中可以进行各种计算操作，也可使用命令打开各种 MATLAB 工具和查看各种命令的帮助说明等。

2. 基础知识

(1) 变量。

MATLAB 的数据类型主要包括数字、字符串、向量、矩阵、单元行数据及结构型数据。变量是程序设计语言的基本元素之一，MATLAB 中不要求事先对所使用的变量进行声明，也不需要指定变量类型，MATLAB 语言会自动根据所赋予变量的值或对变量所进行的操作识别变量的类型。赋值过程中，若赋值变量已存在，则 MATLAB 将使用新值代替旧值，并以新值类型代替旧值类型。MATLAB 中变量的命名须以字母开头，且长度不超过 31 个字符，其命名区分字母大小写。MATLAB 语言中所提供的一些预定义的变量，

如圆周率 pi 等，称为常量。

（2）算术运算符。

运算符包括算术运算符、逻辑运算符与关系运算符，在此简单介绍算术运算符的基本功能。MATLAB 语言的算术运算符见表 10－1。

表 10－1　　算术运算符

运算符	定　义	运算符	定　义
+	算术加	—	算术减
*	算术乘	.*	点乘
^	算术乘方	.^	点乘方
\	算术左除	.\	点左除
/	算术右除	./	点右除
′	矩阵转置。若矩阵是复数，求矩阵的共轭	.′	矩阵转置。若矩阵是复数，不求矩阵的共轭

算术运算符加、减、乘及乘方与传统意义上的加、减、乘及乘方类似，用法基本相同，但点乘、点乘方与除法运算较为特殊。点运算是矩阵内元素点对点的运算，其要求参与运算的变量在结构上必须是相似的。MATLAB 中，算术右除与传统除法相同，即 $a/b=a\div b$，而算数左除则与之相反，即 $a\setminus b=b\div a$。

以下以求解算式[12＋2×(7－4)]÷32 为例，演示 MATLAB 数值计算基本方法。

【例 10－1】 求算式[12＋2×(7－4)]÷32 的算术运算结果。

命令行窗口中，"＞＞"为运算提示符，表示 MATLAB 处于准备就绪状态，在其后输入一条命令或一段程序后按 Enter 键，命令行窗口中将显示相应结果，并将其保存在工作区窗口中。计算结束后，运算提示符"＞＞"不会消失，这表明 MATLAB 继续处于准备就绪状态，可进行后续计算。值得注意的是，MATLAB 操作中，所有的符号、标点等必须在英文输入法状态下输入，否则所输入符号或标点将显示为红色，且命令会报错，导致无法运行。

解： 在命令行窗口中键入"(12＋2＊(7－4))/32"并按 Enter 键，即可显示计算结果并同时保存于工作区窗口；若输入"(12＋2＊(7－4))/32;"，则计算结果仅保存于工作区窗口中，命令行窗口不会显示该结果，如图 10－26 所示。

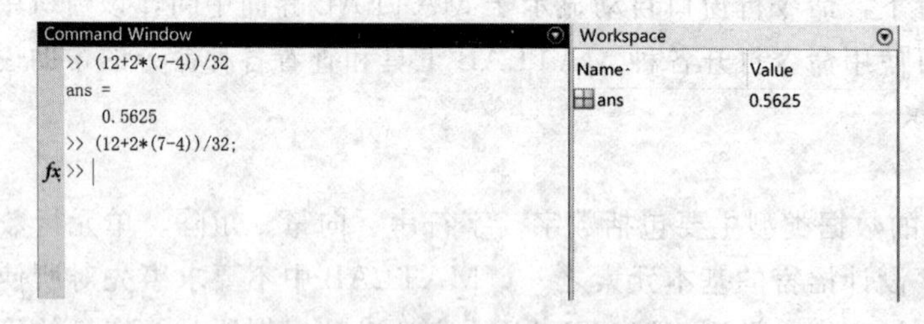

图 10－26　【例 10－1】运算结果

若需清除命令行窗口中命令或程序，可输入"clc"后按 Enter 键；若需清除工作区窗口中所保存的计算结果，可输入"clear"后按 Enter 键。

(3) 向量运算。

由 n 个数 x_1，x_2，…，x_n 组成的有序数组即为向量 $\boldsymbol{x}$，可表示为

$$x=\begin{Bmatrix} x_1 \\ x_2 \\ \vdots \\ x_n \end{Bmatrix} 或 x^{\mathrm{T}}=(x_1,x_2,\cdots,x_n)$$

MATLAB中，向量 $\boldsymbol{x}$ 的生成有直接输入法、冒号法和利用函数 linspace 创建三种方法。其中，直接输入法即在命令行窗口中直接输入，其基本格式为：向量元素用“[ ]”括起来，元素间用空格或逗号分隔；冒号法基本格式为 x＝first _ value：incresement：last _ value，表示创建一个从 first _ value 开始到 last _ value 结束的元素增量为 incresement 的向量；利用函数 linspace 创建向量的基本格式为 x＝linspace（first _ value，last _ value，number)，表示创建一个从 first _ value 开始到 last _ value 结束的含有 number 个元素的向量。向量 $\boldsymbol{x}$ 中，第 n 个元素的引用方式为 x（n）；第 n_1 至 n_2 个元素的引用方式为 x（n_1：n_2）。

向量的四则运算与一般数值的四则运算相同，相当于将向量中的元素拆开分别进行四则运算，最后将运算结果重新组合成向量。向量 $\boldsymbol{a}$ 与 $\boldsymbol{b}$ 的点积几何意义为向量 $\boldsymbol{a}$ 在向量 $\boldsymbol{b}$ 上的投影与向量 $\boldsymbol{b}$ 的模的乘积，即 $\boldsymbol{a}\times\boldsymbol{b}=|\boldsymbol{a}|\cdot|\boldsymbol{b}|\cdot\cos\theta$，其中，$\theta$ 为两向量的夹角。MATLAB中，点积可通过“a. * b”或“dot（a，b）”实现计算，计算结果为标量，需要说明的是，向量 $\boldsymbol{a}$ 与 $\boldsymbol{b}$ 必须同维。向量 $\boldsymbol{a}$ 与 $\boldsymbol{b}$ 的叉积是方向垂直于两向量所在平面且遵循“右手定则”，大小以 $|\boldsymbol{b}|\cdot\sin\theta$ 为高、$|\boldsymbol{a}|$ 为底的平行四边形面积，即 $\boldsymbol{a}\times\boldsymbol{b}=|\boldsymbol{a}|\cdot|\boldsymbol{b}|\cdot\sin\theta$。MATLAB中，其可通过函数“cross（a，b）”实现，运算结果为矢量，需要说明的是，向量 $\boldsymbol{a}$ 与 $\boldsymbol{b}$ 必须是3维向量。

以下以向量 $\boldsymbol{a}=(2,3,4)$、$\boldsymbol{b}=(3,4,6)$ 为例，演示 MATLAB 中向量的生成和运算方法。

【例 10-2】 计算向量 $\boldsymbol{a}=(2,3,4)$ 与 $\boldsymbol{b}=(3,4,6)$ 的点积和叉积。

解： 首先，生成向量 $\boldsymbol{a}$ 与 $\boldsymbol{b}$。

在命令行窗口中输入“a＝［2 3 4］”或“a＝2：1：4”或“a＝linspace(2,4,3)”后按 Enter，即可生成向量 $\boldsymbol{a}$，然后，继续输入 b＝[3 4 6] 后按 Enter，即可生成向量 b。生成向量 $\boldsymbol{a}=(2,3,4)$ 与 $\boldsymbol{b}=(3,4,6)$ 后，输入“c＝dot(a,b)”后按 Enter，可得到其点积；输入“d＝cross(a,b)”后按 Enter，可得到其叉积。向量输入与计算结果如图 10-27 所示。

(4) 多项式运算。

单项式为单独的一个数、一个字母或数与字母的积组成，多项式为多个单项式的和，在高等代数中，一般表示为 $a_0x^n+a_1x^{n-1}+\cdots+a_{n-1}x+a_n$，在 MATLAB 中，多项式的系数组成的向量表示为 $p=[a_0,a_1,\cdots,a_{n-1},a_n]$。构造带字符多项式的基本方法是直接输入，最简单的方法是直接输入系数向量 p 后调用函数 poly2sym，调用格式为“poly2sym(p)”。

MATLAB 中并没有专门针对多项式的加减运算，多项式的四则运算实际上是多项式系数向量的四则运算。多项式系数向量的加、减运算直接用“＋”“－”来实现。需注意

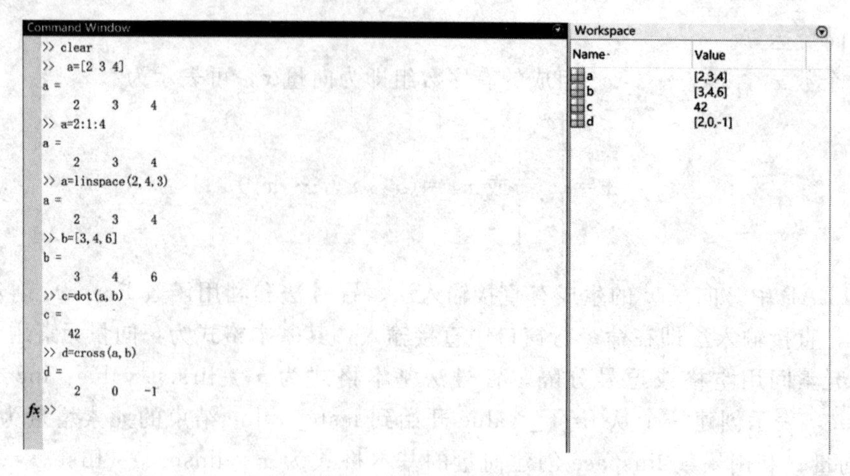

图 10-27 【例 10-2】运算结果

的是，加、减运算的两个向量必须大小相等。因此，多项式阶次不同时，低阶多项式必须用零填补，使其与高阶多项式有相同的阶次。多项式系数向量的乘法用函数 conv(p1，p2）来实现，相当于执行两个数组的卷积；除法采用函数 deconv(p1，p2）来实现，相当于执行两个数组的解卷；导数运算通过函数 polyder(p）来实现。在得到系数向量后，调用函数 poly2sym 即可得到相应的多项式。

以下以计算两个多项式的四则运算为例，演示 MATLAB 中多项式计算方法。

【例 10-3】 计算多项式 $2x^4+3x^3+4x^2-2$ 和 $8x^2-5x+6$ 的加法、乘法及其乘积的一阶导数多项式。

解：在命令行窗口中输入“p1=[2 3 4 0 −2];”和“p2=[0 0 8 −5 6];”创建两个多项式的系数向量，然后，在命令行窗口中输入“p = poly2sym(p1)”和“q = poly2sym(p2)”，即可得到两个多项式，如图 10-28 所示。

图 10-28 【例 10-3】多项式生成

输入“p3=p1+p2”得到两个多项式和的系数向量后，输入“pa=poly2sym(p3）”，即可得到二者相加的多项式表达式；输入“p4=conv(p1,p2）”得到两个多项式相乘的系数向量后，再输入“pb=poly2sym(p4）”即得到二者相乘的多项式的表达式；再输入“p5=polyder(p4）”后输入“pc=poly2sym(p4）”，即可得到两个多项式乘积的一阶导数多项式，如图 10-29 所示。

需加以注意的是，工作区窗口中，不同的变量类型会显示不同的变量名图标。

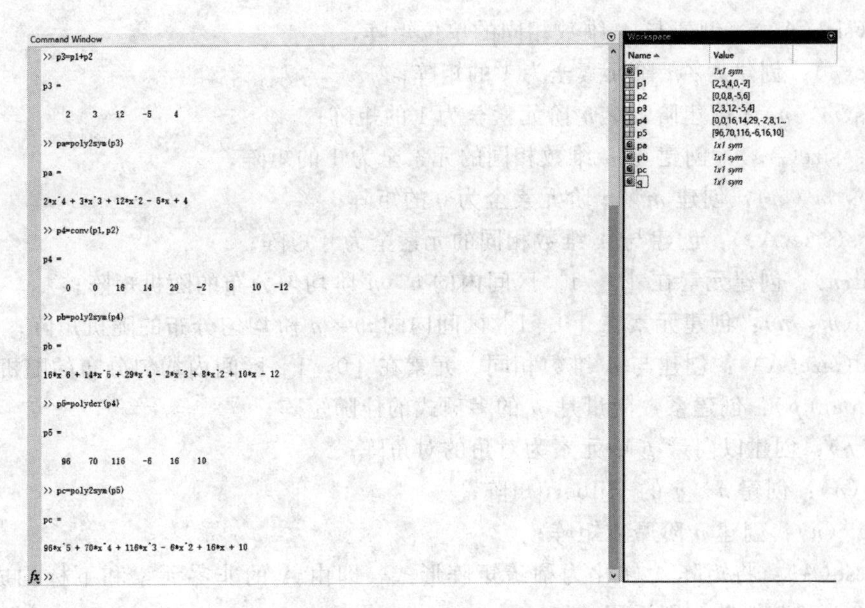

图 10-29　【例 10-3】多项式运算

（5）矩阵运算。

矩阵是 MATLAB 数据操作的基本单位，矩阵是由 $m \times n$ 个数 a_{ij}（$i=1, 2, \cdots, m$；$j=1, 2, \cdots, n$）排列成的 m 行 n 列数表，记为

$$\boldsymbol{A}=\begin{bmatrix} a_{11} & a_{12} & \cdots & a_{1n} \\ a_{21} & a_{22} & \cdots & a_{2n} \\ \cdots & \cdots & \cdots & \cdots \\ a_{m1} & a_{m2} & \cdots & a_{mn} \end{bmatrix}$$

也可记为 $\boldsymbol{A}_{m \times n}$ 或 $\boldsymbol{A}=(a_{ij})_{m \times n}$。当 $m=n$ 时，则为 n 阶方阵 $\boldsymbol{A}_n$。对于线性方程组，由其系数和常数构成的可用于抽象表示该方程组的矩阵称为该方程组的增广矩阵。

MATLAB 中矩阵的生成主要有直接输入法、M 文件生成法和文本文件生成法三种。直接输入法通过在命令行窗口中，以“[ ]”为标识符号将矩阵内所有元素输入其中，同行元素间用逗号或空格分隔，行与行之间用分号或回车键分隔。若“[ ]”无元素，表示空矩阵。当矩阵规模较大时，为便于修改，可采用 M 文件生成法或文本文件生成法。文本文件生成法通过将所要输入的矩阵内所有元素按格式先写入 txt 文本文件中，在命令行窗口中输入“load 文件名 . txt”即可导入文件中矩阵；M 文件生成法是将矩阵写入文本文件中，并将文件以 m 为扩展名生成 M 文件，在命令行窗口中输入 M 文件名，即可读入文件中矩阵。值得注意的是，M 文件中的变量名与文件名不能相同，且 M 文件或 txt 文件应复制保存至当前目录文件夹下。

除此之外，还可直接用函数生成一些特定矩阵，常用函数如下：

eye(n)：创建 $n \times n$ 阶单位矩阵；

eye(m，n)：创建 $m \times n$ 阶单位矩阵；

eye(size(A))：创建与 **A** 维数相同的单位矩阵；

ones(n)：创建 $n\times n$ 阶元素全为 1 的矩阵；

ones(m，n)：创建阶 $m\times n$ 阶元素全为 1 的矩阵；

ones(size(A))：创建与 **A** 维数相同的元素全为 1 的矩阵；

zeros(m，n)：创建 $m\times n$ 阶元素全为 0 的矩阵；

zeros(size(A))：创建与 **A** 维数相同的元素全为 0 矩阵；

rand(n)：创建元素在［0，1］区间内的 $n\times n$ 阶均匀分布的随机矩阵；

rand(m，n)：创建元素在［0，1］区间内的 $m\times n$ 阶均匀分布的随机矩阵；

rand(size(A))：创建与 **A** 维数相同、元素在［0，1］区间内均匀分布的随机矩阵；

compan(p)：创建系数向量是 p 的多项式的伴随矩阵；

dia(p)：创建以向量 p 中元素为对角的对角阵；

hilb(n)：创建 $n\times n$ 的 Hilbert 矩阵；

magic(n)：创建 n 阶魔方矩阵；

sparse(A)：将矩阵 **A** 转化为稀疏矩阵形式，即由 **A** 的非零元素和下标构成稀疏矩阵；若 **A** 为稀疏矩阵，则返回 **A** 本身。

矩阵的基本运算包括加、减、乘、点乘、数乘、乘方、左除、右除和求逆等。其中，加、减运算为两矩阵中相同位置元素的加减，将其和或差保存在原位置形成新矩阵，直接用"+""−"来实现，且满足交换律 $\boldsymbol{A}+\boldsymbol{B}=\boldsymbol{B}+\boldsymbol{A}$ 与结合律 $(\boldsymbol{A}+\boldsymbol{B})+\boldsymbol{C}=\boldsymbol{A}+(\boldsymbol{B}+\boldsymbol{C})$。需注意的是，加、减运算的矩阵维度必须一致。矩阵的乘法运算包括点乘、数乘与乘运算，其中，点乘运算为维度一致的两矩阵 **A**、**B** 中相同位置的元素相乘，将积保存在原位置形成的新矩阵，用"A. * B"来实现。数乘运算即数 λ 与矩阵 **A** 中各元素相乘，可采用"λ * A"实现，数乘运算满足 $\lambda(\mu\boldsymbol{A})=(\lambda\mu)\boldsymbol{A}$，$(\lambda+\mu)\boldsymbol{A}=\lambda\boldsymbol{A}+\mu\boldsymbol{A}$ 与 $\lambda(\boldsymbol{A}+\boldsymbol{B})=\lambda\boldsymbol{A}+\lambda\boldsymbol{B}$。矩阵 $\boldsymbol{A}=(a_{ij})_{m\times s}$ 与矩阵 $\boldsymbol{B}=(b_{ij})_{s\times n}$ 相乘，生成 $m\times n$ 阶矩阵 $\boldsymbol{C}=(c_{ij})$，可用"A * B"来实现。其中，矩阵 **C** 的行数等于 **A** 的行数、列数等于 **B** 的列数，矩阵 **C** 中第 i 行 j 列的元素 c_{ij} 值等于矩阵 **A** 第 i 行元素与矩阵 **B** 第 j 列元素对应值乘积的和，即 $c_{ij}=a_{i1}b_{1j}+a_{i2}b_{2j}+\cdots+a_{is}b_{sj}(i=1,2,\cdots,m;j=1,2,\cdots,n)$。对于两个 n 阶矩阵 **A** 与**B**，$(\boldsymbol{AB})^k\neq\boldsymbol{A}^k\boldsymbol{B}^k$。矩阵的乘方运算即幂运算，方阵 **A** 的 n 次方可采用"A^n"来实现；采用"A. ^n"，则对方阵 **A** 中的每个元素进行乘方运算。对于矩阵除法而言，左除 $A\backslash B$ 相当于求解线性方程组 $A*X=B$ 的解，**A** 的行数与 **B** 的行数应一致；右除 A/B 相当于求解线性方程组 $X*A=B$ 的解，**A** 的列数与 **B** 的列数应一致；点除即为两矩阵中相同位置元素相除。

【例 10-4】 计算矩阵 $\boldsymbol{A}=\begin{Bmatrix}1&2&3\\0&3&3\\7&9&5\end{Bmatrix}$与 $\boldsymbol{B}=\begin{Bmatrix}8&3&9\\2&8&1\\3&9&1\end{Bmatrix}$的和、乘积、点乘结果。

解：创建矩阵，在命令行窗口中输入"A=［1 2 3；0 3 3；7 9 5］"和"B=［8 3 9；2 8 1；3 9 1］"即可创建矩阵 **A** 与矩阵 **B**，如图 10-30 所示。

在命令行窗口中输入"A+B"即可求矩阵 **A** 与矩阵 **B** 的和；输入"A * B"即可求矩阵 **A** 与矩阵 **B** 的乘积结果；输入"A. * B"即可求矩阵 **A** 与矩阵 **B** 的点乘结果，如图 10-31 所示。

```
Command Window
>> A=[1 2 3; 0 3 3; 7 9 5;]
B=[8 3 9; 2 8 1; 3 9 1]
A =

     1     2     3
     0     3     3
     7     9     5

B =

     8     3     9
     2     8     1
     3     9     1
```

Name	Value
A	[1,2,3;0,3,3;7,9,5]
B	[8,3,9;2,8,1;3,9,1]

图 10-30 【例 10-4】矩阵生成

10.4.3.2 多元线性回归模型的 MATLAB 构建

基于混凝土坝安全监测效应量及其解释变量间的函数关系，在 MATLAB 软件中输入多元线性回归分析方法程序，即可构建基于多元线性回归分析方法的混凝土坝安全监控模型。建模流程主要可分为四步。

(1) 数据处理。

实际监测中，环境量监测数据为上游水位、下游水位、气温、水温等测值，因此，在构建混凝土坝健康监控模型前，需根据不同效应量统计模型原理，首先将环境量测值转化为解释变量因子。例如，构建混凝土重力坝变形监控统计模型时，需将上游水位 H_u 测值转化为坝前水深 H、H^2 及 H^3 三个水压因子。同时，因监测仪器安装初期设备调试，初期测值稳定性较差，因此，在构建运行期混凝土坝健康监控模型时，通常取某一时段测值进行建模分析，以该时段第一天作为建模序列初始日并对其效应量测值及解释变量因子做归零处理，后续效应量测值及解释变量因子取相对于建模序列初始日的相对值。效应量及其解释变量因子的数据整理可借助 EXCEL 实现，并保存为 filename. xlsx 格式。

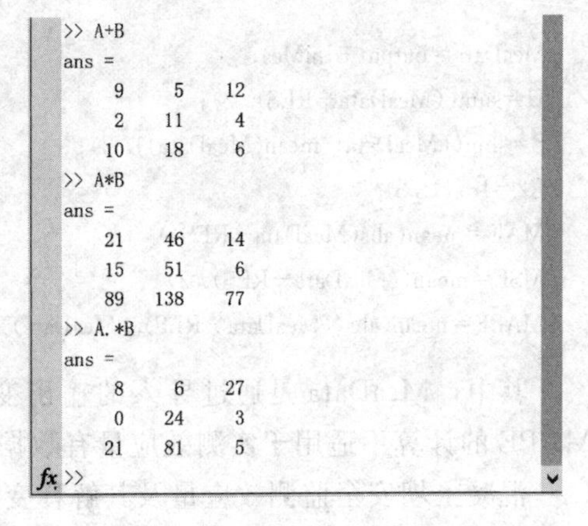

>> A+B
ans =
9 5 12
2 11 4
10 18 6
>> A*B
ans =
21 46 14
15 51 6
89 138 77
>> A.*B
ans =
8 6 27
0 24 3
21 81 5
fx >>

图 10-31 【例 10-4】矩阵运算结果

(2) 数据导入。

将整理好的 EXCEL 文档保存至 MATLAB 当前目录窗口，在命令行窗口中输入 “data＝xlsread('data. xlsx');” 将表格中数据导入至工作区窗口。若 EXCEL 文件中监测效应量置于最后一列，在命令行窗口中输入 “rows＝size(data，1)；columns＝size(data，2)；input＝data(1：rows，1：columns－1)；output＝data(1：rows，columns)；” 可将导入的数据划分为模型的输入与输出变量保存至工作区窗口。其中，rows 与 columns 分别为所导入数据的行数与列数，input 为输入变量，output 为输出变量。

(3) 模型构建。

在利用多元线性回归分析方法建模时，为求解常数项，需在上述导入的输入变量中添加一列与输出变量维度相同的全为 1 的矩阵，可在命令行窗口中输入 “inputs＝

[ones(size(output)), input];”生成新的输入变量矩阵。输入多元线性回归分析方法的计算代码“[b,bint,r]=regress(output,inputs); result=inputs * b;”，可得到模型的回归系数矩阵 b 与建模结果 result，其中，各解释变量因子的回归系数与其在输入变量中所处的列位置相对应，例如，回归系数矩阵 b 中第一个系数为常数项，第二个系数对应于输入变量中第一列解释变量因子的回归系数。

因上述回归系数求解过程中，所采用的输出变量为效应量的相对值，因此，在计算效应量监测值的建模结果时，需加上建模序列初始日的效应量实测值 IniMea，故在命令行窗口中输入“RES=result+IniMea”，可得到效应量实测值的建模结果。回归系数与建模结果可查看工作区窗口中相关文件。

(4) 建模精度评估

MATLAB 中，R^2、MAE、MSE 和 MAPE 的计算可通过下列代码实现：

```
MeaData=output+IniMea;
U=sum((MeaData-RES).^2);
S=sum((MeaData-mean(MeaData)).^2);
R2=1-(U/S)
MAE=mean(abs(MeaData-RES))
MSE=mean((MeaData-RES).^2)
MAPE=mean(abs((MeaData-RES)./MeaData)) * 100
```

其中，MeaData 是通过导入的输出变量所还原的效应量实测值。需加以注意的是，MAPE 的计算不适用于实测效应量有数据等于 0 的情况。

混凝土坝安全监测效应量及其解释变量的数据整理、统计模型构建与精度评估的具体操作详见 10.5 节。

10.5 工程案例

10.5.1 工程背景

10.5.1.1 工程概况

二滩水电站位于我国四川省攀枝花市，是雅砻江干流开发的第一座梯级电站，电站枢纽由拦河坝、泄洪建筑物、消能建筑物、输水建筑物、地下厂房等组成，其平面布置如图 10-32 所示。该电站以发电为主，水库正常蓄水位为 1200m，总库容 58 亿 m^3，调节库容 33.7 亿 m^3，水库具有季调节能力。电站总装机 3300MW（6 台 550MW 混流式水轮发电机组），多年平均发电量 170 亿 kW·h，保证出力 1000MW。

二滩水电站拦河坝为抛物线型混凝土双曲拱坝，其坝顶弧长 774.69m，坝顶高程 1205m，最大坝高 240m，为我国建成的第一座 200m 级高拱坝。大坝由 39 个坝段组成，不设纵缝。横缝近似按坝顶拱圈径向布置，间距一般为 20m。横缝上游面设一道止水铜片，其下游侧及下游坝面分别设橡胶止浆片。坝内布置了 3 层水平廊道、1 条基础廊道及支廊道。

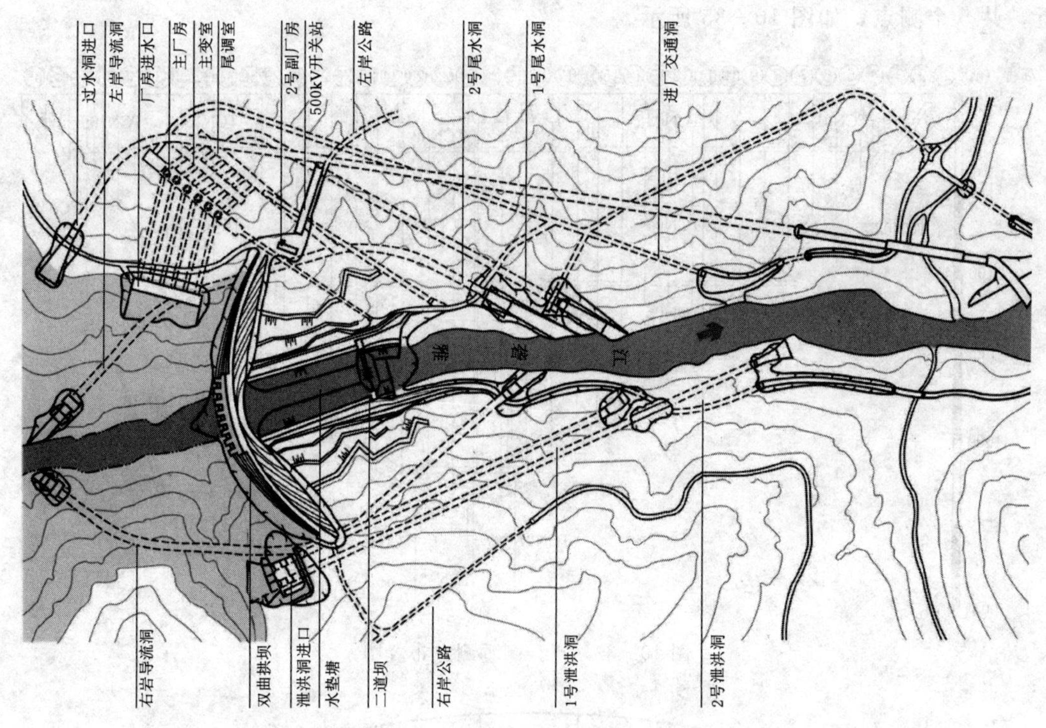

图 10-32　二滩水电站枢纽平面布置图

10.5.1.2　监测概况

二滩拱坝安全监测主要包括环境量监测、变形监测、渗流监测、应力应变及温度监测以及进水口边坡、8号公路边坡、泄洪洞进口边坡、尾水渠边坡、左岸导流洞堵头、右岸导流洞堵头、1号泄洪洞、金龙山谷坡等部位的变形监测、渗流监测等项目，共计埋设各类监测仪器1207支。

1. 变形监测

坝体、坝基水平位移监测仪器为5组正垂线和8组倒垂线组成的垂线系统，共计20个测点，采用人工和自动化两种方式进行监测。正倒垂线组分别布置于4号、11号、21号、33号和37号五个坝段，并在19号与23号坝段980m高程基础廊道内各布置了一个倒垂测点以加强坝基变形监测，测点布置如图10-33所示。

坝体、坝基垂直位移监测仪器包括几何水准、静力水准。其中，静力水准系统以纵横管路形式布置2条，共计8个测点，并采用自动化方式监测。纵向管路分别布置于19号、20号、21号、23号坝段980m高程基础廊道，横向管路从下游至上游依次间距7m、3m、4m布置于21号坝段支廊道内，如图10-34所示。

2. 渗流监测

渗流监测包括坝基扬压力监测、坝体及坝基渗流量监测和绕坝渗流监测项目，均采用自动化方式进行监测。

坝基扬压力监测仪器为渗压计，共22个，沿坝基纵向布置为三排：第一排布置于防渗帷幕后，共5个测点；第二排布置在坝基排水区，共12个测点；第三排布置在坝趾附近，共 5 个测点，如图 10－35 所示。

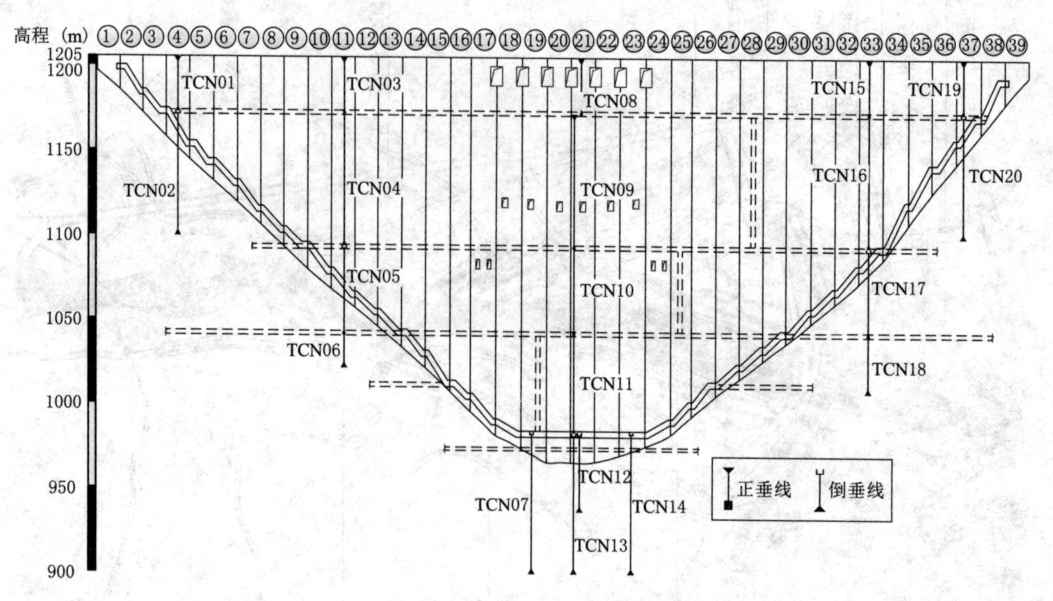

图 10－33　正、倒垂测点布置图

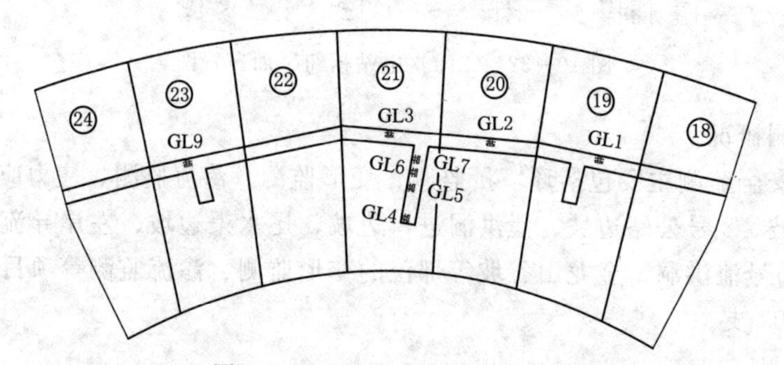

图 10－34　几何水准测点布置图

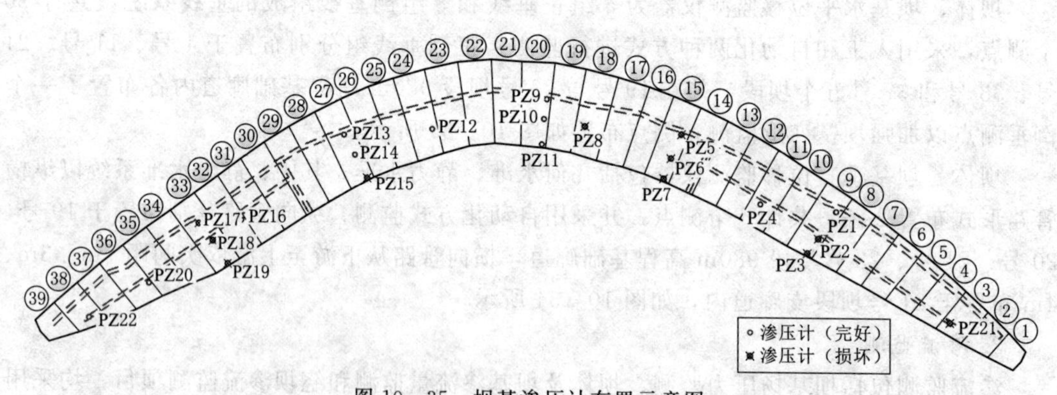

图 10－35　坝基渗压计布置示意图

坝体及坝基渗流量监测仪器为量水堰，共 27 座，其中，坝内布置量水堰 13 座，坝后两岸抗力体排水平洞内布置量水堰 14 座，坝内与坝后量水堰布置分别如图 10－36 与

图 10-37 所示。

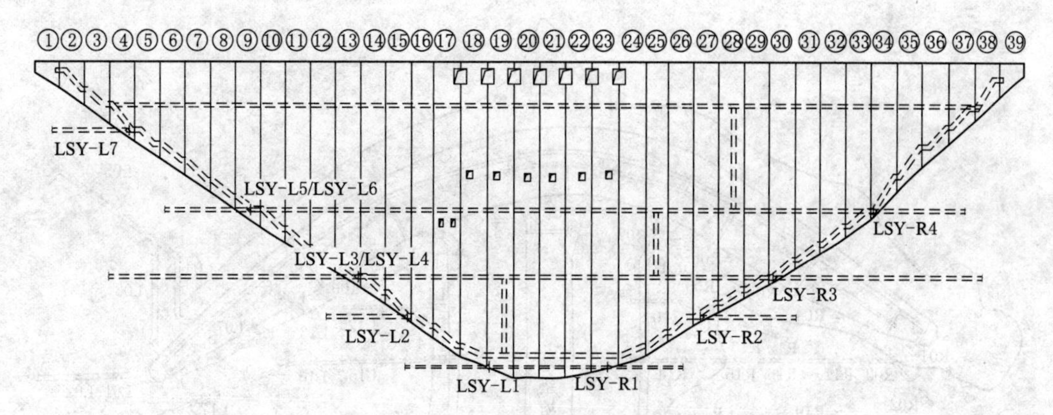

图 10-36 坝内量水堰布置示意图

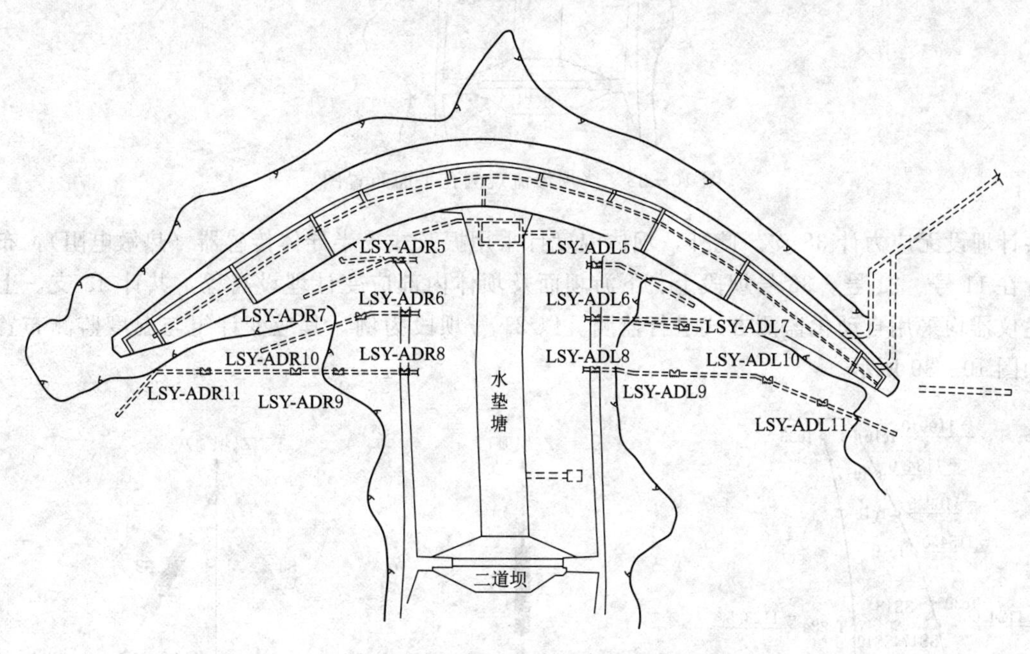

图 10-37 坝后量水堰布置示意图

绕坝渗流监测分别于左、右岸各布置了 19 个绕坝渗流观测孔，原采用人工观测，后期在孔内安装渗压计对其改造并实现自动化测读。绕坝渗流观测孔平面布置如图 10-38 所示。

3. *应力应变及温度监测*

坝体混凝土应变监测总体上以“一拱一梁”形式布置，重点对 21 号坝段（拱冠梁）和 1124m 高程拱圈（约 2/3 坝高）进行监测，并在建基面附近应力较大的部分典型坝段以及中孔闸墩位置也布置有应变测点。根据不同部位的应力状态，应变计组按 2 向、3 向和 6 向埋设，共计 41 个测点、204 支应变计。同时，为求混凝土自生体积变形，在每组应变计附近埋设有一支无应力计，相邻两组应变计布置位置较近时则共用一支无应力计，

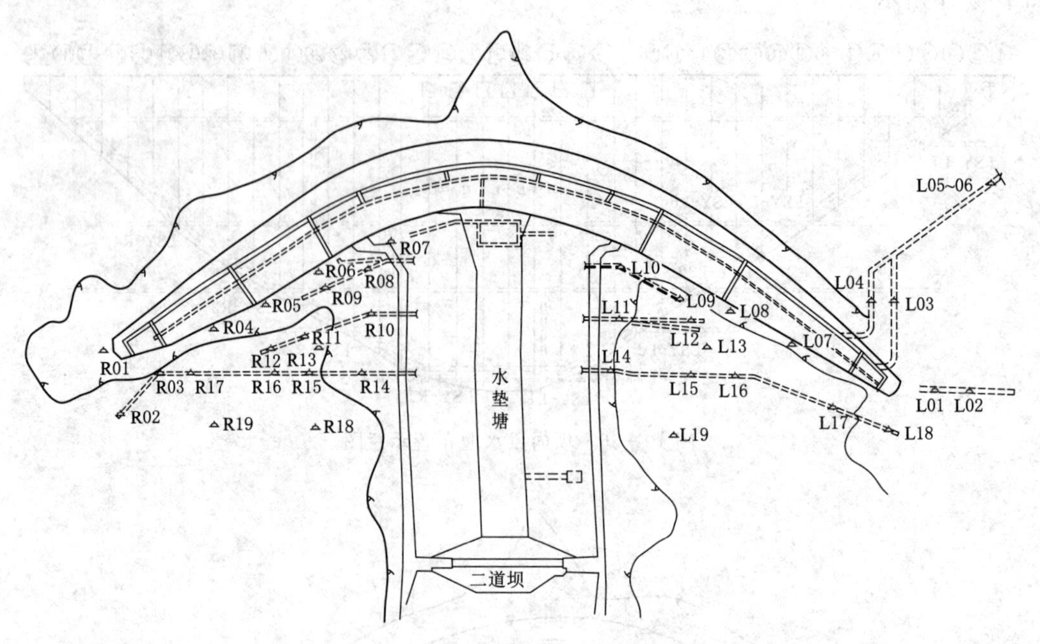

图 10-38 绕坝渗流观测孔平面布置图

共计埋设无应力计 38 支。此外，坝体温度计采用振弦式+半导体传感器（热敏电阻），布置在 11 号、21 号、33 号坝段上、下游坝面及坝体内部应变计埋设高程，共计 45 支。上述仪器均采用自动化监测方式进行监测。以 21 号坝段为例，其应变计组与温度监测布置如图 10-39 所示。

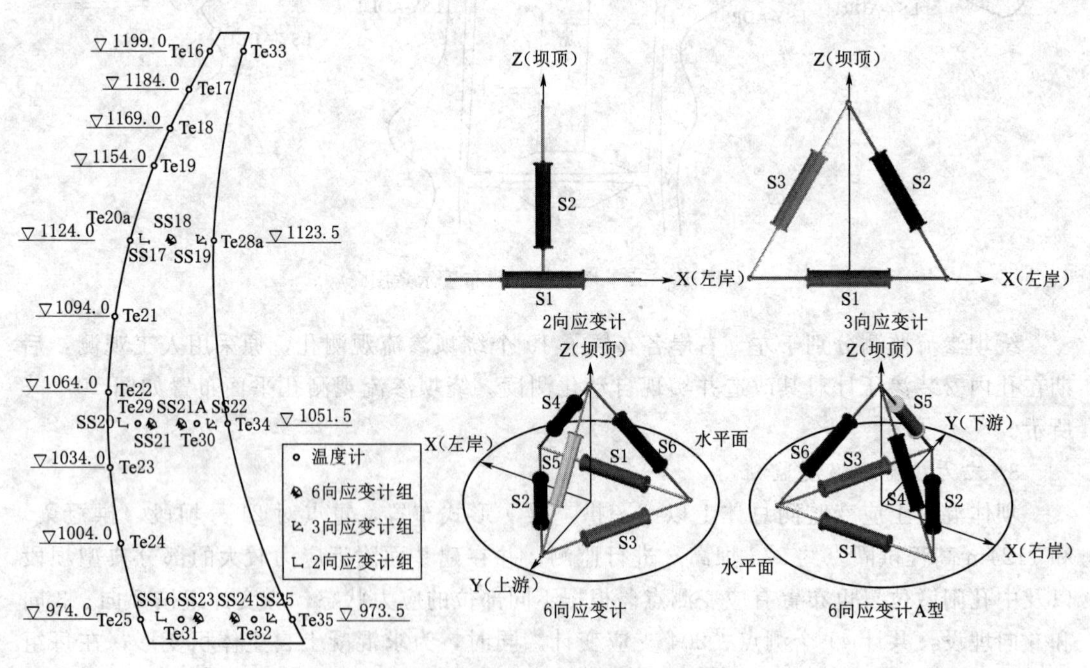

图 10-39 21 号坝段应变计组与温度监测布置图（单位：m）

10.5.2 建模分析

以式（10-30）为例，构建拱冠梁坝段 TCN08 测点的水平位移监控统计模型，取 2016 年 7 月 1 日至 2017 年 6 月 30 日期间 TCN08 测点水平位移（绝对变形）与环境量自动化监测测值（可扫描其二维码获取），详细介绍混凝土坝安全监控模型的建模过程。

素材 18

10.5.2.1 数据整理与导入

监测时段内，测点径向位移实测与上游水位、气温测值过程线如图 10-40 所示。由式（10-30）可知，混凝土拱坝变形监控统计模型中，解释变量因子包括 (H_t-H_0)、$(H_t^2-H_0^2)$、$(H_t^3-H_0^3)$、$(H_t^4-H_0^4)$、$\left[\sin\left(\frac{2\pi t}{365}\right)-\sin\left(\frac{2\pi t_0}{365}\right)\right]$、$\left[\cos\left(\frac{2\pi t}{365}\right)-\cos\left(\frac{2\pi t_0}{365}\right)\right]$、$\left[\sin\left(\frac{4\pi t}{365}\right)-\sin\left(\frac{4\pi t_0}{365}\right)\right]$、$\left[\cos\left(\frac{4\pi t}{365}\right)-\cos\left(\frac{4\pi t_0}{365}\right)\right]$、$(0.01t-$

（a）上游水位

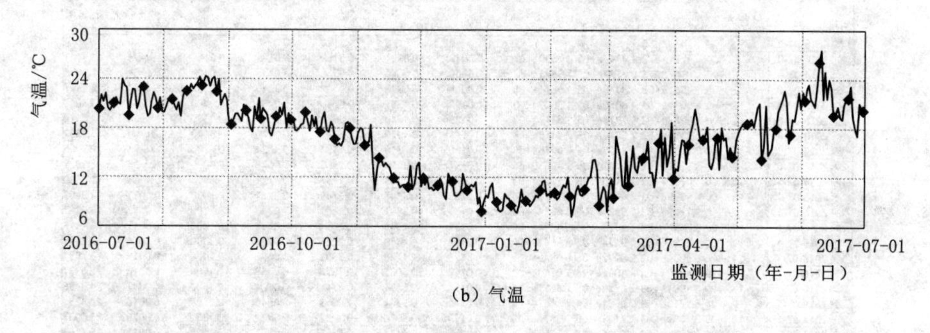

（b）气温

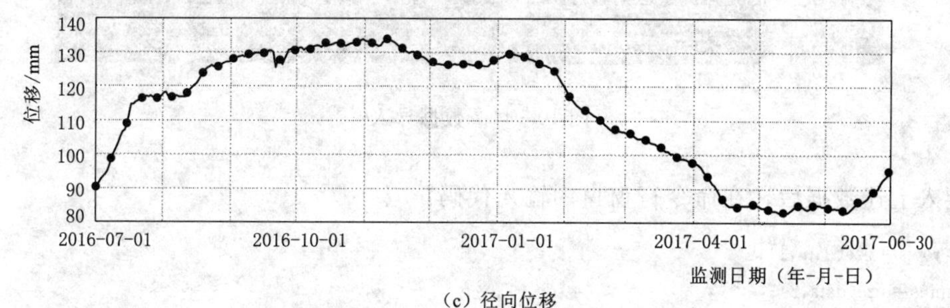

（c）径向位移

图 10-40　测点变形与上游水位、气温实测过程线

$0.01t_0$)与$[\ln(0.01t)-\ln(0.01t_0)]$ 共计 10 项，模型的输出为监测日与建模序列初始日径向位移的相对值 δ，即 $\delta=\delta_t-\delta_0$。其中，H_t 与 H_0 分别为监测日与建模序列初始日的坝前水深，坝前水深为上游水位 H_u 测值减去坝段建基面高程 H_f，对于该坝段而言，H_f 取 965m；t 与 t_0 分别为监测日与建模序列初始日至初始监测日的累计天数，该测点于 1994 年 4 月 19 日开始自动化监测，可采用该日为初始监测日，得 $t_0=8109$d。

以 2016 年 7 月 1 日作为建模序列初始日并对其径向位移及解释变量因子做归零处理，后续监测日的变形测值与解释变量因子取相对于建模序列初始日的相对值，借助 EXCEL 整理得到模型的因果变量，并保存为 data. xlsx 文档，如表 10 - 2 所示。

将 data. xlsx 文档保存至 MATLAB 当前文件夹窗口，在命令行窗口中输入代码“data= xlsread ('data. xlsx');”即可实现。此外，也可通过点击主页选项卡中“Import Data（导入数据）”，选择文档所在文件夹后打开 EXCEL 表格，选中待导入数据，并将“Output Type（输出类型）”修改为“Numeric Matrix（数值矩阵）”，点击“Import Selection（导入所选内容）”将数据导入至工作区窗口，如图 10 - 41 所示。

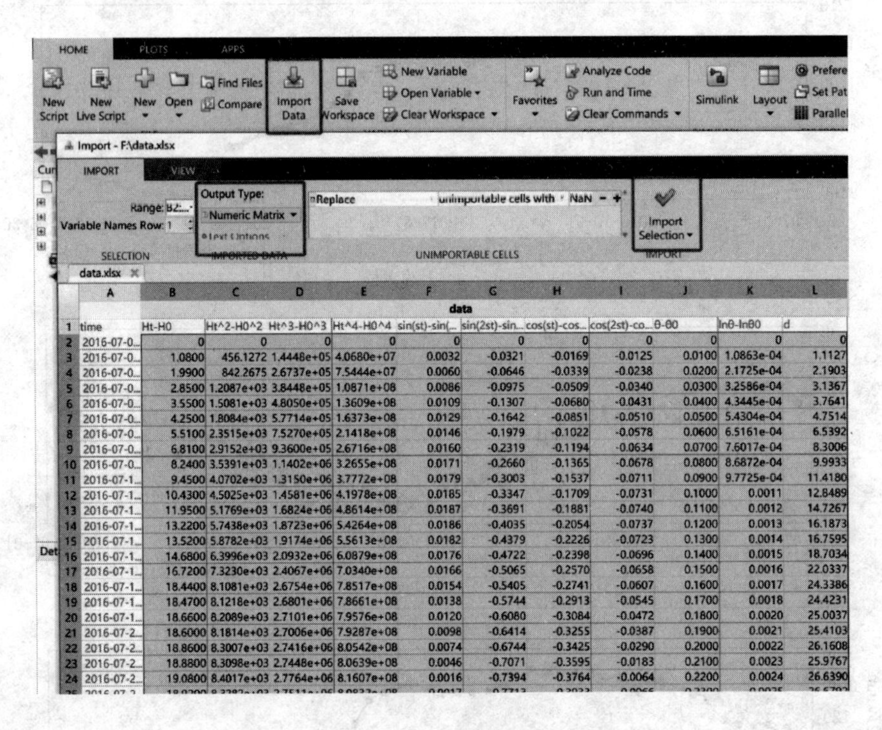

图 10 - 41 数据导入

导入上述数据后，在命令行窗口中输入代码：

```
>>rows=size(data,1);
columns=size(data,2);
input=data(1:rows, 1:columns-1);
output=data(1:rows, columns);
```

表 10-2　变形及其解释变量因子

监测日期	H_t-H_0	$H_t^2-H_0^2$	$H_t^3-H_0^3$	$H_t^4-H_0^4$	$\sin\frac{2\pi t}{365}-\sin\frac{2\pi t_0}{365}$	$\sin\frac{4\pi t}{365}-\sin\frac{4\pi t_0}{365}$	$\cos\frac{2\pi t}{365}-\cos\frac{2\pi t_0}{365}$	$\cos\frac{4\pi t}{365}-\cos\frac{4\pi t_0}{365}$	$\theta-\theta_0$	$\ln\theta-\ln\theta_0$	δ
2016—07—01	0.00	0.00	0.00	0.00	0.0000	0.0000	0.0000	0.0000	0.00	0.0000	0.00
2016—07—02	1.08	456.13	144480.89	40680215.65	0.0032	−0.0321	−0.0169	−0.0125	0.01	0.0001	1.11
2016—07—03	1.99	842.27	267369.26	75443804.59	0.0060	−0.0646	−0.0339	−0.0238	0.02	0.0002	2.19
2016—07—04	2.85	1208.71	384476.40	108710129.69	0.0086	−0.0975	−0.0509	−0.0340	0.03	0.0003	3.14
……											
2017—01—02	19.09	8406.28	2778018.78	816554874.03	−1.9700	−0.0810	−0.3425	−0.0290	1.85	0.0199	38.15
2017—01—03	19.32	8512.01	2814467.43	827724443.45	−1.9724	−0.1140	−0.3255	−0.0387	1.86	0.0200	38.43
2017—01—04	19.43	8562.61	2831925.19	833078272.90	−1.9746	−0.1474	−0.3084	−0.0472	1.87	0.0201	38.84
2017—01—05	19.43	8562.61	2831925.19	833078272.90	−1.9764	−0.1810	−0.2913	−0.0545	1.88	0.0202	39.25
……											
2017—06—27	−0.73	−306.99	−96823.00	−27144704.78	−0.0156	0.1235	0.0671	0.0606	3.61	0.0385	2.32
2017—07—28	0.05	21.07	6656.33	1869585.44	−0.0112	0.0935	0.0504	0.0439	3.62	0.0386	3.03
2017—06—29	0.90	379.94	120298.05	33856786.21	−0.0072	0.0628	0.0337	0.0282	3.63	0.0387	3.79
2017—06—30	1.79	757.26	240270.41	67765072.69	−0.0035	0.0316	0.0169	0.0136	3.64	0.0388	4.95

将所导入数据划分为模型的输入与输出变量，如图 10-42 所示。

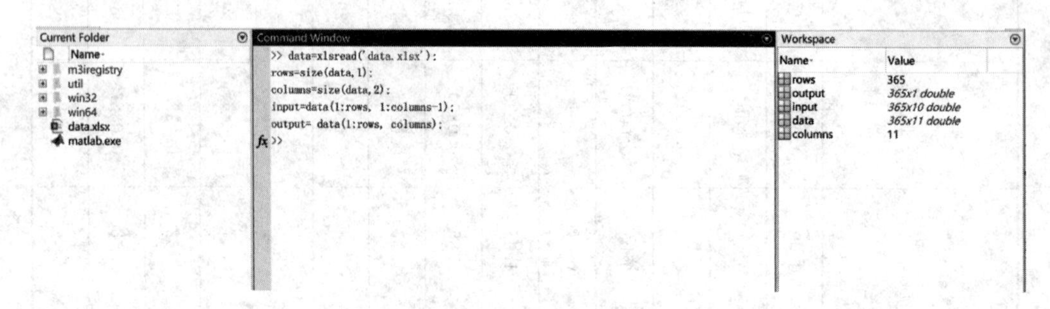

图 10-42　输入与输出变量生成

10.5.2.2　模型构建与建模精度评估

在利用多元线性回归分析方法建模时，需在上述输入变量中添加一列与输出变量维度相同的全为 1 的矩阵，可通过在命令行窗口中输入“inputs＝［ones（size（output）），input];”生成新的输入变量矩阵，然后输入多元线性回归分析代码“［b，bint，r］＝regress（output，inputs）；result＝inputs * b;”，即可得到模型的回归系数 b 与建模结果 result。因建模序列初始日（即 2016 年 7 月 1 日）TCN08 测点的实测径向位移为 90.28mm，故在命令行窗口中输入“IniMea＝90.28；RES＝result＋IniMea;”，可得到该测点的位移拟合值 RES，如图 10-43 所示。

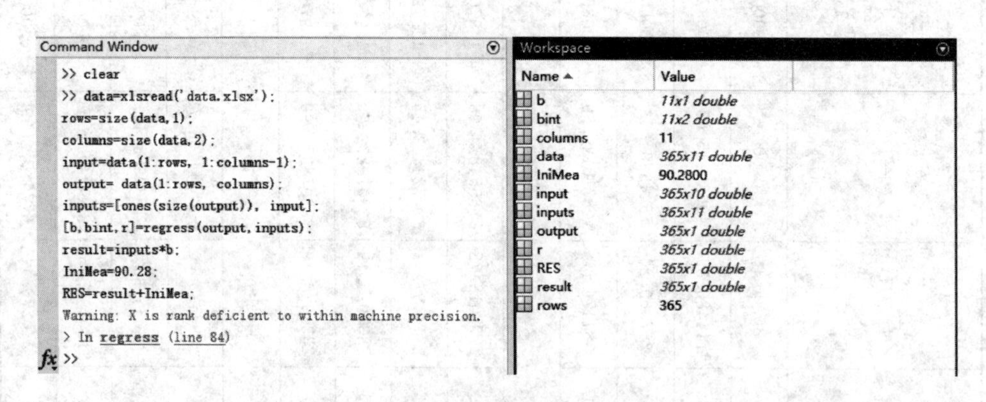

图 10-43　多元线性回归分析成果

值得注意的是，运行上述代码后出现 Warning，其表明模型的输入变量存在线性相关性问题。输入变量的线性相关性可采用逐步回归分析、岭回归分析等方法解决，在此主要介绍多元线性回归方法的建模流程，对此问题不做重点分析。

工作区窗口中，b 为模型的回归系数矩阵，如图 10-44 所示；result 为多元线性回归分析的建模结果，如图 10-45 所示；RES 为效应量实测值的建模结果，如图 10-46 所示；r 为模型残差，如图 10-47 所示。

根据图 10-44 中的回归系数，可得到 TCN08 测点径向位移的统计模型为

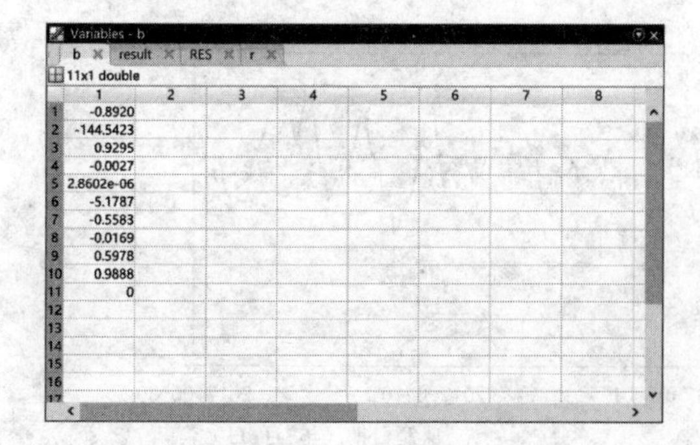

Variables - b

b | result | RES | r

11x1 double

	1
1	-0.8920
2	-144.5423
3	0.9295
4	-0.0027
5	2.8602e-06
6	-5.1787
7	-0.5583
8	-0.0169
9	0.5978
10	0.9888
11	0

图 10-44　回归系数

Variables - result

b | result | RES | r

365x1 double

	1
1	-0.8920
2	0.3772
3	1.4774
4	2.5423
5	3.4285
6	4.3305
7	5.9779
8	7.7213
9	9.6858
10	11.3896
11	12.7993
12	15.0132
13	16.9047
14	17.3811
15	19.1490
16	22.2933
17	25.0089

图 10-45　效应量相对值建模结果

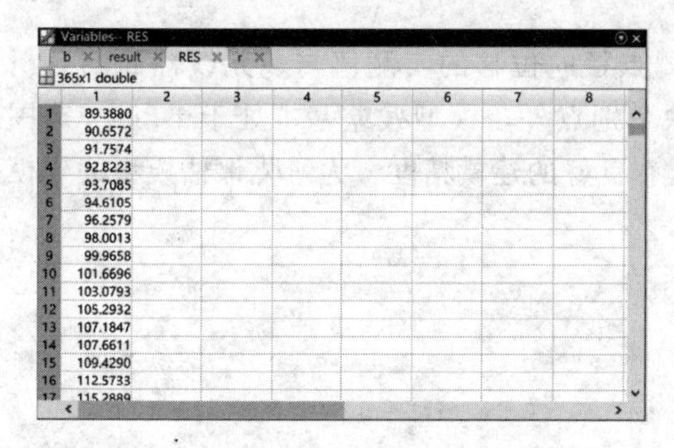

Variables - RES

b | result | RES | r

365x1 double

	1
1	89.3880
2	90.6572
3	91.7574
4	92.8223
5	93.7085
6	94.6105
7	96.2579
8	98.0013
9	99.9658
10	101.6696
11	103.0793
12	105.2932
13	107.1847
14	107.6611
15	109.4290
16	112.5733
17	115.2889

图 10-46　效应量实测值建模结果

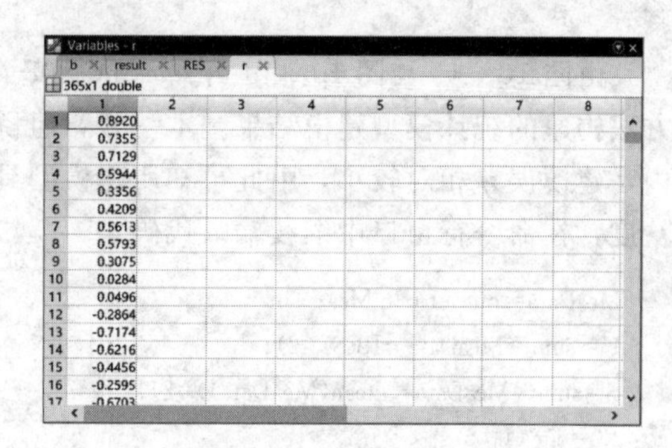

Variables - r

b | result | RES | r

365x1 double

	1
1	0.8920
2	0.7355
3	0.7129
4	0.5944
5	0.3356
6	0.4209
7	0.5613
8	0.5793
9	0.3075
10	0.0284
11	0.0496
12	-0.2864
13	-0.7174
14	-0.6216
15	-0.4456
16	-0.2595
17	-0.6703

图 10-47　模型残差

$$
\begin{aligned}
\delta_t &= \delta_0 + \delta_H + \delta_T + \delta_\theta \\
&= 90.28 - 0.8920 - 144.5423(H_t - H_0) + 0.9295(H_t^2 - H_0^2) \\
&\quad - 0.0027(H_t^3 - H_0^3) + 2.8602\times 10^{-6}(H_t^4 - H_0^4) \\
&\quad - 5.1787\left(\sin\frac{2\pi t}{365} - \sin\frac{2\pi t_0}{365}\right) - 0.5583\left(\sin\frac{4\pi t}{365} - \sin\frac{4\pi t_0}{365}\right) \\
&\quad - 0.0169\left(\cos\frac{2\pi t}{365} - \cos\frac{2\pi t_0}{365}\right) + 0.5978\left(\cos\frac{4\pi t}{365} - \cos\frac{4\pi t_0}{365}\right) \\
&\quad + 0.9888(\theta - \theta_0) + 0(\ln\theta - \ln\theta_0)
\end{aligned}
$$

上式计算结果即为模型建模结果 RES。

TCN08 测点径向位移实测值及其建模结果以及模型残差分别如图 10-48 与图 10-49 所示。

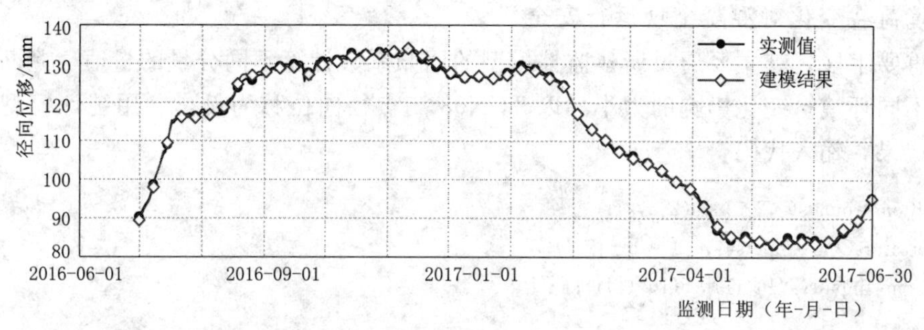

图 10-48　TCN08 测点径向位移实测值与建模结果

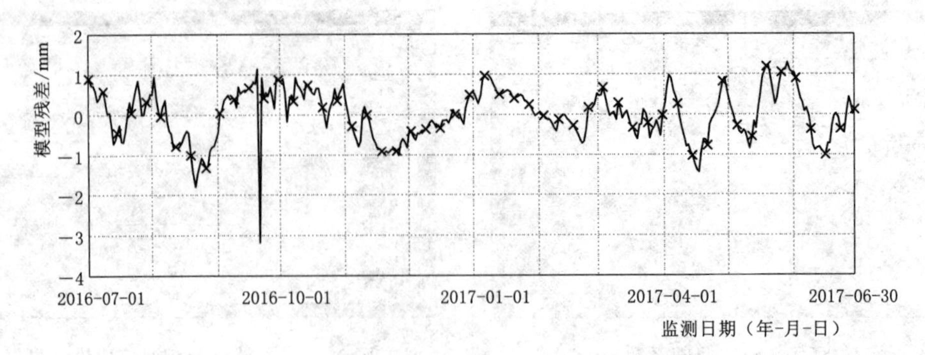

图 10-49　模型残差

由图 10-48 与图 10-49 可知，TCN08 测点径向位移的实测值与多元线性回归分析方法构建的统计模型建模结果基本一致，且除个别点外，模型残差基本处于±2mm 范围内，建模误差相对较小，由此可知所建模型具有良好的建模精度。为量化评估模型的建模精度，在命令行窗口中继续输入代码：

```
MeaData=output+IniMea;
U=sum((MeaData-RES).^2);
S=sum((MeaData-mean(MeaData)).^2);
R2=1-(U/S)
MAE=mean(abs(MeaData-RES))
MSE=mean((MeaData-RES).^2)
MAPE=mean(abs((MeaData-RES)./MeaData))*100
```

可得到 R^2、MAE、MSE 和 MAPE 的计算结果，如图 10-50 所示。

由图 10-50 可知，$R^2=0.9988$、MAE = 0.5000、MSE = 0.3816 且 MAPE=0.4594，进一步表明了所建模型具有较好的建模精度。

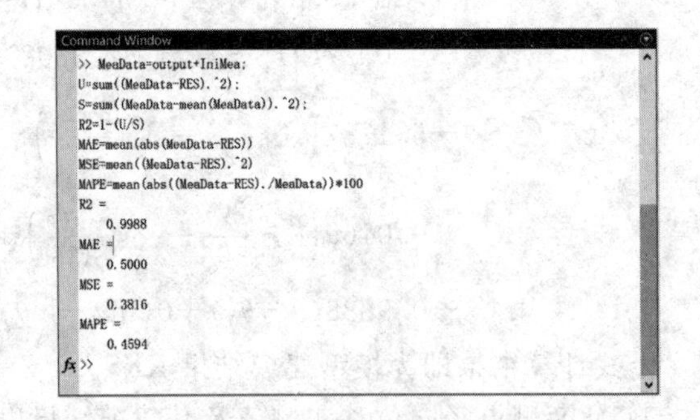

图 10-50　统计指标计算结果

10.5.2.3　分量分离

分离不同环境量变化导致的混凝土坝安全监测效应量的量值变化程度，是解译环境荷载变化对混凝土坝运行安全性态的重要手段，其主要通过所建监控模型的回归系数计算不同分量的量值，判断监测效应量受不同环境量变化影响的大小。以 TCN08 测点径向位移为例，利用统计模型回归系数计算成果，输入代码：

```
WaterCom=inputs(:,2:5)*b(2:5,:);
TempreatureCom=inputs(:,6:9)*b(6:9,:);
AingCom=inputs(:,10:11)*b(10:11,:);
```

即可分离该测点径向位移中水压分量 WaterCom、温度分量 TempreatureCom 与时效分量

AingCom，分离结果可查看工作区窗口中相关文件，分离结果如图10-51所示。需要指出的是，所分离的分量为监测日的环境量相对于建模序列初始日（即2016年7月1日）的变化量引起的变形。

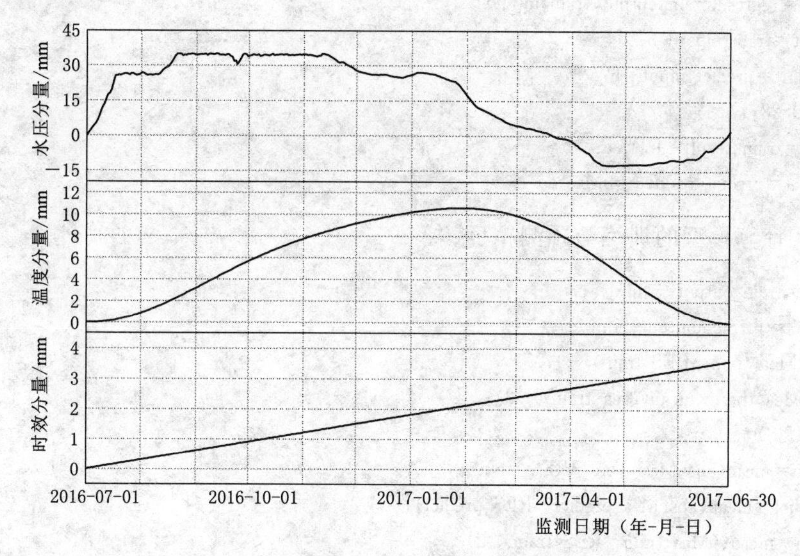

图10-51 水压、温度与时效分量分离结果

由图10-51可知，随上游水位的增大或温度的降低，向下游方向径向位移增大；反之，则向上游方向径向位移增大，其符合混凝土坝水平变形的一般规律。同时，水压分量的变化幅度显著大于温度分量与时效分量的变化幅度，其表明该坝径向位移变化行为受上游水位变化影响较大。

10.5.2.4 跟踪预报

跟踪预测是混凝土坝健康监测的重要任务之一，其基本思想是根据既有监测数据构建混凝土坝健康监控模型，代入未来一段时期的环境量值，以预测未来时段的效应量变化行为。以TCN08测点径向位移跟踪预测模型的构建为例，取2016年7月1日—2017年6月15日期间监测数据构建回归模型，预测后15天的径向位移，其中，建模段测值共计350组，预测段测值共计15组。该测点径向位移跟踪预测模型的构建与模型训练和预测精度的评估可通过下述代码实现。

Step1：导入变形及解释变量数据并对所导入数据添加一列全为1的矩阵：

```
data=xlsread('data.xlsx');
DATA=[ones(size(data,1),1),data];
```

Step2：划分训练段与预测段的输入与输出数据：

```
rows=350;
columns=size(DATA,2);
train_input=DATA(1:rows, 1:columns-1);
train_output=DATA(1:rows, columns);
predict_input=DATA(rows+1:end, 1:columns-1);
```

```
predict_output=DATA(rows+1:end, columns);
```

Step3：多元线性回归分析计算模型回归系数及模型的训练与预测结果：

```
[b,bint,r]=regress(train_output,train_input);
train_result=train_input * b;
predict_result=predict_input * b;
IniMea=90.28;
RES_train=train_result+IniMea;
RES_predict=predict_result+IniMea;
```

Step4：计算模型的训练与预测精度：

```
Mea_train=train_output +IniMea;
Mea_predict=predict_output+IniMea;
U=sum((Mea_train-RES_train).^2);
S=sum((Mea_train-mean(Mea_train)).^2);
R2=1-(U/S)
MAE_train=mean(abs(Mea_train-RES_train))
MAE_predict=mean(abs(Mea_predict-RES_predict))
MSE_train=mean((Mea_train-RES_train).^2)
MSE_predict=mean((Mea_predict-RES_predict).^2)
MAPE_train=mean(abs((Mea_train-RES_train)./Mea_train)) * 100
MAPE_predict=mean(abs((Mea_predict-RES_predict)./Mea_predict)) * 100
```

在命令行窗口中输入上述代码，即可得到相关结果，如图 10－52 所示。模型的回归系数如图 10－53 所示，模型的训练、预测结果分别如图 10－54 与图 10－55 所示，训练与预测段的统计指标计算结果如图 10－56 所示。模型的训练与预测结果及模型残差分别如图 10－57 与图 10－58 所示。

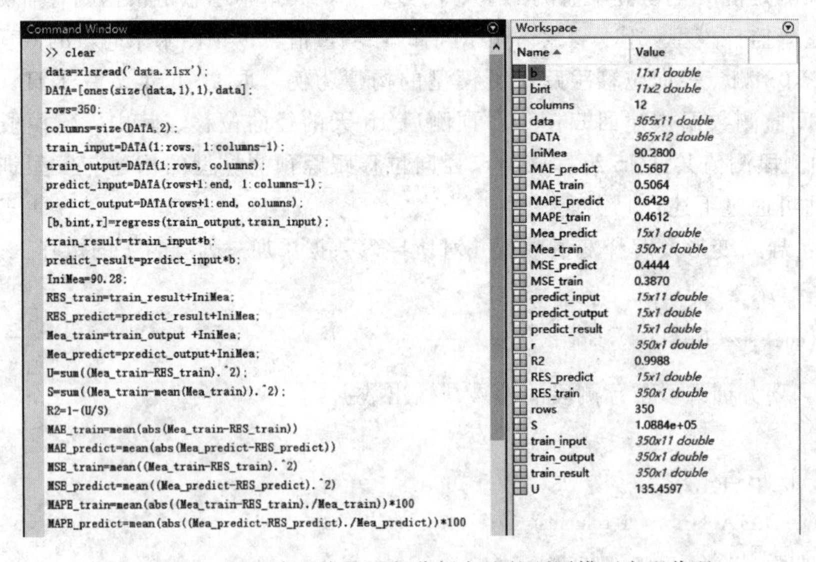

图 10－52　基于多元线性回归分析方法的预测模型实现代码

Variables - b

11x1 double

	1
1	-0.9442
2	-190.8262
3	1.2537
4	-0.0037
5	4.0289e-06
6	-5.0673
7	-0.5429
8	-0.1080
9	0.5685
10	1.1208
11	0

图 10-53 模型回归系数

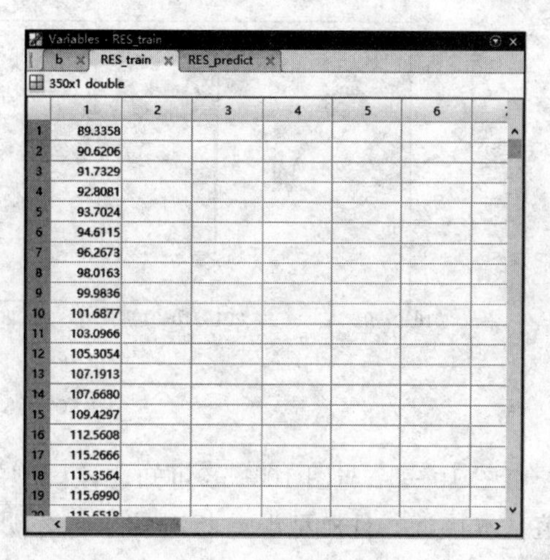
Variables - RES_train

350x1 double

	1
1	89.3358
2	90.6206
3	91.7329
4	92.8081
5	93.7024
6	94.6115
7	96.2673
8	98.0163
9	99.9836
10	101.6877
11	103.0966
12	105.3054
13	107.1913
14	107.6680
15	109.4297
16	112.5608
17	115.2666
18	115.3564
19	115.6990

图 10-54 模型训练结果

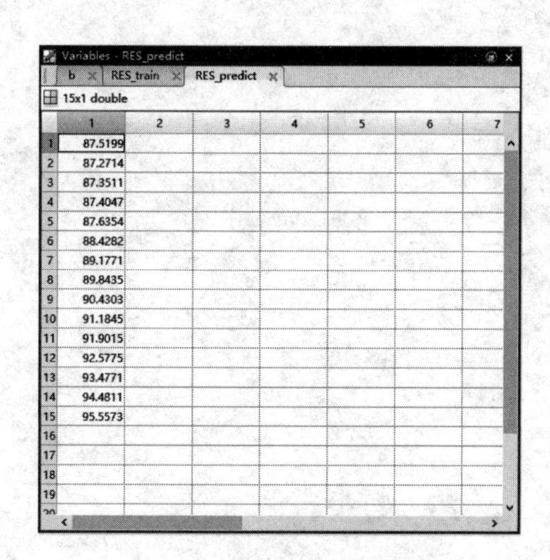
Variables - RES_predict

15x1 double

	1
1	87.5199
2	87.2714
3	87.3511
4	87.4047
5	87.6354
6	88.4282
7	89.1771
8	89.8435
9	90.4303
10	91.1845
11	91.9015
12	92.5775
13	93.4771
14	94.4811
15	95.5573

图 10-55 模型预测结果

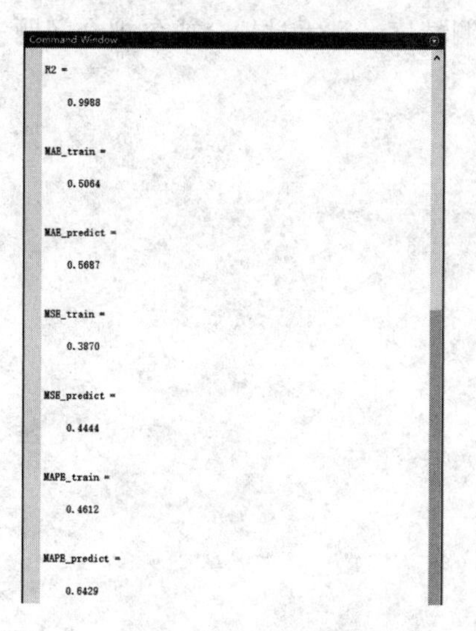
```
R2 =
    0.9988
MAE_train =
    0.5064
MAE_predict =
    0.5687
MSE_train =
    0.3870
MSE_predict =
    0.4444
MAPE_train =
    0.4612
MAPE_predict =
    0.6429
```

图 10-56 模型训练与预测段统计指标

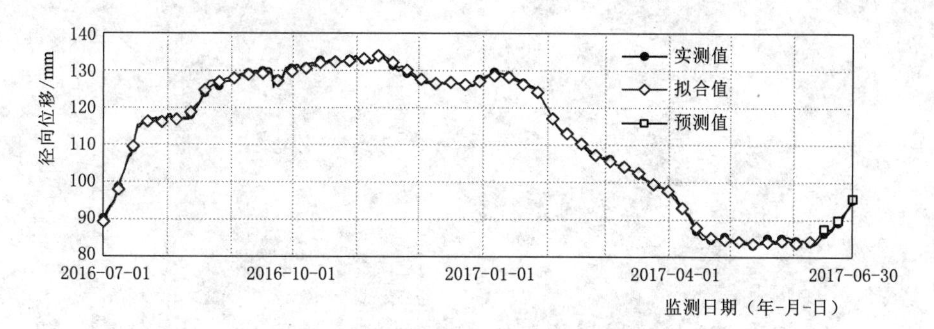

图 10-57 模型的训练与预测结果

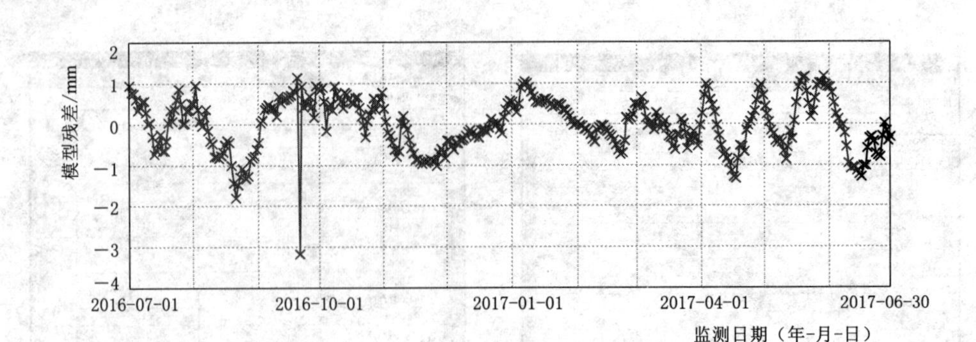

图 10－58　模型残差

由图 10－57 与图 10－58 可知，该模型的训练与预测结果与 TCN08 测点径向位移实测值基本接近，且模型误差相对较小，表明所建模型具有良好的预测性能。同时结合图 10－56 可知，模型训练段 R^2＝0.9988，表明模型具有良好的建模精度；同时，训练段与预测段的 MAE、MSE 与 MAPE 均分别接近且相对较小，进一步说明所建模型具有良好的预测精度，且无过拟合或欠拟合问题。

第11章 ANSYS在混凝土坝力学分析中的应用

混凝土坝作为水利枢纽工程中重要坝型之一，其全生命周期内的力学性能是大坝安全考证的主要指标，如何在设计、施工和运维阶段合理地分析大坝结构力学性能往往是困扰工程师们的难题。对混凝土坝复杂工程问题的求解，除依据相关规范进行等效分析外，现阶段还需借助有限元等数值仿真分析方法对其计算结果予以校验。随着各种大型商用数值分析软件的推广（如：ANSYS、ABAQUS、ADINA、COMSOL等），水利工程中结构数值仿真计算备受重视，但目前有关有限元分析软件在水工结构工程中的相关应用教程较为鲜见。为此，本章以ANSYS软件为例，重点介绍混凝土坝力学行为数值计算的基本操作，主要涉及ANSYS在混凝土重力坝、拱坝力学分析中的应用，详细阐述了重力坝施工期和运行期结构力学分析的具体实操过程以及拱坝力学分析的APDL参数化计算流程。

11.1 ANSYS软件简介

ANSYS软件作为较早引入中国并被广泛推广的有限元数值分析软件之一，提供了结构非线性分析、电磁分析、计算流体力学分析、设计优化、接触分析、自适应网格划分和利用参数设计语言扩展宏命令等诸多功能，目前已被广泛应用于水利工程、土木工程、核工业、铁道、石油化工、航空航天、机械制造、能源、汽车交通、国防军工、电子、生物医学、日用家电等科学研究领域。

现以ANSYS（16.0版）为例，对其结构分析（ANSYS Mechanical）模块进行介绍。ANSYS操作界面共包含7个窗口供使用者与软件之间进行交流，利用这些窗口可便捷地输入命令、建模计算、查看分析结果、图形输出与打印。整个窗口系统称为GUI（Graphical User Interface），如图11-1所示。

ANSYS架构分为两层，一是起始层（Begin Level），二是处理层（Processor Level），使用命令输入时，要通过起始层进入不同的处理器。处理器可视为解决问题步骤中的组合命令，它解决问题的基本流程叙述如下：①前置处理（General Preprocessor，PREP7），包括建立有限元模型所需输入的资料、材料属性、元素切割的产生；②求解处理（Solution Processor，SOLU），包括荷载条件、边界条件及求解；③后置处理（General Postprocessor，POST1或Time Domain Postprocessor，POST26）。

ANSYS软件的结构分析模块主要包含以下功能。

结构静力分析：用于求解外载荷作用引起的位移、应力和力。静力分析适用于求解惯

图 11-1　ANSYS（16.0 版）软件操作界面

性和阻尼对结构的影响并不显著的问题。ANSYS 软件中的静力分析不仅可以进行线性分析，而且可以进行非线性分析，如塑性、蠕变、膨胀、大变形、大应变及接触分析。

结构动力分析：用于求解随时间变化的载荷对结构或部件的影响。与静力分析不同，动力分析要考虑随时间变化的载荷以及阻尼和惯性的影响。ANSYS 可开展的结构动力学分析类型包括瞬态动力学分析、模态分析、谐波响应分析及随机振动响应分析。

结构非线性分析：结构非线性导致结构或部件的响应与外载荷不成变化比例。ANSYS 软件可求解静态和瞬态非线性问题，包括材料非线性、几何非线性和状态非线性 3 种。

动力学分析：可以分析大型三维柔体运动。当运动的积累影响起主要作用时，可使用这些功能分析复杂结构在空间中的运动特性，并确定结构中由此产生的应力、应变和变热分析模块。可处理热传递的 3 种基本类型：传导、对流和辐射。热传递的 3 种类型均可进行稳态和瞬态、线性和非线性分析。热分析还具有可以模拟材料固化和熔解过程的相变分析能力以及模拟热与结构应力之间的热-结构耦合分析能力。

流体动力学分析：能进行流体动力学分析，分析类型可以为瞬态或稳态。分析结果可以是每个节点的压力和通过每个单元的流率，并且可以利用后处理功能产生压力、流率和温度分布的图形显示。另外，还可以使用三维表面效应单元和热-流管单元模拟包括对流换热效应的结构的流体绕流过程。

此外，ANSYS 还具有用户可编辑特性（UPFS），其程序的开放结构允许用户使用自己编写的 FORTRAN 程序进行二次开发。

11.2 重力坝有限元数值模型的构建

11.2.1 建模对象

ANSYS 软件的基本操作技巧可参考相关基础教程与使用说明等，本章主要以某一混凝土重力坝挡水坝段为例，重点介绍基于 ANSYS 软件的混凝土坝结构静力分析的实现过程及有关注意要点。

某混凝土重力坝挡水坝段坝高 100m，顶部宽度 10m，底部宽度 68.33m，浅层基础深度 50m，深层基础深度 150m，坝基底部宽度 350m，该坝段剖面形式与尺寸说明如图 11-2 所示。结构分析过程中采用三维有限元分析模型，坝段长度取 10m。

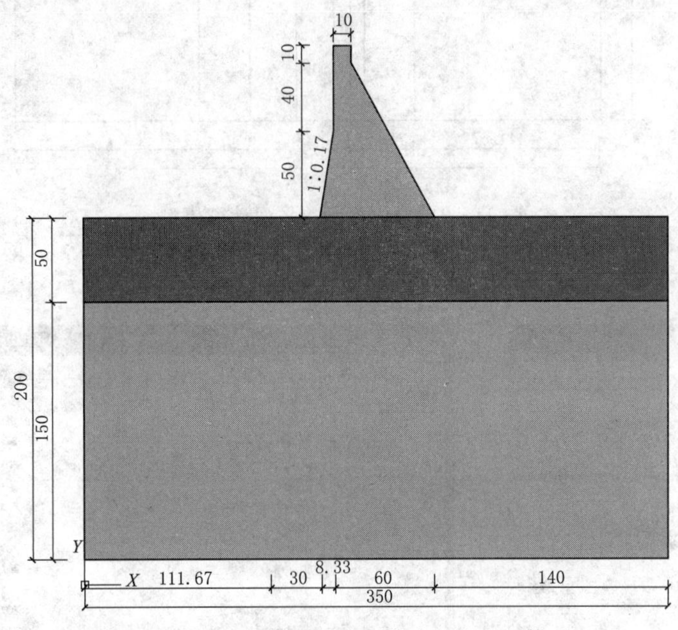

图 11-2 某混凝土重力坝挡水坝段几何模型

11.2.2 CAD 模型的导入

ANSYS 软件中有限元模型的建立，除可采用自带的布尔运算方法外，还可以利用 AutoCAD、Hypermesh 等第三方软件辅助完成。本节根据图 11-2 中挡水坝段的剖面形式与几何尺寸条件，借助 AutoCAD 软件绘制其平面模型以辅助 ANSYS 建模。利用 AutoCAD 绘制平面模型时，在命令栏中输入“ucs”，设置图形左下角为坐标原点，然后以线段形式自下而上绘制模型形成面域，如图 11-3 所示。

完成 CAD 图形绘制后，框选所有的线条，在 CAD 图形输出选项中，点击“其他格式”后选择 iges 文件类型，将 CAD 图形输出为可导入 ANSYS 软件的图形类型，如图 11-4 与图 11-5 所示。

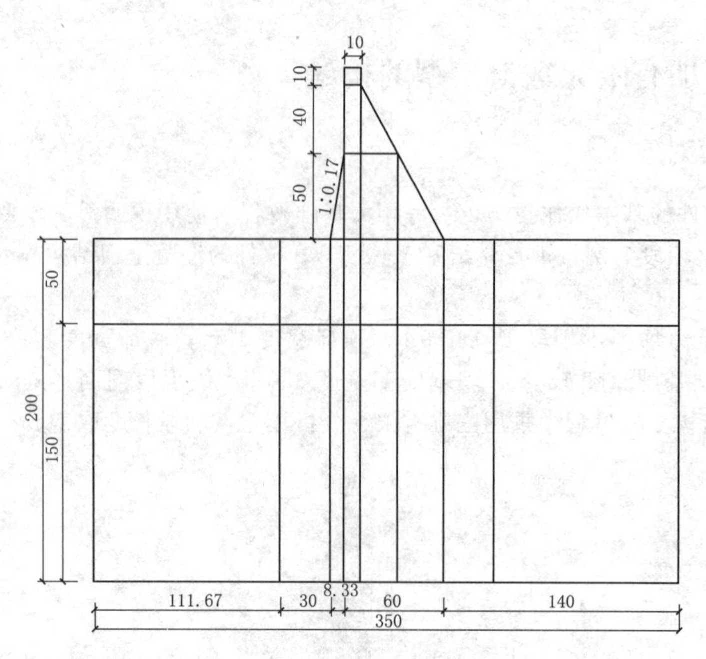

图 11-3　典型坝段的平面计算模型
（注：模型中尺寸标注仅为建模辅助）

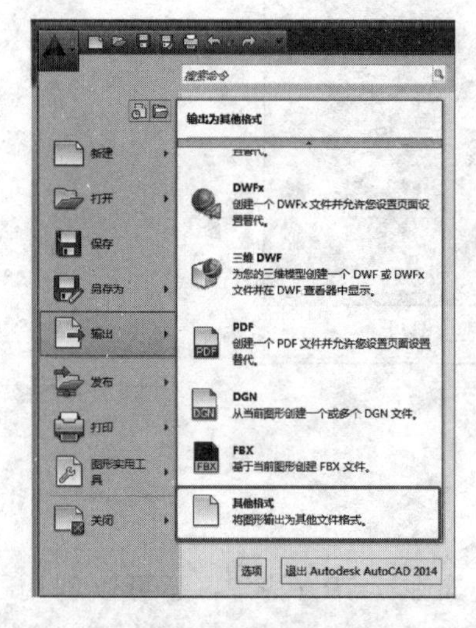

图 11-4　CAD 图形输出选项　　　　图 11-5　保存为可导入 ANSYS 的文件

运行 ANSYS，先创建工作路径“D:\GravityDam”文件夹与文件名“GravityDam”，进入工作界面；然后点击 ANSYS 功能菜单栏中 File>Import>IGES…，选择 AutoCAD 软件导出的 GravityDam. IGES 文件，将其导入 ANSYS，如图 11-6 所示。

需要注意的是，所导入的 CAD 图形中可能存在重复面，需点击 ANSYS 功能菜单栏中 PlotCtrls>Numbering…选项，打开 Plot Numbering Controls 窗口进行校核。若图形中存在重复面，比如存在一个重复面 A89，可通过 Main Menu>Preprocessor 进入 AN-

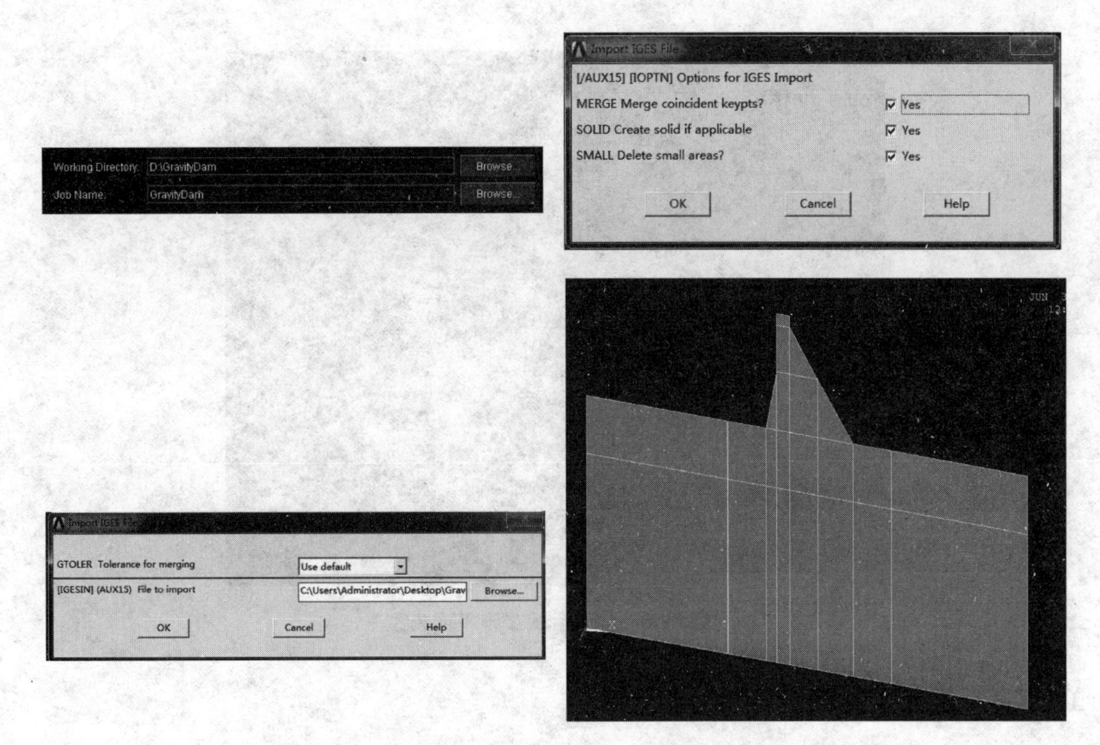

图 11-6　CAD图形导入ANSYS的具体过程

SYS前处理器，点击Modeling> Delete> Area and Below，输入重复面标号89，点击“OK”将其删除，如图11-7所示。若图形中存在多个重复面域，皆可依次处理。

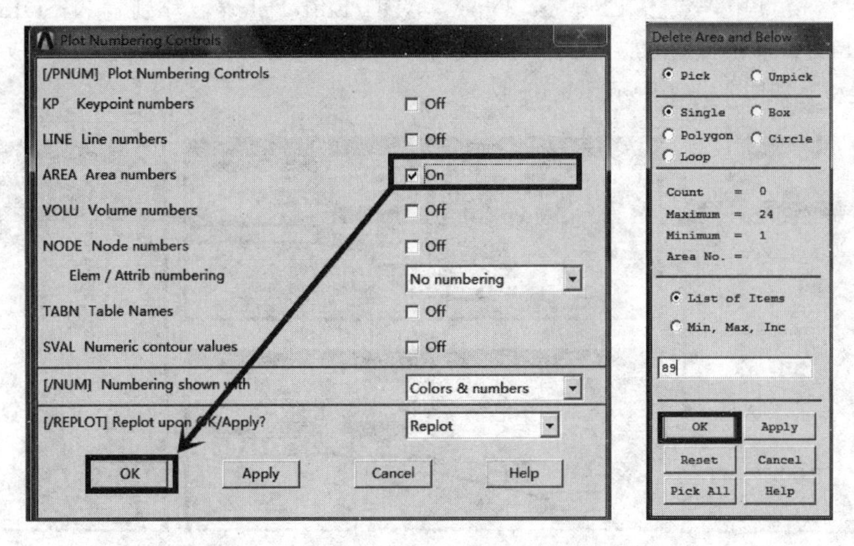

图 11-7　所导入图形中重复面的剔除过程

通过功能栏菜单中Plot>Replot查看所导入的二维平面模型，确认图形中无重复面域后，点击SAVE _ DB按钮予以保存，如图11-8所示。

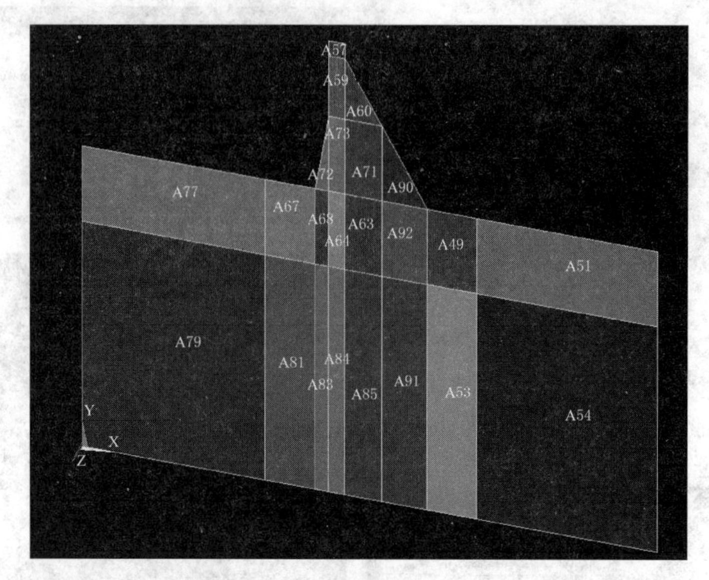

图 11-8　导入后的二维平面模型

11.2.3　单元和材料的定义

1. 单元的定义

混凝土坝有限元分析模型中，通常采用实体单元，其中，坝基可选用三维实体单元 SOLID45，坝体可采用专门用以模拟混凝土的实体单元 SOLID65。单元定义的方式如下：在前处理器窗口中，点击 Element Type＞ADD/Edit/Delete，分别输入 SOLID 45 和 SOLID 65 两种单元后点击应用，即可定义 Type-1-SOLID45 与 Type-2-SOLID65 两种单元类型，如图 11-9 所示。

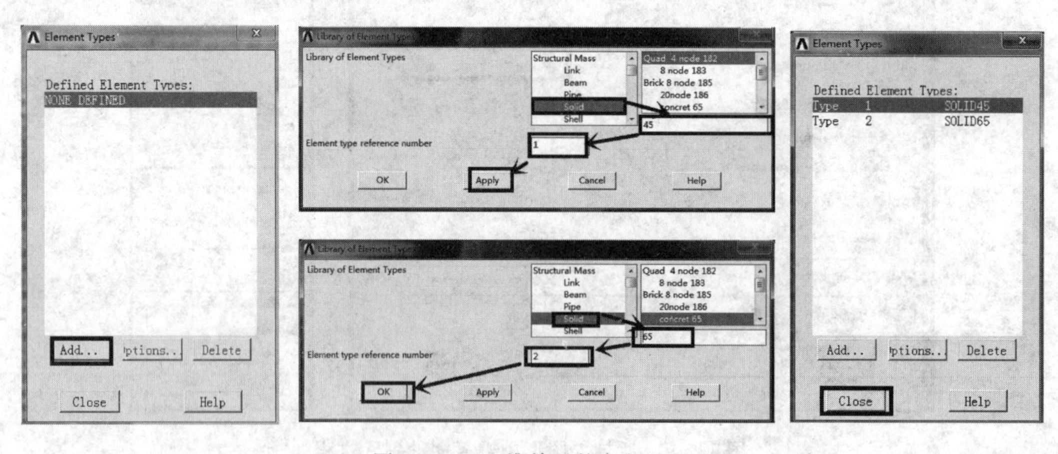

图 11-9　三维单元的定义过程

2. 材料的定义

混凝土坝有限元模型通常由坝体和坝基两部分组成。为此，在建立有限元分析模型时，需事先定义坝体和坝基材料属性。根据11.2.1所述的工程基本资料，该重力坝坝段有限元分析模型中应包含深层基岩、浅层基岩和坝体混凝土三种材料。在此，施工期和运行期数值模拟时仅简单地对坝体混凝土进行一般的弹性计算，不涉及混凝土开裂计算等，故仅需给定三种材料的弹性模量EX、泊松比PRXY与密度DENS等参数信息即可，其可通过点击前处理器窗口中Material Props>Material Model...，在弹出的对话框内逐一输入。深层、浅层坝基岩体和坝体混凝土三种材料参数设置的具体操作步骤如图11-10～图11-12所示。

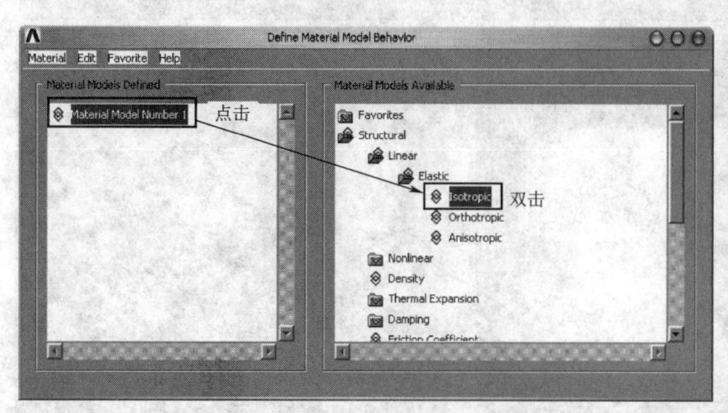

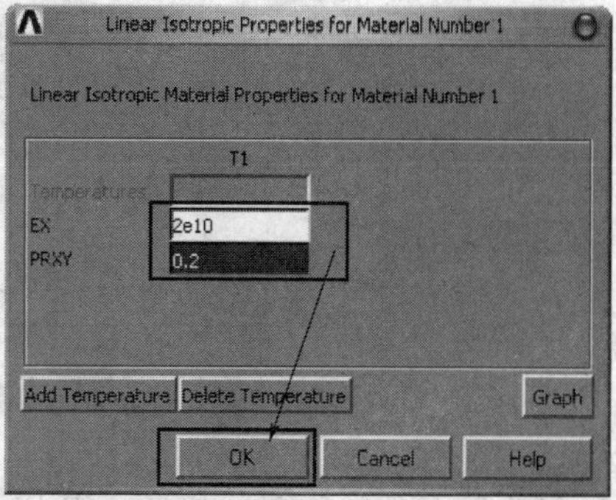

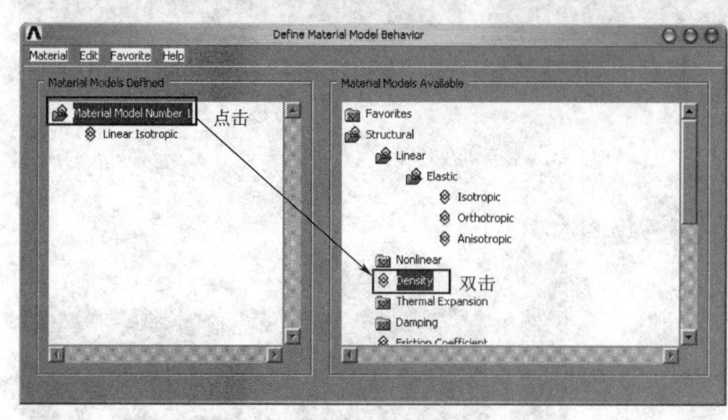

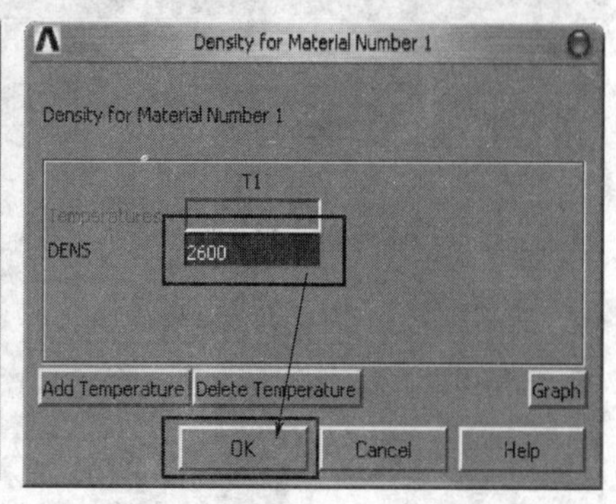

图11-10 材料1（深层基岩）属性的设置

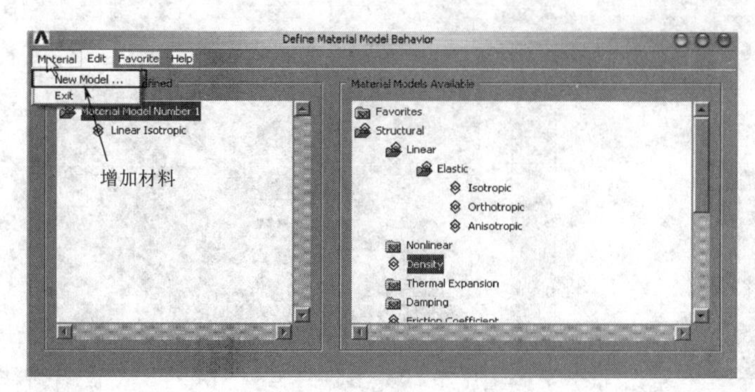

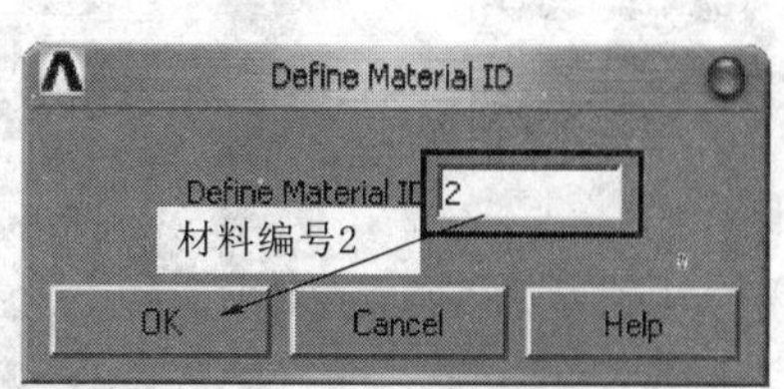

图11-11（一） 材料2（浅层基岩）属性设置

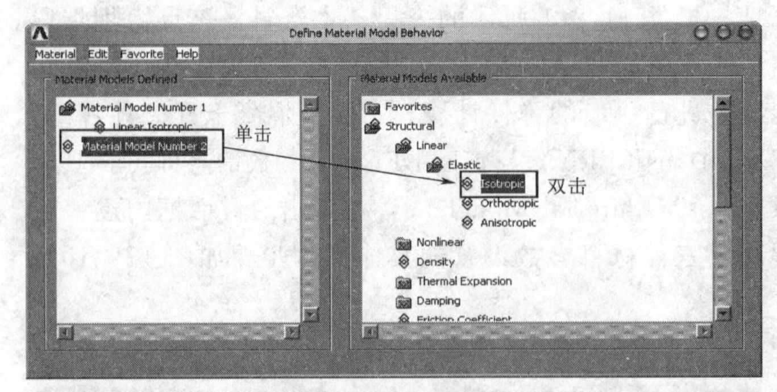

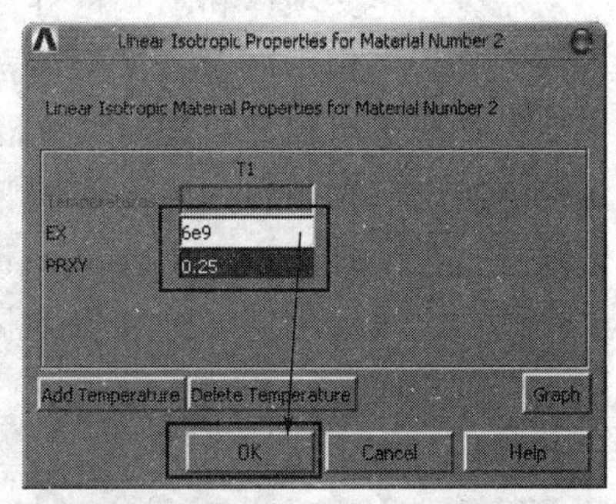

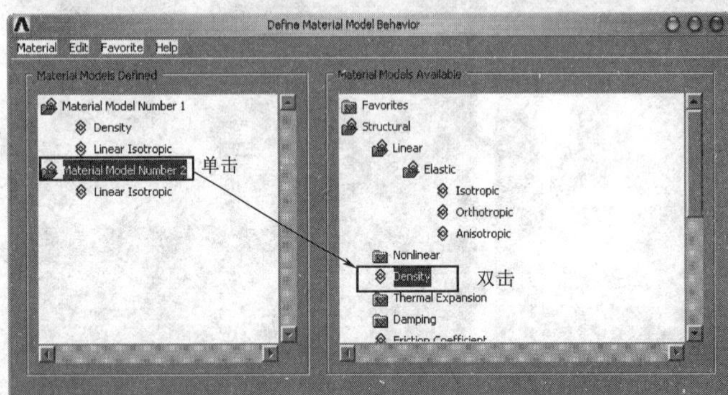

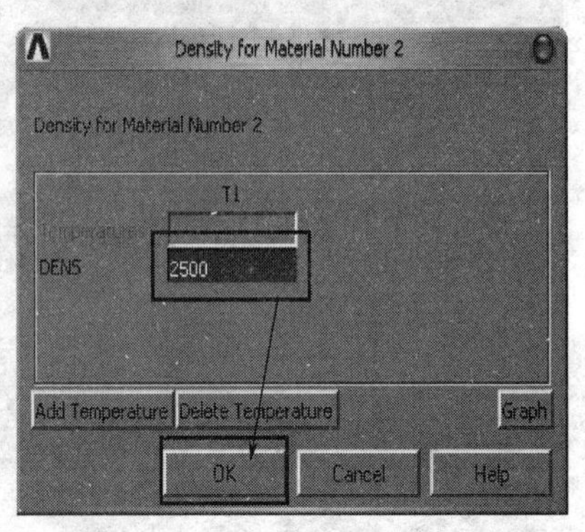

图 11-11（二） 材料 2（浅层基岩）属性设置

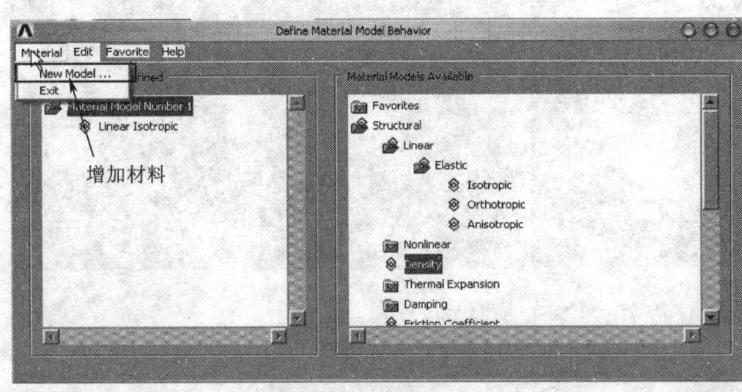

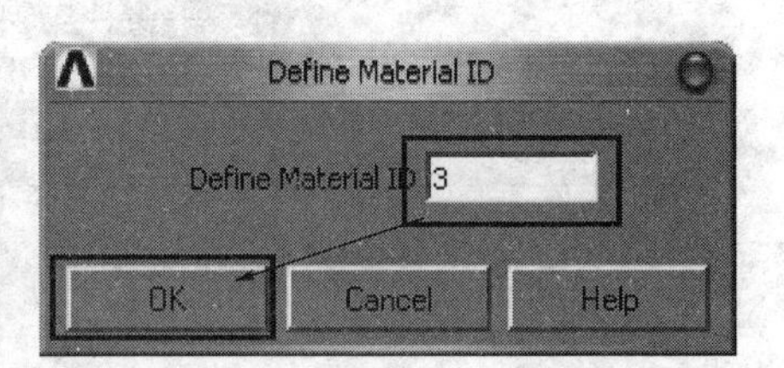

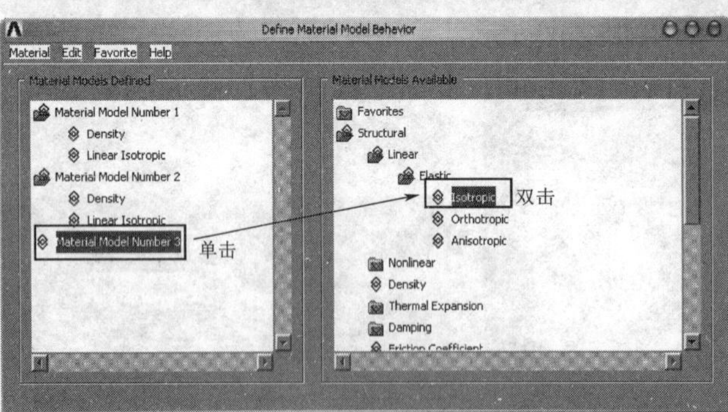

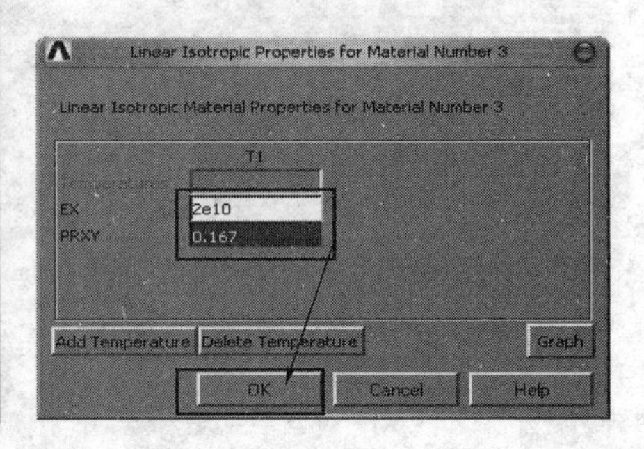

图 11-12（一） 材料 3（坝体混凝土）属性设置

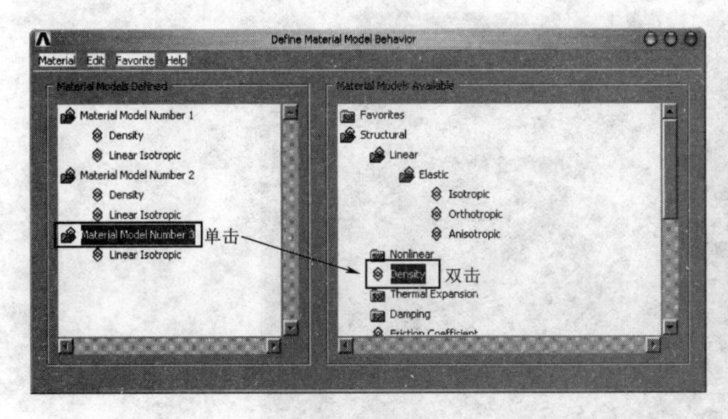

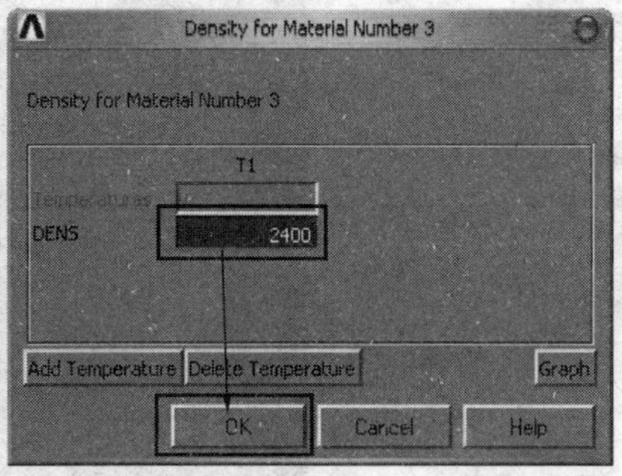

图 11-12（二） 材料 3（坝体混凝土）属性设置

11.2.4 三维实体模型

上述操作生成的重力坝坝段二维平面模型，可通过 ANSYS 中 EXTRUDE＞AREA 命令，将其拉伸转化为三维实体模型。具体操作步骤为：在前处理器界面，点击 Modeling＞Operate＞Extrude＞Area＞By XYZ Offset，在弹出的面选择对话框中点击 Pick All，选择所有的面，如图 11-13 所示；然后在对话框 DZ 栏中输入面域沿 Z 轴向所需拉伸的尺寸 10，点击“OK”即可，如图 11-14 所示。若当前视图无法显示该坝段三维实体模型，需点击 ANSYS 功能菜单栏中 Plot＞Volumes 方可显示。该重力坝坝段三维实体模型如图 11-15 所示。

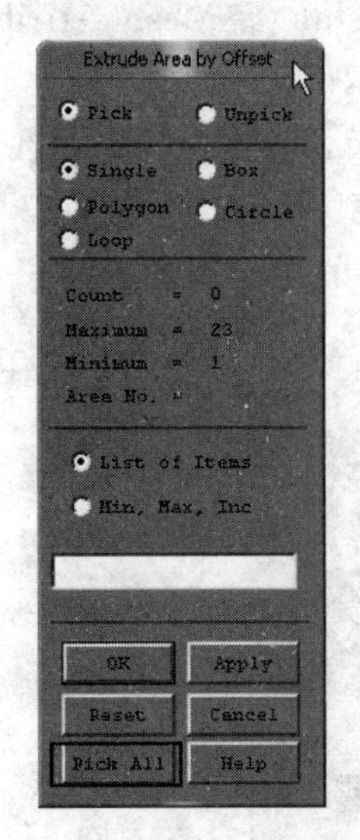

图 11-13 面选择对话框

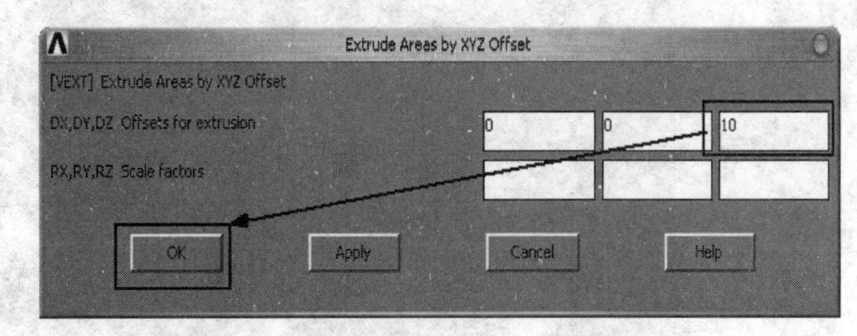

图 11-14 输入面拉伸尺寸增量

11.2.5 网格划分

三维实体模型网格可通过在某一典型面上划分平面单元后借助 Sweep 扫掠方式来划分，也可通过 Mapped 映射方式直接划分。其中，Sweep 扫掠方法仅适用于简单的规则体

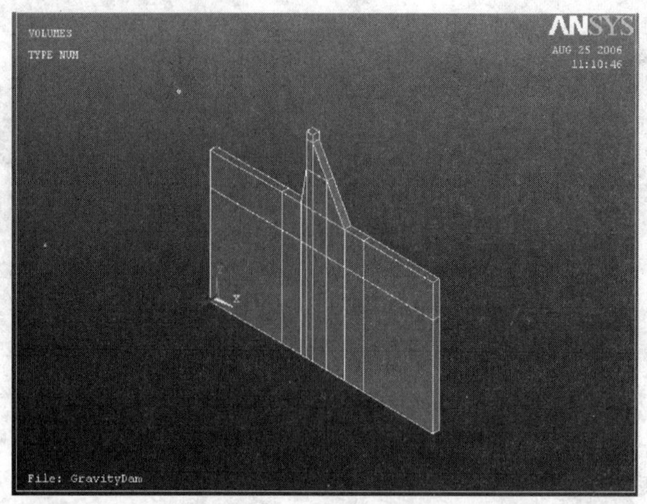

图 11-15　重力坝典型坝段的三维模型

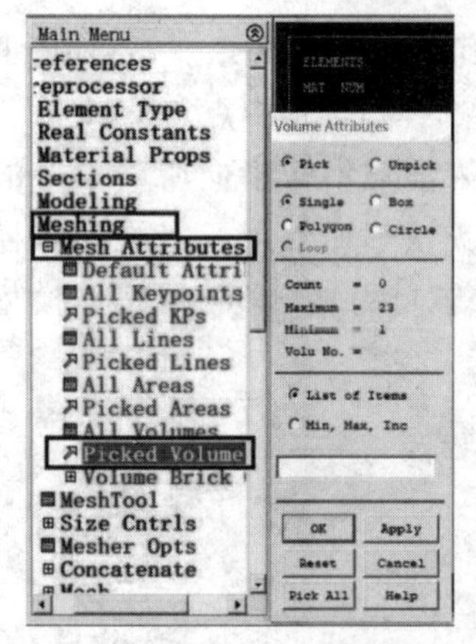

图 11-16　选择体对话框

的网格划分，为此，本例采用 Mapped 映射方式划分网格。网格划分的具体过程如下。

1. 指定三维体的属性

在网格划分前，需先根据 11.2.3 中预设的单元类型和材料属性，指定三维实体模型中坝体、深层和浅层基岩的结构属性，操作步骤如下。

(1) 在前处理器中，点击 Meshing＞Mesh Attributes＞Picked Volume，如图 11-16 所示。

(2) 选择模型中深层坝基区域后，点击“OK”，在弹出的对话框中选择深层基岩的单元类型 Type 1 和材料编号 1，点击“Apply”，即可完成深层基岩的结构属性指定，如图 11-17 所示。

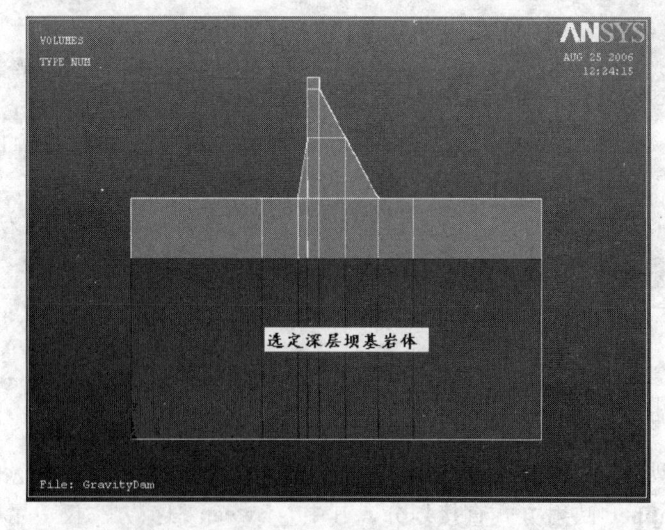

图 11-17（一）　深层坝基的体属性设置

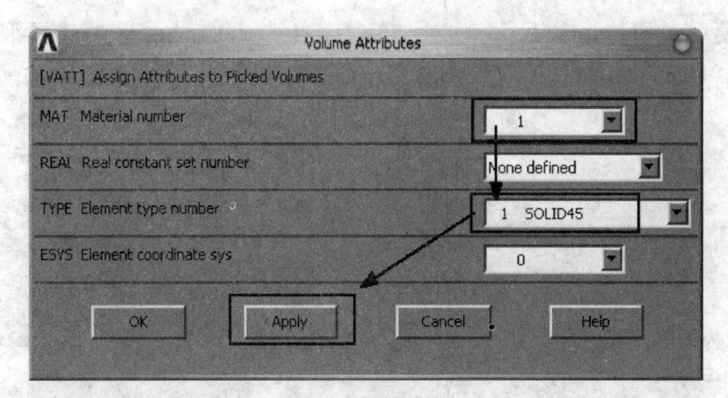

图 11-17（二） 深层坝基的体属性设置

(3) 选择模型中浅层坝基区域后，点击“OK”，在弹出的对话框中选择浅层基岩的单元类型 Type 1 和材料编号 2 后，点击“Apply”，即可完成浅层基岩的结构属性指定，如图 11-18 所示。

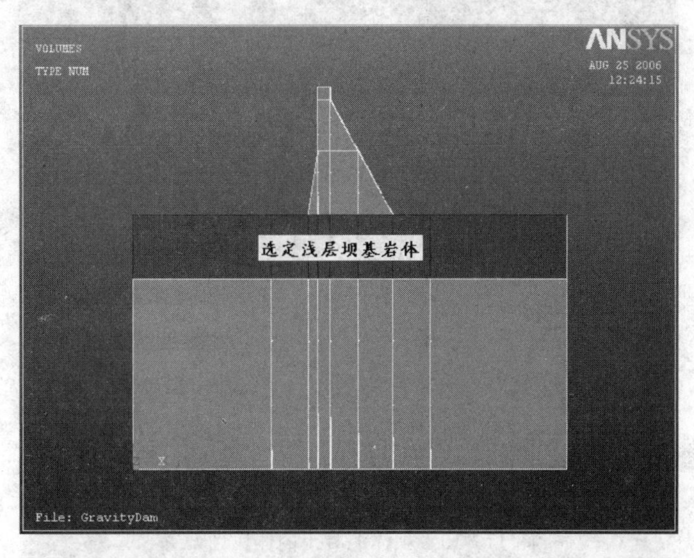

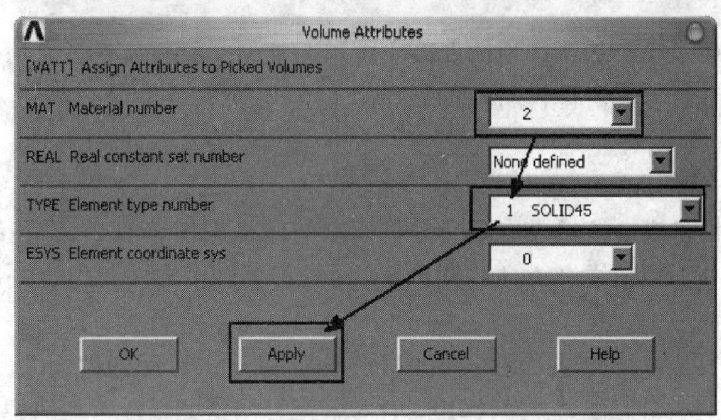

图 11-18 浅层坝基的体属性设置

（4）选择模型中坝体区域后，点击“OK”，在弹出的对话框中选择混凝土的单元类型 Type 2 和材料编号 3 后，点击“Apply”，即可完成坝体混凝土的结构属性指定，如图 11－19 所示。

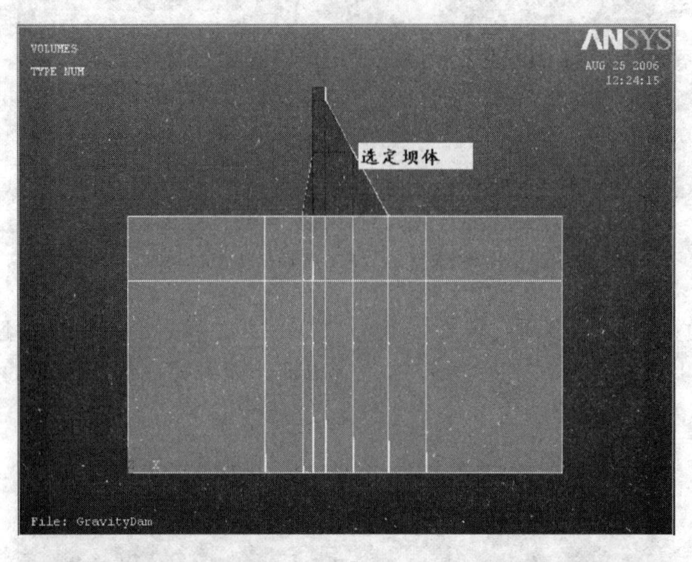

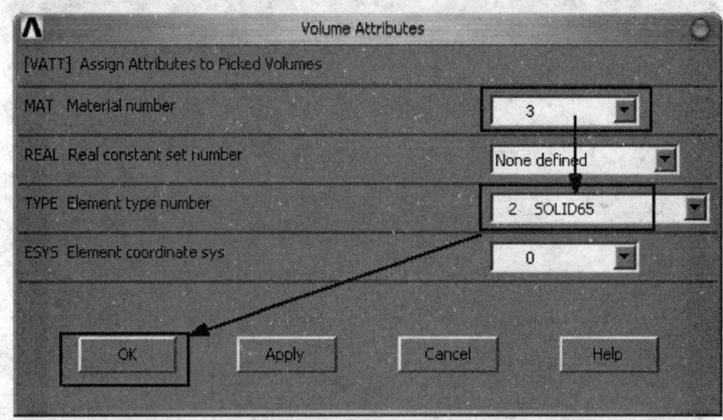

图 11－19 坝体混凝土的体属性设置

完整指定深层、浅层基岩与坝体混凝土的单元类型和材料属性后，可打开 Plot Numbering Controls 窗口，根据材料属性的区别，设置不同颜色以区分显示不同属性的结构体，如图 11－20 所示。

2. 网格剖分

（1）指定网格密度。该坝段有限元分析模型的网格按图 11－21 中各线段旁标注的网格密度分区域剖分，坝轴线 Z 方向的线设定为 1，即坝轴线方向仅包含一层网格。网格划分的方式如下。

在前处理器界面中，点击 Meshing>Meshtool>Lines 栏后的“Set”按钮，在弹出的“Element Size on Picked Lines”对话框中，选择需划分网格的线段，如选中需要划分 4 个网格的所有线段，后点击“OK”；在弹出的网格设定对话框中，在“No. of element divisions”

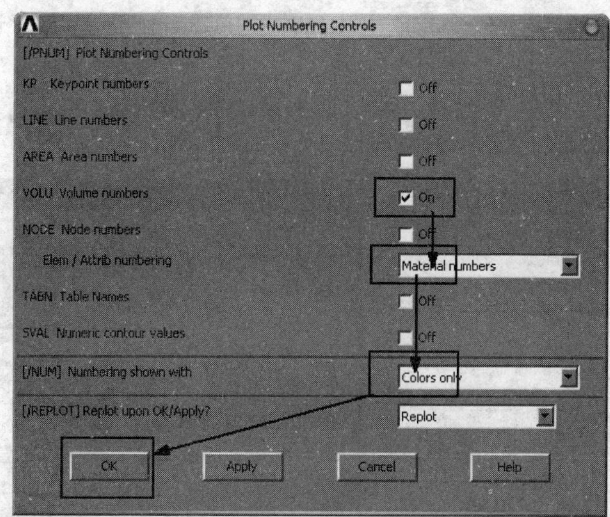

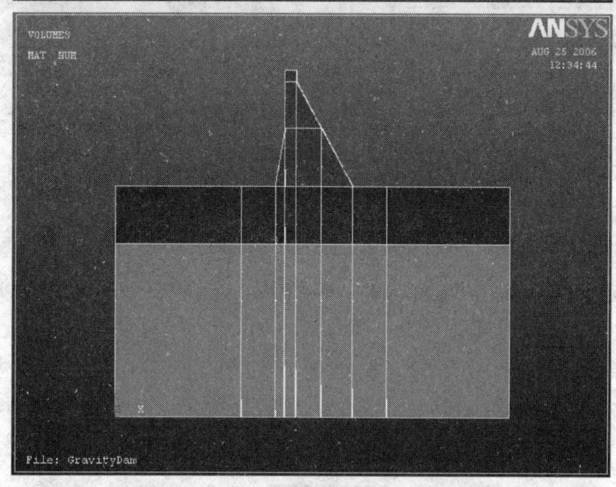

图 11-20 三维实体模型的分区显示

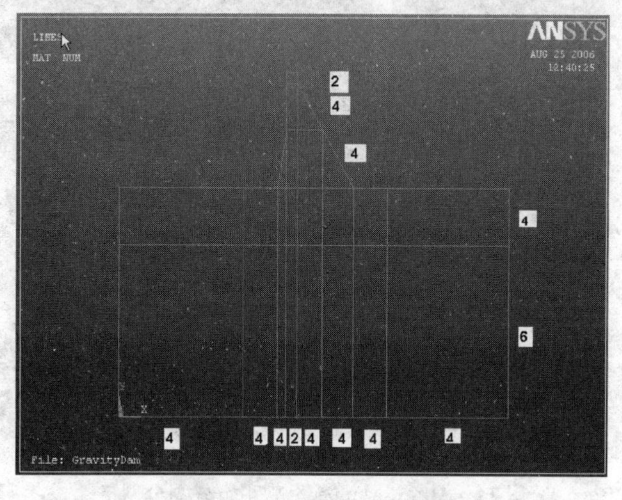

图 11-21 设定线划分密度

栏后输入网格数，并取消勾选“SIZE，NDIV can be changed”栏以保证设定的网格不会被自动调整，然后点击“OK”即可，如图 11-22 所示。重复上述步骤，按网格密度标签逐一划分所有线段。需注意的是，相邻两个平面共用线段的网格划分密度需一致。

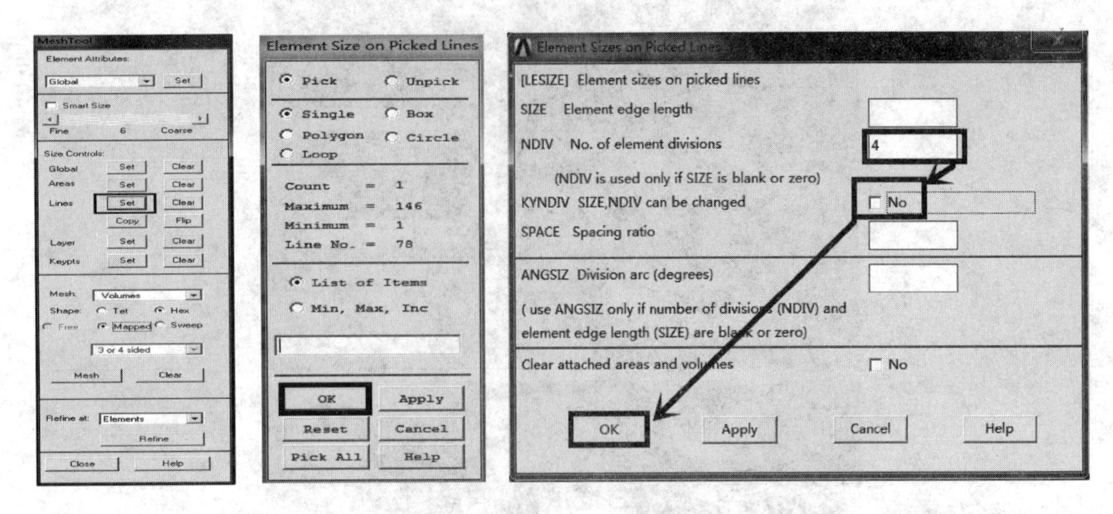

图 11-22　按线密度进行网格划分

（2）分区进行三维体映射划分。完成上述平面图形的网格划分后，在 Mesh Tool 对话框中，Mesh 栏选择“Volumes”，点击 Shape 栏“Hex”选型，并采用“Mapped”映射划分方式后点击“Mesh”，在弹出的“Mesh Volume”对话框中点击“Pick All”，即可完成该重力坝坝段有限元分析模型的网格划分，如图 11-23 所示。点击 SAVE_DB 按钮保存文件，将文件另存为 GravityDam-mesh.db。

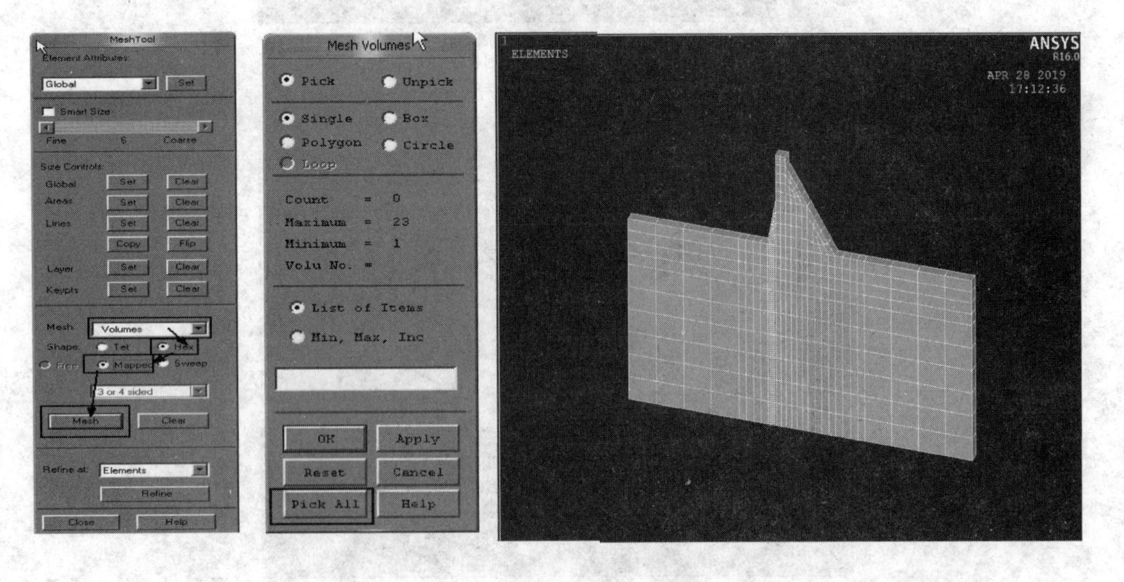

图 11-23　“Mapped”映射方式划分网格

11.2.6　初始条件

在构建好有限元模型后，需设置边界条件和初始荷载条件，可通过点击 Main Menu >Solution，进入 Solution 求解器中加以设置。

1. 边界条件

本算例中结构分析的边界条件为：坝体沿坝轴线（z）方向和坝基沿顺水流（x）方向与坝轴线（z）方向均施加水平法向约束，坝基底部施加全约束。以下为施加边界条件的具体步骤。

（1）点击 Define Loads>Apply>Structural>Displacement>On Nodes，弹出节点选择对话框，如图 11-24。框选坝基沿顺水流（x）方向边界的节点后点击“OK”，在弹出的界面中选择 UX 方向约束，点击“Apply”，施加水平法向约束；框选坝体与坝基沿坝轴线（z）方向边界的节点后点击“OK”，在弹出的界面中选择 UZ 方向约束，点击“OK”，施加水平法向约束；框选坝基底部边界节点后点击“OK”，在弹出的界面中选择 All DOF 约束或同时选中 UX、UY 与 YZ 方向约束，点击“OK”，施加底部全约束。

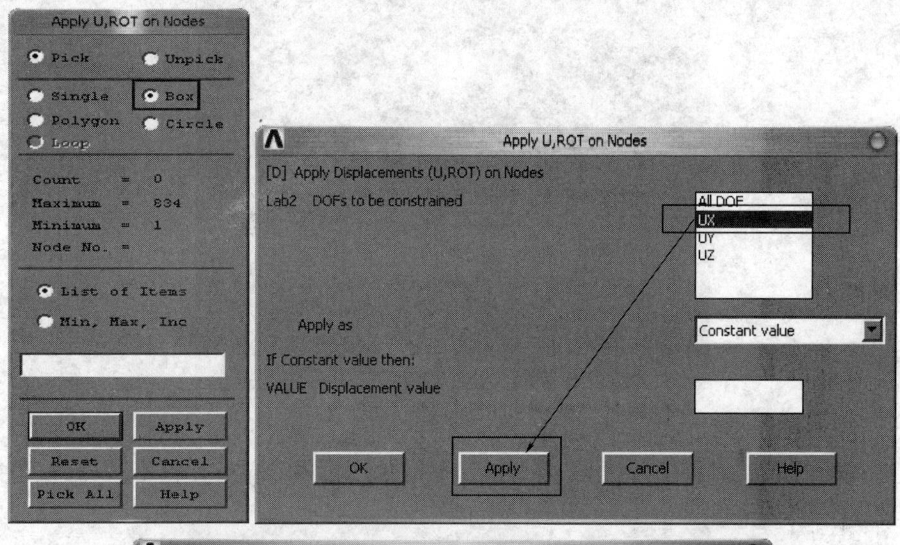

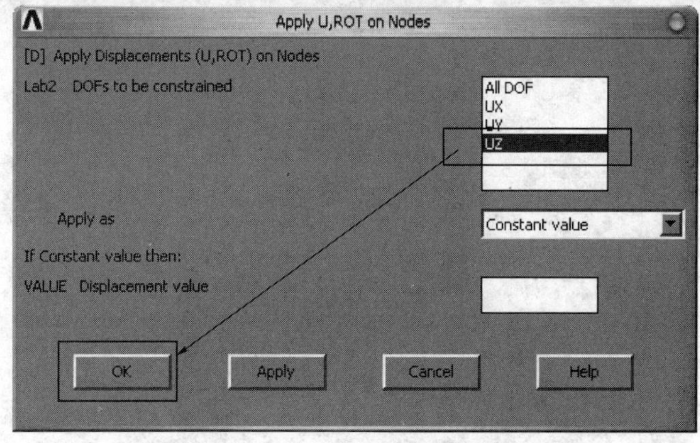

图 11-24（一）　框架节点边界条件的设置

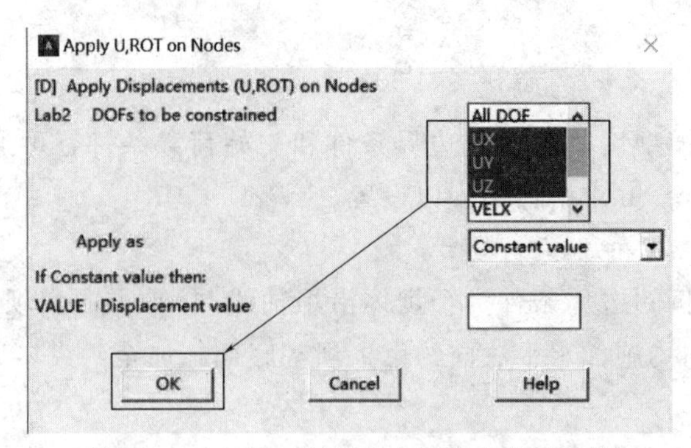

图 11-24（二） 框架节点边界条件的设置

在施加边界条件时，为便于边界节点的框选，可通过改变视角的方式显示三维模型的不同边界。以框选坝体与坝基沿坝轴线（z）方向边界的节点为例，通过 Utilities Menu ＞Pan Zoom Rotate…，点击“Top”选项，将模型视图调整为俯视图，如图 11-25 所示，通过框选该图中上下两排节点，可快速选取坝体与坝基沿坝轴线（z）方向的边界节点。

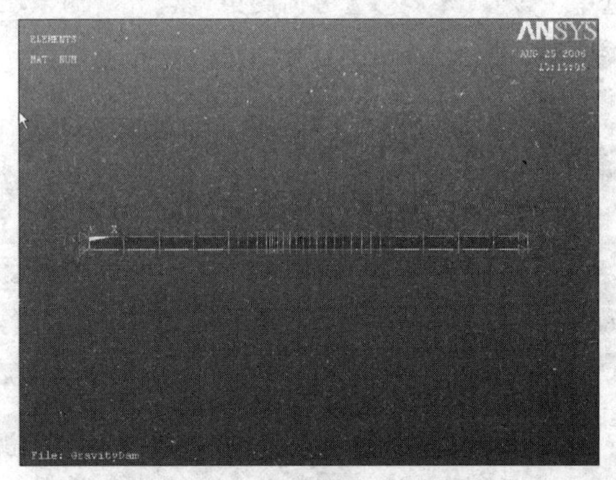

图 11-25 框选节点设置

模型视图的恢复可通过 Utilities Menu＞Pan Zoom Rotate…，点击“Front”按钮完成，如图 11-26 所示。

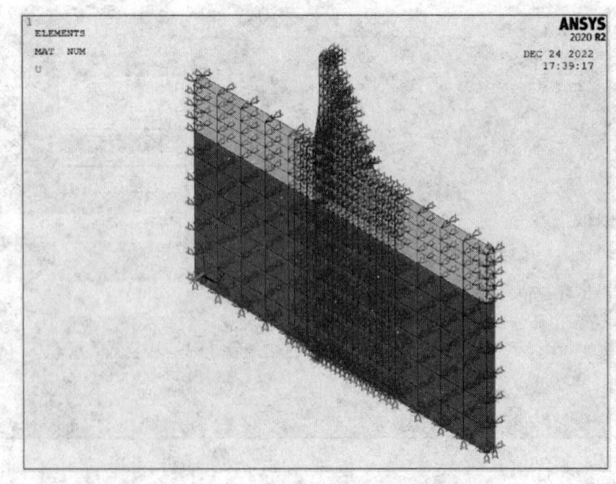

图 11-26 施加边界约束的模型

2. 自重荷载

在此，研究对象的初始荷载为自重应力场，故需设置铅直向的重力加速度为9.8N/kg，可通过点击 Define Loads>Apply>Structural>Inertia>Gravity>Global，在弹出的重力加速度设置对话框中 ACELY 栏后输入 9.8，点击“OK”即可，如图 11-27 所示。点击 SAVE _ DB 保存文件，将文件另存为“GravityDam-mesh1.db”。

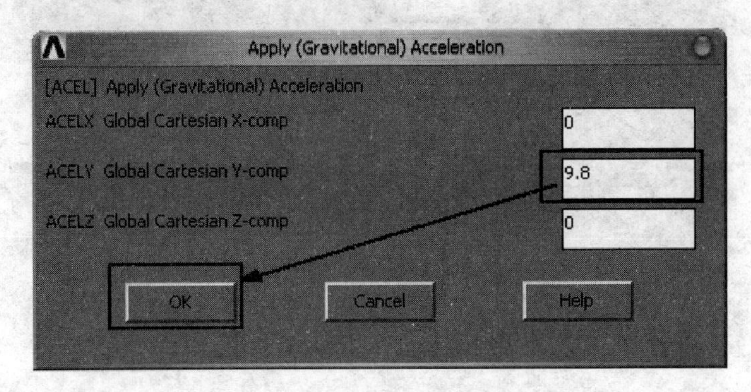

图 11-27　初始荷载的设置

11.3　重力坝弹性力学数值分析

本节重点介绍施工、运行阶段的混凝土重力坝弹性力学数值分析，包括初始应力状态、完建工况和运行工况（蓄水到一定高程）的数值模拟。需指出的是，在进行结构施工完建状态模拟时，因涉及到单元的“生”、“死”，必须打开 Full N-R，其可以直接在 Solution 状态下，在命令行输入 Nropt,full 实现。

11.3.1　初始状态模拟

初始应力状态为自重应力状态，在第 11.2 节中模型边界条件和初始荷载条件设置的基础上，通过“杀死”坝体单元即可进行模拟，操作步骤如下。

1. 指定初始应力状态的荷载步为 1

点击 Analysis Type>Sol’n Controls，在弹出的对话框中输入图 11-28 所示的相应设置后，点击“OK”。

2.“杀死”坝体单元

该坝段有限元模型中坝体单元材料编号为 3，故可通过选取单元属性来“杀死”坝体单元。

(1) 点击 Utilities Menu>Select…，在弹出的对话框中，按图 11-29 操作选中所有坝体单元。

(2) 在命令行输入“Ekill,all”，“杀死”坝体单元。

(3) 通过 Utilities Menu>Select>Everything 选择所有的单元，右键点击“Replot”，将显示所有单元，如图 11-30 所示，其中，坝体单元已被“杀死”。

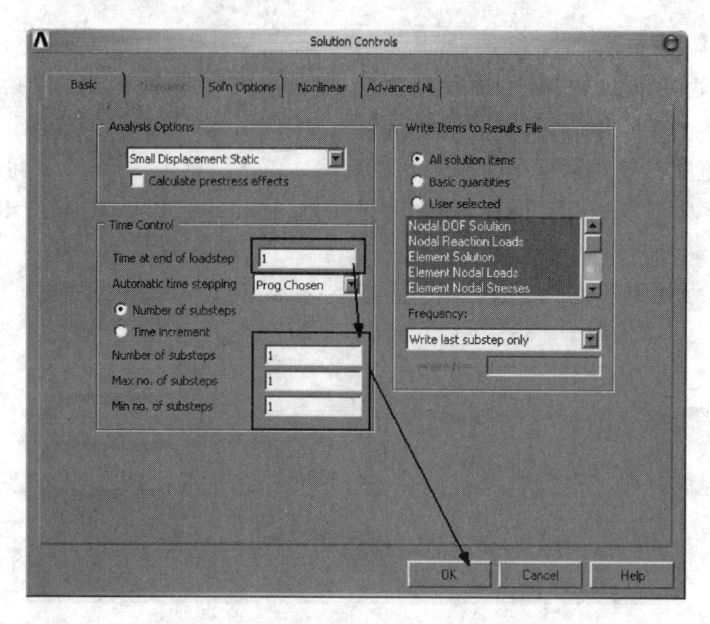

图 11-28　初始应力状态的荷载步设置

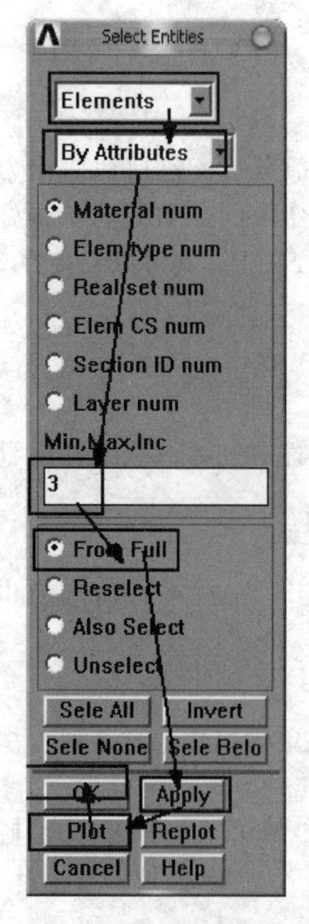

图 11-29　选中所有坝体单元

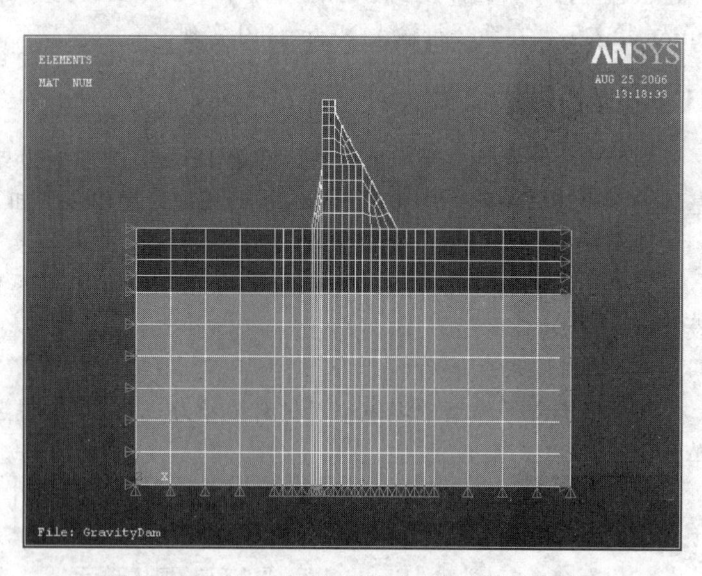

图 11-30　已“杀死”坝体单元的有限元模型

3. 运行求解

点击 Solve>Current Ls，或直接在命令行输入 Solve 后开始计算，并点击“SAVE_DB”按钮保存计算结果文件。

11.3.2 完建工况模拟

完建工况为坝体混凝土浇筑完成后的工况，定义荷载步为 2，此时，需要将坝体混凝土材料进行激活，操作步骤如下。

1. 指定完建状态的荷载步为 2

点击 Analysis Type>Sol'n Controls，在弹出的对话框中输入如图 11-31 所示的设置后，点击“OK”。

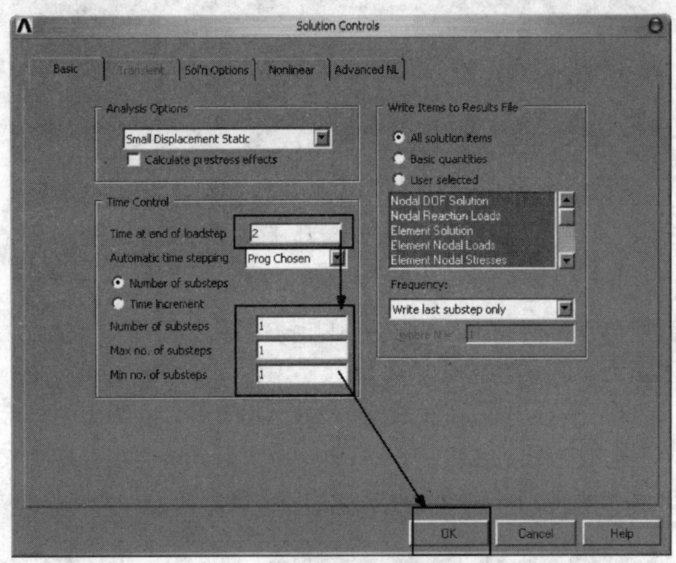

图 11-31 完建状态的荷载步设置

2.“激活”坝体单元

按图 11-29 操作选取坝体单元后，在命令行输入“Ealive,all”，即可激活坝体单元，通过 Utilities Menu>Select>Everything 选择所有的单元后，右键点击“Replot”即可显示所有单元，此时，坝体单元已被“激活”。

3. 运行求解

点击 Solve > Current Ls，或直接在命令行输入“Solve”后执行计算，并点击“SAVE_DB”按钮保存计算结果文件。

11.3.3 运行工况模拟

重力坝完建后，假设上游蓄水深度 $H_u=90$m，下游蓄水深度 $H_d=26$m，在此运行工况下，上、下游坝面将受水压力作用，且坝体底部将受扬压力作用，同时，上、下游库盘亦会承受一定压力（设其无任何防渗措施），在不考虑其他荷载组合作用下，其结构力学行为模拟过程如下。

1. 指定运行状态的荷载步为 3

点击 Analysis Type>Sol'n Controls，在弹出的对话框中按图 11-32 设置，并点击“OK”。

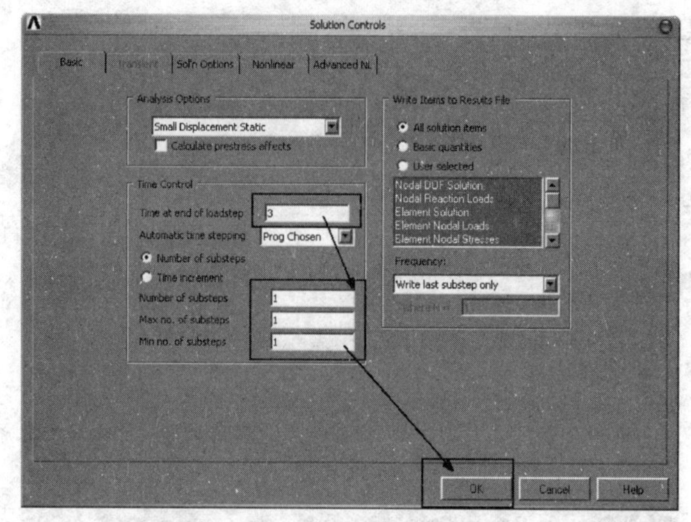

图 11-32　运行状态的荷载步设置

2. 施加荷载

荷载包括上游面与下游面静水压力以及坝基扬压力三部分，其施加方式具体如下。

(1) 上游面水压力。

1) 点击 Define Loads>Settins>For Surface Ld>Gradient，在弹出的对话框中按图 11-33 设置，并点击“OK”完成。图 11-33 中，290 即上游水深 90m 与坝基高度 200m 之和。

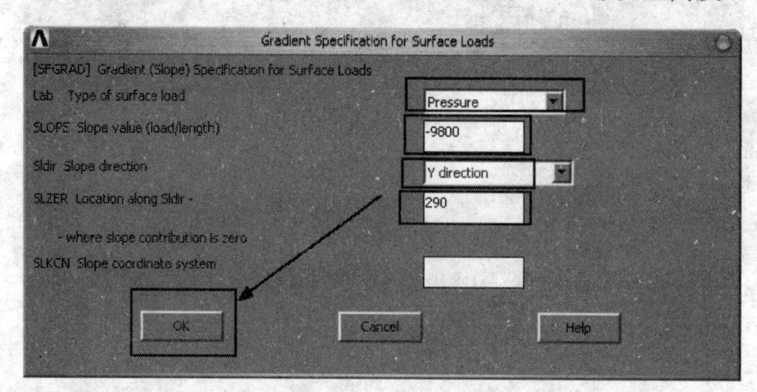

图 11-33　上游面水压力设置

2) 点击 Define Loads>Apply>Structural>Pressure>On Nodes，弹出节点选择对话框，框选高程 $Y_u=290$m 以下的上游坝体表面节点及库盘表面节点，如图 11-34 所示；然后点击“OK”，在弹出的对话框中选择默认设置并点击“OK”，即可完成上游面水压力的施加，如图 11-35。

3) 点击 Utilities Menu>PlotCtls>Symbol…，在弹出的对话框中按图 11-36 设置后，点击“OK”；然后右键点击“Replot”，即可以箭头形式显示水压力，如图 11-37 所示。

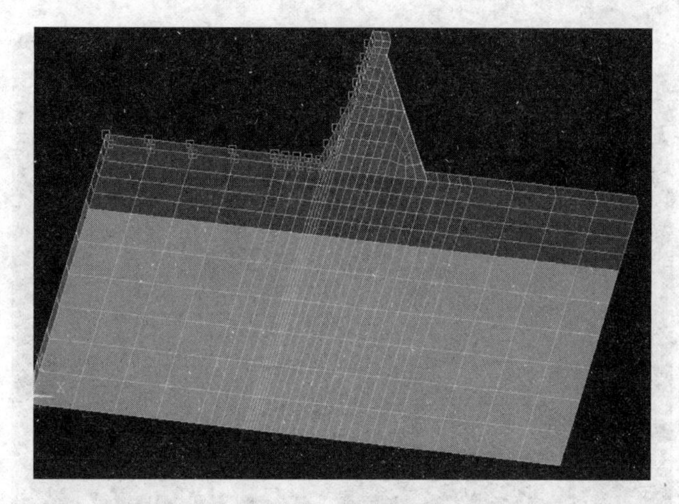

图 11-34 框选表面节点

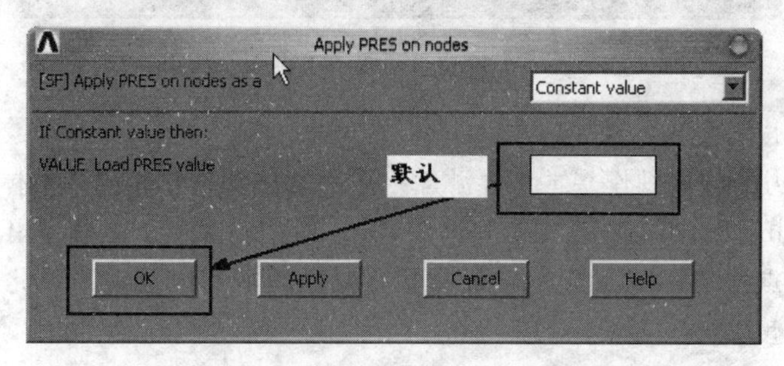

图 11-35 上游坝面与库盘的水压力施加

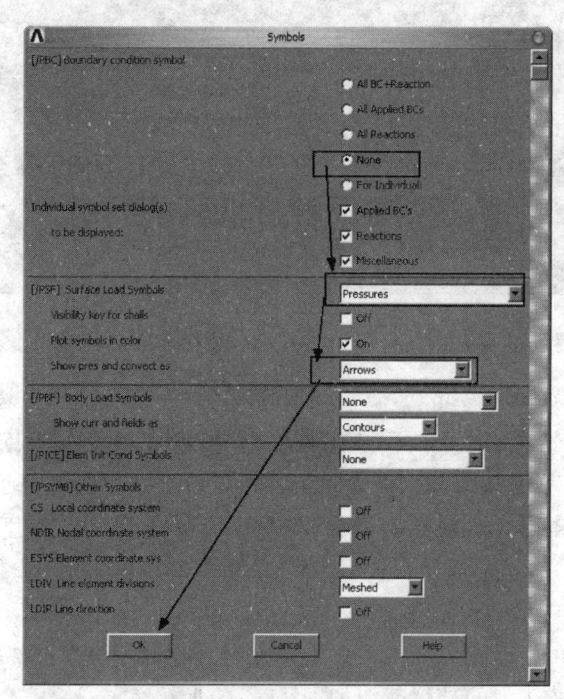

图 11-36 箭头显示上游面水压力设置

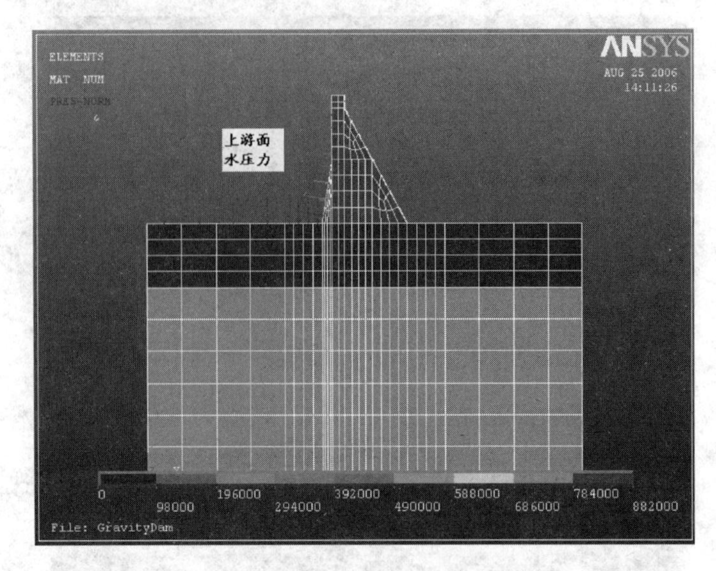

图 11－37　箭头显示模型上游面水压力

（2）下游面水压力。

下游面水压力的施加操作基本与上游面水压力的施加操作相同，具体如下。

1）点击 Define Loads>Settins>For Surface Ld>Gradient，在弹出的对话框中按图 11－38 设置，并点击“OK”。与上游面水压力设置的主要区别在于，此处 226 为下游水深 26m 与坝基高度 200m 之和。

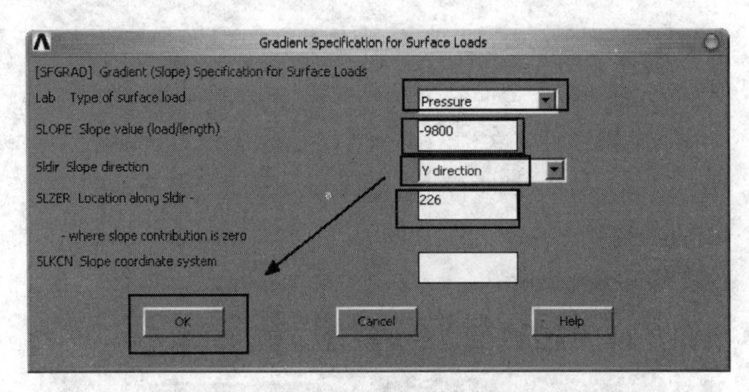

图 11－38　下游面水压力设置

2）点击 Define Loads>Apply>Structural>Pressure>On Nodes，弹出节点选择对话框，框选高程 $Y_d=226\text{m}$ 以下的下游坝体表面节点及库盘表面节点，点击“OK”；在弹出的对话框选择图 11－39 所示的默认设置后点击“OK”，即可完成下游面水压力的施加。

3）右键点击>Replot，即可以箭头形式显示所施加的上、下游侧的水压力，如图 11－40 所示。

（3）坝基扬压力。

坝基扬压力主要包括浮托力和渗透压力两部分，在此不考虑防渗帷幕灌浆与上游排水孔等措施影响，坝基扬压力的计算简图如图 11－41 所示。

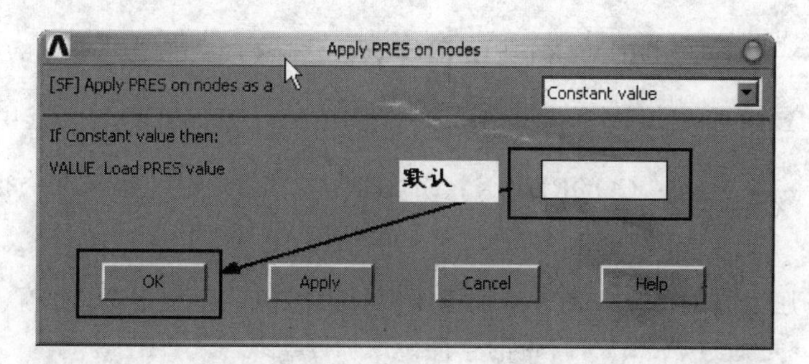

图 11-39　下游面节点上水压力施加

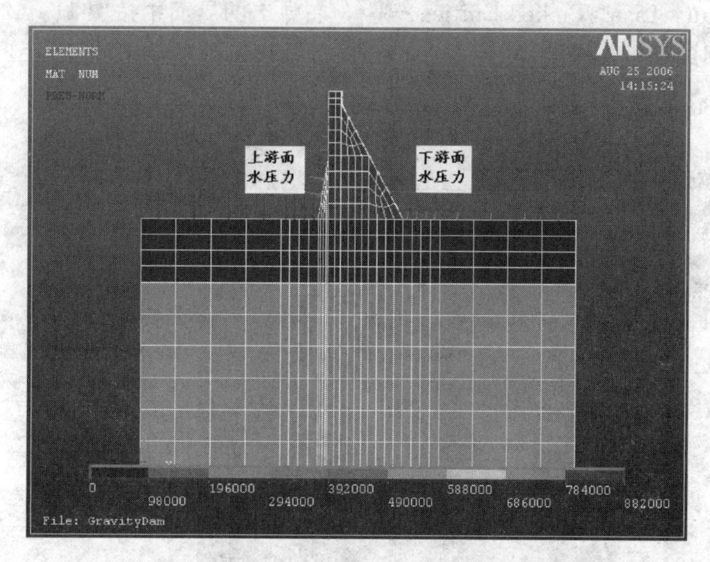

图 11-40　上、下游侧静水压力

1）坝基扬压力计算公式。根据图 11-41，可以坝踵 X_1 处的扬压力值 P_1 或以坝址 X_2 处的扬压力值 P_2 为基点，推导出任意位置 X 处的扬压力值 P_x，其中，以 X_1、P_1 为基点的扬压力计算公式如式（11-1）所示，以 X_2、P_2 为基点的扬压力计算公式如式（11-2）所示。

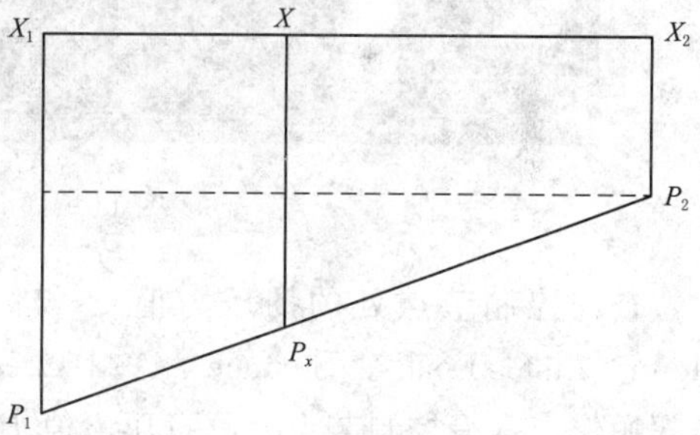

图 11-41　坝基扬压力计算简图

$$P_x = P_1 + \frac{(P_2 - P_1)(X - X_1)}{X_2 - X_1} \tag{11-1}$$

$$P_x = P_2 + \frac{(P_2 - P_1)(X - X_2)}{X_2 - X_1} \tag{11-2}$$

对应 ANSYS 软件中的梯度压力公式，式（11-1）中 X 处的扬压力值可表示为：CVALUE= VALUE +（SLOPE ×（COORD − SLZER）），其中，VALUE = P_1；

SLOPE$=\frac{P_2-P_1}{X_2-X_1}$；COORD$=X$；SLZER$=X_1$。式（11-2）中 X 处的扬压力值可表示为：CVALUE = VALUE +（SLOPE×（COORD－SLZER）），其中，VALUE$=P_2$；SLOPE$=\frac{P_2-P_1}{X_2-X_1}$；COORD$=X$；SLZER$=X_2$。在此以式（11-2）为例计算扬压力。

2）坝基扬压力施加信息查询。施加扬压力时，需确定模型中 X_1、P_1、X_2、P_2 这 4 个变量的量值，可通过 ANSYS 自带的查询命令加以实现。

通常而言，坝踵与坝址处的坐标即其相对于坐标轴 0 点位置的顺河向距离，可通过点击 Utilities Menu>List>Picked Enities +…，在弹出的界面中按图 11-42 所示的步骤查询。查得上游坝踵处控制节点 $X_1=141.67$m，下游坝趾处控制节点 $X_2=210.00$m，与图 11-2 中该坝段几何模型的尺寸一致。

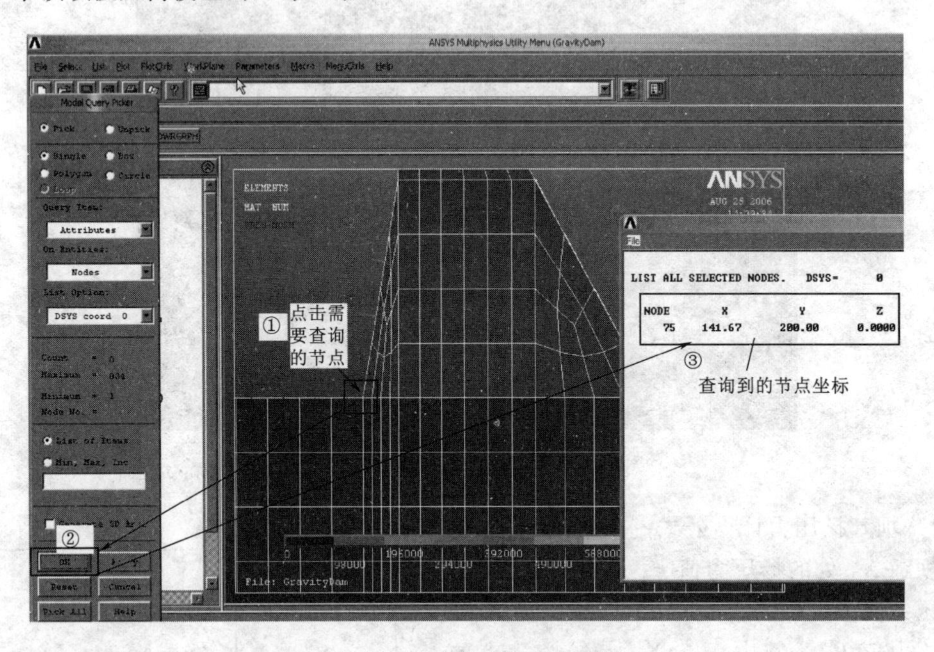

图 11-42 查询控制节点坐标

查询控制节点处的扬压力值 P_1 与 P_2。在确定控制节点坐标后，可点击 Utilities Menu>List>Loads>Surface>On Picked Nodes +…，在弹出的界面中按图 11-43 所示步骤操作，查得控制节点处的扬压力值 $P_1=882000$Pa 与 $P_2=254800$Pa。

3）施加坝基扬压力。根据上述控制节点坐标及相应的扬压力值，可施加坝基扬压力。其中，渗透压力梯度变量为 SLOPE$=(P_2-P_1)/(X_2-X_1)=(254800-882000)/(210.00-141.67)$，SLZER=210，VALUE=254800。坝基扬压力施加的具体过程如下。

a. 设置渗压梯度。点击 Define Loads>Settins>For Surface Ld>Gradient，在弹出的对话框中按图 11-44 设置渗压梯度等参量。

b. 选择施加扬压力的节点。点击 Define Loads>Apply>Structural>Pressure>On

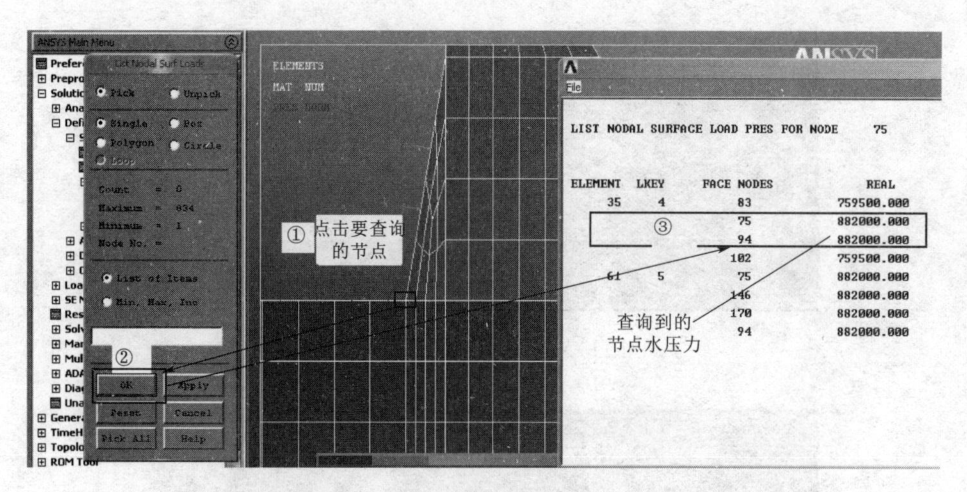

图 11-43 查询节点处扬压力值

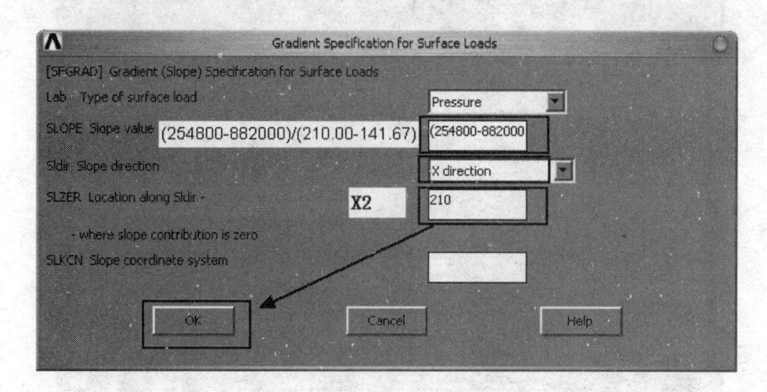

图 11-44 设置坝基渗压梯度

Nodes，在弹出的节点选择对话框中按图 11-45 所示步骤操作，选择坝体底部节点作为施加扬压力的节点。

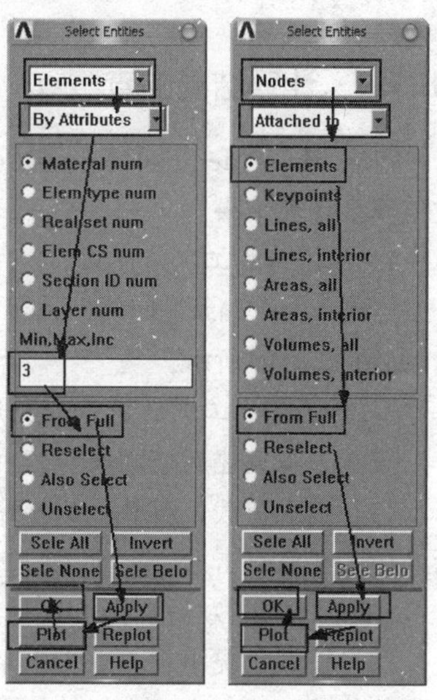

图 11-45 扬压力的施加节点选择

c. 输入浮托力。如图 11-46 所示，在弹出的对话框输入 VALUE 值 254800，后点击 OK 添加浮托力，至此完成扬压力的施加。

d. 查看扬压力施加情况。点击 Utilities Menu >Select> Everything 选择所有的单元，右键点击 >Fit，即可查看扬压力施加情况，如图 11-47 所示。

3. 运行求解

点击 Solve>Current Ls，或直接在命令行输入 Solve 执行计算操作后，点击 SAVE _ DB 按钮保存文件。

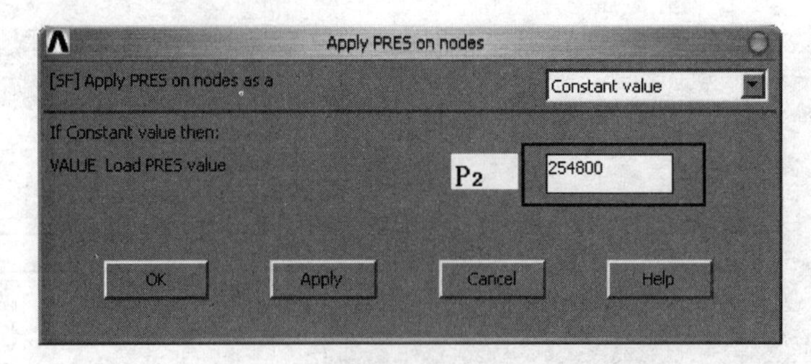

图11-46 输入浮托力的视图

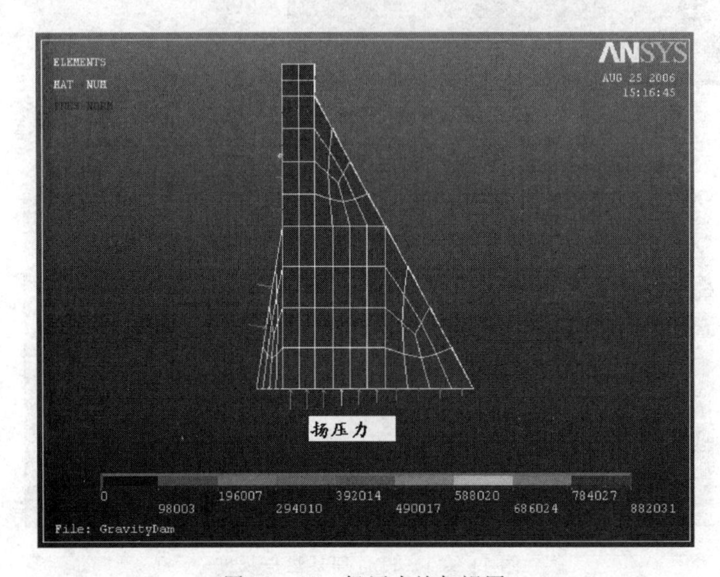

图11-47 扬压力施加视图

11.3.4 计算结果的查看

点击 Main Menu>General PostProc，进入后处理模块，即可查看上述三种工况下的数值模型计算结果。

1. 创建荷载工况

点击 Load Case>Creat Load Case…，将荷载步1、2、3分别定义为荷载工况1、2、3，如图11-48所示。

2. 查看完建工况的应力和变形

查看工程完建后该坝段应力和变形计算结果的具体操作步骤如下。

（1）读入荷载工况2。点击 Read Results>By Pick…，在弹出的对话框中选择荷载步为2的工况后点击 Read，如图11-49所示；或可点击 Load Case>Read Load Case…，输入2（即荷载步2）后点击 OK 即可。

（2）荷载工况组合。点击 Load Case>Substract…，在弹出的对话框中按图11-50设置，从荷载工况2中减去初始应力状态（荷载工况1）。

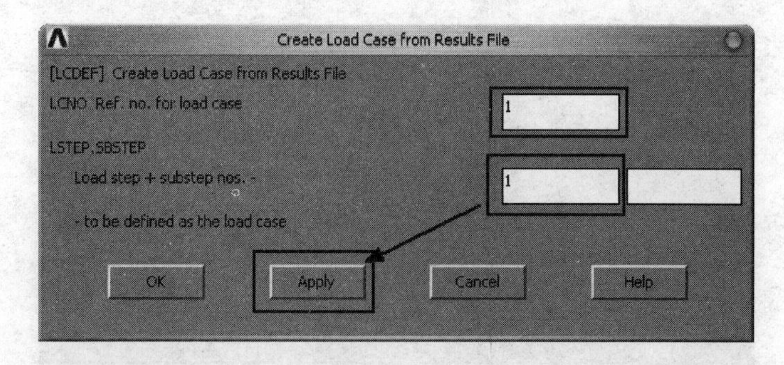

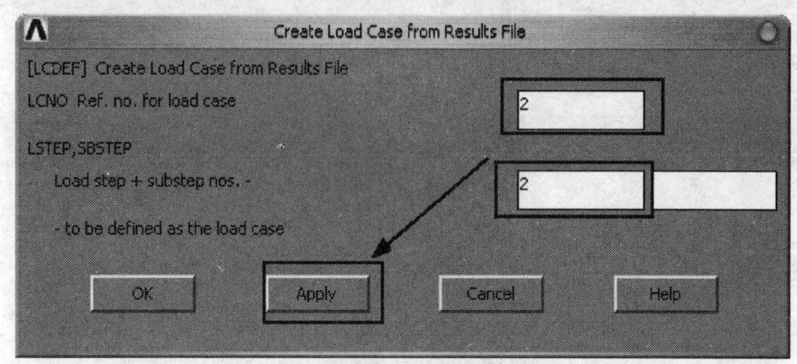

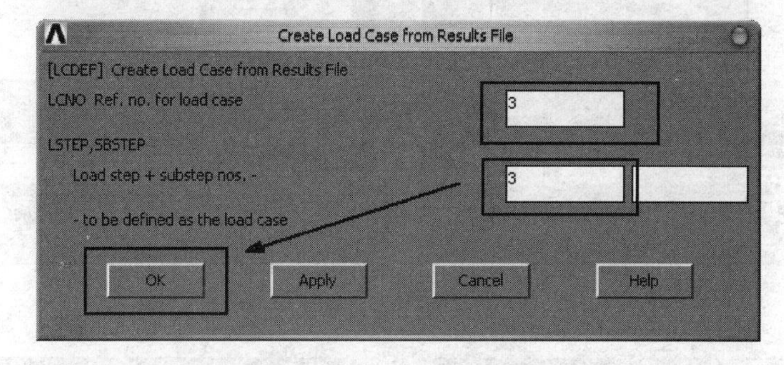

图 11-48　定义荷载步视图

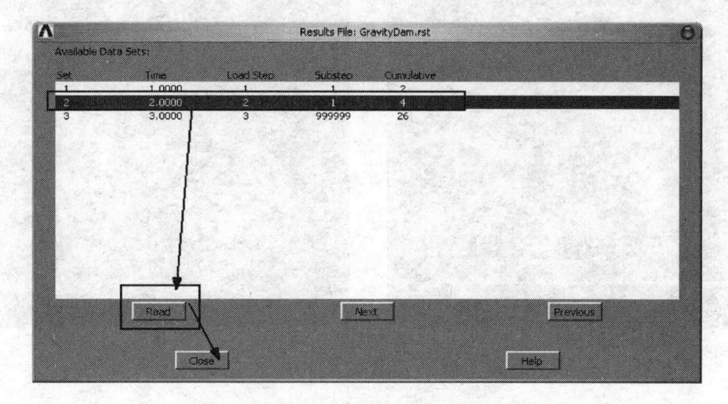

图 11-49　读入荷载步 2

（3）绘制铅直变形 UY 和最大主应力 S3。点击 Plot Results＞Contour Plot＞Nodal Solu…，在弹出的对话框中按图 11-51 步骤操作，即可查看完建工况下该坝段铅直变形 UY 和最大主应力 S3 的计算结果，如图 11-52 所示。

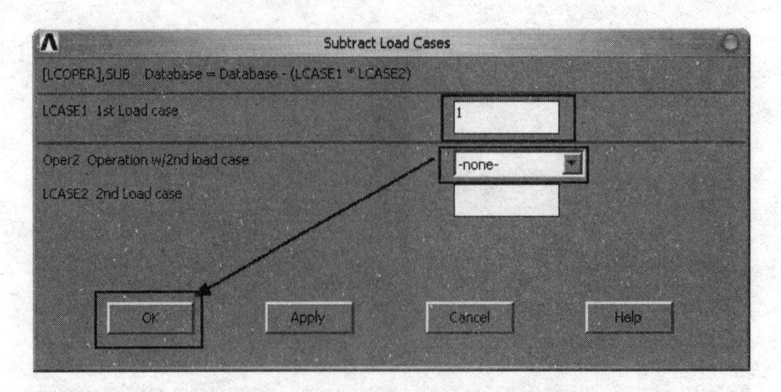

图 11 - 50 荷载工况组合设置

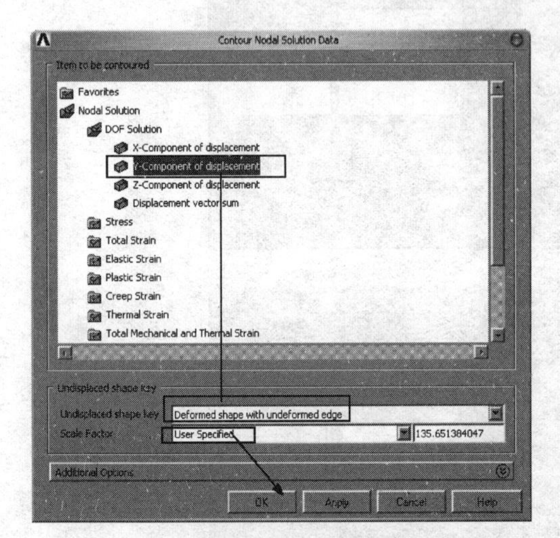

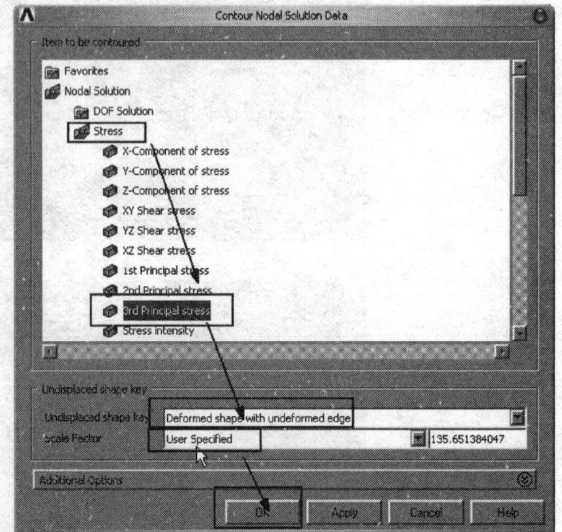

图 11 - 51 绘制铅直变形和最大主应力的设置

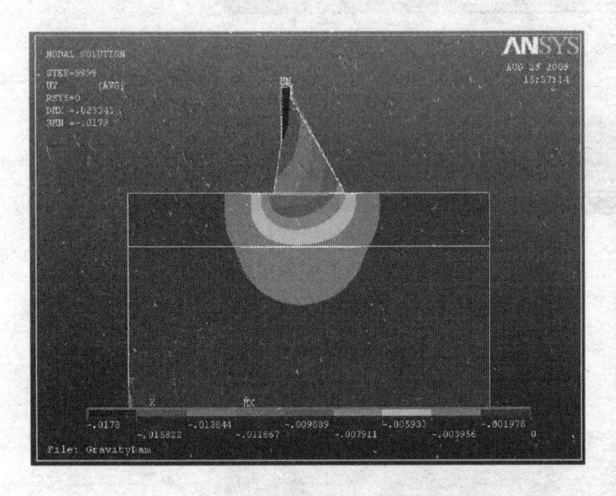

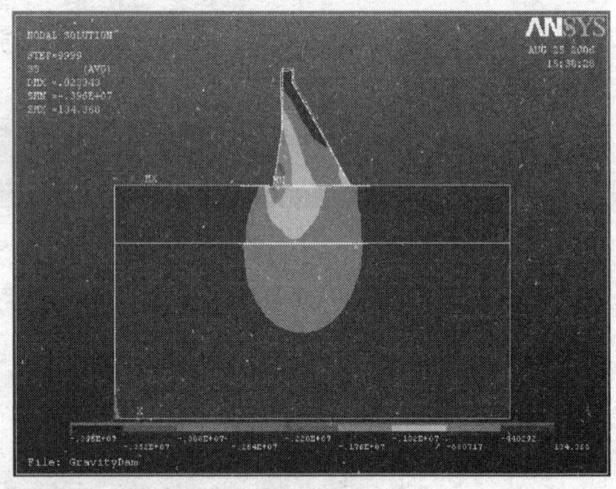

图 11 - 52 完建工况下铅直变形和最大主应力分布云图

3. 查看运行工况的应力和变形

查看运行期在水压力作用下该坝段的应力和变形的具体操作步骤如下。

(1) 读入荷载步 3 或荷载工况 3。点击 Load Case>Read Load Case…，在弹出的对话框中输入 3 后点击 OK，如图 11 - 53 所示。

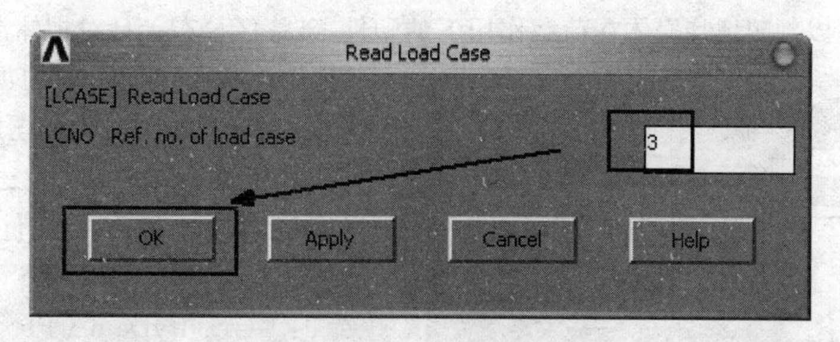

图 11-53 读入荷载步 3 视图

(2) 荷载工况组合。点击 Load Case>Substract…，从荷载工况 3 中减去完建工况（荷载工况 2），如图 11-54 所示。

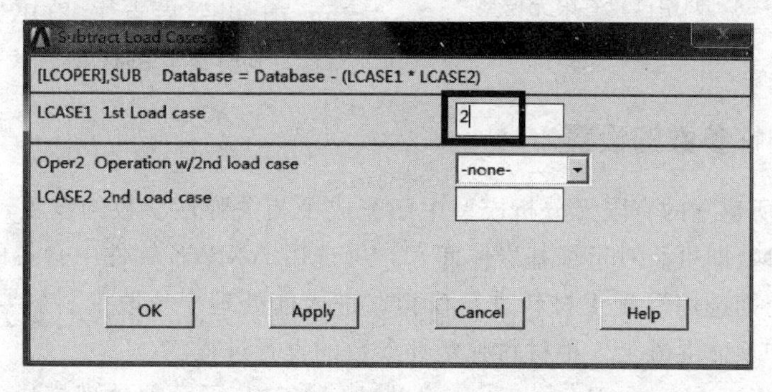

图 11-54 荷载工况组合设置

(3) 绘制铅直变形 UY 和最大主应力 S3。点击 Plot Results>Contour Plot>Nodal Solu…，在弹出的对话框中按图 11-51 步骤操作后，即可查看运行工况下该坝段的铅直变形 UY 和最大主应力 S3 的计算结果，如图 11-55 所示。

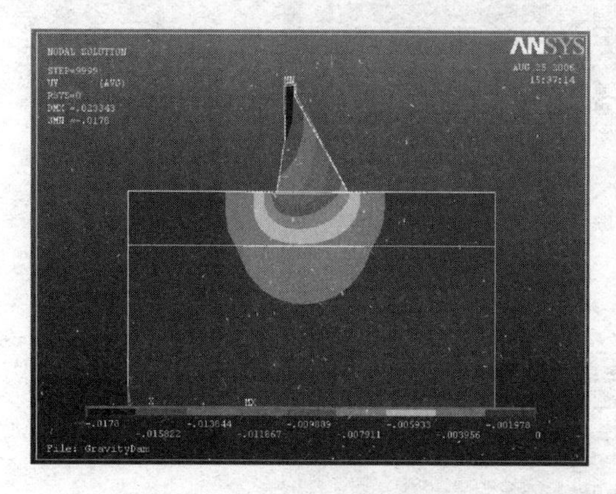

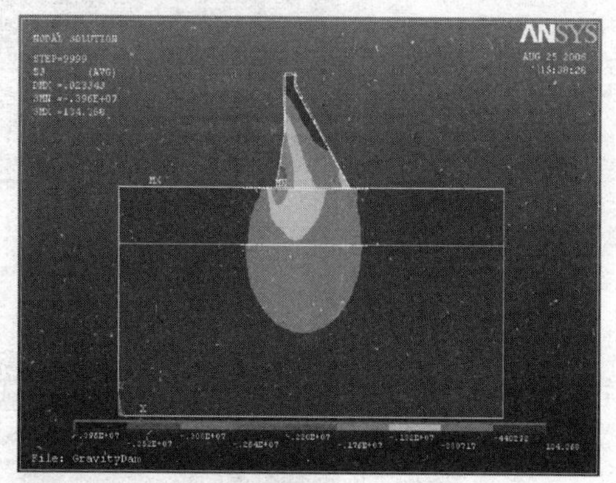

图 11-55 运行工况下铅直变形和最大主应力分布云图

11.4 重力坝弹塑性力学数值分析

上述对混凝土重力坝某坝段进行了弹性力学数值分析，考虑到实际工程中需对坝基岩体进行弹塑性计算，以判明坝基岩体在荷载作用下的塑性/破坏区分布；且对坝体混凝土而言，需关注因荷载作用而引起的坝体混凝土开裂问题。本节将针对以上问题进行简要介绍。

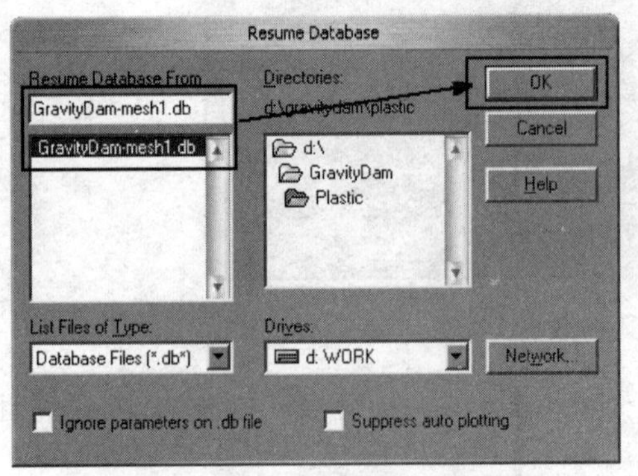

图 11 - 56　调用已建有限元模型

分析案例仍采用上述重力坝模型，可直接调取所保存的文件 GravityDam-mesh1. db。运行 ANSYS（如：创建文件夹 d:\GravityDam\Plastic 和文件名 GravityDam），进入工作界面；点击 File >Resum from…，如图 11 - 56 所示，在弹出的对话框中选择 “GravityDam-mesh1. db” 后点击 “OK”，即可调用第 11. 2 节所建立的模型。

11. 4. 1　弹塑性参数的设置

第 11. 2 节所建立的有限元分析模型中已完成了相关弹性参数的设置，在此，只需增加部分弹塑性参数即可。对于坝基岩体而言，可选用 ANSYS 软件中自带的 D - P 材料本构，坝体混凝土则选用混凝土材料进行模拟。进入前处理模块改变材料参数，以下为深层、浅层基岩和坝体混凝土 3 种材料弹塑性参数的设置过程。

（1）点击 Main Menu>Preprocessor，进入 ANSYS 平台前处理模块；点击 Material Props>Material Models…，在弹出的材料对话框中，双击 “Material Model Number 1”，对深层基岩材料按图 11 - 57 所示操作选择 “Drucker - Prager” 项并设置其参数。需注意的是，在此 Fric Angle（内摩擦角）=Flow Angle（膨胀角），服从关联流动法则。

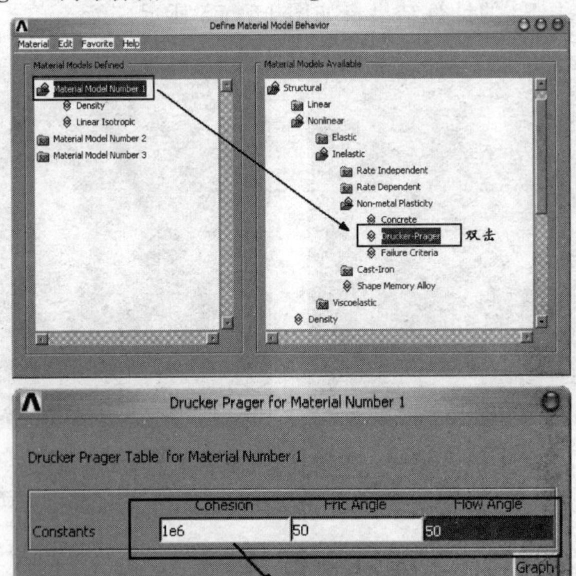

图 11 - 57　材料 1（深层基岩）材料本构设置

（2）在材料对话框中，双击“Material Model Number 2”，对浅层基岩材料按图 11－58 所示操作选择“Drucker－Prager”项并设置其参数。

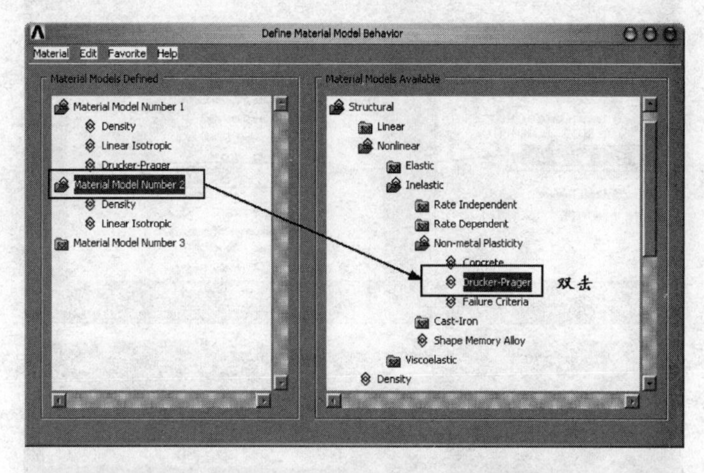

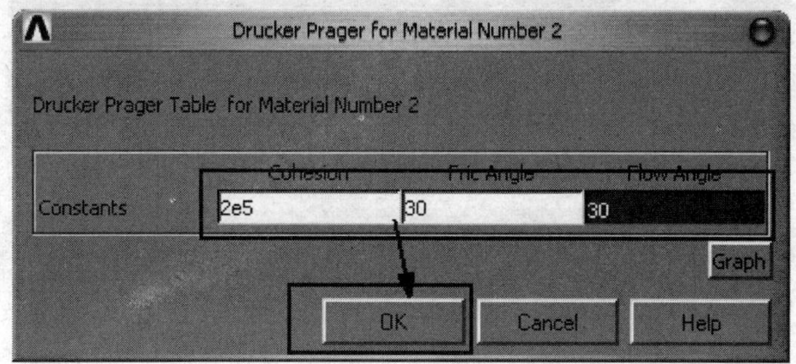

图 11－58 材料 2（浅层基岩）材料本构设置

（3）在材料对话框中，双击“Material Model Number 3”，对坝体混凝土材料先按图 11－59 所示操作选择“Drucker－Prager”项并设置相应参数，再按如图 11－60 操作设置 Concrete 材料有关参数，点击“OK”。

11.4.2 弹塑性求解的设置

在结构弹塑性数值计算前，需对弹塑性分析的求解过程进行参数设定，以提升求解过程的收敛性。点击 Main menu＞Solution 进入 ANSYS 平台求解模块，进行下列两项设置。

（1）打开 Full N－R。由于涉及单元“生”“死”，需打开 Full N－R，可在 Solution 状态下，在命令行输入“Nropt，full”。

（2）设置求解控制。点击 Analysis Type＞Sol'n Controls，在弹出的对话框中按图 11－61 所示打开线性搜索 Line search，并点击图 11－61 中 Set convergence criteria（设置收敛准则）；然后按图 11－62 所示步骤，在弹出的对话框中点击 Replace... 后，在弹出的对话框中选择 Structural 和 Force F，将 TOLER 由 0.001 改为 0.003 后点击“OK”，返回上级对话框并点击“Close”完成设置。

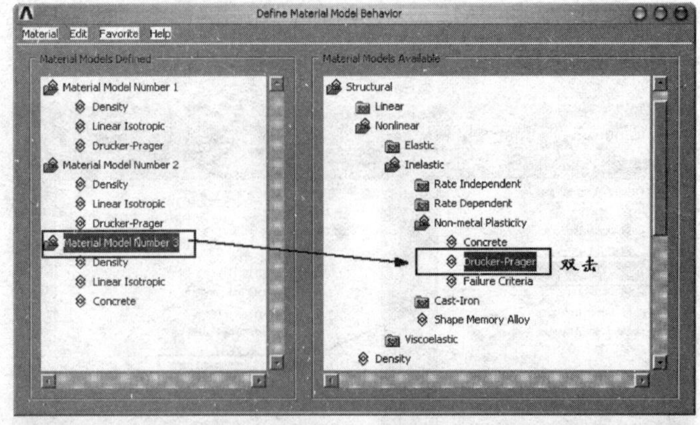

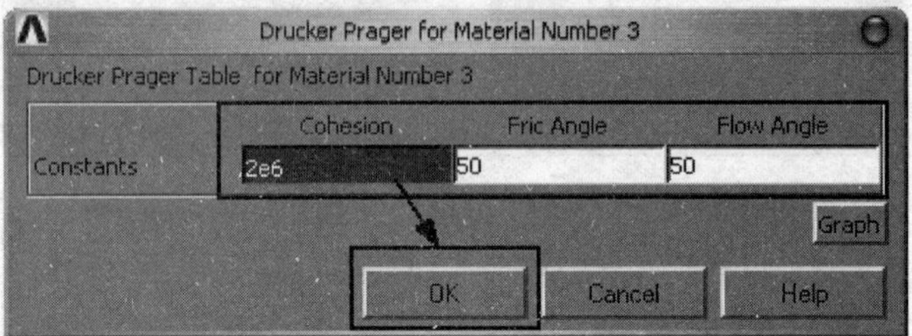

图 11-59 材料 3（混凝土）材料本构设置

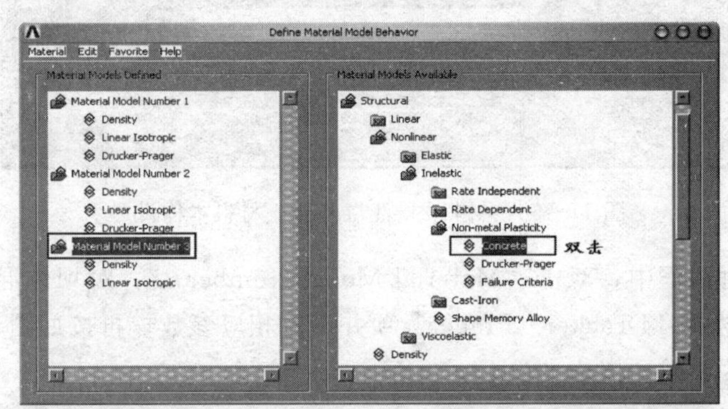

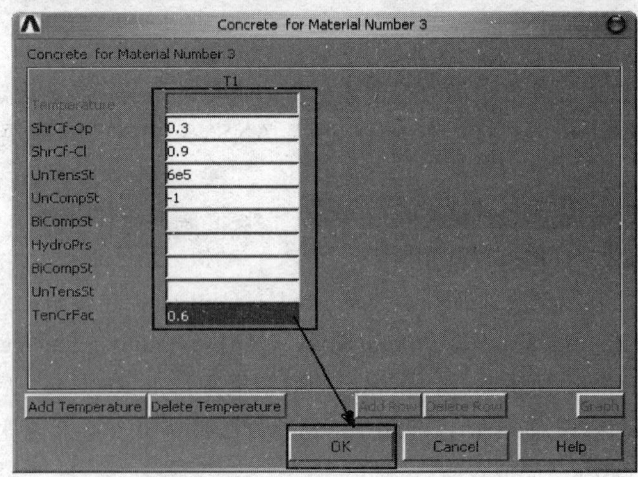

图 11-60 混凝土材料参数设置

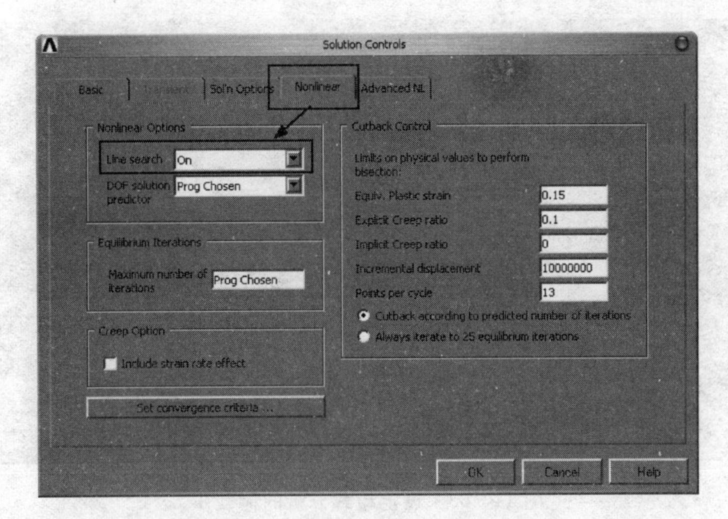

图 11-61　线性搜索 Line Search 视图

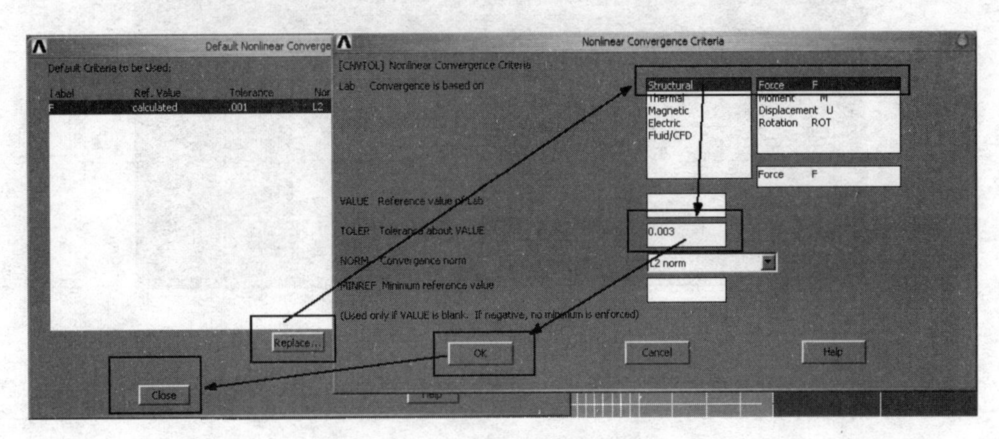

图 11-62　设置收敛准则视图

11.4.3　结构超载分析

重力坝弹塑性力学分析与弹性力学分析的相关操作相同，在此不做赘述。本节在 11.3 节中运行工况荷载设置的基础上，将作用在坝体的水荷载乘以某一倍数（即超载系数），分析超载情况下重力坝的结构受力特性。下面以超载系数等于 5 为例，详细介绍其实现流程。

（1）设置超载系数为 5 时的荷载步为 4。点击 Analysis Type>Sol'n Controls，在弹出的对话框中，按图 11-63 所示操作设置荷载步。

（2）设置超载系数。点击 Define Loads>Operate>Scale FE Loads>Surface Loads，在弹出的对话框中按图 11-64 设置超载系数为 5。

（3）运行求解。点击 Solve>Current Ls，直接在命令行输入 Solve 后执行计算，并点击 SAVE_DB 按钮保存文件。

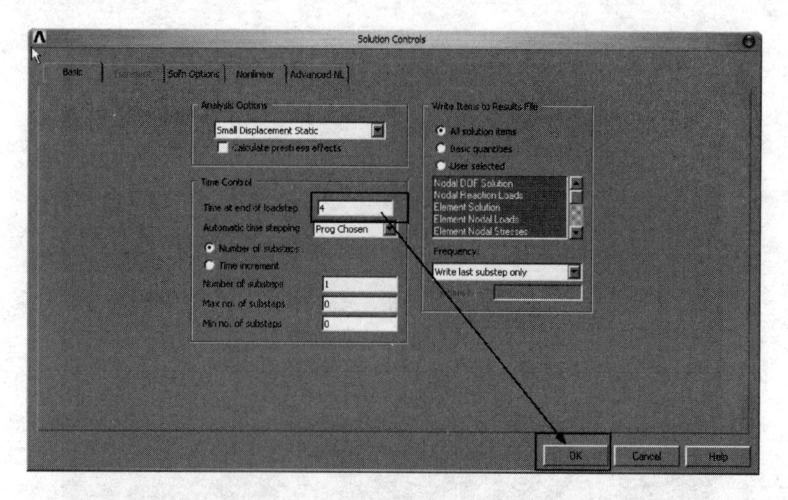

图 11-63　设定超载分析的荷载步

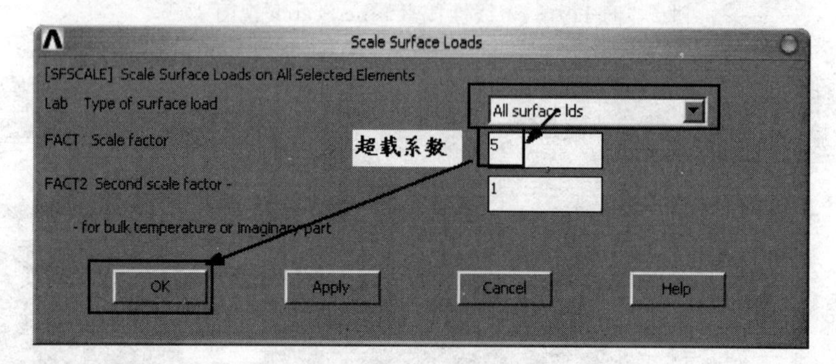

图 11-64　设置超载系数

11.4.4　计算结果的查看

点击 Main Menu>General PostProc，进入后处理模块，即可查看既定工况下的弹塑性力学数值分析结果。

1. 创建荷载工况

将荷载步 1、2、3、4 分别定义为荷载工况 1、2、3、4，其操作可参考 11.3.4 中图 11-48。

2. 查看运行工况计算结果

运行工况下的坝基和坝体的应力、变形、塑性区、混凝土开裂区分布情况的查看操作具体如下。

(1) 读入运行工况 3。点击 Load case>Read Load Case…，在弹出的对话框中输入荷载步 3 后点击 OK，如图 11-65 所示。

(2) 荷载工况组合。点击 Load Case>Substract…，在弹出的对话框中按图 11-66 设置，从荷载工况 3 中减去完建状态 2（荷载工况 2）。

(3) 铅直附加位移 UY 和最小应力 S1 分布。点击 Plot Results>Contour Plot>Nodal Solu…，查看铅直附加位移 UY 和最小主应力 S1 分布结果，如图 11-67 所示。

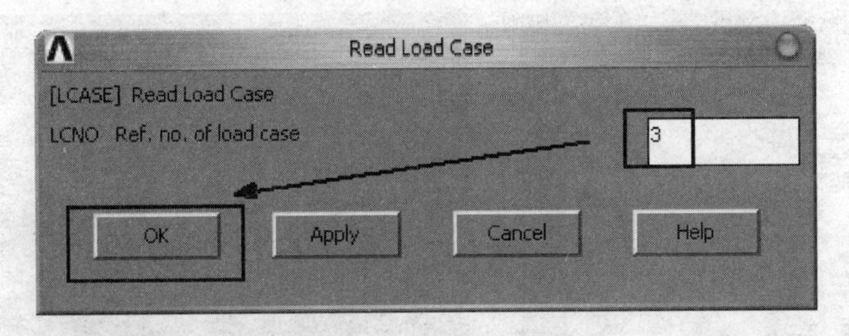

图 11-65 读入运行工况 3

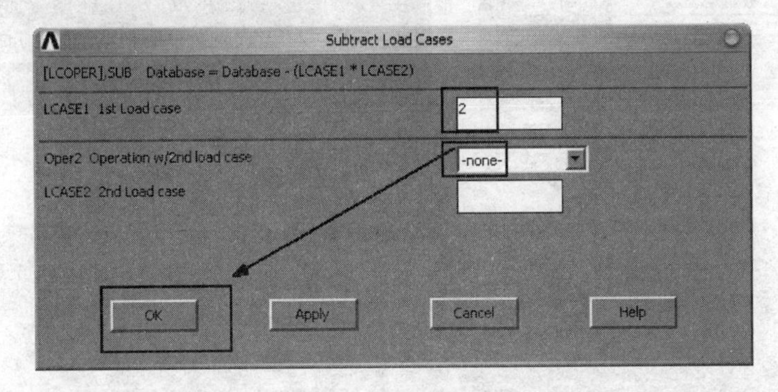

图 11-66 荷载工况组合

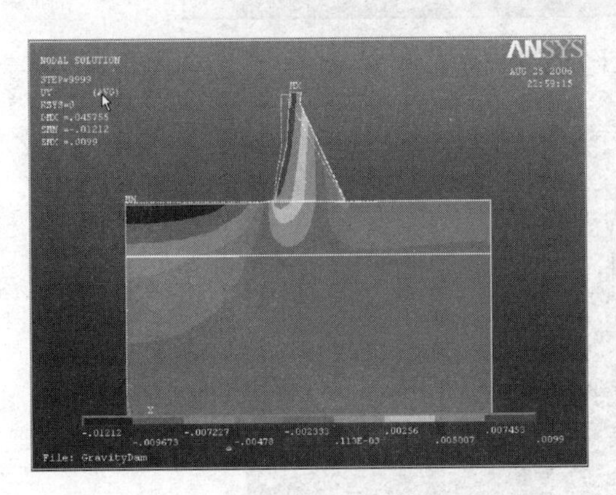

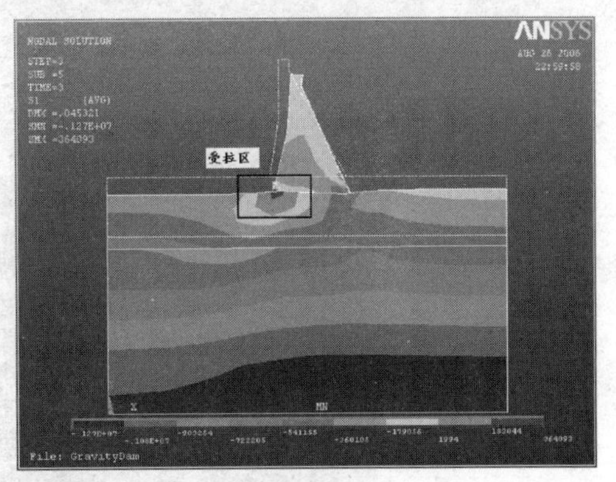

图 11-67 运行工况下铅直附加位移和主应力分布云图

(4) 结构塑性区分布。点击 Plot Results>Contour Plot>Nodal Solu…，查看结构塑性区分布结果，如图 11-68 所示。

(5) 坝体混凝土开裂区分布。点击 Plot Results>Concrete Plot>Crack/Crush…，在弹出的对话框中按图 11-69 设置后点击“OK”，查看坝体混凝土开裂区分布结果，如图 11-70 所示。

3. 查看超载工况计算结果

超载工况下的坝基和坝体的应力、变形、塑性区、混凝土开裂区分布情况的计算结果查看操作如下。

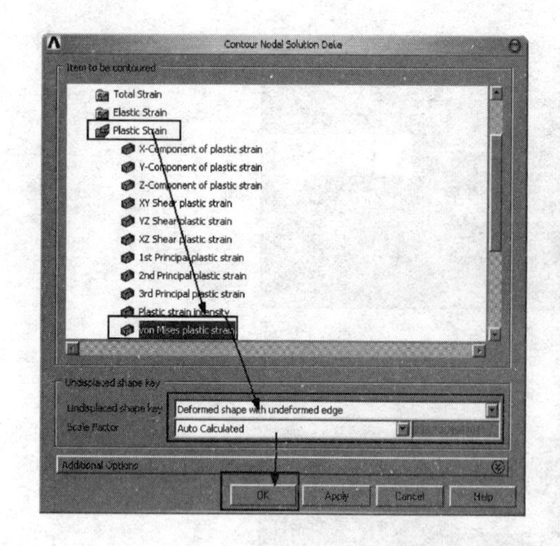

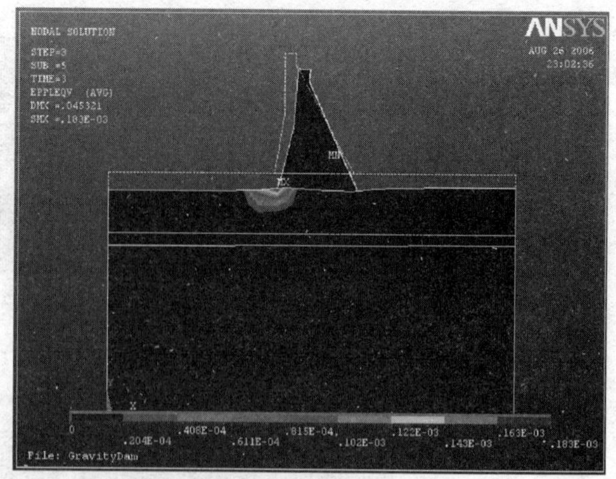

图 11-68　运行工况下结构塑性区分布

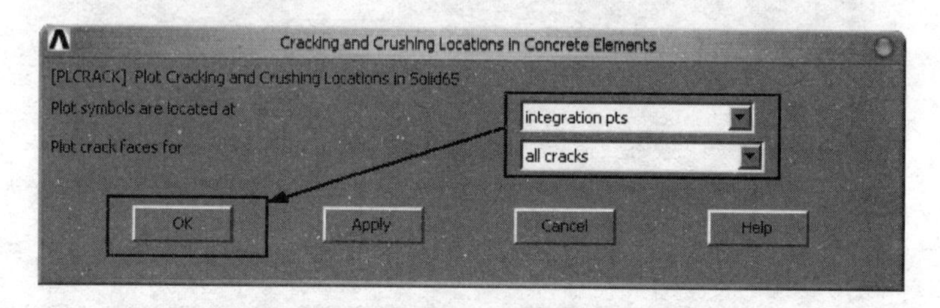

图 11-69　混凝土开裂区分布设置

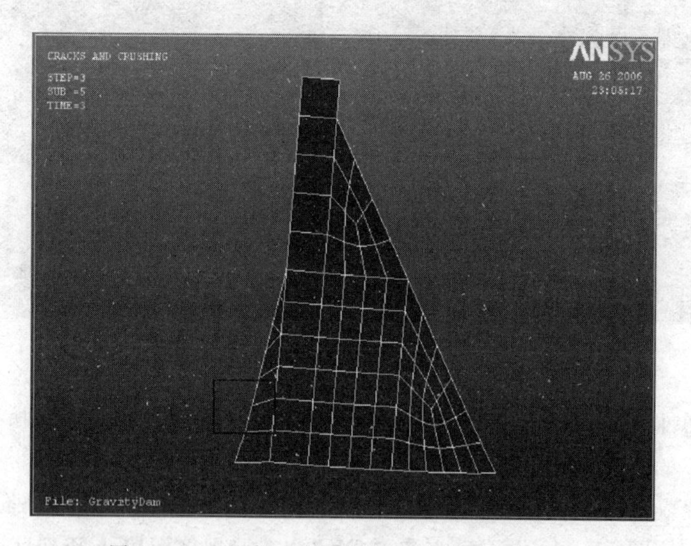

图 11-70　运行工况下混凝土开裂区分布情况

（1）读入运行工况 4。点击 Load case>Read Load Case…，在弹出的对话框中输入荷载步 4 后点击“OK”，如图 11-71 所示。

（2）荷载工况组合。点击 Load Case>Substract…，在弹出的对话框中按图 11-72 设

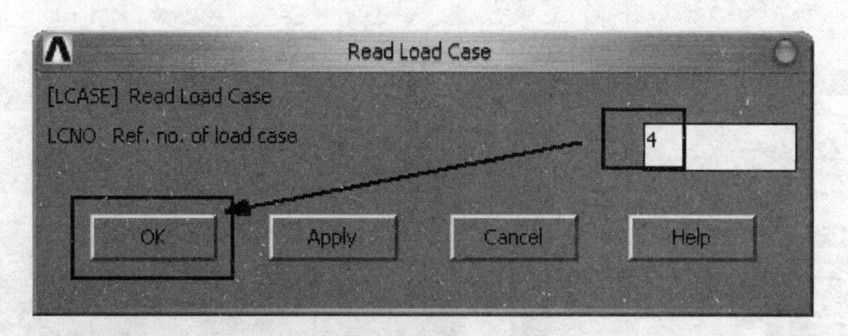

图 11-71 读入运行工况 4

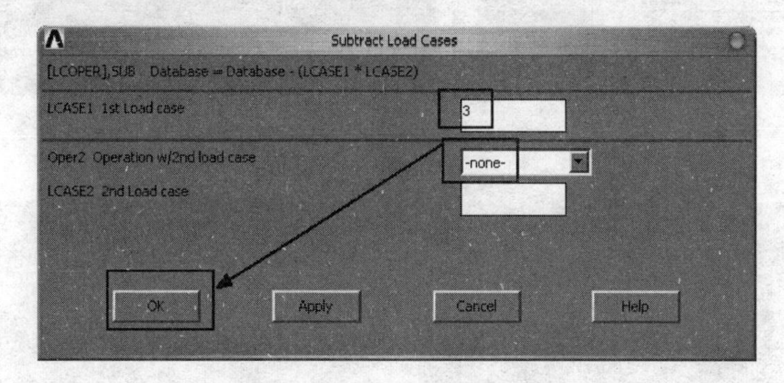

图 11-72 荷载工况组合

置，从荷载工况 4 中减去运行工况 3（荷载工况 3）。

（3）铅直附加位移 UY 和最大主应力 S3 分布。点击 Plot Results>Contour Plot>Nodal Solu…，查看铅直附加位移 UY 和最大主应力 S3 分布结果，如图 11-73 所示。

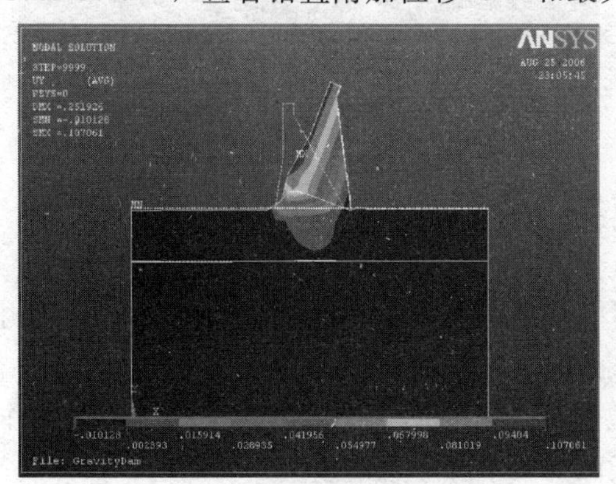

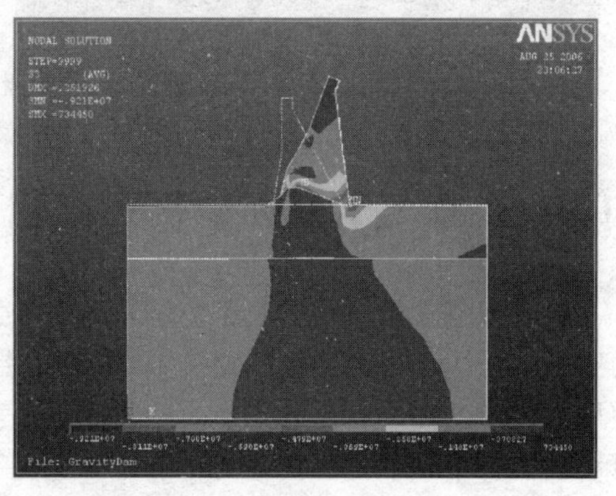

图 11-73 超载工况下铅直附加位移和最大应力分布云图

（4）结构塑性区分布。点击 Plot Results>Contour Plot>Nodal Solu…，查看结构塑性区分布结果，如图 11-74 所示。

（5）混凝土开裂区和最小应力 S1 分布。点击 Plot Results>Concrete Plot>Crack/Crush…，在弹出的对话框中按图 11-68 设置后点击“OK”，即可查看混凝土开裂区；点击 Plot Results>Contour Plot>Nodal Solu…，可查看最小主应力 S1 分布和受拉区域。结果如图 11-75 所示。

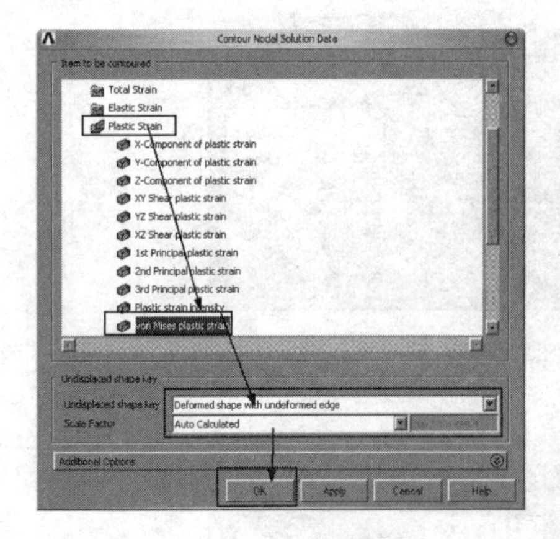

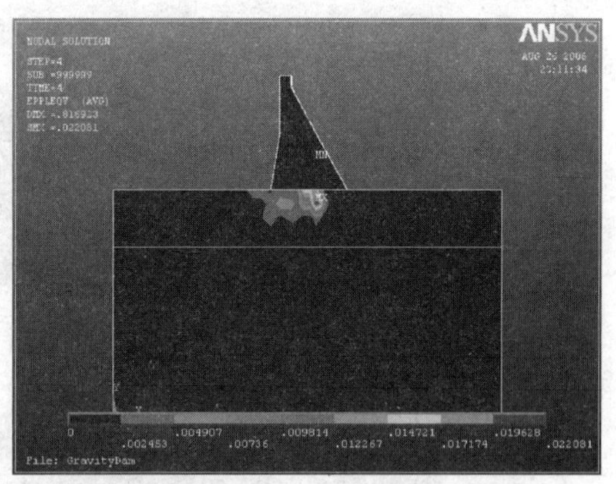

图 11-74　超载工况下结构塑性区分布

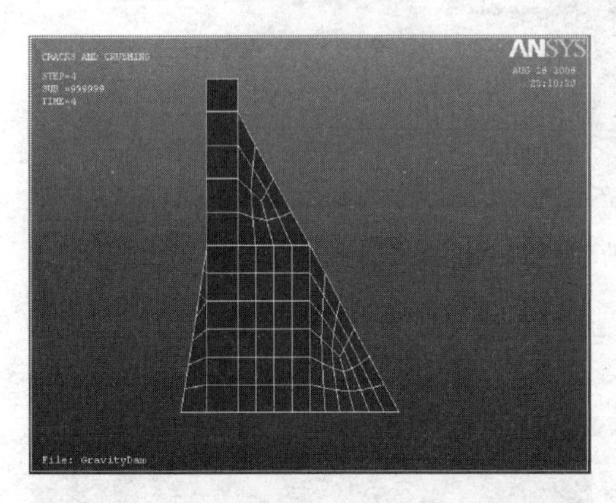

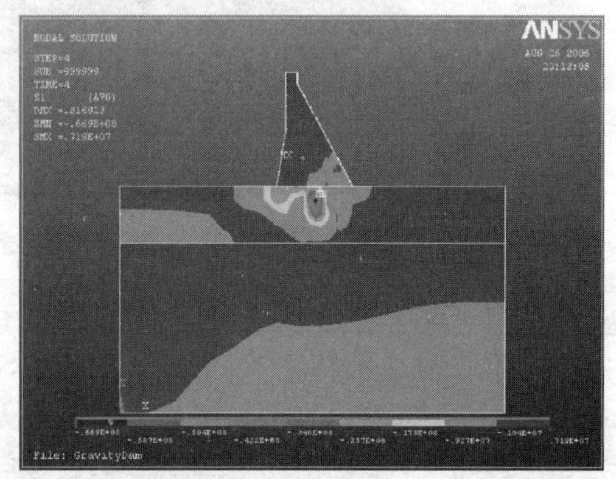

图 11-75　超载工况下混凝土开裂区和最小应力 S1 分布情况

11.5　拱坝力学分析参数化数值模拟

上述章节具体介绍了基于 ANSYS 软件菜单界面操作开展混凝土重力坝结构数值分析的实施流程，本节简要介绍通过 ADPL 命令流方式实现结构数值分析的方法，其为一种使用参数化语言快速构造几何模型和实现模型加载、求解的方法，该方法脱离菜单操作，可实现很多菜单中无法实现的功能，并避免了因计算卡顿导致的重复建模问题，大大提高了计算效率。下面以某一拱坝为例，利用 ADPL 命令流方式分析其力学行为。

11.5.1　工程基本资料

某单曲拱坝位于 U 形河谷中，坝顶高程为 247.6m，坝基开挖高程为 148.50m，最大坝高为 99.1m，坝底最大厚度为 32m，坝顶厚度为 6.0m，坝轴线半径为 150.0m，最大中心角为 109.98°，坝顶弧长为 291.17m，水库正常蓄水位为 244.0m。具体体型设计参数见表 11-1。

表 11-1　　某拱坝体型设计参数

坝高/m	高程/m	坝体厚度/m	外半径/m	内半径/m	左中心角/(°)	右中心角/(°)	中心角/(°)
99.1	247.6	6	150	144	56.902	53.082	109.984
88.5	237	8.781	150	141.219	54.33	50.476	104.806
76	224.5	12.061	150	137.939	51.177	47.23	98.407
63.5	212	15.34	150	134.66	47.87	43.871	91.741
51	199.5	18.62	150	131.38	45.271	40.52	85.791
38.5	187	21.899	150	128.101	42.315	37.976	80.291
26	174.5	25.179	150	124.821	30.803	34.246	65.049
13.5	162	28.459	150	121.541	17.255	28.523	45.778
0	148.5	32	150	118	6.216	11.994	18.21

根据地勘成果及工程设计资料，该坝坝体及坝基的材料参数见表 11-2。

表 11-2　　坝体及坝基材料参数表

材料	容重/(kN·m^3)	弹模/GPa	泊松比	导温系数/[W/(m·℃)]	热膨胀系数/(1/℃)
坝体	23.5	20	0.20	11	1.0×10^{-5}
地基	2700	15	0.25	7.5	0.8×10^{-5}

依据《混凝土拱坝设计规范》(SL 282—2018) 第 5.2 节中荷载组合规定，混凝土拱坝设计荷载组合分为基本组合与特殊组合两大类，涉及的荷载有自重、静水压力、温度荷载、扬压力、泥沙压力、浪压力、冰压力、动水压力和地震荷载。该工程处于非震区，故其结构计算需考虑以下 5 种荷载组合工况。

工况 1（正常蓄水位情况）：自重＋静水压力（244.0m）＋相应下游水位（161.0m）＋设计正常温降＋泥沙压力（187.0m）。

工况 2（正常蓄水位情况）：自重＋静水压力（244.0m）＋相应下游水位（161.0m）＋设计正常温升＋泥沙压力（187.0m）。

工况 3（设计洪水位情况）：自重＋静水压力（246.2m）＋相应下游水位（167.61m）＋设计正常温升＋泥沙压力（187.0m）。

工况 4（死水位情况）：自重＋静水压力（221.0m）＋相应下游水位（160.0m）＋设计正常温升＋泥沙压力（187.0m）。

工况 5（校核洪水位）：自重＋静水压力（246.72m）＋相应下游水位（168.27m）＋设计正常温升＋泥沙压力（191.0m）。

11.5.2　基于 APDL 的参数化建模

根据工程设计资料，首先建立拱坝三维有限元模型，其建模过程可归纳为：

1）建立坝体模型：首先输入拱坝坝体拱冠梁曲线参数、水平拱圈参数及坝体控制参数，进行坝体实体建模，然后输入坝体混凝土的材料属性。

2）建立基岩模型：左右岸以拱坝两端为基准各延伸约 1.5 倍坝高，上下游岩体分别以坝基上下游面为基准各延伸约 2.0 倍坝高，基础岩体以坝底面为基准向下延伸约 1.5 倍坝高。

3）建立软弱结构面模型：利用 ANSYS 内部体操作命令建立岩基内的软弱结构面模型，断层分布于河床及拱坝两岸拱肩部位，采用面—面接触单元模拟这两条断层。

计算中采用直角坐标系，拱坝坝基岩体采用空间六面体 Solid45 单元，即八结点等参单元；坝体采用 Solid65 单元，即八结点混凝土单元。基岩网格的划分较为复杂，首先根据断层的位置将基岩分为若干实体，然后采用映射网格对各实体进行剖分，最后形成整体网格。有限元模型及网格划分见图 11－76 和图 11－77。

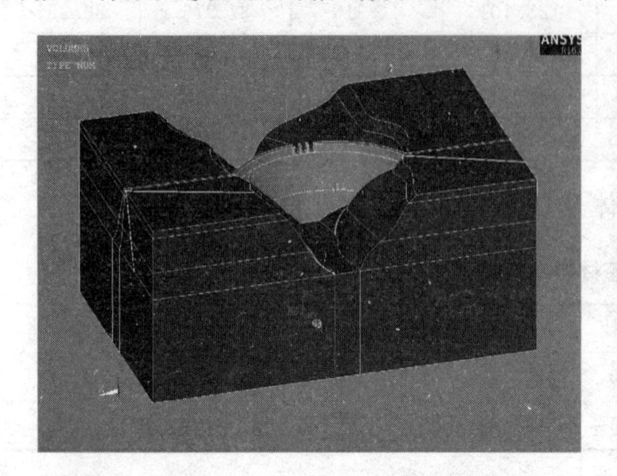

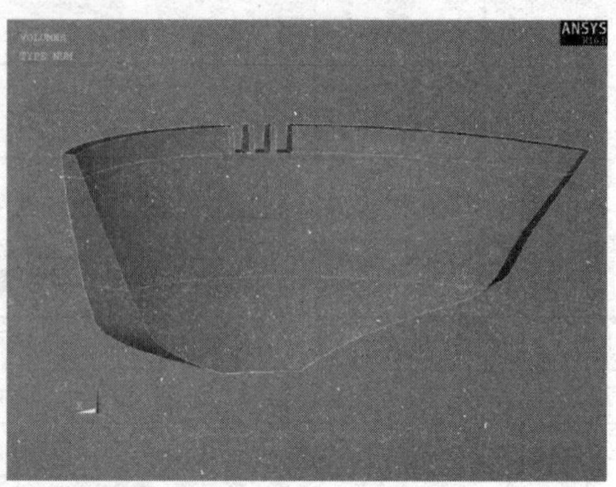

图 11－76　拱坝有限元模型

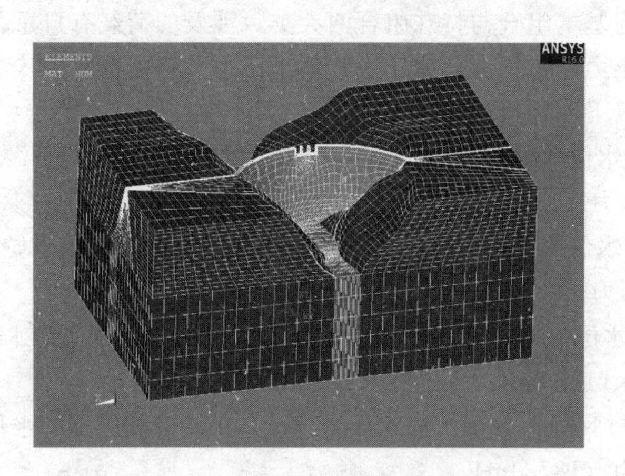

图 11－77　拱坝有限元模型网格划分

11.5.3　基于 APDL 的参数化求解与结果查看

以工况 1 为例，对拱坝有限元模型施加边界约束及荷载，进行有限元计算分析。其中，模型底部采用固定约束，四周边界采用链杆约束，其施加约束和荷载后的模型如图 11－78 所示。

基于已编辑的 APDL 程序（可扫描提供的二维码获取），对拱坝在工况 1 下的力学行为进行数值计算，可通过后处理查看到工况 1 的坝体位移云图及其上、下游面的主应力和主应变云图，见图 11－79、图 11－80 和图 11－81。

素材 19

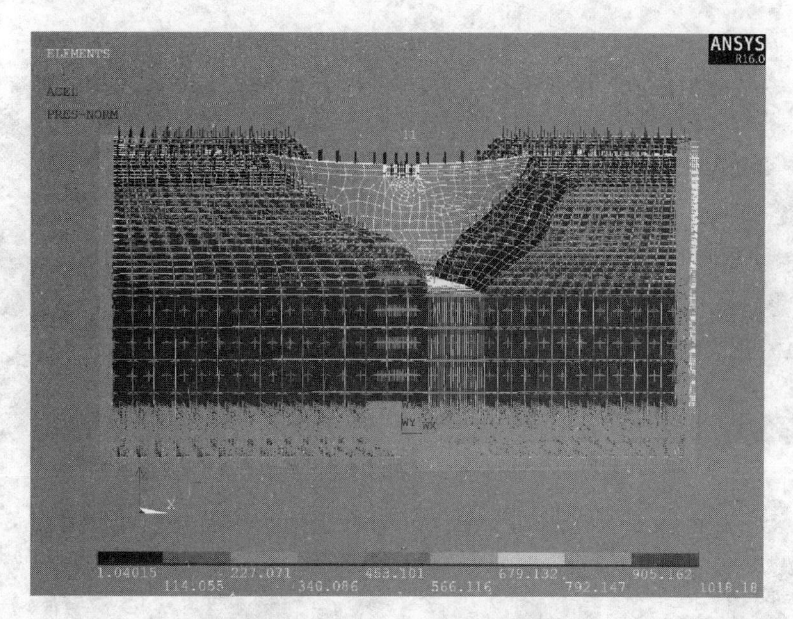

图 11-78 施加约束和荷载后的模型

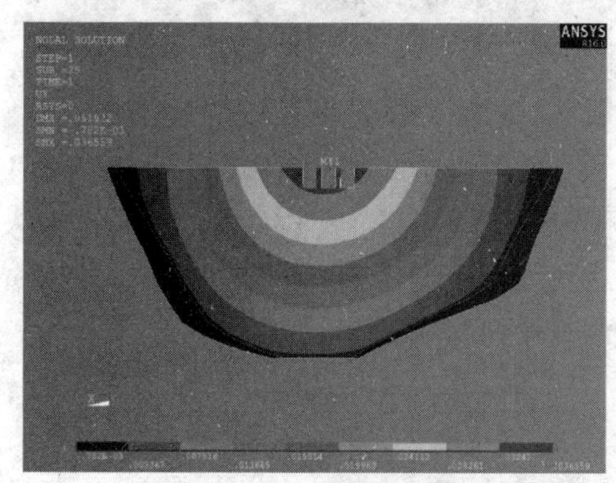

(a) 水平位移云图

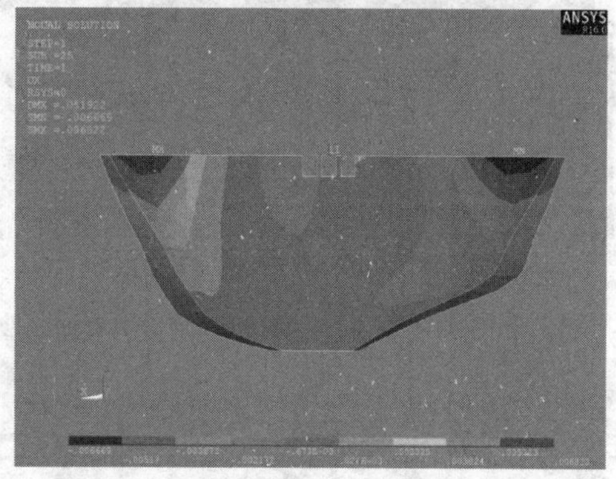

(b) 横向位移云图

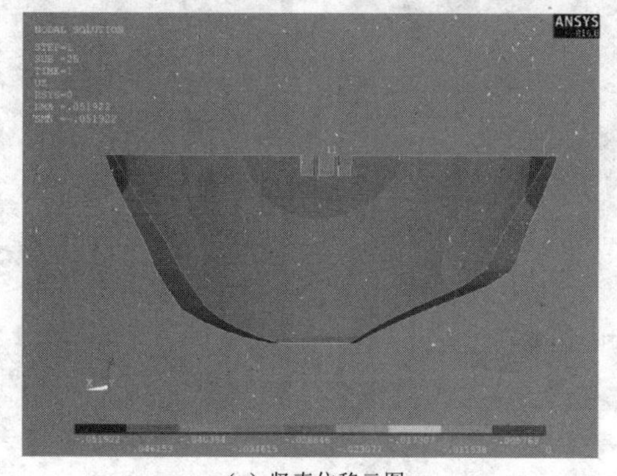

(c) 竖直位移云图

图 11-79 坝体位移云图

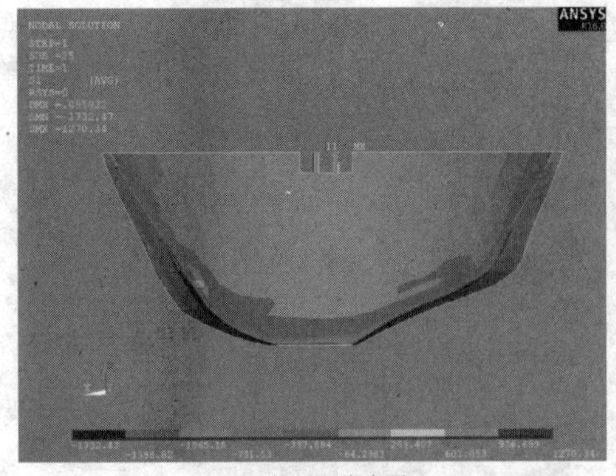

(a) 第一主应力图

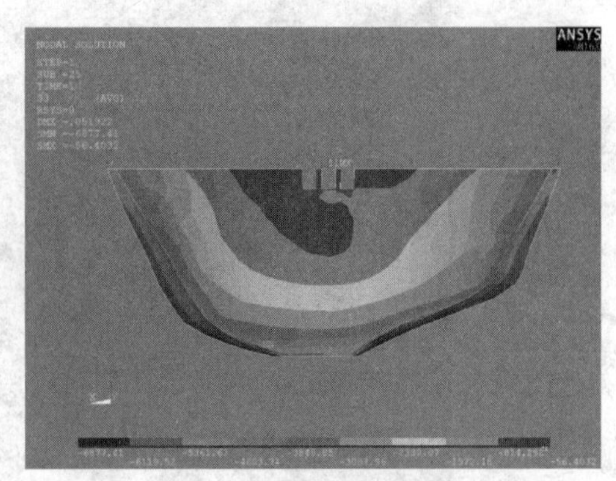

(b) 第三主应力图

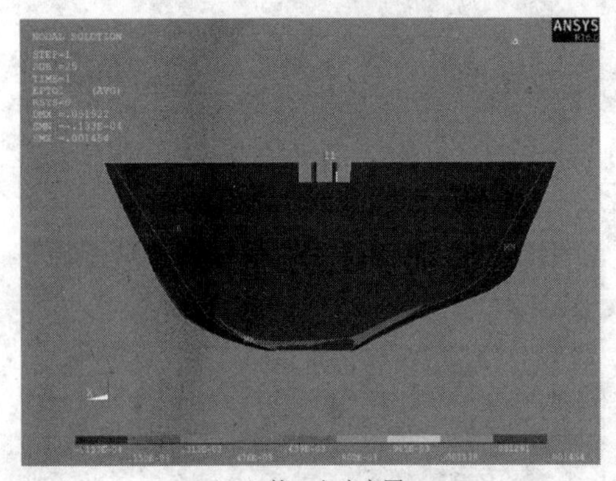

(c) 第一主应变图

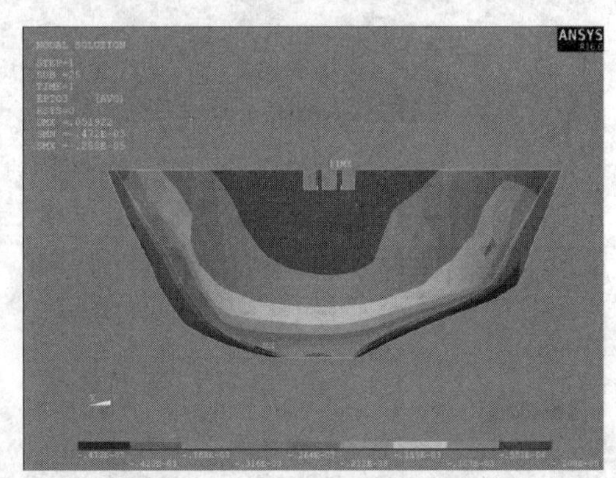

(d) 第三主应变图

图 11-80　下游面主应力和主应变计算结果图

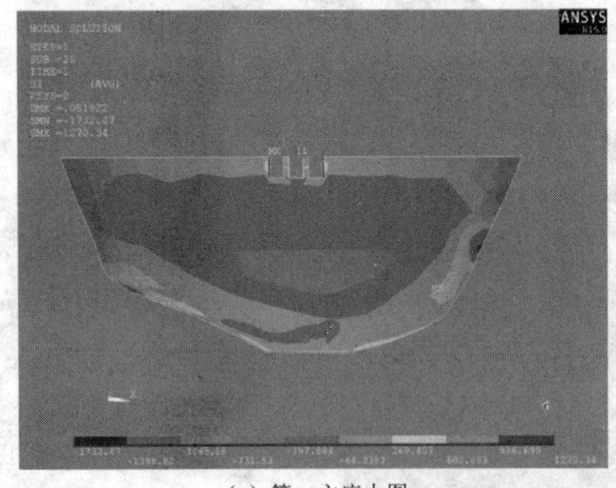

(a) 第一主应力图

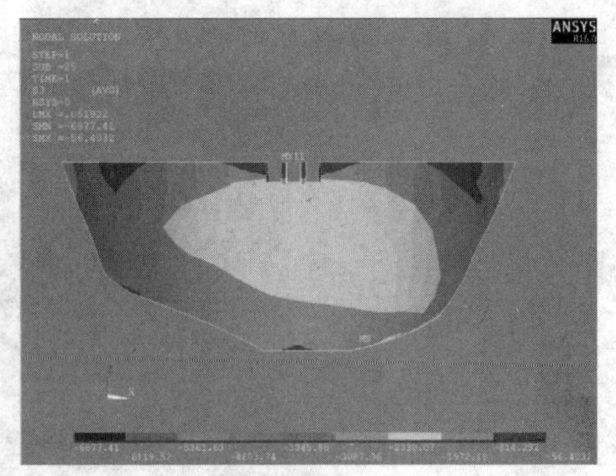

(b) 第三主应力图

图 11-81（一）　上游面主应力和主应变计算结果图

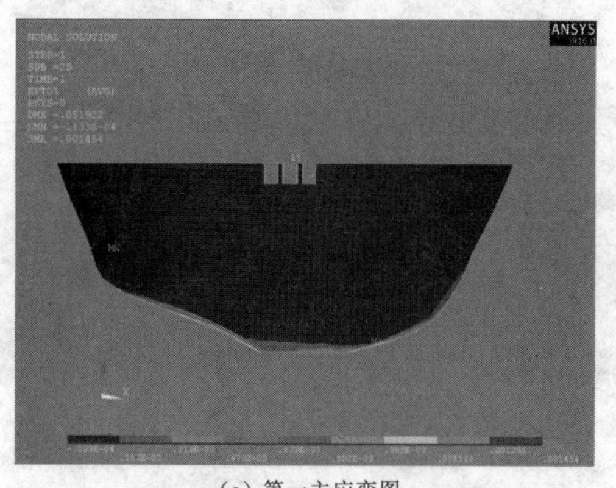

(c) 第一主应变图

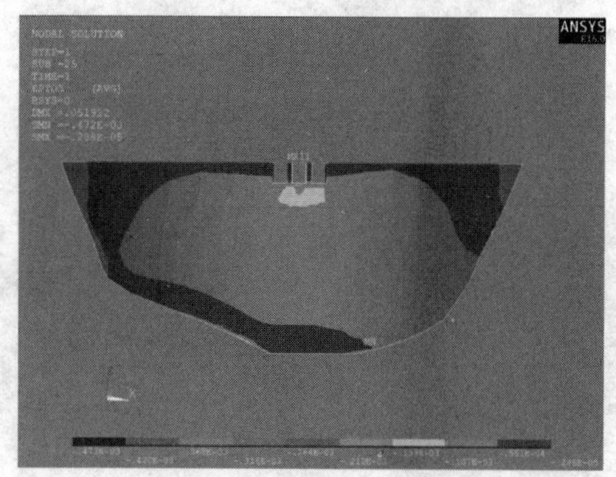

(d) 第三主应变图

图 11-81（二） 上游面主应力和主应变计算结果图

拱冠梁为拱坝的关键控制断面，如需查看此处应力应变计算结果，可点击主界面的WorkPlane＞Offset WP to＞ Nodes，将工作平面置于拱冠梁处，再点击 WorkPlane＞Offset WP by Increments，在弹出的选项框中将 XY 平面绕 Y 轴旋转 90°，使之与拱冠梁剖面相重合，见图 11-82；然后，点击 PlotCtrls＞Style＞Hidden line Options，在选项框中将［/TYPE］选为 section，将［/CPLANE］选为 working plane，如图 11-83 所示；据此将工作平面设置为切面，即可提取拱冠梁处的计算结果，如图 11-84 所示。

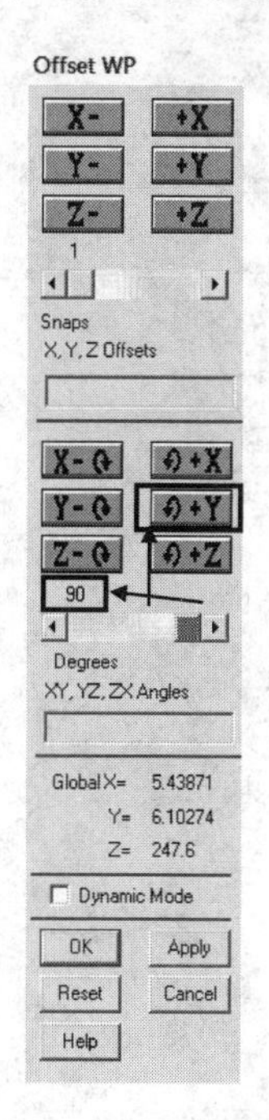

图 11-82 拱冠梁主应力和水平位移计算结果图

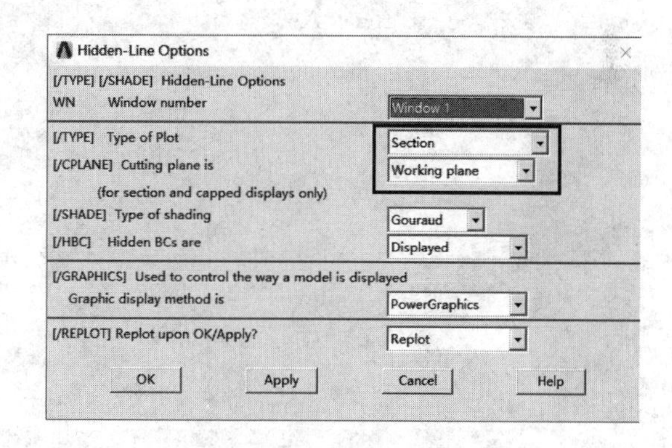

图 11-83 拱冠梁主应力和水平位移计算结果图

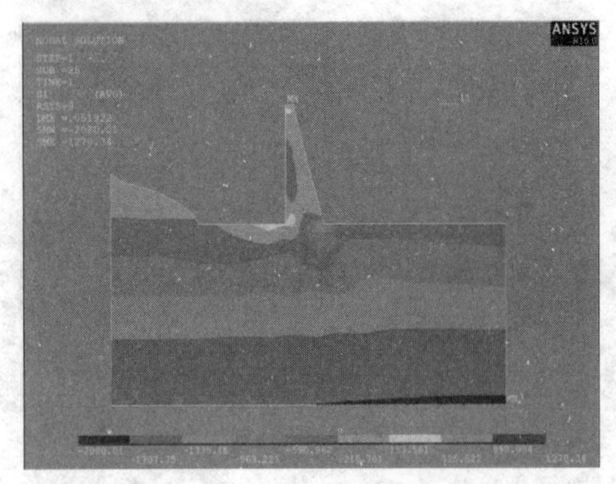

（a）第一主应力图

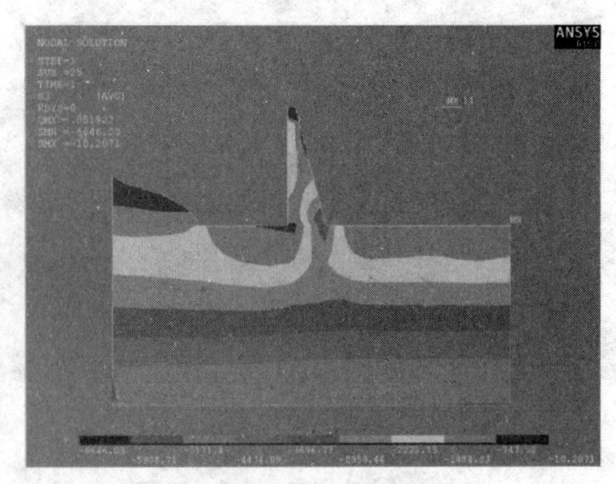

（b）第三主应力图

（c）水平位移图

图 11-84 拱冠梁主应力和水平位移计算结果图

第12章 水利工程数值模拟通用软件

基础设施工程建设全生命周期内设计、施工、运维等不同阶段对计算机辅助技术越来越需求，计算机应用技术也已融入人们生活、生产方方面面。对于水利工程建造而言，计算机辅助应用和人工智能等数字技术已在其建设中广泛加以运用，并获得了显著效益；未来必将极大程度地全面应用于水利及其相关基建工程的全过程。面对行业发展需求，工程数值计算类软件也如雨后春笋般出现，以至于一时难以选取何种计算软件较为合适，已成为工程师们焦虑之一。鉴于上述已从水利工程工程建设和运维管控两方面对常用软件进行了解读，从本教材内容丰富和篇幅完整方面考虑，本章特从水工设计类、工程建管类补充了部分常用数值软件，在此仅就其部分主流软件的基本功能及其在解决复杂工程问题中的应用情况进行简要介绍。

12.1 水工设计类软件

目前，水利工程设计类软件按照其功能和实用性分：一类为专门为水工设计而开发的数值软件，在大型设计单位广为推广；另一类为通用性工程设计软件，多能面向土木、水利、机械、环境等多个领域计算需求，如 ANSYS、ABAQUS、MARC、ADINA、COMSOL、FLAC3D、HEC、MIKE FLOOD 等。上述提及的水工设计类软件在功能、计算方面的优缺点等特性，可查阅相关参考文献。在此，仅选取其中 ABAQUS、COMSOL、MIKE FLOOD 软件在工程领域的应用进行简要介绍。

12.1.1 ABAQUS

ABAQUS 作为国际大型通用非线性有限元软件之一，以其在复杂工程力学问题的分析能力、庞大求解规模的驾驭能力和高度非线性问题的求解能力等见长而享誉业界，涉及机械、土木、水利、航空航天、船舶、电器、汽车等工程领域。近年来，ABAQUS 根据用户反馈信息不断解决新的技术难题并及时进行软件更新，为此其软件已广泛应用于我国各工程技术领域。

1. 基本功能与操作界面

(1) 基本功能。

ABAQUS 有限元软件在工程数值模拟分析方面适用范围较广，其内部嵌有可模拟任意几何形状的单元库、各种类型的材料模型库，可模拟典型工程材料的性能（主要包括：金属、橡胶、高分子材料、复合材料、钢筋混凝土、可压缩超弹性泡沫材料以及土壤和岩石等地质材料)。作为通用的数值分析工具,ABAQUS除能解决大量结构(应力/位移)问题外,还可模拟其他工程领域中的热传导、质量扩散、热电耦合分析、声学分析、岩土力学分析(流体渗透/应力耦合分析)及压电介质分析等问题。

ABAQUS有限元软件主要模块为ABAQUS/Standard、ABAQUS/Explicit和ABAQUS/CFD,即ABAQUS的隐式计算模块、显式计算模块和流固耦合计算模块。其中,ABAQUS/Standard还附带了3个特殊用途的分析模块,分别为ABAQUS/Aqua、ABQUS/Design和ABAQUS/Foundation。ABAQUS的前处理模块为ABAQUS/CAE,其功能包了ABAQUS的模型建立、交互式提交作业、监控运算过程和结果评估等能力。

1) ABAQUS/CAE。

ABAQUS/CAE (Complete ABAOUS Environment) 是ABAQUS的集成工作环境,具有强大的前处理功能,可为各种复杂外形的几何体划分高质量的有限元网格,还可便捷地生成或者输入分析模型的几何形状,为部件定义材料特性、载荷、边界条件等参数。

2) ABAQUS/Standard。

ABAQUS/ Standard是一个通用的分析模块。能求解广泛领域的线性和非线性问题,包括静态分析、动力学分析、结构的热响应分析以及其他复杂非线性耦合物理场的分析。该模块为用户提供了动态载荷平衡的并行稀疏矩阵求解器、基于域分解并行迭代求解器和并行的Lanczos特征值求解器,可以对包含各种大规模计算的问题进行求解,和开展一般过程分析和线性摄动过程分析。

3) ABAQUS/Explicit。

ABAQUS/Explicit为显式分析求解器,利用对时间的显示积分求解动态问题的有限元方程。适合于分析冲击和爆炸这样短暂、瞬时的动态事件和求解冲击和其他高度不连续问题等。该模块拥有广泛的单元类型和材料模型,其单元库是ABAQUS/Standard单元库的子集。然其提供的基于域分解的并行计算仅可进行一般过程分析。此外,需要注意的是,ABAQUS/Explicit不但支持应力/位移分析,还支持耦合的瞬态温度/位移分析、声固耦合的分析。

ABAQUS/Explicit和ABAQUS/Standard具有各自的适用范围,它们互相配合使得ABAQUS功能更加灵活和强大。有些工程问题需要二者的结合使用,以一种求解器开始分析,分析结束后将结果作为初始条件与另一种求解器继续进行分析,有利于发挥显式和隐式求解技术的各自优点。

4) ABAQUS/CFD。

ABAQUS/CFD是ABAQUS的流体仿真分析模块,该模块能模拟层流、湍流等流体问题,以及自然对流、热传导等流体的传热问题。该模块的增加使得流体材料特性、流体边界、载荷以及流体网格等流体相关的前处理定义等都可以在ABAQUS/CAE中完成,同时还可以由ABAQUS输出等值面、流速矢量图等多种流体相关后处理结果。ABAQUS/CFD使得ABAQUS在处理流固耦合问题时表现更为优秀,配合使用ABAQUS/Explicit和ABAQUS/Standard,使得ABAQUS亦更加灵活和强大。

(2) 操作界面。

图12-1展示了ABAQUS操作界面的各个组成部分,用户可以通过操作界面与

ABAQUS/CAE 进行交互。

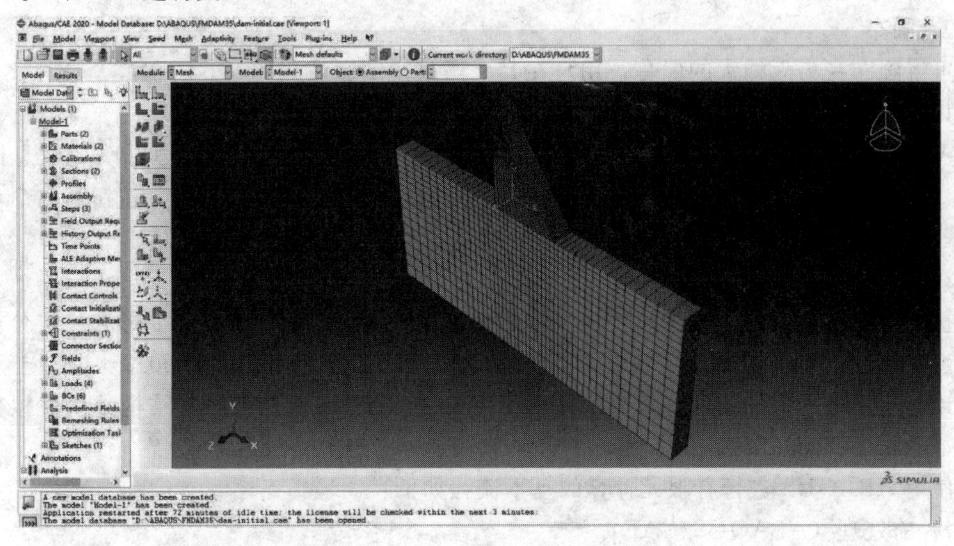

图 12-1 ABAQUS 的操作界面

1）菜单栏。

通过菜单栏可以看到所有可用的菜单，用户可以通过菜单操作来调用 ABAQUS/CAE 的各种功能。在环境栏中选择不同的模块时，菜单栏中显示的菜单也会不尽相同。

2）环境栏。

用户可以在环境栏 Moudle（模块）列表中进行各模块切换。环境栏中其他项是当前操作模块的相关功能。如用户在创建模型的几何形状时，可通过环境栏提取出一个已经存在的部件。

3）标题栏。

标题栏会显示当前运行 ABAQUS/CAE 的版本和模型数据库名称。

4）工具栏。

工具栏给用户提供了菜单功能的快捷方式，这些功能也可以通过菜单进行访问。

5）模型树。

模型树直观地显示出了各个组成部分，如部件、材料熟悉、装配体、边界条件和结果输出要求等。使用模型树可较方便地在各功能模块间进行切换，实现主菜单和工具栏所提供的大部分功能。

6）命令行接口。

ABAQUS/CAE 利用内置的 Python 编译器，再使用命令行接口输出“Python”命令和数学表达式。接口中包含了主要（>>>）和次要（…）提示符，随时提示用户按照 Python 的语法输入命令行。

7）视图区。

ABAQUS/CAE 通过在画布上的视图区显示用户的模型。

8）工具区。

当用户进入某一功能模块时，工具区会显示该功能模块相应的工具箱。用户可通过工具箱快捷调用该模块的相应功能。

9）画布。

可将画布视为无线大的屏幕，用户在其上摆放视图区域（Viewport）。

10）信息区。

ABAQUS/CAE 会在信息区显示状态信息和警告。通过拖动其顶边可改变信息区的大小，利用滚动来查阅已滚出信息区的信息，还通过其左侧的“信息区”按钮和“命令行接口”按钮实现实时切换。

2. 工程应用范例

重力坝是水利枢纽工程中水工构筑物的常见形式，其结构的强度、变形和稳定分析是其全生命周期内安全性态评判的支撑依据。有限元法，作为 SL 319—2018《混凝土重力坝设计规范》中建议的辅助计算方法，下面借助 ABAQUS 平台仅对其结构数值模拟分析的基本步骤进行阐述。

使用 ABAQUS 进行有限元计算的基本流程如下：

1）前处理（ABAQUS/CAE）。

前处理阶段的中心任务是定义物理问题的模型，并生成相应的 ABAQUS 输入文件。ABAQUS/CAE 是完整的 ABAQUS 运行环境，可以生成 ABAQUS 的模型、使用交互式的界面提交和监控分析作业，最后显示分析结果。ABAQUS/CAE 分为若干个功能模块，每个模块都用于完成模拟过程中的一个方面的工作，例如定义几何形状、材料性质、载荷和边界条件等。建模完成之后，ABAQUS/CAE 可以生成 ABAQUS 输入文件，提交给 ABAQUS/Standard 或 ABAQUS。

读者也可以使用其他的前处理器，如 MSC. PATRAN、Hypermesh 等，来创建模型，但是 ABAQUS 的很多功能（如定义面、接触对、连接器等）只有 ABAQUS/CAE 才支持。为此，对于一般复杂程度工程数值仿真分析时，建议读者仍采用 ABAQUS/CAE 作为前处理器。

2）计算分析（ABAQUS/Standard 或 ABAQUS/Explicit）。

在这个阶段中，使用 ABAQUS/Standard 或者 ABAQUS/Explicit 求解输入文件中所定义的数值模型，计算过程通常在后台运行，分析结果以二进制的形式保存起来，以利于后处理过程。完成一个求解过程所花费的时间，由问题的复杂程度和计算机的计算能力等因素决定。

3）后处理（ABAQUS/CAE 或 ABAQUS/Viewer）。

ABAQUS/CAE 的后处理部分又称之为 ABAQUS/Viewer，可用来读取分析结果数据，以多种形式显示分析结果，主要包括：动画、彩色云纹图、变形图和 XY 曲线图等。

依据上述流程，对某水利枢纽工程重力坝挡水坝段开展有限元数值模拟计算。基本资料：选定坝段坝基高程 188.60m，坝高 79.1m，坝段全长 18.0m，上游正常蓄水位 263.50m，常年下游水位 193.50m。在建立有限元模型时，根据该坝段具体情况，从坝踵和坝趾向上、下游各延伸 1.5 倍坝高，坝基深度取为 1.5 倍的坝高，计算工况选择正常蓄水位工况，考虑自重、静水压力和扬压力的影响，其数值仿真分析结果如图 12-2 和图 12-3 所示。

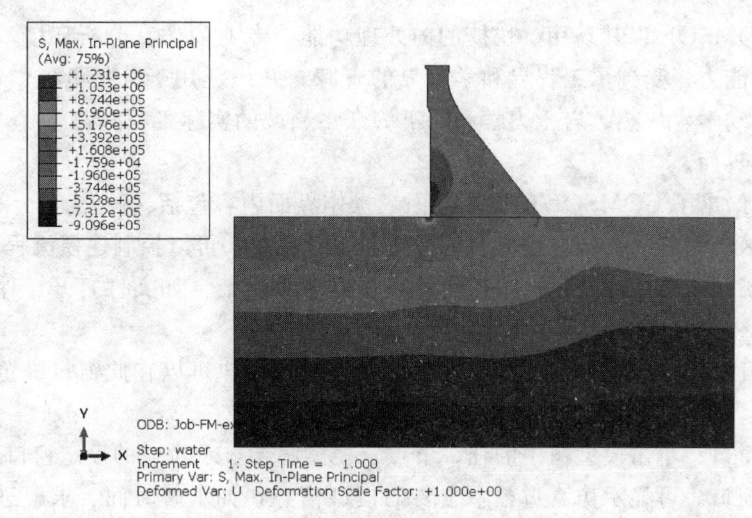

图 12-2 重力坝最大主应力分布

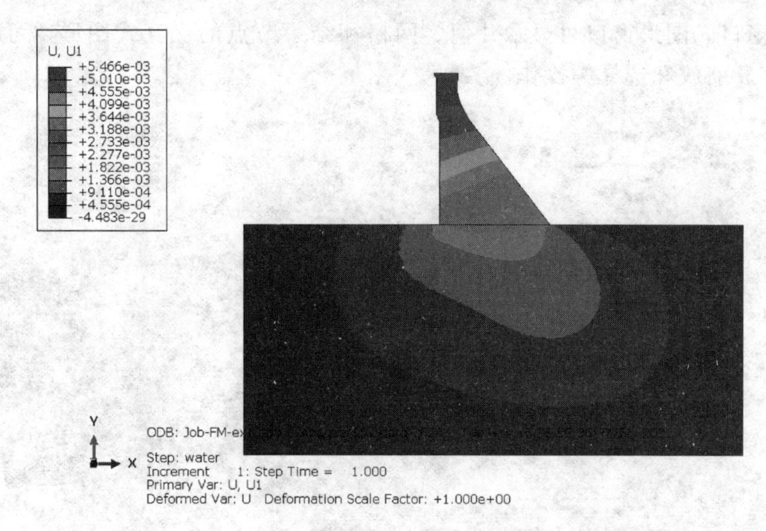

图 12-3 重力坝沿水流向位移场分布

12.1.2 COMSOL Multiphysics

1. 基本功能与操作界面

COMSOL Multiphysics（以下简称 COMSOL）是一款功能较强大的多物理场仿真软件，COMSOL 公司于 1998 年发布了 COMSOL 的首个版本。此后产品线逐渐扩展，增加了 30 余个针对不同应用领域的专业模块，并且陆续研发了与第三方软件对接的接口产品，其中包括 MATLAB、Excel、CAD 等知名工具软件。COMSOL 基于 PDE（偏微分方程）建模，便于定义和求解任意场的耦合问题，用户可以通过自由组合软件提供的专业模块，进而求解任意场的耦合问题，且其多物理场耦合的数量不受限。除多物理场仿真建模之外，COMSOL 还可进一步将模型封装为仿真 APP 提供给设计、制造、实验测试以及其他科研工作使用。

如今，COMSOL 以其易用、快捷的前处理功能，专业的仿真分析环境，强大灵活的多物理场分析能力，受到了工程界和学术界的青睐，并广泛用于分析电磁学、结构力学、声学、流体流动学、传热、岩土力学和化工等众多领域的实际工程问题。

(1) 操作界面。

图 12-4 给出了 COMSOL 的操作界面。操作界面内容包括：

1) 功能区。通过功能区选型卡中的按钮和下拉菜单，可以控制建模流程的主要步骤。

2) 快速访问工具栏。使用这些按钮可以访问各种功能，如文件打开、保存、撤销和删除等。

3) 模型开发器。包括模型树和相关工具栏按钮，用户可以在此窗口纵览模型，通过右击某个节点，可访问上下文相关菜单，以控制建模过程。

4) 设定窗口。单击模型树中的任一节点，模型将会显示对应的设定窗口。

5) 信息窗口。可显示仿真过程中重要的模型信息，如求解时间、求解进度、网格统计、求解器日志，以及可用的结果表格。

6) 图形窗口。图形窗口可显示几何、网格和结果节点的交互式图形，可在此窗口进行旋转、平移、缩放和选择等操作。

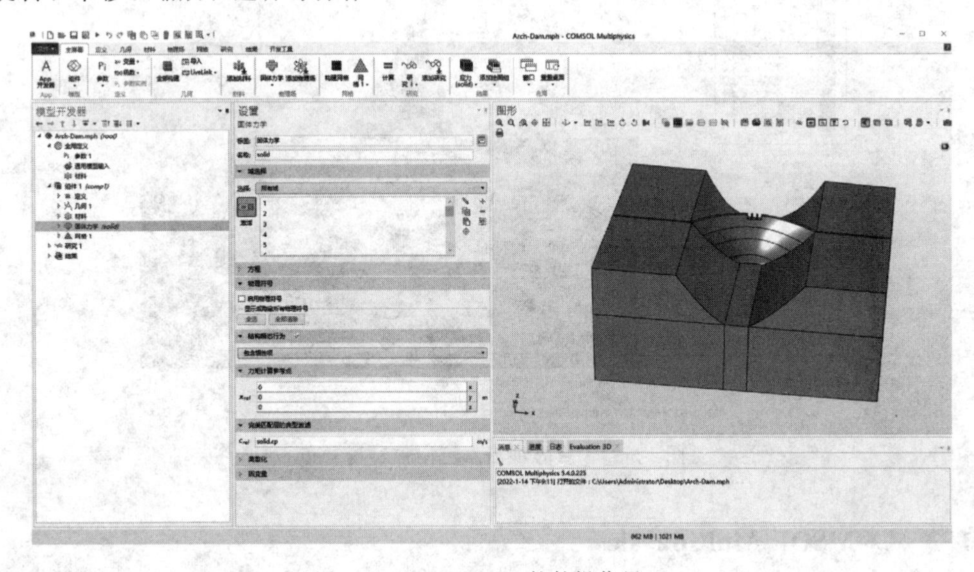

图 12-4　COMSOL 软件操作界面

(2) 主要功能介绍。

COMSOL 作为一款专业有限元数值分析软件，主要包含以下分析功能。

1) 结构力学分析。

COMSOL 的图形用户界面设计是基于结构力学中惯用的符号和约定，适用于多领域内的结构设计研究。无论是从简单的梁和壳单元到先进材料模型的分析，还是从 MEMS（微电动机械系统）的设计到水利工程中大坝结构的检验，COMSOL 都能较好地胜任。

2) 传热分析。

COMSOL 传热分析功能解决的热学问题包括传导、辐射和对流的任意组合。建模界面中类包括面一面辐射、非等温流动、活性组织内的热传导，以及薄层和壳中的热传导等。应用领域有电子冷却和动力系统、热处理和加工、医疗技术以及生物工程等。

3）电磁场分析。

COMSOL 的电磁场分析功能使得模拟电容、感应器、电动机和微传感器成为可能。虽然这些设备的主要物理特征为电磁场，但是它们有时也会受到其他类型物理场的影响。例如，温度的影响有时能够改变材料的电学性质，因此在设计过程中需要充分了解发电机内电动机械的变形和振动规律。而 COMSOL 囊括了静电场、静磁场、准静态电磁场以及与其他物理场的无限制耦合，可有效解决这类问题。

4）环境分析。

COMSOL 可解决地球物理和环境科学中遇到的一些数模问题。通过对基础物理科学进行深入的研究可以提高人们对重要资源的利用率，地球物理学的分析领域十分广泛，COMSOL 数据库中提供的这种模型，都可以通过控制方程和自由表达式的形式加以建模。最终，通过 COMSOL 可将各种地球科学所面临的简单或者复杂问题相耦合，并加以仿真分析，得到相应的解决方案，可有效缩减决策分析时间。

5）化工模块。

COMSOL 的化学反应工程模块可以大大优化各种化工设备中的化工反应过程，尤其对各种各样不同环境下的质量传递、能量传递和传热过程有着十分优秀的模拟能力，而且其适用环境包括气态环境、液态环境、多孔介质表面、液相一固相交界面等多种复杂情况。尤其是关于对流扩散和反应动力学方面的仿真，因为 COMSOL 直观的用户界面，能够便捷地定义不同物质传递过程，包括对流和粒子迁移等；同时还能考虑到温度和动力学的影响，最后使得整个化学反应界面十分直观。化学反应方程的输入方法也和书面手写方式基本相同；COMSOL 也可以根据质量守恒定律设定合适的反应表达式、并将其进行相应修改或重写。

6）声学分析。

COMSOL 的声学分析功能主要用于分析那些产生、测量和利用声波的设备和仪器。同时，在对各种换能器建模时，还可以将 COMSOL 声学模块的功能和 AC/DC 模块等其他模块相结合使用，以搭建新的多场耦合模型，其中包括为各种电子设备的扬声器驱动装置、手机麦克风中的静电场进行建模。而在将电子信号转化为力信号并最终转化为声信号的换能系统中，也可以通过 COMSOL 的声学模块来简化各种电子电路元器件的设计工作，该建模仿真方法已在各种移动设备、助听设备中使用。为此，声学模块不但能对声学相关的行为进行分析，还可以和其他模块相结合，在空气动力学、结构振动、阻尼分析等领域有应用前景。

7）岩土力学分析。

COMSOL 还可解决水利和土木工程中的一些岩土力学问题。随着大型土木工程和现代工业的发展，许多与岩土工程有关的问题需要考虑更周全的影响因素，进行有效数值仿真分析，以便控制设计和施工过程，对相关事故提出科学治理措施。面对工程施工和运维遇到复杂工程难题，科学的数值手段已成为理解其内外规律特点的重要条件。譬如，土坝和边坡的稳定分析，就必须考虑浸润面对土体力学特性的作用，土坝与边坡的失稳是从局部的细节开始，然后逐步发展的，通过数模揭示其细节破坏机理意义重大；隧道的开挖施工过程，通过数值模拟合理量化初始地应力场与开挖顺序之间关系，其工程效益和风险管控意义显著。近年来岩土工程的发展要求进行考虑渗流场、应力场、温度场、化学场等多场耦合的分析，COMSOL 软件为解决各类复杂岩土工程问题提供了又一数值分析平台。

2. 工程应用范例

拱坝作为水工建筑物中一种重要结构形式，其不同工况下的结构受力分析是工程设计中的重要工作。现以某混凝土双曲拱坝为实施对象，基本资料为：拱坝最大坝高 99.1m，坝顶宽 5m，坝顶高程 247.6m，坝基最低开挖高程为 148.5m，正常蓄水位 244.0m，设计洪水位 246.2m。现利用 COMSOL 软件，根据工程资料建立数值模型，模型计算范围沿上下游各取大坝坝高（99.1m）的 2 倍，左右岸基岩以拱坝两端为基准各延伸约 1.5 倍坝高，底部取坝高的 1.5 倍；进而分析该拱坝仅在水荷载和重力荷载作用下的渗流场和位移场分布情况。

基于 COMSOL 有限元软件特点，将其数值分析设计为以下三个步骤。第一步，通过计算达西定律得到坝体及坝基的孔隙水压力分布。第二步，考虑了静水压力和重力的影响，模拟了拱坝及地基的初始变形。第三步，通过分别添加外部应力、初始应力和应变特征，考虑第一步研究中产生的孔隙压力和第二步研究中重力载荷产生的初始应力，进而求解拱坝在重力和孔隙水压力复合作用下的结构变形情况。

COMSOL 软件开展数值仿真计算的基本流程如下：

（1）在模型向导中选择“三维”“固体力学”“达西定律”和“稳态”研究。

（2）在模型开发器中定义全局参数和水头参数。

（3）在几何工具栏中构建模型对象或从“导入”接口导入三维实体模型。

（4）在模型开发器中定义材料的种类和性质，设置进出口边界条件。

（5）在模型开发器的“网格”设置窗口中构建网格。

（6）在模型开发器的“稳态”设置窗口中对模型进行稳态求解。

由 COMSOL 软件的后处理器显示，可知计算混凝土拱坝的渗流场分布和位移场分布情况，图 12-5 为该拱坝拱冠梁剖面压力水头分布云图，图 12-6 为该拱坝坝体空间位移场分布云图。

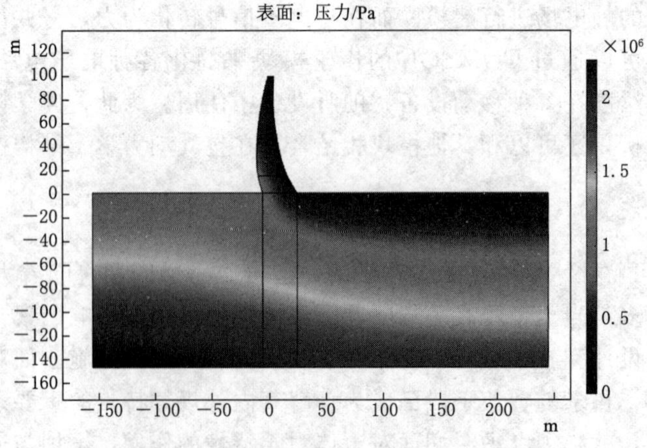

图 12-5　拱冠梁剖面压力水头分布云图

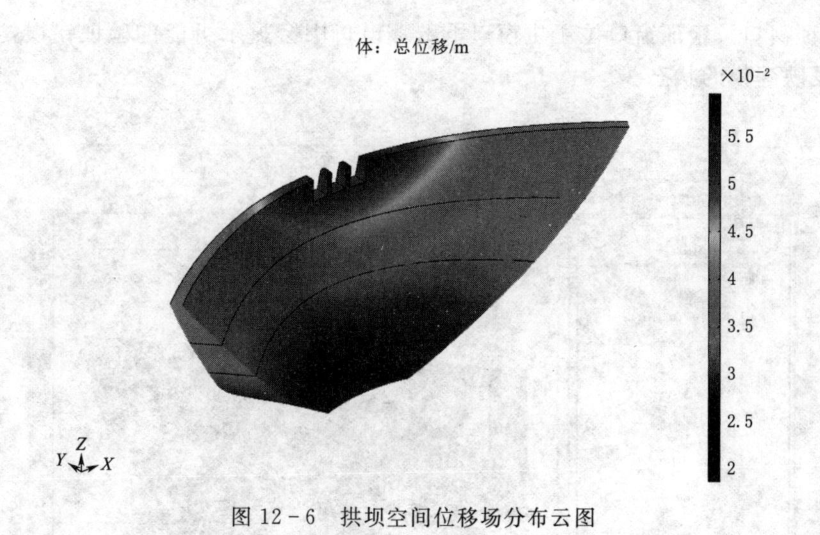

图 12-6 拱坝空间位移场分布云图

12.1.3 MIKE FLOOD

1. 基本功能与操作界面

MIKE FLOOD是丹麦DHI公司研发的DHI MIKE软件包中进行洪水模拟的组件，作为目前一款洪水模拟工具，被越来越多的工程科技人员所青睐，并将其应用于水利及相关领域。其将一维模型MIKE URBAN或Mike11和二维模型Mike21整合，形成了一个动态耦合的模型系统，可进行流域洪水、城市洪水等数值化模拟，分析不同洪水情景下河流水网及沿线的水动力等情况，能较直观地模拟出洪水行进过程。在其量化模拟各种尺度的洪水问题，小到停车场的淹水问题，大到整个地区的洪水模拟等方面，现已有较多工程应用成功案例。

MIKE FLOOD可根据模型特性，建立不同的连接方式，共有标准连接（Standard Link）、侧向连接（Lateral Link）、建筑物连接（Structure Link）、城市连接（Urban Link）、零流动连接（Zero Flow links）、河道城市连接（River－Urban Link）以及侧向建筑物连接（Side Structures Link）等七种不同的连接方式。可用于复杂的河网系统洪水数值计算，主要包括：河渠、蓄滞洪区等联合运用的模拟、城市排水、溃坝、建筑物的水力计算、河口研究、风暴潮研究等。

（1）操作界面。

图12-7给出了MIKE FLOOD的操作界面。其内容包括：

1）快速访问栏。通过访问栏中按钮可以启动模型、新建窗口、设置投影、撤销、复制和删除等功能。

2）功能区。功能区按钮可快速建立、打开、保存和打印文件以及提供软件帮助。

3）编辑窗口。该窗口显示了导航窗口选择项目需要编辑的内容，可包含多个选项卡。

4）导航窗口。该窗口显示了模型设置文件的结构，运用于文件不同部分之间导航。主要功能有：模型设置的基本参数、水动力模块的相关参数、模型中选择使用其他模块的参数等。

5）验证窗口。验证窗口位于主窗口下部，窗口中会显示可能的验证错误，该窗口动态更新以反映建模的状态。

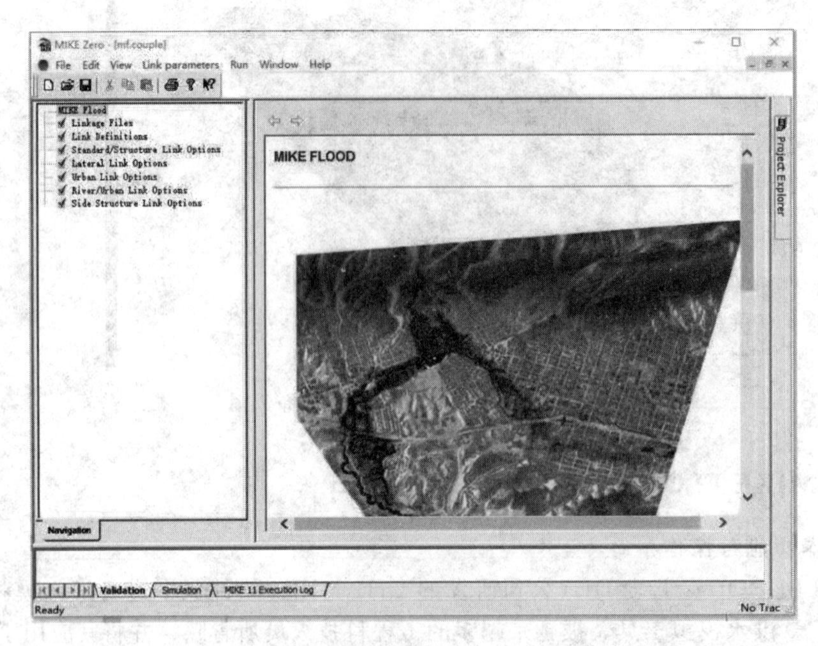

图 12-7　MIKE FLOOD 操作界面

（2）功能介绍。

MIKE FLOOD 是一维模型（Mike11）和二维模型（Mike21）动态耦合的洪水数模分析系统，其有效地结合了一维模型和二维模型的各自优势，有效避免了单一模型模拟中网格精度与准确性等方面问题。以下为 Mike11 和 Mike21 模型的基本功能简述。

1）Mike11：该软件包由水动力、对流-扩散、水质、降雨-径流、洪水预报等模块组成，核心模块为水动力模块。Mike11 水动力模块采用 6 点 Abbott - Ionescu 有限差分格式对圣维南方程组求解。主要是用以模拟河流及河口水流的隐式有限差分模型，适合于支流、河网及准二维的洪泛平原区水流的数值模型，还可用于从陡峭的山区河流到感潮河口的各种垂向均质水流条件。此外，在进行完全水动力学模拟的同时，也可进行扩散波、运动波及准稳定流等各种简化条件的水流模拟。

2）Mike21：其包括适应矩形网格的 Mike21、非结构化网格的 Mike21FM、正交曲线网络的 Mike21C 三个模块，Mike21 属于平面二维自由表面流模块，忽略了垂直水流加速度，以垂向平均的水流因素为研究对象，主要是用以模拟各种水动力条件下产生的水位及流水变化，可用于任何忽略分层的二维自由表面的模拟，可模拟湖泊、河口和海岸地区的水位变化，以及复合水动力条件下的水流变化。

2. 工程应用范例

MIKE FLOOD 软件嵌有完整的一维及二维的洪水模拟引擎，能对从河流洪水到平原洪泛、从城市雨洪到污水管流、从海洋风暴潮到堤坝决口等工程情景，进行数值模拟其洪水演进情况。该软件通过建立洪水淹没模型并进行漫堤洪水演进模拟，计算出淹没深度、水面高程、瞬时流速、瞬时流向等流态相关指标，可为工程设计建造与运维管控阶段需求提供依据。

以丘陵地貌中山区河流为例，模拟暴雨形成区洪水情景，2020 年 6—7 月以来江西中部、北部地区持续降雨，修河干流下游虬津段将发生超警戒 3.30m 左右洪水，永修段将发生超警戒 2.80m 左右洪水，水位仍将持续上涨。该区域中心城区面积 25km²，主流 1 条，支流 4 条，河流总长度为 42.6km。现以修河修水——大洋洲段为例，构建其 MIKE FLOOD 水动力模型，对其开展 100 年一遇水文频率下的洪水数值模拟分析。

MIKE FLOOD 软件开展数值仿真计算，需先建立 Mike11 和 Mike21 两个模型。Mike11 模型建立的基本流程为：①选择 Mike11 中水动力学模块；②在 Mike11 模型中载入河网概化信息、河道断面数据、边界条件和 HD 参数；③设置时间序列和勾选热启动选项。Mike21 模型建立的基本流程为：①将网格文件载入在 Mike21 模型；②设置时间步长，总时长与 Mike11 相同；③在 Mike21 模型中设置干湿边界、风场参数、下垫面糙率、初始状态和边界条件等参数；④在输出项目中设置结果类型、坐标系统和输出变量等参数。

MIKE FLOOD 模型计算的基本流程如下：

（1）输入 Mike11 和 Mike21 模型文件。

（2）将 Mike11 和 Mike21 模型通过侧向链接的方式进行耦合。

（3）调整 Mike21 网格中的耦合连接点。

（4）运行 MIKE FLOOD 模型。

通过 MIKE FLOOD 软件对其事发洪水情景进行数值模拟，由 MIKE VIEW 后处理器显示，可知研究区域洪水淹没深度和洪水淹没范围分布情况，图 12-8 为研究区域大洋洲的淹没范围和实况。

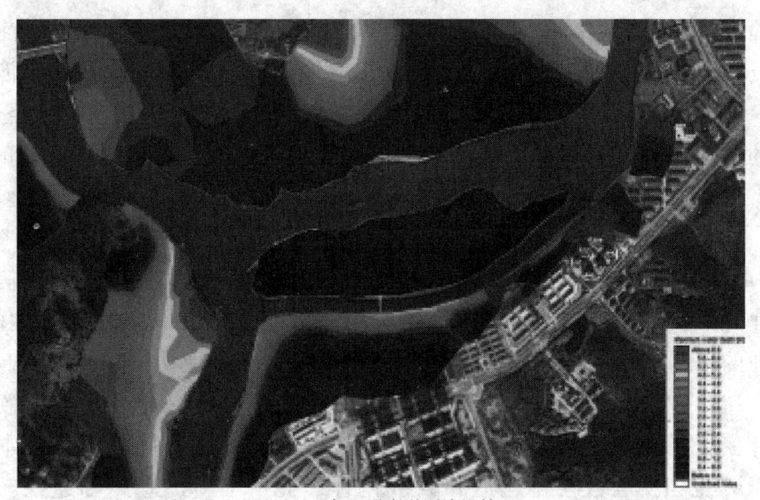

（a）100年一遇大洋洲淹没情况

图 12-8（一） 研究区域大洋洲的淹没范围和实况

（b）大洋洲淹没实况

图 12-8（二） 研究区域大洋洲的淹没范围和实况

12.2 工程建管类软件

随着我国水利行业的发展，水利工程项目规模表现出上升趋势，相应水利工程项目的建设难度也越来越大，不仅加大了施工难度，也提升了管理难度，这就需要从技术手段入手进行不断创新优化。目前，水利水电工程领域，仅在大型工程中采用了基于信息化手段的水电工程施工仿真技术；而对于水电工程运维管控方面，虽然信息化数字调度技术较为成熟，但结合工程建造、运维管控的全过程智能化开展还存在较大发展空间。纵观水利水电行业发展趋势，基于信息化平台的工程全生命周期管控将成为行业发展前景新的增长点，而 BIM 技术作为当前工程行业中比较有代表性的先进技术手段，其中涉及多个软件之间的交叉应用，如：Bentley、Revit、Fuzor、Unreal Engine 等软件，甚至会与 3S 等多项技术结合的工程应用，其在水利水电工程中的应用将成为未来工程师必备的一项技能。

12.2.1 水利水电 BIM 信息化建模技术

基于 BIM（建筑信息模型）的三维协同设计是以数字技术为基础，以信息模型为载体，不同专业的人员组成协同设计团队，共享数据、信息和知识。对地形地质条件复杂、水工结构多样的水利水电工程，三维协同具有可视化、多专业协同、高仿真模拟、方便工程优化等特点。这是工程行业的一次技术革命，能够极大地提高设计生产效率和产品质量，减少设计变更，降低设计人员劳动强度，缩短工程建设工期，降低成本，且效果直观。同时，BIM 也为工程数字化建造和数字化管理提供了新的思路和途径，推动水利水电工程全生命期的创新，是工程设计技术发展的必然趋势。

在水利工程建设和运行管理中强化全生命期的 BIM 应用价值，提高工程质量、安全系数、应急手段和预警能力，将 BIM 应用到工程建设全生命期（图 12-9），助力水利水电工程技术及管理的转型升级。BIM 技术的应用是信息化数字化集成的过程，随着 BIM 技术的应用带来了工程建设新的模式的变化，建立起以 BIM 应用为载体的工程管理信息化，逐步提升生产效率、提高质量、降低工程成本。以 BIM 为代表的工程信息化技术应用，正推动着工程建设管理模式的创新，BIM 技术在未来的全面普及和深入应用将为工程项目从规划、设计、施工到运维、拆除的全生命期带来巨大影响和价值。

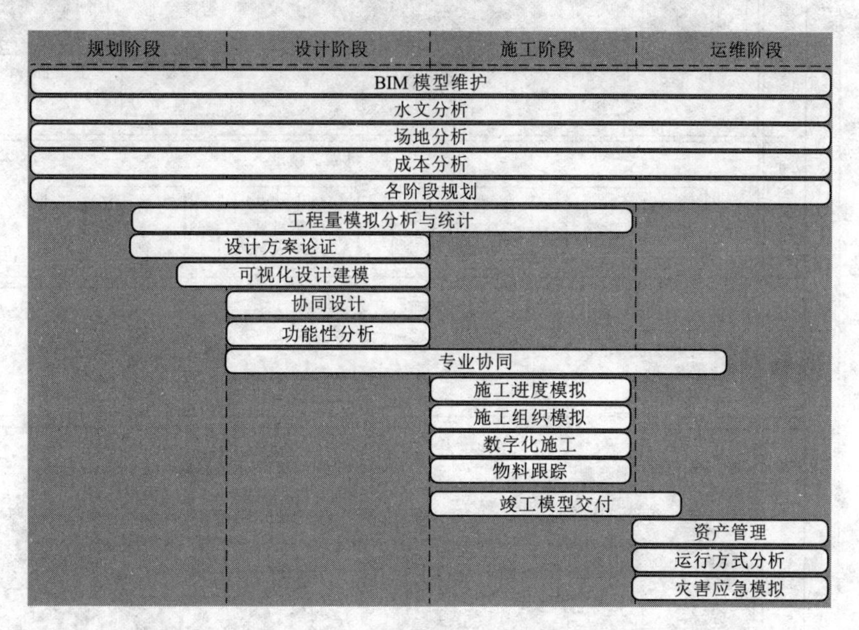

图 12-9 BIM 在水利工程全生命周期各个阶段的应用

(1) 水利水电设计阶段。以设计阶段 BIM 应用内容为主线，建立标准化的 BIM 应用流程，加强设计阶段 BIM 应用过程中各参与方职责、交付成果的规范性。将 BIM 应用流程内嵌，使得各专业设计能够进行规范化的 BIM 设计工作，协同工作，开展各性能分析，提高协同工作效率。应用 BIM 技术有效提高规划阶段论证的科学性和严谨性；有利于发现和定位不同专业之间或不同系统之间的冲突，减少错漏碰缺，减少返工和工程频繁变更等问题，提高设计效率和工程造价的准确性。通过工程数据的不断积累，定量分析工程可靠性，消除工程的不确定性，并可进行衍生式设计，反向设计，分析设计是否合理、是否保守、是否有缺陷。

(2) 水利水电施工阶段。根据工程需求建立施工应用模型，进行可视化施工进度管理，开展项目现场施工方案模拟及优化、工程虚拟建造及优化、进度模拟和资源管理及优化，有利于提高工程的施工效率，提高施工工序安排的合理性，图 12-10 为大坝智能建造的 BIM 技术应用模式；施工过程造价管理模型，进行工程量计算和计价，增加工程投资的透明度，有利于控制项目施工成本。应用 BIM 技术可提高预测能力，减少施工现场突发变化以及缩短工期，提高计划的准确率。实现项目成本的精细化管理和动态管理，规避施工风险，提高施工效率，降低施工成本和环境影响。

(3) 水利水电运维阶段。基于 BIM 模型的工程数据信息和运维信息，实现基于可视化模型的工程运维管理，实现设施、空间和应急等管理，降低运维成本，有利于提高项目

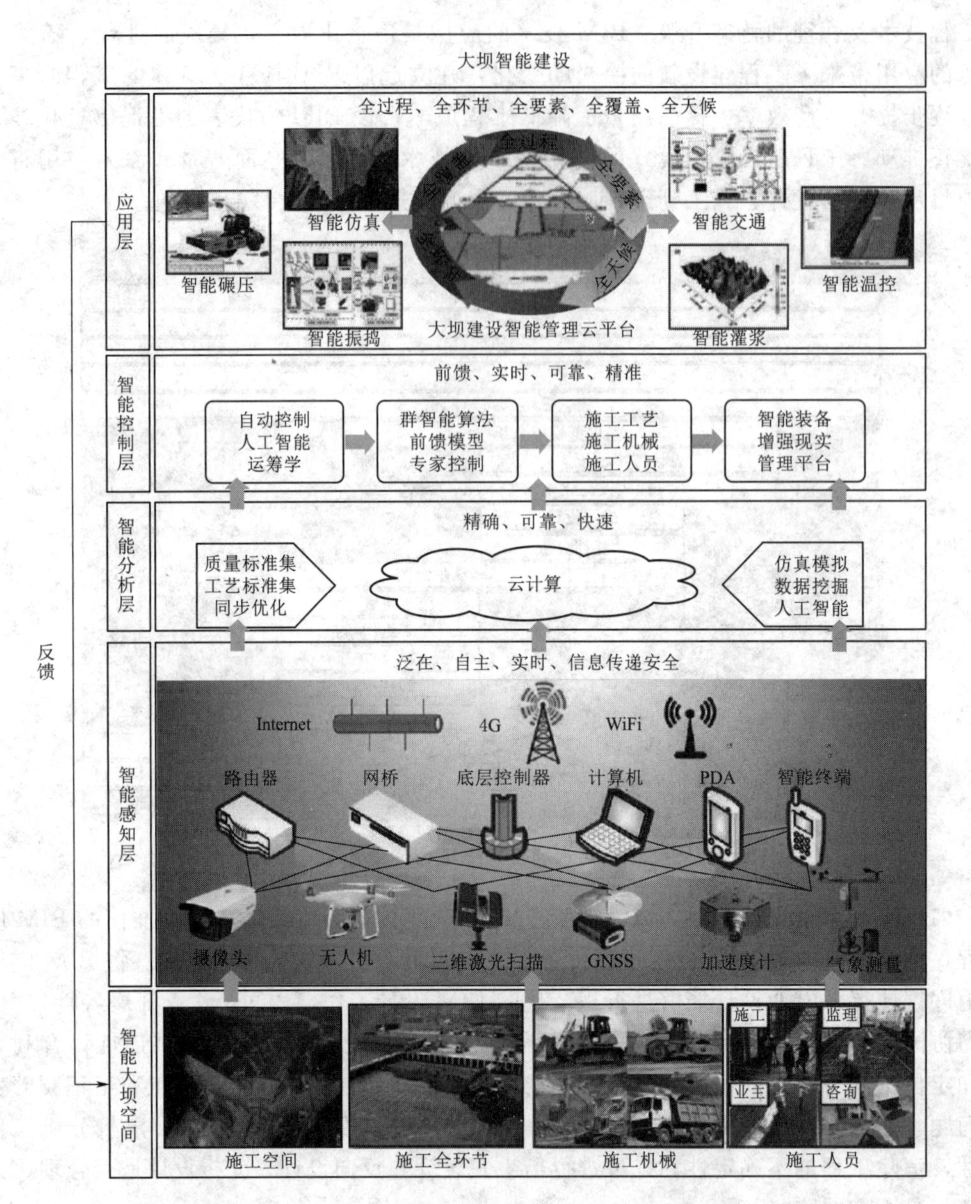

图 12-10　大坝智能建造的 BIM 技术应用模式

运营和维护管理水平。通过长期运营和维护过程中的数据存储、动态更新与各种数据利用问题，为智慧水利水电建设提供基础数据，实现多方参与者的信息共享。发掘更多智慧应用的场景包括自动识别、自动预警、自动处理。强化项目交付资料的完整性和可追溯性，提供真实准确完整的数据支撑。

12.2.2　Bentley 水利水电 BIM 平台

Bentley 水利水电 BIM 解决方案为水利相关行业用户提供了基于全生命周期的多专业协同解决方案。整个解决方案基于 ProjectWise 协同工作平台，实现对工作内容、标准及流程的统一管理。使用丰富的软件设计模块覆盖设计流程，包括地质勘测、水机、水工、金结土建等多专业的三维信息模型设计。这些设计模块基于统一的数据平台 Micro Station，实现了设计过程中的实时参考与更新。

整个方案结合最新的实景建模技术 Context Capture，以及对各种点云设备、数据的支持，为水库、水电站、泵闸、渠道、水厂等水利水电项目的前期规划、环境评价、勘测设计、施工过程监控及后期的运维管理提供了高效的技术手段，提高勘测设计精度、质量及项目移交的效率，减少成本支出。结合 Lumen R T 电影级的快速渲染技术，可以将实景模型、数字模型及环境模型融合在一起。直观的进行项目展示和汇报，减少了项目汇报、审议的沟通频率和周期，提高了设计质量和整体效率。Bentley 水利水电 BIM 解决方案在以 Micro Station 为核心的内容创建平台，以 Project Wise 为核心的协同工作平台和以 AssetWise 为资产运维平台的框架下，完全覆盖了从前端设计、详细设计、材料输出，图纸打印、媒体表现，以及针对于施工和运维的数字化移交整个工作流程。

（1）Bentley BIM 软件的工程应用特点。Bentley BIM 建模软件基于统一的数据和图形平台 Micro Station，避免因为格式转换造成的数据错漏和效率损失；Bentley BIM 强大的数据兼容能力，可以兼容几乎所有二维、三维软件、Office 等；专业齐全，针对性的专业软件支持水利水电项目的 BIM 协同设计；极为优异的模型处理性能，轻松满足水电水利行业对复杂大模型总装协同的需求；BIM 建模软件与 ProjectWise 协同工作平台深度集成，支持 BIM 工作内容共享、异地协同，固化标准及工作流程；完整集成实景模型，真实的三维设计环境，实时的模型参考，精确的三维定位技术；基于 imodel 的开放数据结构、自动化服务和二次开发接口，轻松实现 BIM 数据的价值利用和第三方应用系统集成；先进的电影级渲染技术，快速输出极具表现力的设计成果；众多优秀的第三方补充性功能模块可供选择，针对性的解决地质、测绘、配筋等水利水电行业问题；与 Bentley 基础设施行业模块融合，支持方案扩展及自定义；优秀的施工模拟及管理软件，可以提高施工精细化管理；大型流域管理单位及设计、设计施工一体化良好的使用反馈。

（2）Bentley BIM 软件的潜在能力。通过 Bentley 水利水电 BIM 解决方案，可提升整体的设计效率和质量。通过核心的优势技术及流程优化理念，具有以下几点友好体验：①可减少数据转换过程，最大限度利用已有数据，通过模型的数字化移交过程，减少成本支出，提高工作效率；②可通过快速的实景＋BIM 建模，获得准确的设计数据，较好地减少设计修改及返工；③能通过协同环境，实时的模型参考，减少设计更改及重复工作，实时准确的工程量输出，控制造价及成本，施工管理精细化，施工技术交底可视化；④能浏览校审软件 Bentley Navigator 实现实时浏览模型、测量长度和面积、碰撞检查、进度模拟、设计批注、输出 PDF 和渲染动画、支持移动端应用；⑤可协同平台 Project Wise 跨领域、区域协同工作，使用共同的工作流程，信息共享和交互使用，根据不同权限实现协同审批管理。

参考文献

[1] 中华人民共和国水利部. 兴利除害，富国惠民——新中国水利 60 年 [M]. 北京：中国水利水电出版社，2009.

[2] 中国水利学会. 命脉——新中国水利 50 年 [M]. 北京：中国三峡出版社，2001.

[3] 索丽生，刘宁. 水工设计手册　第 5 卷　混凝土坝 [M]. 2 版. 北京：中国水利水电出版社，2011.

[4] 水工设计手册　第 6 卷　土石坝 [M]. 2 版. 北京：中国水利水电出版社，2014.

[5] 索丽生，刘宁. 水工设计手册　第 11 卷　水工安全监测 [M]. 2 版. 北京：中国水利水电出版社，2013.

[6] 赵振兴，何建京. 水力学 ：Hydraulics [M]. 北京：清华大学出版社，2010.

[7] 吴持恭. 水力学 [M]. 4 版. 北京：高等教育出版社，2008.

[8] 张丙，王双银. 水利水能规划 [M]. 北京：中国水利水电出版社，2014.

[9] 钱家欢，殷宗泽. 土工原理与计算 [M]. 北京：中国水利水电出版社，1996.

[10] 李广信. 高等土力学 [M]. 北京：清华大学出版社，2004.

[11] 林继镛，张社荣. 水工建筑物 [M]. 6 版. 北京：中国水利水电出版社，2019.

[12] 陈胜宏. 水工建筑物 [M]. 北京：中国水利水电出版社，2004.

[13] 张楚汉. 水工建筑学 [M]. 北京：清华大学出版社，2011.

[14] 潘家铮，何璟. 中国大坝 50 年 [M]. 北京：中国水利水电出版社，2000.

[15] 张光斗，王光纶. 水工建筑物（上册）[M]. 北京：水利电力出版社，1992.

[16] 张光斗，王光纶. 水工建筑物（下册）[M]. 北京：水利电力出版社，1994.

[17] 潘家铮. 建筑物的抗滑稳定和滑坡分析 [M]. 北京：水利出版社，1980.

[18] 黄文熙. 土的工程性质 [M]. 北京：水利电力出版社，1983.

[19] 潘家铮. 水工建筑物设计丛书・土石坝 [M]. 北京：水利电力出版社，1992.

[20] 中国大坝技术发展水平与工程实例编委会. 中国大坝技术发展水平与工程实例 [M]. 北京：中国水利水电出版社，2007.

[21] 陈祖煜. 土质边坡稳定分析——原理・方法・程序 [M]. 北京：中国水利水电出版社，2003.

[22] 毛昶熙. 渗流计算分析与控制 [M]. 北京：水利电力出版社，1990.

[23] 美国垦务局. 拱坝设计 [M]. 拱坝设计翻译组，译. 北京：水利电力出版社，1984.

[24] 中南勘测设计院. 溢洪道设计规范专题文集 [M]. 北京：水利电力出版社，1979.

[25] 吴中如，等. 大坝的安全监控理论和试验技术 [M]. 北京：中国水利水电出版社，2009.

[26] 吴中如. 水工建筑物安全监控理论及其应用 [M]. 北京：高等教育出版社，2003.

[27] 熊启钧. 灌区建筑物的水力计算与结构计算 [M]. 北京：中国水利水电出版社，2007.

[28] 华东水利学院. 弹性力学问题的有限单元法 [M]. 北京：水利电力出版社，1978.

[29] 美国陆军工程兵团. 美国陆军工程兵团水力设计准则 [M]. 王诘昭，等，译. 北京：水利电力出版社，1992.

[30] 水利水电规划设计总院. 碾压式土石坝设计手册（上、下册）[M]. 北京：水利电力出社，1989.

[31] 朱伯芳. 有限单元法原理与应用 [M]. 2 版. 北京：中国水利水电出版社，1998.

[32] SL 319—2018 混凝土重力坝设计规范 [S]. 北京：中国水利水电出版社，2018.

[33] 水利部水利水电规划设计总院，等. 水利工程建设标准强制性条文（2020 年版）[M]. 北京：中国水利水电出版社，2020.

[34] SL 252—2017 水利水电工程等级划分及洪水标准 [S]. 北京：中国水利水电出版社，2017.

[35] DL 5180—2003 水电枢纽工程等级划分及设计安全标准 [S]. 北京：中国电力出版社，2003.

[36] NB/T 35026—2014 混凝土重力坝设计规范 [S]. 北京：中国电力出版社，2014.

[37] SL 282—2018 混凝土拱坝设计规范 [S]. 北京：中国水利水电出版社，2018.

[38] SL 258—2017 水库大坝安全评估导则 [S]. 北京：中国水利水电出版社，2017.

[39] SL 191—2008 水工混凝土结构设计规范 [S]. 北京：中国水利水电出版社，2008.

[40] SL 274—2020 碾压式土石坝设计规范 [S]. 北京：中国水利水电出版社，2020.

[41] SL 265—2016 水闸设计规范 [S]. 北京：中国水利水电出版社，2016.

[42] SL 253—2018 溢洪道设计规范 [S]. 北京：中国水利水电出版社，2018.

[43] 中华人民共和国国家经济贸易委员会. DL/T 5178—2003 混凝土坝安全监测技术规范 [S]. 北京：中国电力出版社，2003.

[44] 杜茂康. Excel 与数据处理 [M]. 5 版. 北京：电子工业出版社，2014.

[45] 李围，叶裕明. ANSYS 土木工程应用实例 [M]. 北京：中国水利水电出版社，2007.

[46] 龚曙光，谢桂兰. ANSYS 操作命令与参数化编程 [M]. 北京：机械工业出版社，2004.

[47] 龚成勇，李琪飞. ANSYS Products 有限元软件及其在水利水电工程中仿真应用 [M]. 北京：中国水利水电出版社，2014.

[48] 潘坚文. ABAQUS 水利工程应用实例教程 [M]. 北京：中国建筑工业出版社，2015.

[49] 魏博文，顾冲时，牛景太，等. 碾压混凝土坝服役性态诊断理论与应用 [M]. 北京：中国水利水电出版社，2019.

[50] Brunner G W . HEC - RAS (River Analysis System) [C] // North American Water & Environment Congress & Destructive Water. ASCE，2010.

[51] 何关培. BIM 总论 [M]. 北京：中国建筑工业出版社，2013.

[52] 雷英杰，张善文. MATLAB 遗传算法工具箱及应用 [M]. 西安：西安电子科技大学出版社，2014.

[53] M. A. 切尔陀乌索夫著，沈清濂. 高等学校教学用书 水力学专门教程 [M]. 北京：高等教育出版社，1958.